Willi Bohl

Strömungsmaschinen 1

Aufbau und Wirkungsweise

Kamprath-Reihe · Technik

Prof. Dipl.-Ing.
Willi Bohl

Strömungsmaschinen 1

Aufbau und Wirkungsweise

4. Auflage

VOGEL Buchverlag Würzburg

Professor Dipl.-Ing. Willi Bohl

Geboren 1936 in Kaiserslautern. Nach dem 1955 abgelegten Abitur und kurzem Industriepraktikum Studium des Maschinenbaus an der Technischen Hochschule (heute Universität) Karlsruhe. Abschluß mit Diplomprüfung im Frühjahr 1960. Nach zweijähriger Industrietätigkeit als Ingenieur im Strömungsmaschinenbau Übernahme einer Dozentur an der Fachhochschule (früher Staatliche Ingenieurschule) Heilbronn. Neben dem Aufbau und der Betreuung der Vorlesungen und Übungen in Strömungslehre und Strömungsmaschinen auch mit Neuaufbau und Einrichtung eines Laboratoriums für Strömungsmaschinen betraut.
Seit 1986 Leiter des Transferzentrums für Strömungstechnik Heilbronn.

CIP-Kurztitelaufnahme der Deutschen Bibliothek

Bohl, Willi:
Strömungsmaschinen/Willi Bohl. – Würzburg: Vogel
(Vogel-Fachbuch) (Kamprath-Reihe: Technik)
1. Aufbau und Wirkungsweise. – 4. Aufl. – 1988.
ISBN 3-8023-0107-2

ISBN 3-8023-0107-2
4. Auflage. 1988

Printed in Germany

Herstellung: Alois Erdl KG, Trostberg

Vorwort

Das vorliegende Buch ist aus meiner Vorlesung „Strömungsmaschinen“ hervorgegangen, die ich seit 1963 für Studierende der Fachrichtung Maschinenbau an der Fachhochschule Heilbronn halte.

Die gemeinsame Darstellung von Aufbau und Wirkungsweise ***aller*** *Strömungsmaschinen in* ***einem*** *Buch ergibt in der Ingenieurausbildung die* ***Grundlage*** *zum Erwerb speziellen Wissens über einzelne Strömungsmaschinenarten in der Berufspraxis. Das Buch wendet sich deshalb in erster Linie an Studierende der Fachrichtung Maschinenbau, bietet aber auch dem in der Praxis stehenden Ingenieur die Möglichkeit, seine* ***Grundkenntnisse*** *auf dem Gebiet des Strömungsmaschinenbaues aufzufrischen.*

Zum Verständnis des Stoffes — gemeinsame physikalische Grundlagen, Wirkungsweise, konstruktiver Aufbau und Betriebsverhalten — werden Grundkenntnisse in Mathematik, Strömungslehre, Wärmelehre und technischer Mechanik vorausgesetzt. Von der Differential- und Integralrechnung wird nur wenig Gebrauch gemacht. Die abgeleiteten oder aus anderen Quellen übernommenen Gleichungen und Formeln sind, von wenigen Ausnahmen abgesehen, ***Größengleichungen,*** *d.h. gelten unabhängig vom Maßsystem. Die Beispiele wurden durchweg im Internationalen Einheitensystem (SI-System) gehalten.*

Im Band 2 („Strömungsmaschinen — Berechnung und Konstruktion“) wird die strömungstechnische und festigkeitsmäßige Berechnung sowie die konstruktive Gestaltung der einzelnen Bauteile von Strömungsmaschinen, wie Laufräder, Leiträder, Wellen, Gehäuse, Dichtungen und Lager, behandelt.

Dem Vogel-Verlag danke ich für die großzügige fachmännische Beratung und Unterstützung bei der Erstellung des Manuskriptes und für die sorgfältige Drucklegung des Buches. Ebenso danken möchte ich meinen Kollegen und Mitarbeitern sowie vielen Industriefirmen, durch deren Mitwirkung die Abfassung des Buches erst ermöglicht wurde.

Heilbronn *Willi Bohl*

Inhaltsverzeichnis

Formelzeichen und Einheiten

Formelzeichen	empf. Einheit	Bedeutungen
A	m^2	Fläche, Querschnitt
a	m/s	Schallgeschwindigkeit
c	m/s	Geschwindigkeit Absolutgeschwindigkeit
c_p	J/(kg · K)	spezifische Wärmekapazität bei konstantem Druck
D	m	Durchmesser
d	m	Profildicke
E_R	J/kg	Reibungsenergie
f		Faktor
f	Hz	Frequenz
g	m/s^2	Erdbeschleunigung
H	m	Fallhöhe, Förderhöhe
h	J/kg	spezifische Enthalpie
k		Faktor, Maßstabsfaktor
L	dB	Geräuschpegel
l	m	Länge
M		Mach-Zahl
M	N m	Drehmoment
m	kg	Masse
$\dot{m}$	kg/s	Massenstrom
n	s^{-1}, min^{-1}	Drehzahl
P	W	Leistung, Leistungsbedarf
p	Pa	Druck
p		Polpaarzahl
Q	m^3/s; m^3/h	Förderstrom, Wasserstrom
q	J/kg	spez. Wärmemenge
Re		Reynolds-Zahl
R_i	J/(kg · K)	spezifische Gaskonstante
r	m	Radius
r		Reaktionsgrad
S_q		Saugkennzahl, Schallkennzahl

Formelzeichen	empf. Einheit	Bedeutungen
s		Schlupf
T	K	Temperatur
Th		Thoma-Zahl
t	m	Teilung
t	°C	Temperatur
u	m/s	Umfangsgeschwindigkeit
V	m^3	Volumen
$\dot{V}$	m^3/s	Volumenstrom
v	m^3/kg	spezifisches Volumen
w	m/s	Relativgeschwindigkeit
w	J/kg	Nutzarbeit
Y	J/kg	spezifische Stutzenarbeit
y	m	Höhendifferenz
Z		Realgasfaktor
z	m	Höhenkote
z		Zahl, Anzahl
α	grd	Winkel
β	grd	Winkel
δ		Durchmesserzahl
ζ		Widerstandsbeiwert, Profilverlustbeiwert
η		Wirkungsgrad
$\varkappa$		Isentropenexponent
λ		Leistungszahl Rohrreibungszahl Beiwert
μ		Minderleistungszahl Wandlung
ν		kinematische Viskosität
π		Druckverhältnis
σ		Laufzahl
τ	s	Zeit
φ		Durchflußzahl
ψ		Druckzahl
ω	s^{-1}	Winkelgeschwindigkeit

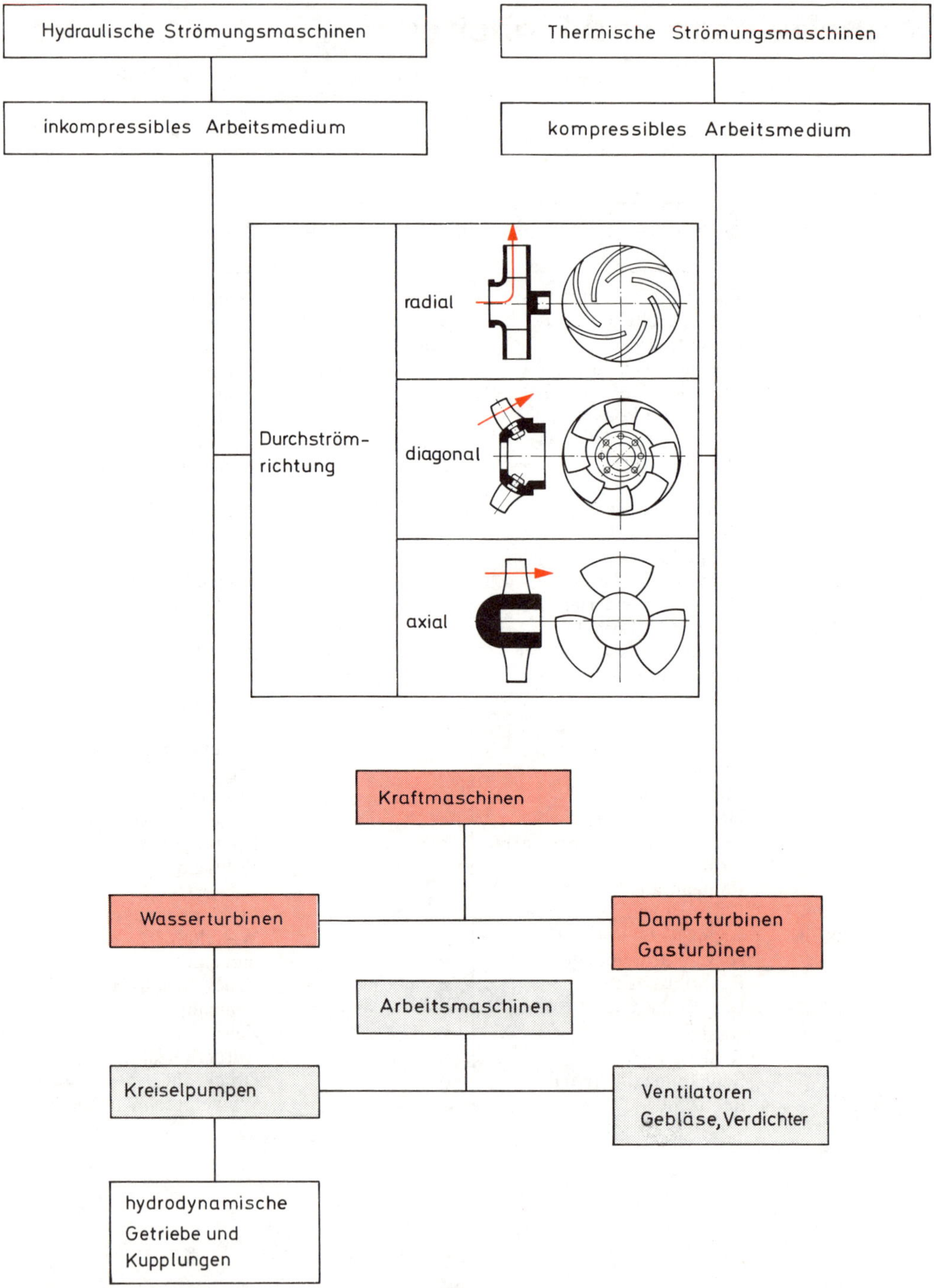

Tabelle 1.1 Einteilung der Strömungsmaschinen

1 Einleitung

In Strömungsmaschinen erfolgt die Energieumsetzung zwischen einem mehr oder minder **kontinuierlich** strömenden Arbeitsmedium (Flüssigkeit, Dampf, Gas) und einem mit **Schaufeln** besetzten, gleichförmig umlaufenden **Rotor.**

Bei **Strömungskraftmaschinen** (Turbinen) entsteht durch die Wirkung von Druck und Geschwindigkeit des Arbeitsmittels auf die Schaufeln des Rotors ein Drehmoment an der Welle, das beispielsweise zum Antrieb eines elektrischen Generators genutzt werden kann.

Bei **Strömungsarbeitsmaschinen** (Pumpen, Verdichter) wird durch das an der Welle, beispielsweise durch einen Elektromotor, aufgebrachte Drehmoment dem Arbeitsmedium über die Laufschaufeln Druck- und Geschwindigkeitsenergie zugeführt.

Strömungsmaschinen können nach verschiedenen Gesichtspunkten eingeteilt bzw. einander zugeordnet werden: nach dem Arbeitsmedium, nach dem Arbeitsprinzip oder nach der geometrischen Form des Laufrades.

Tabelle 1.1 enthält eine Übersicht über die „klassischen Strömungsmaschinen", die im vorliegenden Buch behandelt werden.

Als **Einheitensystem** wird das **Internationale Einheitensystem** (SI-System) zugrunde gelegt. Die für die Berechnung und den Betrieb von Strömungsmaschinen wichtigsten physikalischen Größen sind mit den zugehörigen Einheiten in Tabelle 1.2 zusammengestellt.

Tabelle 1.2
Häufig vorkommende physikalische Größen und Einheiten

a) Grundeinheiten

Physikalische Größe	Einheit	
	Bezeichnung	Abkürzung
Länge	Meter	m
Masse	Kilogramm	kg
Zeit	Sekunde	s
Temperatur	Kelvin	K

b) Abgeleitete Einheiten

Physikalische Größe	Einheit	
	Bezeichnung	Abkürzung
Kraft	Newton	$N = kg\ m/s^2$
Energie	Joule	$J = N\ m$
spezifische Energie	Joule/Kilogramm	J/kg
Leistung	Watt	$W = J/s$
Druck	Pascal	$Pa = N/m^2$
Dichte	Kilogramm/Kubikmeter	kg/m^3
spezifisches Volumen	Kubikmeter/Kilogramm	m^3/kg
Massenstrom	Kilogramm/Sekunde	kg/s
Volumenstrom	Kubikmeter/Sekunde	m^3/s
Geschwindigkeit	Meter/Sekunde	m/s
Beschleunigung	Meter/Quadratsekunde	m/s^2
kinematische Viskosität	Quadratmeter/Sekunde	m^2/s

2 Hauptbetriebsdaten von Strömungsmaschinen

2.1 Massenstrom (Massendurchfluß)

Unter dem Massenstrom (Massendurchfluß) einer Strömungsmaschine versteht man die **zeitlich** durch die Maschine strömende **Masse** des Arbeitsmediums.
Sieht man von den geringen Leckageverlusten ab, ist der Massenstrom für einen bestimmten Betriebspunkt konstant.
Als **Formelzeichen** wird nach DIN 1943 und VDI 2045 $\dot{m}$, als **Einheit** nach DIN 1301 kg/s eingeführt.

$$\dot{m} = \frac{m}{\tau} \tag{2.1}$$

$\dot{m}$ = Massenstrom
m = Masse
τ = Zeit

Mit dem Begriff des Massenstromes wird hauptsächlich bei **thermischen Turbomaschinen,** d.h. bei Dampfturbinen, Gasturbinen und Turboverdichtern, gearbeitet.
In der IEC-Regel Nr. 46 für Dampfturbinen wird als Formelzeichen für den Massenstrom der Buchstabe M, als Einheit kg/h verwendet.

2.2 Volumenstrom

Bei **hydraulischen Strömungsmaschinen** und **Niederdruckventilatoren** kann die Strömung in den meisten praktischen Fällen als **inkompressibel,** d.h. die Dichte ϱ als konstant angesehen werden.
Anstelle des Massenstromes wird deshalb in der Praxis meist der Begriff des **Volumenstromes** verwendet.
Als **Formelzeichen** wird $\dot{V}$, als **Einheit** m³/s empfohlen.

$$\dot{V} = \frac{V}{\tau} = \frac{\dot{m}}{\varrho} = \dot{m} \cdot v \tag{2.2}$$

$\dot{V}$ = Volumenstrom
V = Volumen
τ = Zeit
$\dot{m}$ = Massenstrom
ϱ = Dichte } vgl. DIN 1306
v = spezifisches Volumen } vgl. DIN 1306

Leider sind in den einzelnen Sparten des hydraulischen Strömungsmaschinenbaues noch folgende, in Tabelle 2.1 aufgeführte Bezeichnungen, Formelzeichen und Einheiten für den Volumenstrom gebräuchlich.
Bei **thermischen Turbomaschinen** ändern sich Dichte und Volumenstrom abhängig von Druck und Temperatur beim Durchströmen der Maschine. Bei Turbinen nimmt der Volumenstrom in Strömungsrichtung zu, bei Verdichtern ab.

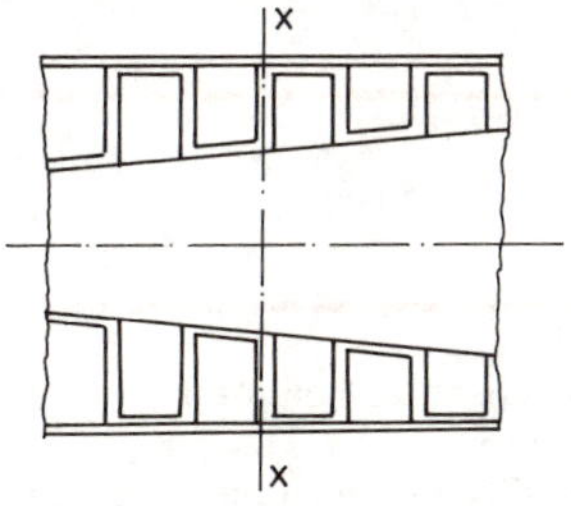

Bild 2.1 Schnitt durch die Beschaufelung einer thermischen Strömungsmaschine (Prinzip)

Tabelle 2.1 Bezeichnungen, Formelzeichen und Einheiten für den Volumenstrom

Strömungsmaschinenart	Quellen	Bezeichnung	Formelzeichen	Einheit
Wasserturbinen	DIN 4323 DIN 1948 (veraltet) IEC-Regeln Nr. 41 u. 193	Wasserstrom	Q	m^3/s
Kreiselpumpen	DIN 24260 DIN 1944	Förderstrom	Q	m^3/s m^3/h

An einer Stelle x (Bild 2.1) einer thermischen Strömungsmaschine beträgt der Volumenstrom $\dot{V}_x$:

(2.3)

$$\dot{V}_x = \dot{m} \cdot v_x = \frac{\dot{m}}{\varrho_x}$$

$\dot{V}_x$ = örtlicher Volumenstrom an der Stelle x
$\dot{m}$ = Massenstrom
v_x = spezifisches Volumen = $f(p_x; T_x)$
ϱ_x = Dichte = $f(p_x; T_x)$

Das spezifische Volumen v_x oder die Dichte ϱ_x entnimmt man für das betreffende Medium einer **Tabelle** (z.B. VDI-Wasserdampftafel) oder einem **Diagramm** (z.B. Mollier-(h-s-)Diagramm, Tafel 1 im Anhang des Buches) abhängig von Druck und Temperatur.
Sind keine Tabellen oder Diagramme vorhanden, können v_x oder ϱ_x auch über die Gasgleichung **berechnet** werden:

a) für **ideale Gase:**

(2.4)

$$v_x = \frac{1}{\varrho_x} = \frac{R_i \cdot T_x}{p_x}$$

v_x = spezifisches Volumen
ϱ_x = Dichte
R_i = spezifische (spezielle) Gaskonstante
T_x = thermodynamische Temperatur
p_x = Druck

b) für **reale Gase:**

(2.5)

$$v_x = \frac{1}{\varrho_x} = \frac{Z \cdot R_i \cdot T_x}{p_x}$$

v_x = spezifisches Volumen
ϱ_x = Dichte
R_i = spezifische Gaskonstante
T_x = thermodynamische Temperatur
p_x = Druck
Z = Realgasfaktor (siehe VDI 2045, Blatt 3, oder Bohl, „Technische Strömungslehre", Vogel-Verlag, Tafeln 3 und 4)

Bei exakter Rechnung muß bei **feuchten Gasen** noch der Feuchtegehalt berücksichtigt werden.

2.3 Spezifische Stutzenarbeit

Unter der spezifischen Stutzenarbeit Y einer Strömungsmaschine versteht man bei Kraftmaschinen das **spezifische Energiegefälle** zwischen Ein- und Austrittsstutzen, bei Arbeitsmaschinen zwischen Aus- und Eintrittsstutzen.
Als **Einheit** wird J/kg ($\triangleq$ N m/kg $\triangleq$ m^2/s^2) vorgeschlagen. Da 1 J/kg eine relativ kleine Energiemenge darstellt, wird die spezifische Stutzenarbeit in der Praxis oft in kJ/kg ausgedrückt.
Neben dem im Buch für **alle** Strömungsmaschinenarten gemeinsam verwendeten Begriff der spezifischen Stutzenarbeit sind in der Praxis oftmals andere Bezeichnungen gebräuchlich, wie z.B. **Fallhöhe** H bei Wasserturbinen, **Wärmegefälle** Δh bei Gas- und Dampfturbinen, **Förderhöhe** H bei Kreiselpumpen.
Auch bei der Wahl der Symbole für die einzelnen physikalischen Größen, wie Druck, Geschwindigkeit, Höhenkote, wurde weitgehend eine Vereinheitlichung getroffen.
In Tabelle 2.2 sind die spezifischen Stutzenarbeiten der hydraulischen Strömungsmaschinen, in Tabelle 2.3 diejenigen der thermischen Strömungsmaschinen definiert und gegenübergestellt.

2.4 Leistung

Die Leistung einer Strömungsmaschine ist bei Kraftmaschinen die an der Wellenkupplung abgegebene Leistung, bei Arbeitsmaschinen die an der Wellenkupplung aufgenommene Leistung. Die Leistung kann aus dem durchgesetzten Massenstrom, aus der spezifischen Stutzenarbeit und dem Gesamtwirkungsgrad der Maschine berechnet werden:

Kraftmaschinen: (2.22)

$$P = \dot{m} \cdot Y \cdot \eta$$

Arbeitsmaschinen: (2.23)

$$P = \frac{\dot{m} \cdot Y}{\eta}$$

P = Leistung
$\dot{m}$ = Massenstrom
Y = spezifische Stutzenarbeit
η = Gesamtwirkungsgrad

Bei hydraulischen Strömungsmaschinen wird anstelle des Massenstromes meist das Produkt aus Volumenstrom und Dichte in die Leistungsformel eingesetzt.
Bei Pumpen und Ventilatoren wird P als **Leistungsbedarf** bezeichnet.
Die Definitionen spezieller Leistungswerte, wie Nennleistung, Teilleistung, innere Leistung, Leerlaufleistung usw., können aus den entsprechenden Normen und Regeln (vgl. Literaturverzeichnis in 2.7) entnommen werden.

Tabelle 2.2 Spezifische Stutzenarbeit von hydraulischen Strömungsmaschinen

Wasserturbinen

a) bezogen auf Druck- und Saugstutzen der Turbine:
Die spezifische Energie am Druckstutzen (Eintrittsstutzen) beträgt:

$$g \cdot z_d + \frac{p_d}{\varrho} + \frac{c_d^2}{2}$$

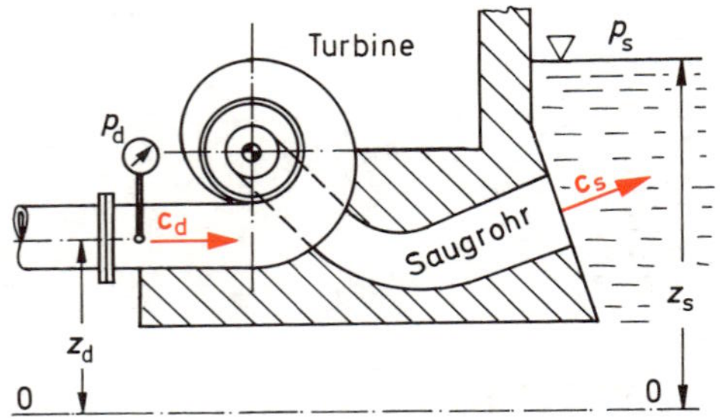

Bild 2.2 Wasserturbine

und am Saugrohrende (Austrittsstutzen):

$$g \cdot z_s + \frac{p_s}{\varrho} + \frac{c_s^2}{2}$$

Die spezifische Stutzenarbeit Y ergibt sich als Energiedifferenz:

$$Y = g(z_d - z_s) + \frac{p_d - p_s}{\varrho} + \frac{c_d^2 - c_s^2}{2} \tag{2.6}$$

Kreiselpumpen

a) bezogen auf Druck- und Saugstutzen der Pumpe:
Die spezifische Energie beträgt am Saugstutzen (Eintrittsstutzen):

$$g \cdot z_s + \frac{p_s}{\varrho} + \frac{c_s^2}{2}$$

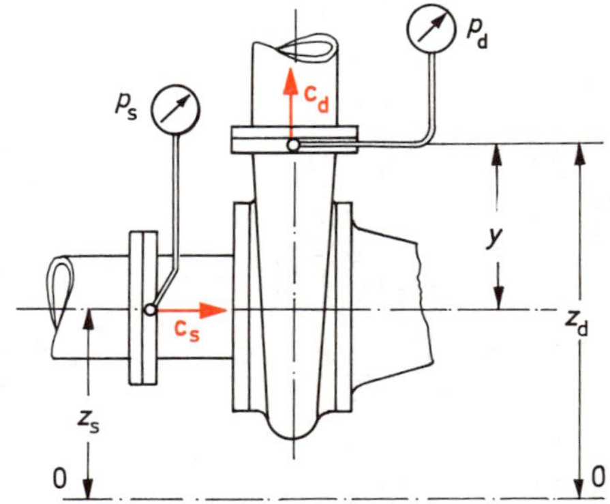

Bild 2.4 Kreiselpumpe

und am Druckstutzen (Austrittsstutzen):

$$g \cdot z_d + \frac{p_d}{\varrho} + \frac{c_d^2}{2}$$

mit $z_d - z_s = y$ ergibt sich die spezifische Stutzenarbeit Y zu:

$$Y = g \cdot y + \frac{p_d - p_s}{\varrho} + \frac{c_d^2 - c_s^2}{2} \tag{2.10}$$

Y = spezifische Stutzenarbeit
g = Erdbeschleunigung = 9,81 m/s^2
z_d = Höhenkote des Eintrittsstutzens
z_s = Höhenkote des Unterwassers
p_d = Druck im Eintrittsstutzen
p_s = Druck auf dem Unterwasser
ϱ = Dichte
c_d = mittlere Geschwindigkeit im Eintrittsstutzen
c_d = $\dot{V}/A_d$ (A_d = Querschnittsfläche des Eintrittsstutzens)
c_s = mittlere Geschwindigkeit am Austritt des Saugrohres
c_s = $\dot{V}/A_s$ (A_s = Austrittsquerschnitt des Saugrohres)

Nach DIN 4323 und IEC-Regel Nr. 41 wird anstelle der spezifischen Stutzenarbeit Y der Begriff der Fallhöhe H benutzt.

$$H = \frac{Y}{g} \tag{2.7}$$

H hat die Einheit kp · m/kp oder abgekürzt m (Meter).
Die speziellen Definitionen von H für die verschiedenen Turbinentypen und baulichen Varianten können aus DIN 4323 oder IEC-Regel Nr. 41 entnommen werden.

Y = spezifische Stutzenarbeit
g = Erdbeschleunigung = 9,81 m/s^2
y = Höhendifferenz zwischen Saug- und Druckstutzen
p_d = Druck am Druckstutzen
p_s = Druck am Saugstutzen
ϱ = Dichte
c_d = mittlere Geschwindigkeit im Druckstutzen
c_d = $\dot{V}/A_d$ (A_d = Querschnittsfläche des Druckstutzens)
c_s = mittlere Geschwindigkeit im Saugstutzen
c_s = $\dot{V}/A_s$ (A_s = Querschnittsfläche des Saugstutzens)

In DIN 1944 wird Y als spezifische Förderarbeit bezeichnet. Anstelle des Begriffes der spezifischen Stutzenarbeit Y bzw. der spezifischen Förderarbeit Y wird in der Praxis meist noch der Ausdruck **Förderhöhe** H gebraucht (vgl. DIN 1944 und DIN 24260). Zwischen H und Y besteht der in Gleichung (2.7) ausgedrückte Zusammenhang.

b) bezogen auf die Wasserkraftanlage:
Die von der Turbine verarbeitete spezifische Stutzenarbeit ist die spezifische Energiedifferenz zwischen Ober- und Unterwasser abzüglich der Reibungsverluste E_R in den Rohrleitungen (ausgenommen Saugrohrverluste, da das Saugrohr zur Turbine gerechnet wird!).

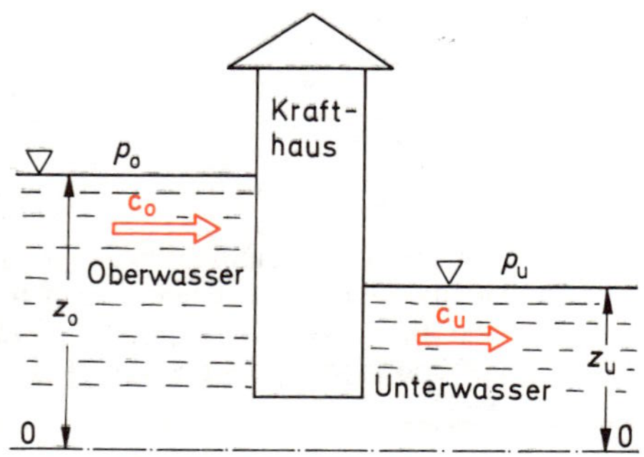

Bild 2.3 Wasserkraftanlage

b) bezogen auf die Pumpenanlage:
Die spezifische Stutzenarbeit Y ergibt sich als Differenz der spezifischen Energie zwischen Druck- und Saugbehälter unter Berücksichtigung der Rohrreibungsverluste:

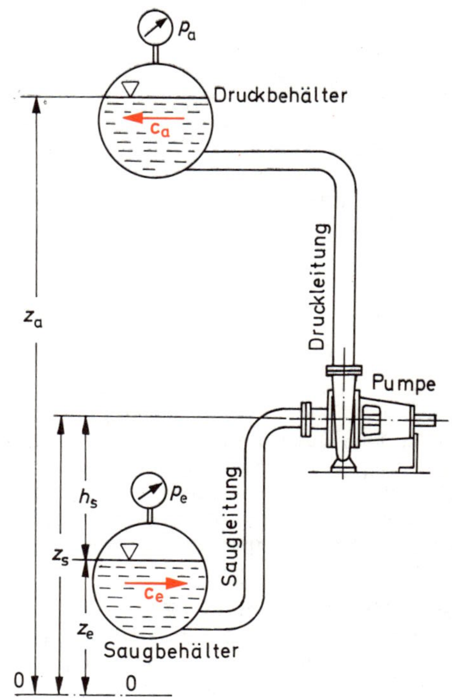

Bild 2.5 Pumpenanlage

$$Y = g(z_o - z_u) + \frac{p_o - p_u}{\varrho} + \frac{c_o^2 - c_u^2}{2} - E_R \qquad (2.8)$$

Y = spezifische Stutzenarbeit
g = Erdbeschleunigung = 9,81 m/s²
z_o = Höhenkote des Oberwassers
z_u = Höhenkote des Unterwassers
p_o = Luftdruck auf dem Oberwasser
p_u = Luftdruck auf dem Unterwasser
ϱ = Dichte
c_o = Zuströmgeschwindigkeit des Oberwassers
c_u = Abströmgeschwindigkeit des Unterwassers
E_R = Reibungsverlust in den Zuführleitungen

Da der Druckunterschied $p_o - p_u$ meist vernachlässigbar klein ist und auch die kinetische Energie kaum ins Gewicht fällt, kann mit guter Näherung gesetzt werden:

$$Y \approx g(z_o - z_u) - E_R \qquad (2.9)$$

$$Y = g(z_a - z_e) + \frac{p_a - p_e}{\varrho} + \frac{c_a^2 - c_e^2}{2} + E_R \qquad (2.11)$$

Y = spezifische Stutzenarbeit
g = Erdbeschleunigung = 9,81 m/s²
z_a = Höhenkote des Flüssigkeitsspiegels im Druckbehälter
z_e = Höhenkote des Flüssigkeitsspiegels im Saugbehälter
p_a = Druck im Druckbehälter
p_e = Druck im Saugbehälter
ϱ = Dichte der Förderflüssigkeit
c_a = Abströmgeschwindigkeit im Druckbehälter
c_e = Zuströmgeschwindigkeit im Saugbehälter
E_R = Reibungsverluste in Saug- und Druckleitung

Die Geschwindigkeiten c_a und c_e in den Behältern können in den meisten Anwendungsfällen Null gesetzt werden, so daß sich Gleichung (2.11) wie folgt vereinfacht:

$$Y = g(z_a - z_e) + \frac{p_a - p_e}{\varrho} + E_R \qquad (2.12)$$

Bei einer als **Umwälzpumpe** eingesetzten Pumpe verbleibt als spezifische Stutzenarbeit Y nur noch der Reibungsverlust E_R.

Tabelle 2.3 Spezifische Stutzenarbeit von thermischen Strömungsmaschinen

Dampf- und Gasturbinen

Die spezifische Stutzenarbeit Y einer Dampf- oder Gasturbine ist als **Differenz der spezifischen Totalenthalpie** zwischen Druck- und Saugstutzen bei **isentroper Expansion** des Arbeitsmittels definiert.
Die VDI-Dampfturbinenregeln DIN 1943 arbeiten nicht mit dem Begriff der spezifischen Stutzenarbeit, sondern mit Enthalpiedifferenzen.

$$Y = \Delta h_t$$

$$h_{t,1} = h_1 + \frac{c_1^2}{2}$$

$$h_{t,2} = h_{2,s} + \frac{c_2^2}{2}$$

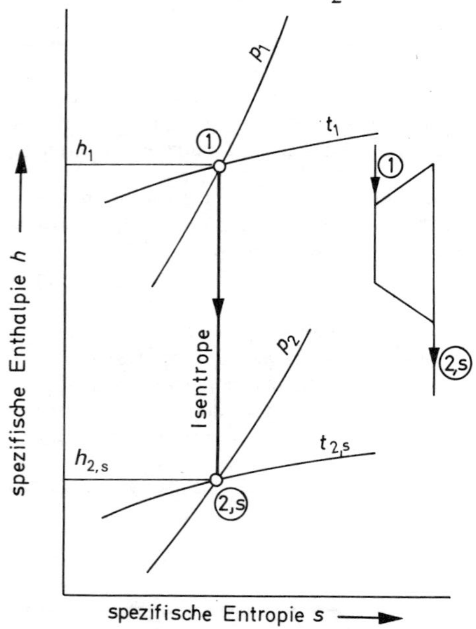

Bild 2.6 Zur Definition der spezifischen Stutzenarbeit einer thermischen Turbine

Verdichter, Gebläse und Ventilatoren

Unter der spezifischen Stutzenarbeit Y (spezifische Verdichtungsarbeit nach VDI 2045) versteht man die Differenz der Totalenthalpie zwischen Druck- und Saugstutzen, die zur **isentropen Verdichtung** von 1 kg des Arbeitsmediums aufzuwenden ist.

$$Y = \Delta h_t$$

$$h_{t,1} = h_1 + \frac{c_1^2}{2}$$

$$h_{t,2} = h_{2,s} + \frac{c_2^2}{2}$$

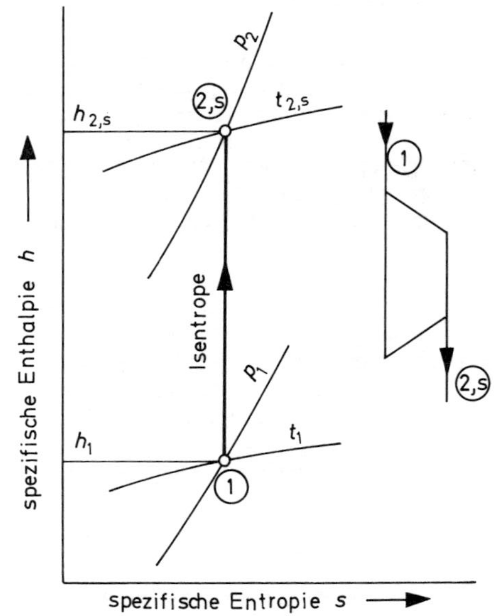

Bild 2.7 Zur Definition der spezifischen Stutzenarbeit eines Verdichters

$$Y = h_1 - h_{2,s} + \frac{c_1^2 - c_2^2}{2} \tag{2.13}$$

Y = spezifische Stutzenarbeit
h_1 = Enthalpie am Eintrittsstutzen
$h_{2,s}$ = Enthalpie am Austrittsstutzen
c_1 = Geschwindigkeit am Eintrittsstutzen
c_2 = Geschwindigkeit am Austrittsstutzen

Die Enthalpiedifferenz $h_1 - h_{2,s}$ entnimmt man nach Möglichkeit einem Enthalpie-Entropie-Diagramm des Arbeitsmediums, z.B. bei Wasserdampf dem Mollier-(h-s-)Diagramm, das auf Tafel 1 im Anhang des Buches vereinfacht dargestellt ist.
Für **ideale Gase und Dämpfe** kann die Enthalpiedifferenz $h_1 - h_{2,s}$ wie folgt rechnerisch bestimmt werden:

$$h_1 - h_{2,s} = c_p(T_1 - T_{2,s})$$

$$T_{2,s} = T_1\left(\frac{p_2}{p_1}\right)^{\frac{\varkappa - 1}{\varkappa}}$$

$$h_1 - h_{2,s} = c_p \cdot T_1 \cdot \left[1 - \left(\frac{p_2}{p_1}\right)^{\frac{\varkappa - 1}{\varkappa}}\right] \tag{2.14}$$

$$Y = h_{2,s} - h_1 + \frac{c_2^2 - c_1^2}{2} \tag{2.17}$$

Y = spezifische Stutzenarbeit
$h_{2,s}$ = Enthalpie am Austrittsstutzen
h_1 = Enthalpie am Eintrittsstutzen
c_2 = Austrittsgeschwindigkeit
c_1 = Eintrittsgeschwindigkeit

Die Enthalpiedifferenz $h_{2,s} - h_1$ entnimmt man einem h-s-Diagramm bzw. berechnet sie nach folgender, an sich nur für ideale Gase und Dämpfe exakt gültigen Beziehung:

$$h_{2,s} - h_1 = c_p \cdot (T_{2,s} - T_1)$$

$$T_{2,s} = T_1 \cdot \left(\frac{p_2}{p_1}\right)^{\frac{\varkappa - 1}{\varkappa}}$$

$$h_{2,s} - h_1 = c_p \cdot T_1 \cdot \left[\left(\frac{p_2}{p_1}\right)^{\frac{\varkappa - 1}{\varkappa}} - 1\right] \tag{2.18}$$

$$h_{2,s} - h_1 = \frac{\varkappa}{\varkappa - 1} \cdot R_i \cdot T_1 \cdot \left[\left(\frac{p_2}{p_1}\right)^{\frac{\varkappa - 1}{\varkappa}} - 1\right] \tag{2.19}$$

$$h_{2,s} - h_1 = \frac{\varkappa}{\varkappa - 1} \cdot p_1 \cdot v_1 \cdot \left[\left(\frac{p_2}{p_1}\right)^{\frac{\varkappa - 1}{\varkappa}} - 1\right] \tag{2.20}$$

h_1 = Enthalpie am Eintrittsstutzen
h_2 = Enthalpie am Austrittsstutzen
c_p = spezifische Wärmekapazität bei konstantem Druck; Werte für einige Gase siehe Tafel 2
T_1 = Eintrittstemperatur
p_2 = Austrittsdruck
p_1 = Eintrittsdruck
$\varkappa$ = Isentropenexponent; Werte für einige Gase siehe Tafel 3

Mit den bekannten Beziehungen

$$c_p - c_v = R_i \quad \text{und} \quad \varkappa = \frac{c_p}{c_v}$$

kann die Enthalpiedifferenz $h_1 - h_{2s}$ auch wie folgt ausgedrückt werden:

$$h_1 - h_{2s} = \frac{\varkappa}{\varkappa - 1} R_i \cdot T_1 \cdot \left[1 - \left(\frac{p_2}{p_1}\right)^{\frac{\varkappa - 1}{\varkappa}}\right] \tag{2.15}$$

$$h_1 - h_{2s} = \frac{\varkappa}{\varkappa - 1} p_1 \cdot v_1 \cdot \left[1 - \left(\frac{p_2}{p_1}\right)^{\frac{\varkappa - 1}{\varkappa}}\right] \tag{2.16}$$

R_i = spezifische Gaskonstante
v_1 = spezifisches Volumen am Eintrittsstutzen

Führt man für den Ausdruck

$$1 - \left(\frac{p_2}{p_1}\right)^{\frac{\varkappa - 1}{\varkappa}}$$

die in Tafel 4 dargestellte **Hilfsfunktion** $f_{\pi T}$ ein, so vereinfachen sich die obigen Gleichungen:

c_p = spezifische Wärmekapazität (vgl. Tafel 2)
T_1 = Eintrittstemperatur
R_i = spezifische Gaskonstante
p_2 = Austrittsdruck
p_1 = Eintrittsdruck
$\varkappa$ = Isentropenexponent (Tafel 3)
v_1 = spezifisches Volumen am Eintritt

Durch Einführen der **Hilfsfunktion**

$$f_{\pi V} = \left(\frac{p_2}{p_1}\right)^{\frac{\varkappa - 1}{\varkappa}} - 1,$$

die in Tafel 5 dargestellt ist, vereinfachen sich die obigen Gleichungen wie folgt:

$$h_{2s} - h_1 = c_p \cdot T_1 \cdot f_{\pi V} \tag{2.18a}$$

$$h_{2s} - h_1 = \frac{\varkappa}{\varkappa - 1} \cdot R_i \cdot T_1 \cdot f_{\pi V} \tag{2.19a}$$

$$h_{2s} - h_1 = \frac{\varkappa}{\varkappa - 1} \cdot p_1 \cdot v_1 \cdot f_{\pi V} \tag{2.20a}$$

Für Druckverhältnisse $p_2/p_1 < 1{,}1$, wie sie bei Ventilatoren vorkommen, kann die Kompressibilität des Arbeitsmittels vernachlässigt und die spezifische Stutzenarbeit Y (spezifische Förderarbeit Y nach VDI 2044) vereinfacht ausgedrückt werden.

$$h_1 - h_{2,s} = c_p \cdot T_1 \cdot f_{\pi T} \tag{2.14a}$$

$$h_1 - h_{2,s} = \frac{\varkappa}{\varkappa - 1} \cdot R_i \cdot T_1 \cdot f_{\pi T} \tag{2.15a}$$

$$h_1 - h_{2,s} = \frac{\varkappa}{\varkappa - 1} \cdot p_1 \cdot v_1 \cdot f_{\pi T} \tag{2.16a}$$

Nach der neuen Norm DIN 24163 darf die Kompressibilität bis zu einem Druckverhältnis $p_2/p_1 < 1{,}3$ unberücksichtigt bleiben.

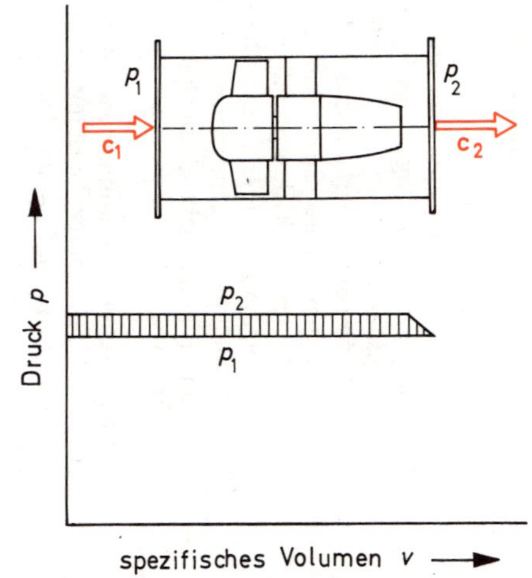

Bild 2.8 Zur Definition der spezifischen Stutzenarbeit eines Ventilators

$$Y = \frac{p_2 - p_1}{\varrho_m} + \frac{c_2^2 - c_1^2}{2} \tag{2.21}$$

Y = spezifische Stutzenarbeit
p_2 = Austrittsdruck
p_1 = Eintrittsdruck
ϱ_m = mittlere Dichte $= \dfrac{\varrho_1 + \varrho_2}{2}$
c_2 = Austrittsgeschwindigkeit
c_1 = Eintrittsgeschwindigkeit

2.5 Wirkungsgrad

Der **Gesamtwirkungsgrad** einer Strömungsmaschine ist wie bei allen Kraft- und Arbeitsmaschinen definiert:

Kraftmaschinen:

$$\eta = \frac{\text{an der Welle verfügbare Leistung}}{\text{Leistung der verlustlosen Maschine}}$$

Arbeitsmaschinen:

$$\eta = \frac{\text{Leistungsaufnahme der verlustlosen Maschine}}{\text{Leistungsaufnahme an der Welle}}$$

Der Gesamtwirkungsgrad berücksichtigt alle mechanischen Verluste, Strömungsverluste und Leckageverluste.
In vereinfachter Darstellung läßt sich der Gesamtwirkungsrad durch folgende Teilwirkungsgrade ausdrücken:

$$\eta = \eta_i \cdot \eta_l \cdot \eta_m \tag{2.24}$$

η = Gesamtwirkungsgrad
η_i = innerer Wirkungsgrad zur Berücksichtigung von Strömungs- und inneren Reibungsverlusten
η_l = volumetrischer Wirkungsgrad zur Berücksichtigung innerer Spaltverluste
η_m = mechanischer Wirkungsgrad zur Berücksichtigung von Lagerreibung, Reibung von Dichtelementen, Antrieb von Hilfsmaschinen, Riementrieben, eingebauten Getrieben usw.

Bei **thermischen Strömungsmaschinen** läßt sich der Begriff des inneren Wirkungsgrades η_i wie folgt vereinfacht grafisch und formelmäßig darstellen:

Kraftmaschinen

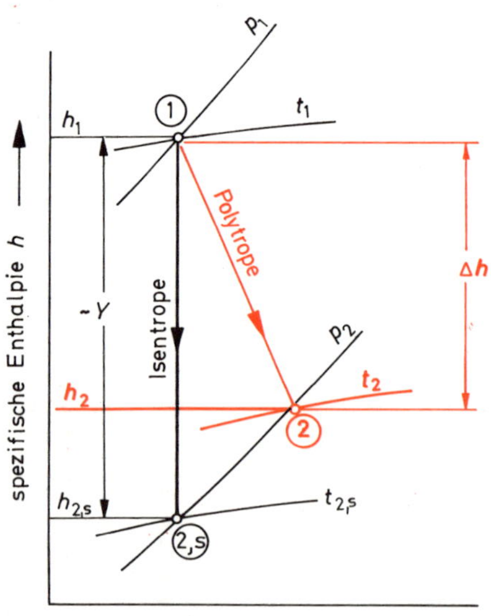

Bild 2.9

Arbeitsmaschinen

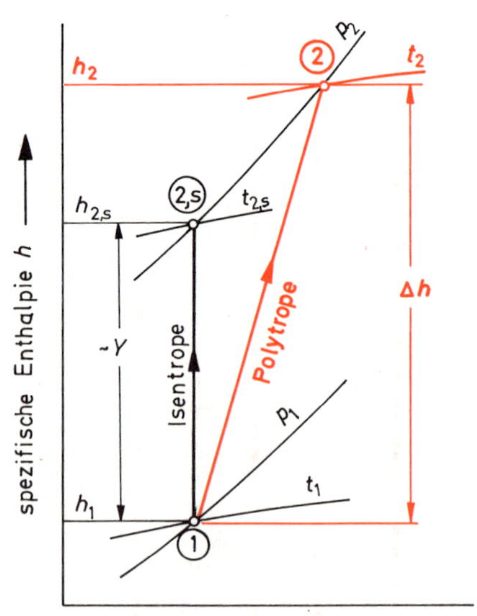

Bild 2.10

Kraftmaschinen	Arbeitsmaschinen
$$\eta_i = \frac{h_1 - h_2}{h_1 - h_{2,s}} \quad (2.25)$$ $$\eta_i \approx \frac{\Delta h}{Y}$$	$$\eta_i = \frac{h_{2,s} - h_1}{h_2 - h_1} \quad (2.26)$$ $$\eta_i \approx \frac{Y}{\Delta h}$$
η_i = innerer Wirkungsgrad h_1 = Eintrittsenthalpie h_2 = Austrittsenthalpie $h_{2,s}$ = Austrittsenthalpie bei isentroper Expansion Δh = tatsächliche Enthalpieänderung Y = spezifische Stutzenarbeit	η_i = innerer Wirkungsgrad h_1 = Eintrittsenthalpie h_2 = Austrittsenthalpie $h_{2,s}$ = Austrittsenthalpie bei isentroper Kompression Δh = tatsächliche Enthalpieänderung Y = spezifische Stutzenarbeit

2.6 Drehzahl

Die Drehzahl einer Strömungsmaschine ist normalerweise die Drehzahl der Hauptwelle, an der die treibende oder angetriebene Maschine angekuppelt ist. Bei Einbau eines internen Getriebes sind Maschinenabgangs- oder -eingangsdrehzahl und Drehzahl des beschaufelten Rotors verschieden.

Bei Turbinen, die mit Drehstrom-Synchron-Generatoren direkt gekuppelt sind, muß die Turbinendrehzahl ebenfalls eine Synchrondrehzahl sein, d.h.

$$n = n_{syn} = \frac{f}{p} \quad (2.27)$$

n = Synchrondrehzahl
f = Frequenz des Generators
p = Polpaarzahl des Generators

betragen.

Besondere Drehzahldefinitionen, wie Durchgangsdrehzahl, Höchstdrehzahl, Leerlaufdrehzahl, Schnellschluß-Auslösedrehzahl usw., können aus den entsprechenden Normen und Richtlinien (siehe 2.7) entnommen werden.

2.7 Literatur zu Kapitel 2

DIN 4323: Wasserturbinen (Begriffe, Zeichen, Einheiten).

IEC-Regel, Veröffentlichung Nr. 41: „Code international concernant les essais de reception sur place des turbines hydrauliques".

DIN 24260: Kreiselpumpen und Kreiselpumpenanlagen (Begriffe, Zeichen, Einheiten).

DIN 1944: Abnahmeversuche an Kreiselpumpen (VDI-Kreiselpumpenregeln).

DIN 1943: Wärmetechnische Abnahmeversuche an Dampfturbinen (VDI-Dampfturbinenregeln).

IEC-Regel, Veröffentlichung Nr. 46: Empfehlungen für Dampfturbinen, Teil 2: Regeln für Abnahmeversuche.

VDMA 4310: Dampfturbinen für die chemische Industrie.

VDI 2045: Abnahme- und Leistungsversuche an Verdichtern (VDI-Verdichterregeln).

VDI 2044: Abnahme- und Leistungsversuche an Ventilatoren (VDI-Ventilatorregeln).

DIN 4341: Abnahmeregeln für Gasturbinen.

DIN 24163: Ventilatoren-Leistungsmessung, Normkennlinien.

VDI 2042: Wärmetechnische Abnahmeversuche an Dampfturbinen — Beispiele (zu DIN 1943) — Auswertung.

Dannhorn, H.: Die spezifische Nutzarbeit bei Strömungsmaschinen. Werkstattblatt 598. Carl-Hanser-Verlag, 1974.

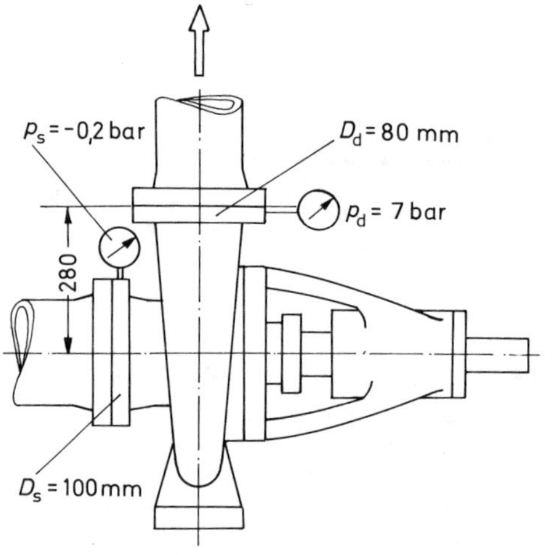

Bild 2.11 Zu Beispiel 1

Beispiel 1

Eine Kreiselpumpe hat folgende Betriebsdaten:
Volumenstrom $\dot{V} = 160\ \text{m}^3/\text{h}$
Druck im Eintrittsquerschnitt der Pumpe $p_s = -0{,}2$ bar
Druck im Austrittsquerschnitt der Pumpe $p_d = 7$ bar
Medium reines Wasser von 20 °C

a) Wie groß ist die spezifische Stutzenarbeit Y?
b) Wie groß ist die Leistung P, wenn der Wirkungsgrad η zu 0,8 angenommen wird?

Lösung:

zu a) Die Berechnung der spezifischen Stutzenarbeit Y erfolgt nach Gleichung (2.10).
Vorab werden die Geschwindigkeiten c_s und c_d im Ein- und Austrittsquerschnitt der Pumpe berechnet.

$$c_s = \frac{\dot{V}}{A_s} = \frac{\dot{V}}{\frac{\pi}{4} \cdot D_s^2} = \frac{0{,}0444}{\frac{\pi}{4} \cdot 0{,}1^2}$$

$$c_s = 5{,}66\ \text{m/s}$$

$$c_d = \frac{\dot{V}}{A_d} = \frac{\dot{V}}{\frac{\pi}{4} \cdot D_d^2} = \frac{0{,}0444}{\frac{\pi}{4} \cdot 0{,}08^2}$$

$$c_d = 8{,}84\ \text{m/s}$$

$$Y = g \cdot y + \frac{p_d - p_s}{\varrho} + \frac{c_d^2 - c_s^2}{2}$$

$$Y = 9{,}81 \cdot 0{,}28 + \frac{7 \cdot 10^5 - (-0{,}2 \cdot 10^5)}{998{,}2} + \frac{8{,}84^2 - 5{,}66^2}{2}$$

$$Y = 2{,}75 + 721{,}3 + 23$$

$$\underline{Y = 747{,}05\ \text{J/kg}}$$

zu b) Die Berechnung der Leistung erfolgt nach Gleichung (2.23):

$$P = \frac{\dot{m} \cdot Y}{\eta}$$

Nach Gleichung (2.2) kann der Massenstrom $\dot{m}$ durch den Volumenstrom $\dot{V}$ und die Dichte ϱ ersetzt werden:

$$\dot{m} = \dot{V} \cdot \varrho$$

Damit ergibt sich für die Leistung P:

$$P = \frac{\dot{V} \cdot \varrho \cdot Y}{\eta}$$

$$P = \frac{0{,}0444 \cdot 998{,}2 \cdot 747{,}05}{0{,}8}$$

$$P = 41\ 386{,}64\ \text{W}$$

$$\underline{P = 41{,}4\ \text{kW}}$$

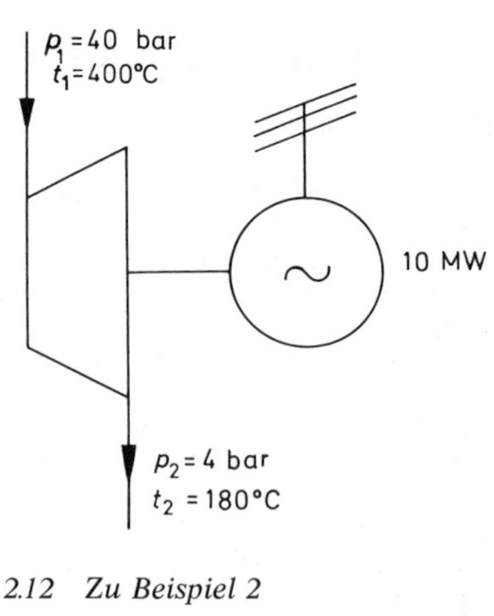

Bild 2.12 Zu Beispiel 2

Beispiel 2

Eine Dampfturbine hat folgende Betriebsdaten:

Eintrittsdruck	p_1	= 40 bar
Austrittsdruck	p_2	= 4 bar
Eintrittstemperatur	t_1	= 400 °C
Austrittstemperatur	t_2	= 180 °C

a) Wie groß ist die spezifische Stutzenarbeit Y unter Vernachlässigung der Dampfein- und -austrittsgeschwindigkeit?

b) Wie groß ist der innere Wirkungsgrad der Turbine?

c) Wie groß ist der Dampfverbrauch $\dot{m}$, wenn die Leistung des Generators 10 MW beträgt und folgende Wirkungsgrade angenommen werden:
mechanischer Wirkungsgrad der Turbine
$\eta_m = 0{,}99$
volumetrischer Wirkungsgrad der Turbine
$\eta_l = 0{,}995$
Gesamtwirkungsgrad des Generators
$\eta_G = 0{,}98$

Lösung:

Zu a) Unter Vernachlässigung der Geschwindigkeiten c_1 und c_2 ergibt sich die spezifische Stutzenarbeit Y aus Gleichung (2.13):

$$Y = h_1 - h_{2,s}$$

Y wird durch Eintragen der Punkte ① und ②s in das h-s-Diagramm für Wasserdampf (Bild 2.13) grafisch ermittelt. Falls kein großes Mollier-Diagramm zur Verfügung steht, kann Tafel 1 benutzt werden!

$$\underline{\underline{Y = 525 \text{ kJ/kg}}}$$

zu b) Der innere Wirkungsgrad η_i der Turbine kann mit Formel (2.25) bestimmt werden.

$$\eta_i \approx \frac{\Delta h}{Y}$$

Die Enthalpiedifferenz Δh entnimmt man ebenfalls dem h-s-Diagramm:

$$\Delta h = 390 \text{ kJ/kg}$$

$$\eta_i = \frac{390}{525}$$

$$\underline{\underline{\eta_i = 0{,}74}}$$

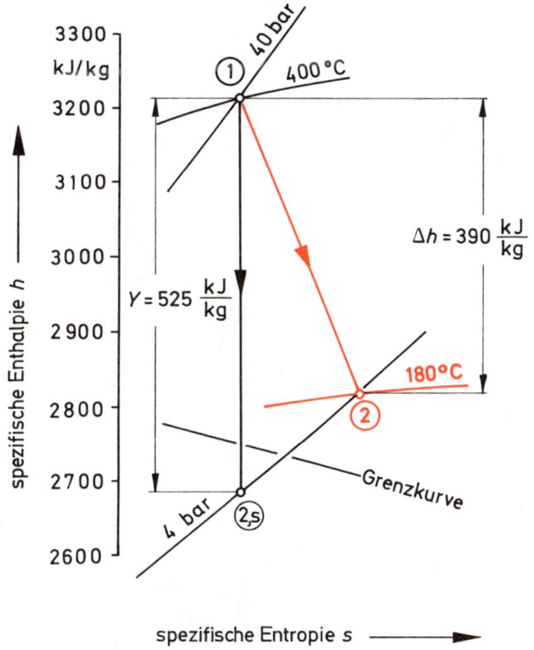

Bild 2.13 Zu Beispiel 2

zu c) Die Leistung an der Turbinenkupplung beträgt:

$$P = \frac{P_{el}}{\eta_G} = \frac{10\,000}{0{,}98}$$

$$P = 10\,204 \text{ kW}$$

Der Gesamtwirkungsgrad der Turbine beträgt nach Gleichung (2.24):

$$\eta = \eta_i \cdot \eta_l \cdot \eta_m$$

$$\eta = 0{,}74 \cdot 0{,}995 \cdot 0{,}99$$

$$\eta = 0{,}73$$

Damit ergibt sich der Massenstrom $\dot{m}$ aus Gleichung (2.22):

$$P = \dot{m} \cdot Y \cdot \eta$$

$$\dot{m} = \frac{P}{Y \cdot \eta}$$

$$\dot{m} = \frac{10\,204 \cdot 10^3}{525 \cdot 10^3 \cdot 0{,}73}$$

$$\underline{\underline{\dot{m} = 26{,}6 \text{ kg/s } (\mathrel{\hat{=}} 95{,}85 \text{ t/h})}}$$

3 Energieumsetzung im Laufrad

3.1 Einleitung

In Strömungsmaschinen findet die Energieumsetzung,

Strömungsenergie in mechanische Energie bei Kraftmaschinen, mechanische Energie in Strömungsenergie bei Arbeitsmaschinen,

im beschaufelten Rotor statt.
Die Strömung wird an den rotierenden Schaufeln umgelenkt. Bei der Berechnung des Energieumsatzes müssen die Abmessungen und die geometrische Form der Schaufeln, die Drehzahl des Rotors, die Strömungsgeschwindigkeiten und einige physikalische Eigenschaften des Arbeitsmittels, insbesondere Dichte, Zähigkeit und Kompressibilität, berücksichtigt werden.

3.2 Geschwindigkeitsplan

Zur Beschreibung der Strömungskinematik im Laufrad benutzt man üblicherweise **Geschwindigkeitspläne,** insbesondere für den Strömungsverlauf am **Laufradein-** und **-austritt.**
In Bild 3.1 ist ein radiales Laufrad einer Strömungsarbeitsmaschine dargestellt, das von innen nach außen durchströmt wird.
Es werden drei Geschwindigkeiten unterschieden:

a) **Absolutgeschwindigkeit** c
b) **Umfangsgeschwindigkeit** u
c) **Relativgeschwindigkeit** w

Die Geschwindigkeiten am **Laufradeintritt** werden mit dem **Index 1** gekennzeichnet, am **Laufradaustritt** mit **Index 2.**
In Bild 3.2 sind die Geschwindigkeiten für Laufradein- und -austritt dargestellt.
Die **Umfangsgeschwindigkeit** u ergibt sich aus Radius r und Winkelgeschwindigkeit ω:

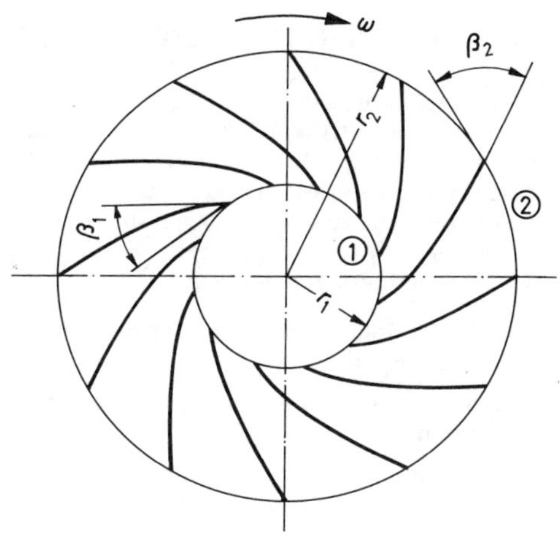

Bild 3.1 Radiales Laufrad

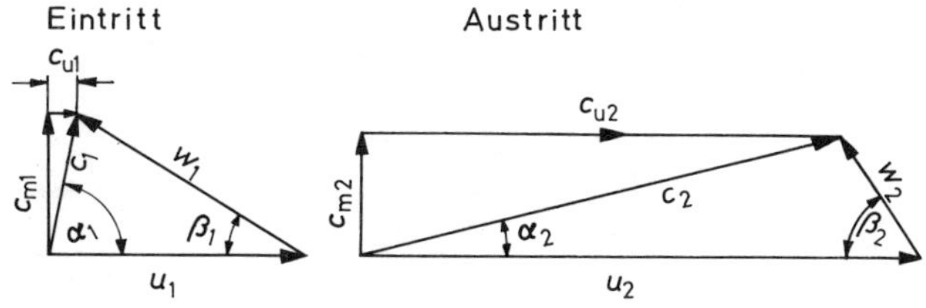

Bild 3.2 Geschwindigkeitspläne

(3.1)

$$u = r \cdot \omega = D \cdot \pi \cdot n$$

u = Umfangsgeschwindigkeit
r = Radius
ω = Winkelgeschwindigkeit
D = Durchmesser
n = Drehzahl

Die **Relativgeschwindigkeit** w stimmt mehr oder minder genau mit der **Schaufelrichtung** überein. Die **Absolutgeschwindigkeit** c ist die **geometrische Summe** aus Umfangsgeschwindigkeit u und Relativgeschwindigkeit w.

(3.2)

$$\vec{c} = \vec{u} + \vec{w}$$

Den **Winkel** zwischen Relativgeschwindigkeit w und Umfangsgeschwindigkeit u bezeichnet man mit β, den Winkel zwischen Absolutgeschwindigkeit c und Umfangsgeschwindigkeit u mit α. Absolutgeschwindigkeit c und Relativgeschwindigkeit w werden meistens in ihre **Komponenten** zerlegt.

a) in die **Umfangskomponenten** c_u und w_u
b) in die **Meridiankomponenten** c_m und w_m

Die **Meridiankomponente** berechnet sich aus der **Kontinuitätsgleichung:**

(3.3)

$$c_m = \frac{\text{Volumenstrom}}{\text{Querschnittsfläche}}$$

Die **Umfangskomponente** wird über den **Energieumsatz** im Laufrad bestimmt.

3.3 Eulersche Strömungsmaschinen-Hauptgleichung

Der Energieumsatz einer idealisierten Strömung im Laufrad einer Strömungsmaschine kann nach der von Leonhard Euler 1755 aufgestellten **allgemeinen Strömungsmaschinen-Hauptgleichung** berechnet werden. Euler hat für seine auf theoretischem Wege abgeleitete Formel folgende Einschränkungen gemacht:

a) das Arbeitsmittel muß inkompressibel und reibungsfrei sein,
b) die Strömung muß exakt schaufelkongruent verlaufen,
c) alle Stromfäden müssen die gleiche Form haben,
d) der Einfluß der Schwere wird vernachlässigt,
e) die Strömung muß stationär verlaufen.

Ausgehend vom **Drallsatz** (vgl. Bohl „Technische Strömungslehre" Vogel-Verlag Würzburg, Abschnitt 4.2.5), erhält man die in Tabelle 3.1 dargestellten Beziehungen zwischen der **spezifischen Stutzenarbeit** Y und den im Laufrad vorhandenen **Strömungsgeschwindigkeiten.**
Die Zusammenhänge zwischen **Geschwindigkeiten, Laufradabmessungen** und **Drehzahl** einerseits und **Volumenstrom** und **spezifischer Stutzenarbeit** andererseits können aus Tabelle 3.2 entnommen werden.

Tabelle 3.1 Turbinenhauptgleichung

Kraftmaschinen

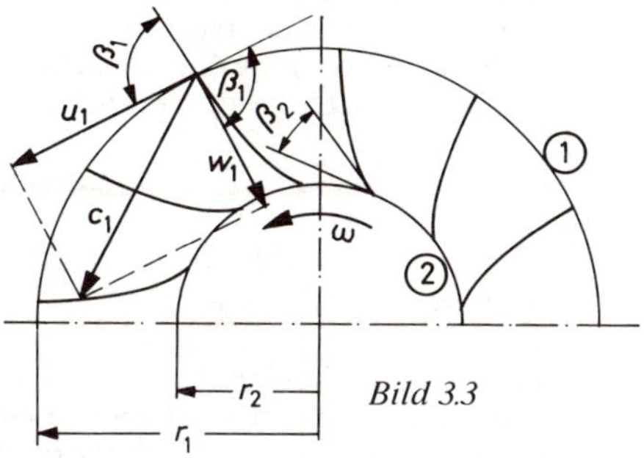

Bild 3.3

Eintritt ①	Austritt ②
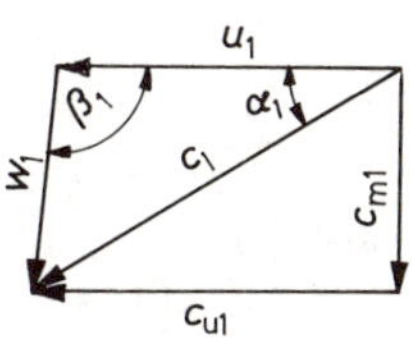 *Bild 3.5*	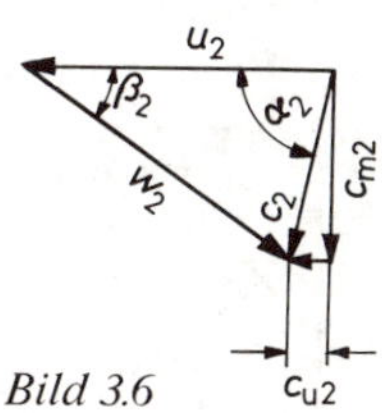 *Bild 3.6*

Das von der Strömung auf das Laufrad ausgeübte **Drehmoment** beträgt:

$$M = \dot{m} \cdot (c_{u1} \cdot r_1 - c_{u2} \cdot r_2)$$

Die vom Laufrad **theoretisch abgegebene Leistung** beträgt:

$$P_{th\infty} = M \cdot \omega$$

Andererseits ergibt sich die theoretische Laufradleistung aus dem Energieumsatz:

$$P_{th\infty} = \dot{m} \cdot Y_{th\infty}$$

Durch Gleichsetzen erhält man:

$$M \cdot \omega = \dot{m} \cdot Y_{th\infty}$$

$$\dot{m}(c_{u1} \cdot r_1 - c_{u2} \cdot r_2) \cdot \omega = \dot{m} \cdot Y_{th\infty}$$

$$Y_{th\infty} = \omega \cdot (c_{u1} \cdot r_1 - c_{u2} \cdot r_2)$$

(3.4a)

$$Y_{th\infty} = c_{u1} \cdot u_1 - c_{u2} \cdot u_2$$

Arbeitsmaschinen

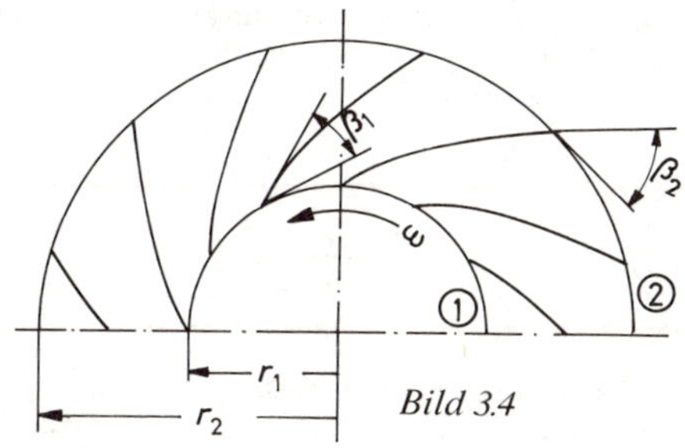

Bild 3.4

Eintritt ①	Austritt ②
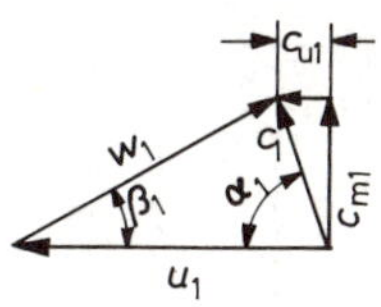 *Bild 3.7*	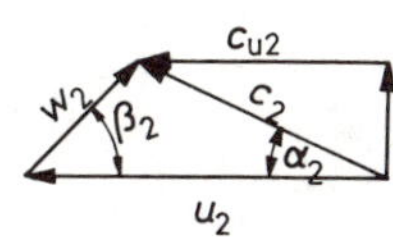 *Bild 3.8*

Das von den Schaufeln des Laufrades auf die Strömung übertragene **Drehmoment** beträgt:

$$M = \dot{m} \cdot (c_{u2} \cdot r_2 - c_{u1} \cdot r_1)$$

Die vom Laufrad **theoretisch aufgenommene Leistung** beträgt

$$P_{th\infty} = M \cdot \omega$$

Andererseits ergibt sich die theoretische Laufradleistung aus dem Energieumsatz:

$$P_{th\infty} = \dot{m} \cdot Y_{th\infty}$$

Durch Gleichsetzen erhält man:

$$M \cdot \omega = \dot{m} \cdot Y_{th\infty}$$

$$\dot{m}(c_{u2} \cdot r_2 - c_{u1} \cdot r_1) \cdot \omega = \dot{m} \cdot Y_{th\infty}$$

$$Y_{th\infty} = \omega \cdot (c_{u2} \cdot r_2 - c_{u1} \cdot r_1)$$

(3.4b)

$$Y_{th\infty} = c_{u2} \cdot u_2 - c_{u1} \cdot u_1$$

Kraftmaschinen

Die tatsächlich von der Turbine benötigte spezifische Stutzenarbeit Y ist aufgrund der Abweichung der tatsächlichen Strömung von der idealisierten Strömung größer als die theoretisch erforderliche spezifische Stutzenarbeit $Y_{th\,\infty}$:

$$Y = \frac{Y_{th\,\infty}}{\eta_i \cdot \mu} \tag{3.5a}$$

Y = spezifische Stutzenarbeit
$Y_{th\,\infty}$ = theoretische spezifische Stutzenarbeit
η_i = innerer Wirkungsgrad zur Berücksichtigung der Reibungsverluste
μ = **Minderleistungsfaktor** zur Berücksichtigung der endlichen Schaufelzahl

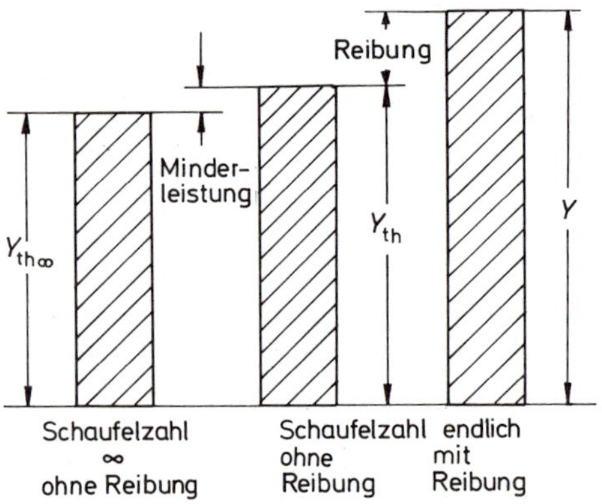

Bild 3.9

Arbeitsmaschinen

Die tatsächlich von der Strömungsarbeitsmaschine erzeugte spezifische Stutzenarbeit Y ist aufgrund der Abweichung der tatsächlichen Strömung von der idealisierten Strömung kleiner als die theoretisch erzeugte spezifische Stutzenarbeit $Y_{th\,\infty}$:

$$Y = Y_{th\,\infty} \cdot \eta_i \cdot \mu \tag{3.5b}$$

Y = spezifische Stutzenarbeit
$Y_{th\,\infty}$ = theoretische spezifische Stutzenarbeit
η_i = innerer Wirkungsgrad zur Berücksichtigung der Reibungsverluste
μ = **Minderleistungsfaktor** zur Berücksichtigung der endlichen Schaufelzahl

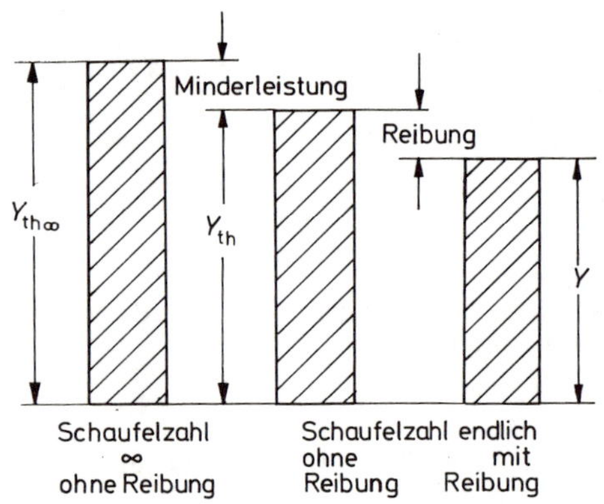

Bild 3.10

Beispiel 3

Das Laufrad einer Radialpumpe für Wasser hat folgende Abmessungen:

Außendurchmesser	D_2 =	250 mm
Innendurchmesser	D_1 =	50 mm
Eintrittsbreite	b_1 =	10 mm
Austrittsbreite	b_2 =	5 mm
Eintrittswinkel	β_1 =	30°
Austrittswinkel	β_2 =	25°
Verengungsfaktor	k_1 =	1,2
Verengungsfaktor	k_2 =	1,05

Wie groß sind Volumenstrom $\dot{V}$ und theoretische spezifische Stutzenarbeit $Y_{th\,\infty}$ bei einer Drehzahl von $n = 30\ \mathrm{s}^{-1}$?

Lösung:

a) den Volumenstrom $\dot{V}$ erhält man aus dem Geschwindigkeitsplan für den Laufradeintritt:

$$u_1 = r_1 \cdot \omega = D_1 \cdot \pi \cdot n$$

$$u_1 = 0{,}05 \cdot \pi \cdot 30$$

$$u_1 = 4{,}71\ \mathrm{m/s}$$

$$c_{m1} = u_1 \cdot \tan \beta_1 = 4{,}71 \cdot \tan 30°$$

$$c_{m1} = 2{,}72\ \mathrm{m/s}$$

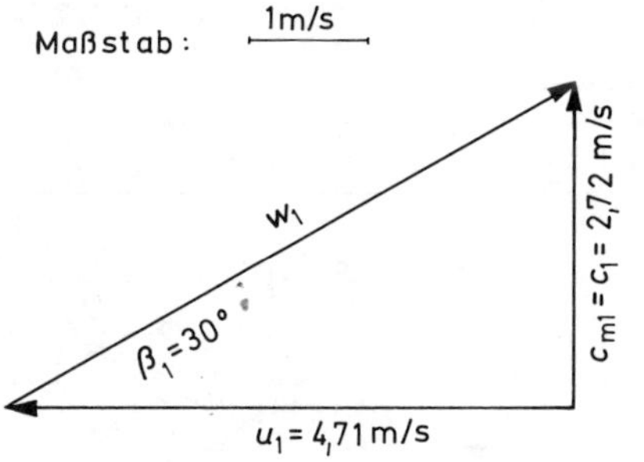

Bild 3.23 Geschwindigkeitsplan — Laufradeintritt

In Bild 3.23 ist der Geschwindigkeitsplan für den Laufradeintritt dargestellt.
Aus Tabelle 3.2 wird für den Volumenstrom $\dot{V} \triangleq \dot{V}_1$ folgende Beziehung entnommen:

$$\dot{V} = \frac{c_{m1} \cdot D_1 \cdot \pi \cdot b_1}{k_1}$$

$$\dot{V} = \frac{2{,}72 \cdot 0{,}05 \cdot \pi \cdot 0{,}01}{1{,}2}$$

$$\underline{\underline{\dot{V} = 3{,}56 \cdot 10^{-3}\ \mathrm{m^3/s}}}$$

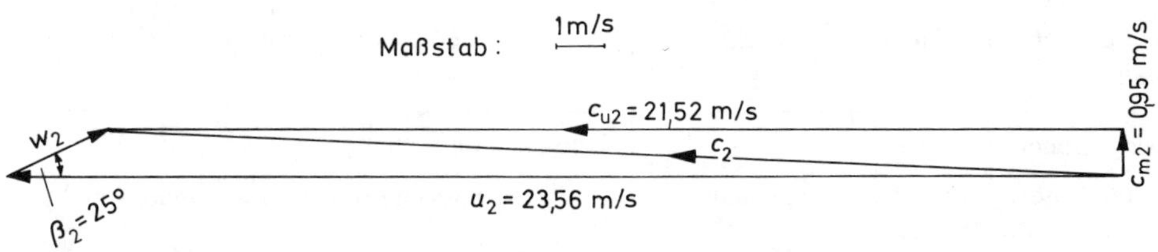

Bild 3.24 Geschwindigkeitsplan — Laufradaustritt

b) Die theoretische spezifische Stutzenarbeit $Y_{\mathrm{th}\,\infty}$ ergibt sich aus dem Geschwindigkeitsplan für den Laufradaustritt:

$$c_{m2} = \frac{\dot{V}_2}{D_2 \cdot \pi \cdot b_2} \cdot k_2$$

$$\dot{V}_2 \triangleq \dot{V}_1 \triangleq \dot{V} \quad \text{(inkompressibles Medium)}$$

$$c_{m2} = \frac{3{,}56 \cdot 10^{-3}}{0{,}25 \cdot 0{,}005 \cdot \pi} \cdot 1{,}05$$

$$c_{m2} = 0{,}95\ \mathrm{m/s}$$

aus Tabelle 3.2 folgt:

$$c_{u2} = u_2 - \frac{c_{m2}}{\tan \beta_2}$$

$$u_2 = D_2 \cdot \pi \cdot n$$

$$u_2 = 0{,}25 \cdot \pi \cdot 30$$

$$u_2 = 23{,}56\ \mathrm{m/s}$$

$$c_{u2} = 23{,}56 - \frac{0{,}95}{\tan 25^\circ}$$

$$c_{u2} = 21{,}52\ \mathrm{m/s}$$

Es wird drallfreier Strömungseintritt ins Laufrad vorausgesetzt, d.h. c_{u1} zu Null angenommen. Damit ergibt sich für $Y_{\mathrm{th}\,\infty}$ nach Gleichung (3.4b):

$$Y_{\mathrm{th}\,\infty} = c_{u2} \cdot u_2$$

$$Y_{\mathrm{th}\,\infty} = 21{,}52 \cdot 23{,}56$$

$$\underline{\underline{Y_{\mathrm{th}\,\infty} = 507\ \mathrm{J/kg}}}$$

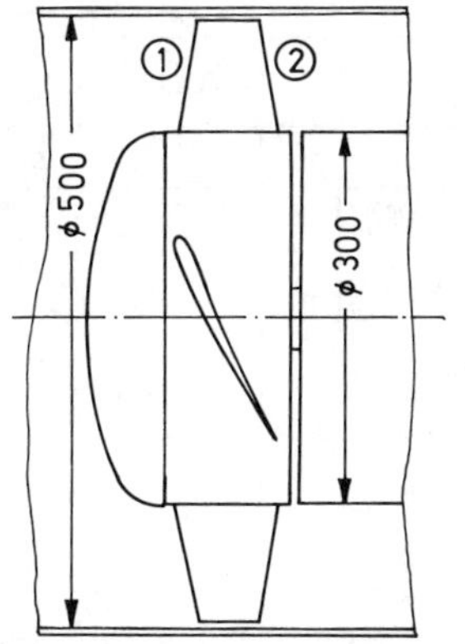

Bild 3.25 Zu Beispiel 4

Tabelle 3.2 Geschwindigkeitspläne

Kraftmaschinen

Radialrad

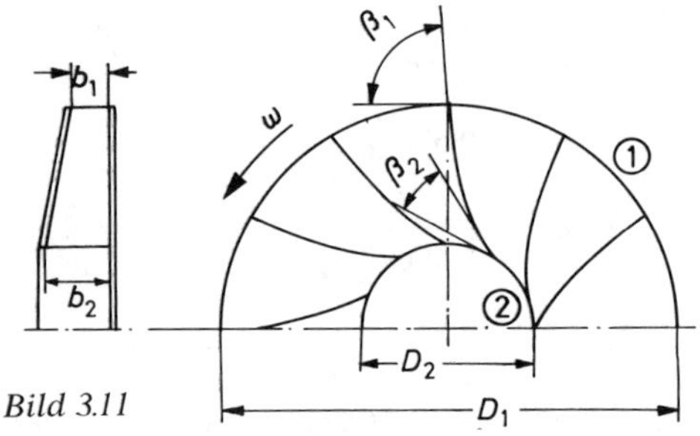

Bild 3.11

Umfangsgeschwindigkeiten:

$$u_1 = r_1 \cdot \omega; \quad u_2 = r_2 \cdot \omega$$

Meridiangeschwindigkeiten:

$$c_{m1} = \frac{\dot{V}_1}{D_1 \cdot \pi \cdot b_1} \cdot k_1$$

$$c_{m2} = \frac{\dot{V}_2}{D_2 \cdot \pi \cdot b_2} \cdot k_2$$

k_1 und k_2 sind Faktoren zur Berücksichtigung der Schaufeldicke ($k > 1$)

Umfangskomponenten von c:

$c_{u2} = 0$ üblicherweise im Rechnungspunkt

$c_{u1} = Y_{th\,\infty}/u_1$

Eintritt ①	Austritt ②
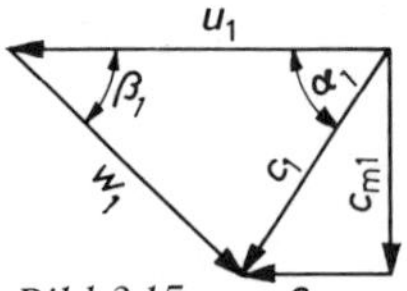 *Bild 3.15* c_{u1}	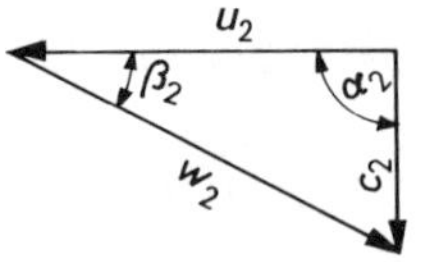 *Bild 3.16*
$\tan \beta_1 = \frac{c_{m1}}{u_1 - c_{u1}}$	$\tan \beta_2 = \frac{c_{m2}}{u_2}$

Die Geschwindigkeitspläne werden i.a. nur für Laufradein- und -austritt gezeichnet.

Axialrad

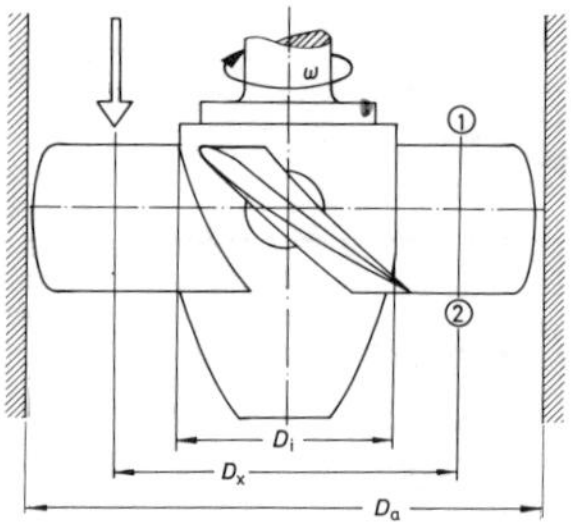

Bild 3.12

Umfangsgeschwindigkeiten:

$$u_x = r_x \cdot \omega$$

Meridiangeschwindigkeiten:

$$c_{m1} = \frac{\dot{V}_1}{\frac{\pi}{4} \cdot (D_a^2 - D_i^2)} \cdot k_1$$

$$c_{m2} = \frac{\dot{V}_2}{\frac{\pi}{4} \cdot (D_a^2 - D_i^2)} \cdot k_2$$

k_1 und k_2 sind Faktoren zur Berücksichtigung der Schaufeldicke ($k > 1$)

Umfangskomponenten von c:

$c_{u2x} = 0$ üblicherweise im Rechnungspunkt

$c_{u1x} = Y_{th\,\infty}/u_x$

Eintritt ①	Austritt ②
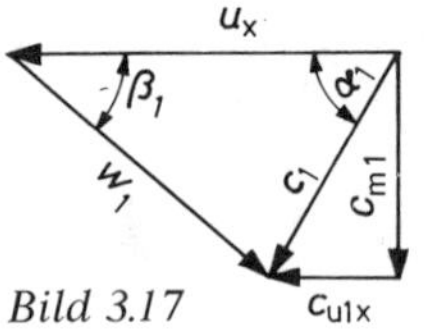 *Bild 3.17* c_{u1x}	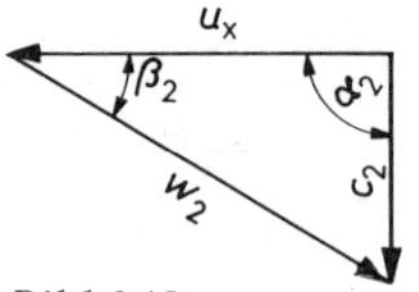 *Bild 3.18*
$\tan \beta_1 = \frac{c_{m1}}{u_x - c_{u1x}}$	$\tan \beta_2 = \frac{c_{m2}}{u_x}$

Die Geschwindigkeitspläne werden für mehrere Schnitte (Durchmesser) $D_a \geqq D_x \geqq D_i$ gezeichnet.

Radialrad

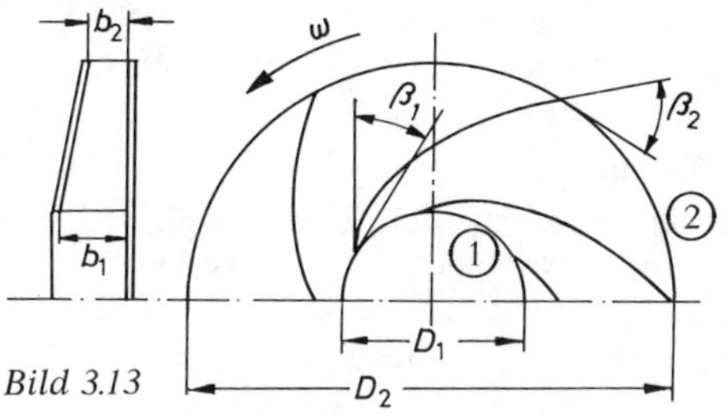

Bild 3.13

Umfangsgeschwindigkeiten:

$$u_1 = r_1 \cdot \omega; \quad u_2 = r_2 \cdot \omega$$

Meridiangeschwindigkeiten:

$$c_{m1} = \frac{\dot{V}_1}{D_1 \cdot \pi \cdot b_1} \cdot k_1$$

$$c_{m2} = \frac{\dot{V}_2}{D_2 \cdot \pi \cdot b_2} \cdot k_2$$

k_1 und k_2 sind Faktoren zur Berücksichtigung der Schaufeldicke ($k > 1$)

Umfangskomponenten von c:

$c_{u1} = 0$ üblicherweise im Rechnungspunkt

$c_{u2} = Y_{th\,\infty}/u_2$

Eintritt ①

Bild 3.19

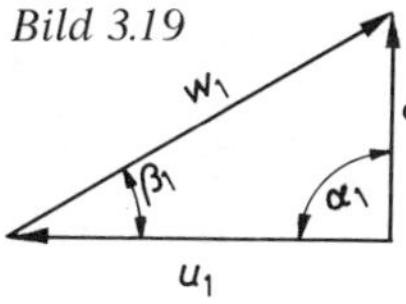

$$\tan \beta_1 = \frac{c_{m1}}{u_1}$$

Austritt ②

Bild 3.20

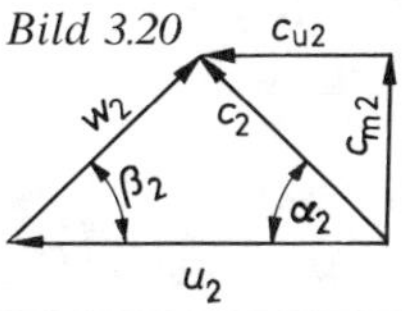

$$\tan \beta_2 = \frac{c_{m2}}{u_2 - c_{u2}}$$

Die Geschwindigkeitspläne werden i.a. nur für Laufradein- und -austritt gezeichnet.

Axialrad

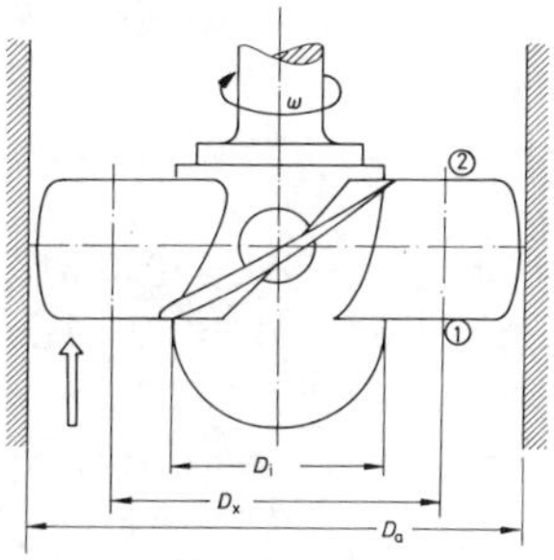

Bild 3.14

Umfangsgeschwindigkeiten:

$$u_x = r_x \cdot \omega$$

Meridiangeschwindigkeiten:

$$c_{m1} = \frac{\dot{V}_1}{\frac{\pi}{4} \cdot (D_a^2 - D_i^2)} \cdot k_1$$

$$c_{m2} = \frac{\dot{V}_2}{\frac{\pi}{4} \cdot (D_a^2 - D_i^2)} \cdot k_2$$

k_1 und k_2 sind Faktoren zur Berücksichtigung der Schaufeldicke ($k > 1$)

Umfangskomponenten von c:

$c_{u1x} = 0$ üblicherweise im Rechnungspunkt

$c_{u2x} = Y_{th\,\infty}/u_x$

Eintritt ①

Bild 3.21

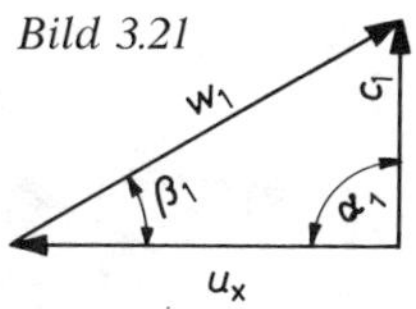

$$\tan \beta_1 = \frac{c_{m1}}{u_x}$$

Austritt ②

Bild 3.22

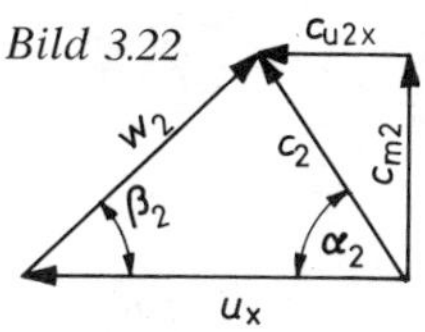

$$\tan \beta_2 = \frac{c_{m2}}{u_x - c_{u2x}}$$

Die Geschwindigkeitspläne werden für mehrere Schnitte (Durchmesser) $D_a \geq D_x \geq D_i$ gezeichnet.

Beispiel 4

Ein Axialventilator hat folgende Abmessungen und Betriebsdaten:

Außendurchmesser	D_a	$= 500$ mm
Innendurchmesser	D_i	$= 300$ mm
Drehzahl	n	$= 50\ s^{-1}$
Volumenstrom	$\dot{V}$	$= 4\ m^3/s$
theor. spez. Stutzenarbeit	$Y_{th\infty}$	$= 1000$ J/kg

Die Strömung durch den Ventilator darf als inkompressibel angesehen werden.

Es sind die Geschwindigkeitspläne für den Außendurchmesser, den Innendurchmesser und einen mittleren Durchmesser

$$D_m = \frac{D_a + D_i}{2} = 400 \text{ mm}$$

zu berechnen und aufzuzeichnen. Die Verengungsfaktoren k_1 und k_2 dürfen zu 1,0 angenommen werden.

Lösung:

Zunächst werden die Geschwindigkeiten und Winkel in folgender Tabelle berechnet:

	außen	Mitte	innen	
D_x	0,5	0,4	0,3	m
$u_x = D_x \cdot \pi \cdot n$	78,54	62,83	47,12	m/s
$c_{m1} = c_{m2} = \dfrac{\dot{V}}{\frac{\pi}{4} \cdot (D_a^2 - D_i^2)}$	31,83	31,83	31,83	m/s
$c_{u2x} = \dfrac{Y_{th\infty}}{u_x}$	12,73	15,92	21,22	m/s
$\beta_1 = \arctan \dfrac{c_{m1}}{u_x}$	22,06°	26,87°	34,04°	
$\beta_2 = \arctan \dfrac{c_{m2}}{u_x - c_{u2x}}$	25,81°	34,16°	50,86°	

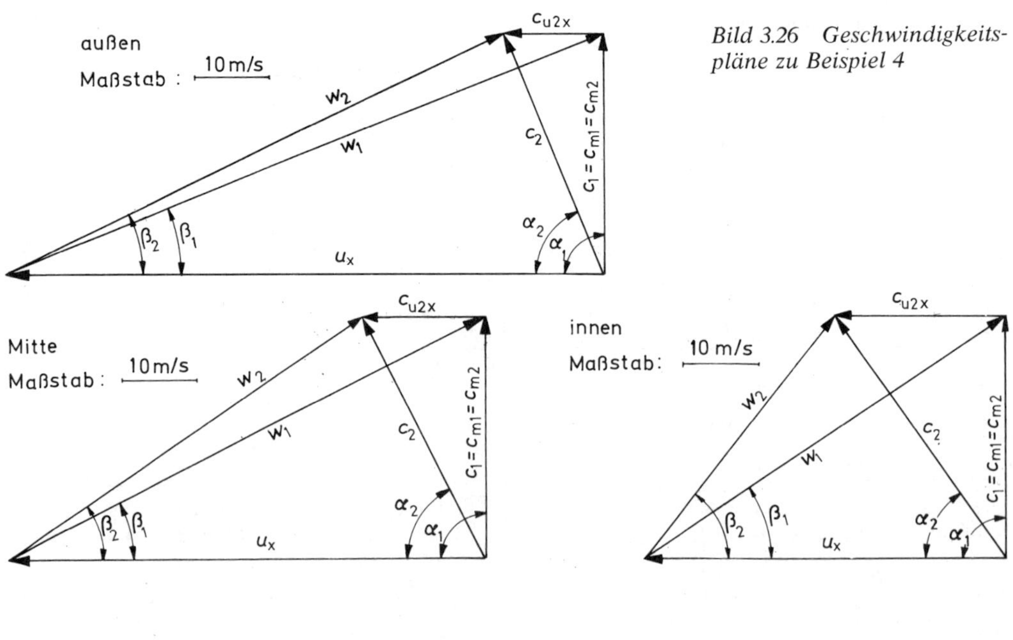

Bild 3.26 Geschwindigkeitspläne zu Beispiel 4

4 Modellgesetze und Kennzahlen

4.1 Einleitung

Bei der Auslegung und Baureihenentwicklung (Typisierung) von Strömungsmaschinen anhand von Daten ähnlicher Maschinen, insbesondere von Modell-Versuchsmaschinen, ist es erforderlich, die Maschinen-Betriebsdaten auf andere Abmessungen (Baugrößen), Drehzahlen oder andere Arbeitsmedien umzurechnen. Diese Umrechnung geschieht mittels ähnlichkeitsmechanischer **Modellgesetze** oder meist dimensionsloser **Kennzahlen.**

In vielen Fällen erweist es sich als vorteilhaft, das Betriebsverhalten ähnlicher Maschinen mittels Kennfeldern aus dimensionslosen Kennzahlen unabhängig von Baugröße und Drehzahl darzustellen (vgl. Kap. 13).

4.2 Ähnlichkeitsbedingungen

Bei der ähnlichkeitsmechanischen Umrechnung der Hauptdaten von Strömungsmaschinen müssen folgende Bedingungen eingehalten werden:

a) Die zu vergleichenden Maschinen müssen in allen Abmessungen und Formen **geometrisch ähnlich** sein.

Diese Bedingung ist hinsichtlich der Oberflächenrauhigkeiten meist nicht exakt einzuhalten, d.h., der Einfluß der Rauhigkeit auf die Strömung in Wandnähe (Grenzschicht) läßt sich nicht so ohne weiteres übertragen.

b) Die Strömungen in den Kanälen der Maschinen, insbesondere in den Laufrädern, müssen **kinematisch ähnlich** verlaufen, d.h., die **Geschwindigkeitspläne** der korrespondierenden Maschinen müssen geometrisch ähnlich sein, was bedeutet, daß sich entsprechende Winkel in den Geschwindigkeitsplänen übereinstimmen müssen.

c) Die zu vergleichenden Strömungen müssen **dynamisch ähnlich** verlaufen, d.h., sich entsprechende Kräfte, insbesondere Trägheits- und Reibungskräfte, müssen sich ähnlich verhalten.

Die Reynolds-Zahlen (bei thermischen Maschinen auch die Mach-Zahlen) der Maschinen sollten weitgehend übereinstimmen.

4.3 Ähnlichkeitsbeziehungen zwischen den Hauptdaten geometrisch ähnlicher Maschinen

4.3.1 Maßstabsfaktoren

Zur Ableitung der Zusammenhänge zwischen den Betriebsdaten geometrisch ähnlicher Strömungsmaschinen bzw., genauer gesagt, geometrisch ähnlicher Laufräder, werden folgende Maßstabsfaktoren eingeführt:

a) **Größenmaßstab:**

$$k_l = \frac{l_{iI}}{l_{iII}}$$

für die Länge l_i wählt man normalerweise den Laufradaußendurchmesser

b) **Drehzahlmaßstab:**

$$k_n = \frac{n_I}{n_{II}}$$

c) **Geschwindigkeitsmaßstab:**

$$k_G = \frac{u_I}{u_{II}} = \frac{w_I}{w_{II}} = \frac{c_I}{c_{II}}$$

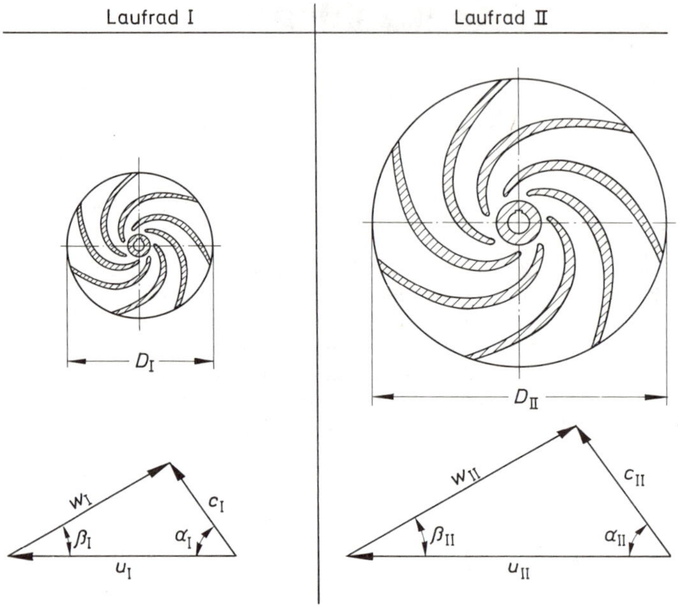

Bild 4.1 Zur Ähnlichkeit

Setzt man für $u_I = \pi \cdot D_I \cdot n_I$ und für $u_{II} = \pi \cdot D_{II} \cdot n_{II}$, ergibt sich für den Faktor k_G:

$$k_G = \frac{u_I}{u_{II}} = \frac{\pi \cdot D_I \cdot n_I}{\pi \cdot D_{II} \cdot n_{II}} = k_l \cdot k_n$$

d.h., der Geschwindigkeitsmaßstabfaktor k_G ist gleich dem Produkt aus Größenmaßstabsfaktor k_l und Drehzahlmaßstabsfaktor k_n!

In den obigen Ableitungen bezieht sich Index I auf Maschine I, Index II auf Maschine II (Bild 4.1).

4.3.2 Ähnlichkeitsbeziehung für den Volumenstrom $\dot{V}$

Der Volumenstrom $\dot{V}$ ist proportional zur Geschwindigkeit c und zu der dazugehörenden Querschnittsfläche A:

$$\dot{V} = A \cdot c$$

Für beide Maschinen I und II gilt entsprechend:

Maschine I : $\dot{V}_I = A_I \cdot c_I$
Maschine II : $\dot{V}_{II} = A_{II} \cdot c_{II}$

Zwischen den Flächen A_I und A_{II} besteht der Zusammenhang:

$$A_I = k_l^2 \cdot A_{II}$$

und zwischen den Geschwindigkeiten c_I und c_{II}:

$$c_I = k_G \cdot c_{II} = k_l \cdot k_n \cdot c_{II}$$

daraus folgt für die Volumenströme:

$$\dot{V}_I = A_I \cdot c_I = k_l^2 \cdot A_{II} \cdot k_l \cdot k_n \cdot c_{II}$$

$$\dot{V}_I = k_l^3 \cdot k_n \cdot A_{II} \cdot c_{II}$$

(4.1)

$$\dot{V}_I = k_l^3 \cdot k_n \cdot \dot{V}_{II}$$

In Worten ausgedrückt: der Volumenstrom einer geometrisch ähnlichen Strömungsmaschine ändert sich bei gleichbleibendem Arbeitsmedium mit der 3. Potenz der Abmessungen und linear mit der Drehzahl.

4.3.3 Ähnlichkeitsbeziehung für die spezifische Stutzenarbeit *Y*

Nach der Eulerschen Strömungsmaschinen-Hauptgleichung (Gl. 3.4)) besteht zwischen den Geschwindigkeiten im Laufrad und der spezifischen Stutzenarbeit Y folgender Zusammenhang:

$$Y_{th\infty} = c_{u1} \cdot u_1 - c_{u2} \cdot u_2 \text{ bei Turbinen}$$
$$\text{bzw. } Y_{th\infty} = c_{u2} \cdot u_2 - c_{u1} \cdot u_1 \text{ bei Arbeitsmaschinen}$$

Für beide Maschinenarten kann abgekürzt geschrieben werden:

Maschine I: $Y_{th\infty I} = \Delta(u \cdot c_u)_I$

Maschine II: $Y_{th\infty II} = \Delta(u \cdot c_u)_{II}$

Unter Benutzung des Geschwindigkeitsmaßstabes k_G kann $Y_{th\infty I}$ durch $Y_{th\infty II}$ ausgedrückt werden:

$$u_I = k_G \cdot u_{II}$$
$$c_{uI} = k_G \cdot c_{uII}$$

(4.2)
$$\Delta(u \cdot c_u)_I = k_G^2 \cdot Y_{th\infty II}$$

Nimmt man vereinfachend an, daß die inneren Wirkungsgrade η_i und die Minderleistungsfaktoren μ bei beiden Maschinen jeweils gleich groß sind, kann in Gleichung (4.2) $Y_{th\infty}$ durch Y ersetzt werden:

(4.3)
$$Y_I \approx Y_{II} \cdot k_l^2 \cdot k_n^2$$

Die spezifische Stutzenarbeit einer Strömungsmaschine ändert sich demnach quadratisch mit den Abmessungen und der Drehzahl.

4.3.4 Ähnlichkeitsbeziehung für die Leistung *P*

Die Leistung einer Strömungsmaschine ist proportional zum Produkt aus Volumenstrom und spezifischer Stutzenarbeit (vgl. Gl. (2.22) und (2.23)).

$$P \sim \dot{V} \cdot Y$$

Maschine I: $P_I \sim \dot{V}_I \cdot Y_I$

Maschine II: $P_{II} \sim \dot{V}_{II} \cdot Y_{II}$

nach Gl. 4.1 gilt für $\dot{V}_I$: $\dot{V}_I = k_l^3 \cdot k_n \cdot \dot{V}_{II}$

nach Gl. 4.3 gilt für Y_I: $Y_I = Y_{II} \cdot k_l^2 \cdot k_n^2$

Daraus folgt für die Leistungen:

$$P_I \sim k_l^3 \cdot k_n \cdot \dot{V}_{II} \cdot Y_{II} \cdot k_l^2 \cdot k_n^2$$
$$P_I \sim k_l^5 \cdot k_n^3 \cdot \dot{V}_{II} \cdot Y_{II}$$
$$P_I \sim k_l^5 \cdot k_n^3 \cdot P_{II}$$

Unter Vernachlässigung des Wirkungsgradunterschiedes zwischen den beiden Maschinen kann näherungsweise gesetzt werden:

(4.4)
$$P_I \approx k_l^5 \cdot k_n^3 \cdot P_{II}$$

Die Leistung einer Strömungsmaschine ändert sich mit der 5. Potenz der Abmessungen und der 3. Potenz der Drehzahl.

Beispiel 5

Eine Radialpumpe hat folgende Betriebsdaten:

Volumenstrom	$\dot{V}$	$= 100\ m^3/h$
spez. Stutzenarbeit	Y	$= 500\ J/kg$
Leistung	P	$= 17{,}5\ kW$

Wie groß sind Volumenstrom, spez. Stutzenarbeit und Leistung einer geometrisch ähnlichen Pumpe, wenn das gleiche Medium gefördert wird, der Durchmesser um 25% vergrößert, die Drehzahl um 50% gesenkt werden?

Lösung:

$$\dot{V}_I = 100\ m^3/h$$
$$Y_I = 500\ J/kg$$
$$P_I = 17{,}5\ kW$$
$$k_l = \frac{D_I}{D_{II}} = \frac{1}{1{,}25} = 0{,}8$$
$$k_n = \frac{n_I}{n_{II}} = \frac{1}{0{,}5} = 2$$

Der Volumenstrom $\dot{V}_{II}$ der neuen Pumpe ergibt sich aus Gl. (4.1):

$$\dot{V}_{II} = \frac{\dot{V}_I}{k_l^3 \cdot k_n}$$
$$\dot{V}_{II} = \frac{100}{0{,}8^3 \cdot 2}$$
$$\underline{\dot{V}_{II} = 97{,}66\ m^3/h}$$

Für die spez. Stutzenarbeit Y_{II} folgt aus Gl. (4.3):

$$Y_{II} \approx \frac{Y_I}{k_l^2 \cdot k_n^2}$$
$$Y_{II} \approx \frac{500}{0{,}8^2 \cdot 2^2}$$
$$\underline{Y_{II} \approx 195{,}31\ J/kg}$$

Die Leistung P berechnet sich nach Gl. (4.4):

$$P_{II} \approx \frac{P_I}{k_l^5 \cdot k_n^3}$$

$$P_{II} \approx \frac{17{,}5}{0{,}8^5 \cdot 2^3}$$

$$\underline{P_{II} \approx 6{,}68 \text{ kW}}$$

Würde man die Pumpe II auf dem Prüfstand durchmessen, ergäben sich Werte für den Volumenstrom $\dot{V}_{II}$, die spez. Stutzenarbeit Y_{II} und die Leistung P_{II}, die von den oben errechneten Werten, insbesondere bei der Leistung, mehr oder minder stark abweichen würden, da die einfachen Ähnlichkeitsformeln (Modellgesetze) nicht alle Einflüsse erfassen.

4.4 Aufwerteformeln

Die in Gleichung (4.4) angegebene Umrechnung der Leistung für unterschiedlich große bzw. mit verschiedenen Drehzahlen laufende geometrisch ähnliche Strömungsmaschinen stimmt nur angenähert, da sich auch der Wirkungsgrad ändert. Die Wirkungsgradänderung, bedingt durch Änderung der Maschinengröße, Drehzahl oder Viskosität des Arbeitsmediums, läßt sich mit Hilfe sogenannter **Aufwerteformeln** einigermaßen genau abschätzen. Besonders wichtig sind Aufwertungsformeln für die Hochrechnung der Wirkungsgrade von Modellmaschinen auf die Großausführung. Für alle Strömungsmaschinenarten, Maschinengrößen und geometrischen Radformen gleichermaßen gültige Aufwerteformeln können nicht angegeben werden. Bei der Aufwertung von in Modellversuchen gewonnenen Wirkungsgraden muß deshalb die speziell anzuwendende Aufwertungsformel zwischen Maschinenlieferer und Kunde vereinbart werden.
Von den zahlreichen bekannten Aufwerteformeln seien zunächst die von PFLEIDERER und ACKERET genannt:

Pfleiderer:

$$\frac{1 - \eta_{i\,II}}{1 - \eta_{i\,I}} = \left(\frac{Re_I}{Re_{II}}\right)^{0,1} \tag{4.5}$$

Ackeret:

$$\frac{1 - \eta_{iII}}{1 - \eta_{iI}} = \frac{1}{2}\left[1 + \left(\frac{Re_I}{Re_{II}}\right)^{0,2}\right] \tag{4.6}$$

η_{iI} = innerer Wirkungsgrad von Maschine (Rad) I (kleines Rad)
η_{iII} = innerer Wirkungsgrad von Maschine (Rad) II (großes Rad)
Re_I = Reynolds-Zahl von Maschine (Rad) I
Re_{II} = Reynolds-Zahl von Maschine (Rad) II

$$Re_I = \frac{D_I \cdot \sqrt{2 \cdot Y_I}}{\nu_I} \quad \text{oder} \quad Re_I = \frac{u_I \cdot D_I}{\nu_I}$$

$$Re_{II} = \frac{D_{II} \sqrt{2 \cdot Y_{II}}}{\nu_{II}} \quad \text{oder} \quad Re_{II} = \frac{u_{II} \cdot D_{II}}{\nu_{II}}$$

ν = kinematische Viskosität

Weitere Aufwerteformeln und deren Ableitung finden sich in [4.1] bis [4.4].
Für **Wasserturbinen** werden in [4.5] folgende Aufwerteformeln empfohlen:
für **Kaplanturbinen** die Formel von HUTTON:

$$\frac{1 - \eta_{iG}}{1 - \eta_{iM}} = 0{,}3 + 0{,}7 \cdot \left(\frac{Re_M}{Re_G}\right)^{0,2} \tag{4.7}$$

η_{iG} = innerer Wirkungsgrad der Großausführung
η_{iM} = innerer Wirkungsgrad der Modellmaschine

$$Re_M = \frac{D_M \cdot \sqrt{2 \cdot Y_M}}{\nu_M}$$

= Reynolds-Zahl der Modellmaschine

$$Re_G = \frac{D_G \cdot \sqrt{2 \cdot Y_G}}{\nu_G}$$

= Reynolds-Zahl der Großausführung
D = Laufraddurchmesser
Y = spezifische Stutzenarbeit
ν = kinematische Viskosität

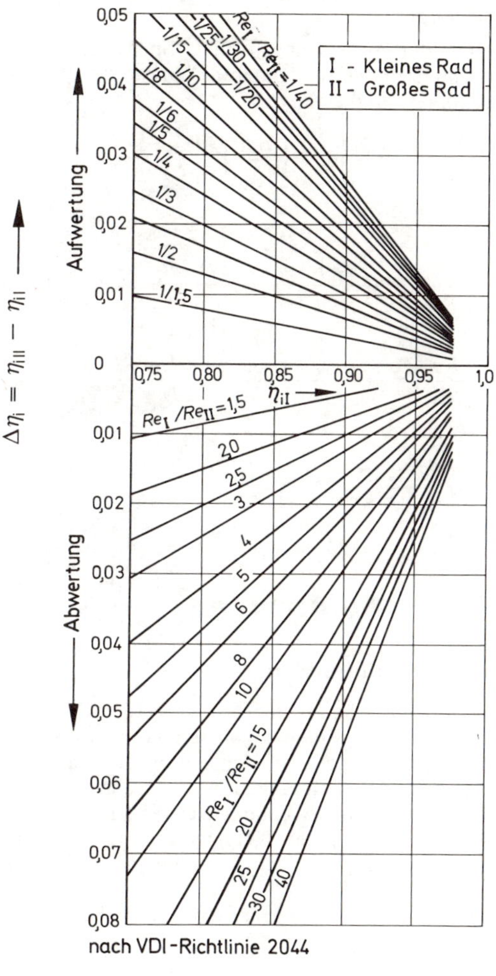

Bild 4.2 Zur Aufwertung des Wirkungsgrades von Ventilatoren (nach VDI-Richtlinie 2044)

für **Francisturbinen** die Formel von Moody

(4.8)

$$\frac{1 - \eta_{iG}}{1 - \eta_{iM}} = \left(\frac{D_M}{D_G}\right)^{0,2}$$

Für **Ventilatoren** wird in [4.6] die Anwendung der Formel von Ackeret (Gl. 4.6) vorgeschlagen und die Wirkungsgradänderung $\Delta\eta_i = \eta_{iII} - \eta_{iI}$ als Funktion von Re_I/Re_{II} in einem Diagramm (Bild 4.2) dargestellt.

Rütschi [4.2; 4.3] empfiehlt für **einstufige, radiale Kreiselpumpen** folgende Aufwertungsformel:

(4.9)

$$\eta_{iII} = 1 - \left[1 - \frac{1 - 2{,}21/D_{sII}^{3/2}}{1 - 2{,}21/D_{sI}^{3/2}}\,\eta_{iI}\right]\left(\frac{Re_I}{Re_{II}}\right)^{0,1}$$

η_{iI} = innerer Wirkungsgrad von Pumpe I (kleines Rad)

η_{iII} = innerer Wirkungsgrad von Pumpe II (großes Rad)

Re_{II} = $u_{II} \cdot D_{II}/\nu_{II}$ = Reynoldszahl von Rad II

Re_I = $u_I \cdot D_I/\nu_I$ = Reynoldszahl von Rad I

D_{sI} = Saugmunddurchmesser von Rad I **in cm!** (siehe Bild 4.3)

D_{sII} = Saugmunddurchmesser von Rad II **in cm!** (siehe Bild 4.3)

Beispiel 6

Bei einem Axialgebläse mit einem Außendurchmesser von 500 mm wurde ein innerer Wirkungsgrad von $\eta_i = 0{,}8$ gemessen. Wie groß wird der Wirkungsgrad eines geometrisch ähnlichen Gebläses, wenn bei gleichbleibender Drehzahl und gleichem Arbeitsmedium der Außendurchmesser auf 1000 mm vergrößert wird?

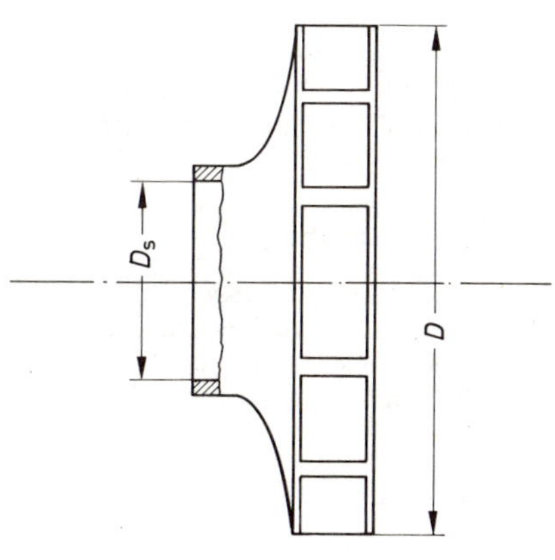

Bild 4.3 Radialrad

Lösung:

Nach der Aufwertungsformel von Ackeret (4.6) ergibt sich für den inneren Wirkungsgrad des größeren Gebläses:

$$\frac{1 - \eta_{iII}}{1 - \eta_{iI}} = \frac{1}{2}\left[1 + \left(\frac{Re_I}{Re_{II}}\right)^{0,2}\right]$$

$$\eta_{iI} = 0,8$$

$$\frac{Re_I}{Re_{II}} = \frac{D_I \cdot u_I \cdot \nu_{II}}{D_{II} \cdot u_{II} \cdot \nu_I} = \frac{D_I \cdot u_I}{D_{II} \cdot u_{II}} \text{ da } \nu_I = \nu_{II}$$

$$\frac{Re_I}{Re_{II}} = \frac{D_I \cdot D_I \cdot \pi \cdot n_I}{D_{II} \cdot D_{II} \cdot \pi \cdot n_{II}} = \frac{D_I^2}{D_{II}^2} \text{ da } n_I = n_{II}$$

$$\frac{Re_I}{Re_{II}} = \frac{500^2}{1000^2} = 0,25$$

$$\frac{1 - \eta_{iII}}{1 - 0,8} = \frac{1}{2}[1 + 0,25^{0,2}]$$

$$1 - \eta_{iII} = 0,2 \cdot \frac{1}{2}[1 + 0,25^{0,2}]$$

$$\eta_{iII} = 1 - 0,1\,[1 + 0,25^{0,2}]$$

$$\eta_{iII} = 0,824$$

Die Zunahme des inneren Wirkungsgrades beträgt damit:

$$\Delta\eta = \eta_{iII} - \eta_{iI} = 0,024 \quad \text{oder} \quad 2,4\%$$

Dieses Ergebnis kann auch aus Bild 4.2 abgelesen werden. Da i.a. auch der mechanische Wirkungsgrad η_m und der volumetrische Wirkungsgrad η_l (Verringerung der Spaltverluste!) mit größerem Außendurchmesser zunehmen, dürfte die Verbesserung des Gesamtwirkungsgrades bei etwa 3,5 bis 4% liegen.

4.5 Kennzahlen

4.5.1 Einleitung

Im Strömungsmaschinenbau setzt sich die Verwendung von **dimensionslosen Kennzahlen** bei der Darstellung von Versuchswerten und bei Auslegungsberechnungen immer mehr durch.
Im vorliegenden Abschnitt werden zunächst nur die fünf wichtigsten Kennzahlen eingeführt, in den folgenden Kapiteln kommen noch weitere Kennzahlen hinzu.
Die aus der Strömungslehre bekannte **Reynolds-Zahl**

$$Re = \frac{\text{Strömungsgeschwindigkeit} \times \text{charakteristische Abmessung}}{\text{kinematische Viskosität}}$$

wurde bereits im Abschnitt 4.4 angewandt.
Die **Froude-Zahl** wird im Strömungsmaschinenbau nur selten verwendet.

4.5.2 Druckzahl ψ

Die schon seit langem, insbesondere bei Strömungsarbeitsmaschinen, benutzte Druckzahl ψ bezieht die spezifische Stutzenarbeit Y auf das Quadrat der Umfangsgeschwindigkeit u:

$$\psi = \frac{2 \cdot Y}{u^2} \tag{4.10}$$

Normalerweise ist ψ für **einstufige** Maschinen definiert. Für die Festlegung der Bezugsumfangsgeschwindigkeit u konnte bis heute noch keine Vereinheitlichung erzielt werden, üblicherweise ist u die Umfangsgeschwindigkeit des Arbeitsmediums am Laufradaustritt. Bei Axialmaschinen wird entweder der Außendurchmesser (Pumpen, Gebläse, Verdichter) oder ein mittlerer Durchmesser (Dampf- und Gasturbinen) zugrunde gelegt.
Bei der Benutzung von Versuchswerten und Kennfeldern ist deshalb immer auf die betreffende Festlegung der Umfangsgeschwindigkeit u zu achten!

4.5.3 Durchflußzahl φ

Die Durchflußzahl φ, auch manchmal Lieferzahl φ oder Volumenzahl φ genannt, ist ursprünglich als Verhältnis von Meridiangeschwindigkeit c_m zur Umfangsgeschwindigkeit u definiert:

$$\varphi = \frac{c_m}{u}$$

Da die Meridiangeschwindigkeit c_m proportional zum Volumenstrom $\dot{V}$ und dem Strömungsquerschnitt ist, erwies es sich als sinnvoll, anstelle von c_m den Quotienten $\frac{\dot{V}}{\frac{D^2 \cdot \pi}{4}}$, mit D als Laufradaußendurchmesser, einzuführen:

$$\varphi = \frac{\dot{V}}{\frac{D^2 \cdot \pi}{4} \cdot u} = \frac{\dot{V}}{\frac{D^2 \cdot \pi}{4} \cdot D \cdot \pi \cdot n} \tag{4.11}$$

$$\varphi = \frac{4 \cdot \dot{V}}{D^3 \cdot \pi^2 \cdot n}$$

Nicht alle Autoren von Aufsätzen und Büchern halten sich an diese einfache Festlegung, sondern benutzen die ursprüngliche Form $\varphi = c_m/u$, wobei c_m bei Radial- und Axialmaschinen unterschiedlich definiert ist.
In Tabelle 4.1 sind diese Ausdrücke zusammengestellt.

4.5.4 Leistungszahl λ

Nach Gleichung (2.22) bzw. (2.23) ist die Leistung einer Strömungsmaschine proportional zum Massenstrom bzw. Volumenstrom, zur spezifischen Stutzenarbeit und zum Gesamtwirkungsgrad. Da der Volumenstrom proportional zur Durchflußzahl φ und die spez. Stutzenarbeit proportional zur Druckzahl ψ sind, kann auch die Leistung P durch eine Leistungszahl λ dimensionslos ausgedrückt werden:

a) für Kraftmaschinen:

$$\lambda = \varphi \cdot \psi \cdot \eta \tag{4.12}$$

b) für Arbeitsmaschinen:

$$\lambda = \frac{\varphi \cdot \psi}{\eta} \tag{4.13}$$

Tabelle 4.1 Durchflußzahl φ

Axialmaschinen	**radiales Arbeitsmaschinenrad**	**radiales Turbinenrad**
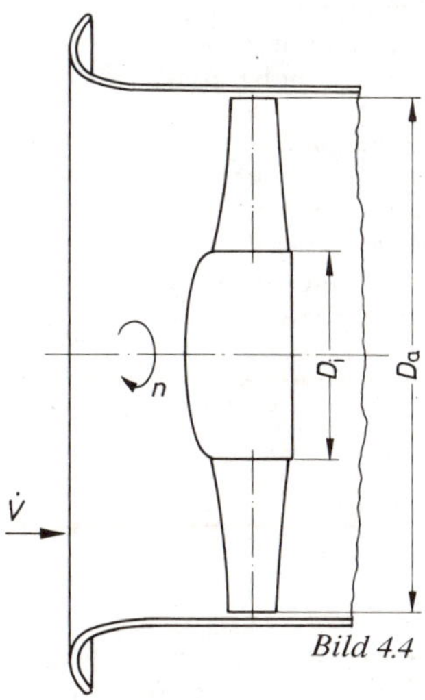 *Bild 4.4*	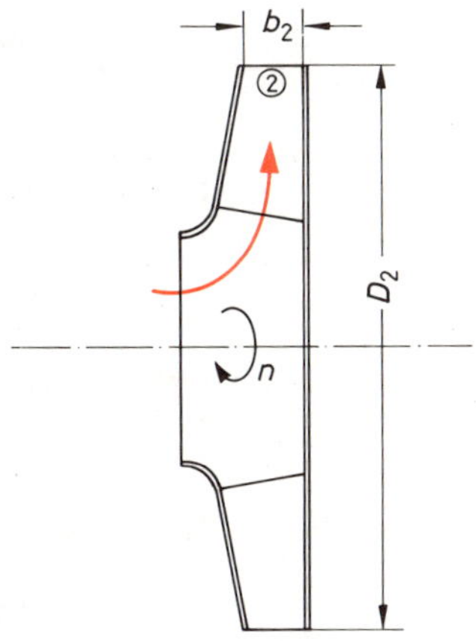 *Bild 4.5*	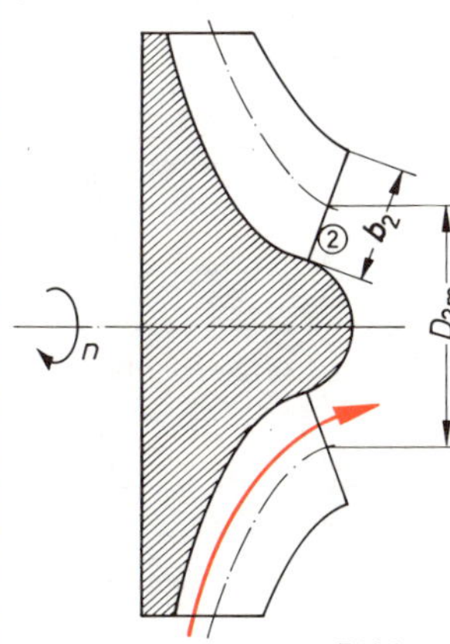 *Bild 4.6*
$\varphi = \frac{4 \cdot \dot{V}}{\pi^2 \cdot (D_a^2 - D_i^2) \cdot D_a \cdot n}$	$\varphi = \frac{\dot{V}_2}{D_2^2 \cdot \pi^2 \cdot b_2 \cdot n}$	$\varphi = \frac{\dot{V}_2}{D_{2m}^2 \cdot \pi^2 \cdot b_2 \cdot n}$

Setzt man für φ den in Formel (4.11) und für ψ den in Formel (4.10) definierten Ausdruck in die obigen Gleichungen ein und setzt für

$$\dot{V} \cdot Y \cdot \varrho \cdot \eta = P \text{ bzw. } \frac{\dot{V} \cdot Y \cdot \varrho}{\eta} = P,$$

ergibt sich für beide Strömungsmaschinenarten folgende Definition für die Leistungszahl λ ausgedrückt durch die Leistung P:

(4.14a)

$$\lambda = \frac{8 \cdot P}{u^3 \cdot D^2 \cdot \pi \cdot \varrho}$$

bzw. (4.14b)

$$\lambda = \frac{8 \cdot P}{D^5 \cdot n^3 \cdot \pi^4 \cdot \varrho}$$

4.5.5 Laufzahl σ

Durch Auflösen der Gleichungen (4.10) und (4.11), jeweils nach dem Durchmesser D, erhält man:
aus 4.10:

$$\psi = \frac{2 \cdot Y}{u^2} = \frac{2 \cdot Y}{D^2 \cdot \pi^2 \cdot n^2}$$

$$D = \frac{(2 \cdot Y)^{1/2}}{\pi \cdot n \cdot \psi^{1/2}}$$

aus 4.11:

$$\varphi = \frac{4 \cdot \dot{V}}{D^3 \cdot \pi^2 \cdot n}$$

$$D = \frac{(4 \cdot \dot{V})^{1/3}}{\pi^{2/3} \cdot \varphi^{1/3} \cdot n^{1/3}}$$

Durch Gleichsetzen der beiden Ausdrücke wird D eliminiert:

$$\frac{(2 \cdot Y)^{1/2}}{\pi \cdot n \cdot \psi^{1/2}} = \frac{(4 \cdot \dot{V})^{1/3}}{\pi^{2/3} \cdot \varphi^{1/3} \cdot n^{1/3}}$$

$$n^{2/3} = \frac{(2 \cdot Y)^{1/2}}{(4 \cdot \dot{V})^{1/3}} \; \frac{\varphi^{1/3}}{\psi^{1/2}} \; \frac{1}{\pi^{1/3}}$$

$$n = \frac{(2 \cdot Y)^{3/4}}{(4 \cdot \dot{V})^{1/2}} \; \frac{\varphi^{1/2}}{\psi^{3/4}} \; \frac{1}{\pi^{1/2}}$$

Für den Ausdruck $\varphi^{1/2}/\psi^{3/4}$ wird eine neue dimensionslose Kennzahl, die **Laufzahl** σ, eingeführt:

(4.15)

$$\sigma = \frac{\varphi^{1/2}}{\psi^{3/4}}$$

oder durch n, $\dot{V}$ und Y ausgedrückt:

(4.16)

$$\sigma = n \frac{\sqrt{\dot{V}}}{(2 \cdot Y)^{3/4}} \, 2 \cdot \sqrt{\pi}$$

Neben der dimensionslosen Laufzahl σ ist, vor allem bei Wasserturbinen und Kreiselpumpen, nach wie vor der ältere Begriff der dimensionsbehafteten **spezifischen Drehzahl** n_q im Gebrauch.
Die spezifische Drehzahl n_q ist die Drehzahl einer geometrisch ähnlichen Strömungsmaschine mit dem Volumenstrom $\dot{V} = 1\ \text{m}^3/\text{s}$ und der Fall- bzw. Förderhöhe $H = 1$ m:

(4.17)

$$n_q = n \cdot \frac{\sqrt{\dot{V}}}{H^{3/4}}$$

n_q = spezifische Drehzahl in min^{-1}
n = Drehzahl in min^{-1}
$\dot{V}$ = Volumenstrom in m^3/s
H = Fall- bzw. Förderhöhe in m

Der ältere Begriff der auf einer Leistung von 1 PS bezogenen spezifischen Drehzahl n_s wird nicht behandelt, er kann in älteren Büchern oder Aufsätzen nachgelesen werden.
Zwischen Laufzahl σ und spezifischer Drehzahl n_q besteht folgender Zahlenzusammenhang:

(4.18)

$$\sigma = \frac{n_q}{157{,}8}$$

Der Umrechnungsfaktor 157,8 hat die Einheit min^{-1}.
Mit Einschränkungen läßt sich feststellen, daß einer Laufzahl σ (bzw. einer spezifischen Drehzahl n_q) eine bestimmte **Laufradform** (radial, diagonal, axial) zugeordnet ist.
Für Pumpen- und Gebläselaufräder lassen sich etwa folgende Bereiche angeben:

Tabelle 4.2 Radformen und Laufzahl

Radform	Laufzahl	spez. Drehzahl n_q
Radialrad	0,06 bis 0,32	10 bis 50 min^{-1}
Diagonalrad	0,25 bis 1,0	40 bis 160 min^{-1}
Axialrad	0,8 bis 2,5	125 bis 400 min^{-1}

Bei der Auslegung und strömungstechnischen Berechnung der Strömungsmaschinen, insbesondere der Laufräder, bei der Abschätzung der Kavitation bei hydraulischen Strömungsmaschinen, bei der Darstellung des Betriebsverhaltens in Kennfeldern, bei der Berechnung von Strömungskräften, d.h. beim Axial- und Radialschub, ist die Laufzahl σ bzw. spezifische Drehzahl n_q ein wichtiger Parameter.

4.5.6 Durchmesserzahl δ

Durch Eliminieren der Drehzahl n aus den Gleichungen (4.10) und (4.11) und entsprechendes Umformen erhält man folgenden Ausdruck:

$$\frac{(2 \cdot Y)^{1/2}}{D \cdot \pi \cdot \sqrt{\psi}} = \frac{4 \cdot \dot{V}}{D^3 \cdot \varphi \cdot \pi^2}$$

$$D = \frac{2}{\sqrt{\pi}} \cdot \sqrt{\dot{V}} \cdot (2 \cdot Y)^{-1/4} \cdot \frac{\psi^{1/4}}{\varphi^{1/2}}$$

Für den Quotienten $\psi^{1/4}/\varphi^{1/2}$ wird die dimensionslose **Durchmesserzahl** δ gesetzt:

$$\delta = \frac{\psi^{1/4}}{\varphi^{1/2}} \tag{4.19}$$

Durch die Hauptbetriebsdaten $\dot{V}$, Y und D ausgedrückt ergibt sich:

$$\delta = D \cdot \sqrt[4]{\frac{2 \cdot Y}{\dot{V}^2}} \cdot \frac{\sqrt{\pi}}{2} \tag{4.20}$$

Analog zur spezifischen Drehzahl n_q wurde auch ein **spezifischer Durchmesser** D_q (in m) definiert:

$$D_q = D \cdot \frac{H^{1/4}}{\dot{V}^{1/2}} \tag{4.21}$$

D_q = spezifischer Durchmesser in m
D = Laufradaußendurchmesser in m
H = Fall- bzw. Förderhöhe in m
$\dot{V}$ = Volumenstrom in m^3/s

Zwischen dem kaum noch verwendeten spezifischen Durchmesser D_q und der dimensionslosen Durchmesserzahl δ besteht der Zusammenhang:

$$\delta = 1{,}865 \cdot D_q \tag{4.22}$$

In der Literatur [4.7 bis 4.10] sind mehr spezielle Einzelheiten und Anwendungen der Kennzahlen zu finden.
Laufzahl σ, spezifische Drehzahl n_q, Durchmesserzahl δ und spezifischer Durchmesser D_q beziehen sich normalerweise auf die Optimalwerte der Maschine, d.h. auf die Betriebsdaten bei bestem Wirkungsgrad (vgl. Kapitel 4.6).

4.5.7 Zusammenfassung

Zur schnellen Orientierung werden die dimensionslosen Kennzahlen ähnlich wie in [4.7] in einer Tabelle zusammengestellt:

Benennung	Zeichen	Formel
Druckzahl	ψ	$\psi = \frac{2 \cdot Y}{u^2} = \frac{2 \cdot Y}{D^2 \cdot n^2 \cdot \pi^2}$
Durchflußzahl	φ	$\varphi = \frac{4 \cdot \dot{V}}{D^3 \cdot \pi^2 \cdot n}$
Leistungszahl bei Turbinen	λ	$\lambda = \varphi \cdot \psi \cdot \eta$
Leistungszahl bei Arbeitsmaschinen	λ	$\lambda = \frac{\varphi \cdot \psi}{\eta}$
Laufzahl	σ	$\sigma = n \cdot \frac{\sqrt{\dot{V}}}{(2 \cdot Y)^{3/4}} \cdot 2 \cdot \sqrt{\pi}$
Durchmesserzahl	δ	$\delta = D \cdot \sqrt[4]{\frac{2 \cdot Y}{\dot{V}^2}} \cdot \frac{\sqrt{\pi}}{2}$

Tabelle 4.3. Dimensionslose Kennzahlen

4.6 Cordier-Diagramm

Rechnet man nach einem von O. Cordier in [4.11] gebrachten Vorschlag von **optimal,** d.h. bei bestem Wirkungsgrad arbeitenden Strömungskraft- und Arbeitsmaschinen die Laufzahl σ_{opt} und die Durchmesserzahl δ_{opt} aus und trägt die Zahlenwerte in ein doppellogarithmisches Diagramm ein, so erhält man für alle Laufradtypen eine nur gering streuende Kurve $\sigma_{opt} = f(\delta_{opt})$. Die Zuordnung $\sigma_{opt} = f(\delta_{opt})$ ist in Bild 4.7 dargestellt, außerdem sind einige zugehörige Radformen eingezeichnet.

Das Cordier-Diagramm läßt sich für zweierlei verwenden:

a) Bei der Projektierung läßt sich bei gegebenem Volumenstrom $\dot{V}$, gegebener spezifischer Stutzenarbeit Y und angenommener bzw. auch gegebener Drehzahl n der zugehörige Radaußendurchmesser abschätzen. Ist der Durchmesser vorgegeben, läßt sich zu einem Wertepaar von $\dot{V}$ und Y die zugehörige optimale Drehzahl n ermitteln.

b) Sind alle 4 Größen $\dot{V}$, Y, n und D gegeben bzw. gemessen, läßt sich nach Berechnung der Laufzahl σ aus $\dot{V}$, Y und n und der Durchmesserzahl δ aus $\dot{V}$, Y und D durch Eintragen des Wertepaares σ und δ ins Cordier-Diagramm nachprüfen, ob die Maschine optimal ausgelegt bzw. eingesetzt wurde.

Beispiel 7

Eine Ventilator hat folgende Betriebsdaten:

Volumenstrom	$\dot{V}$	=	4 m³/s
spez. Stutzenarbeit	Y	=	1000 J/kg
Drehzahl	n	=	2900 min^{-1}

a) Welche Bauform ist für das Laufrad vorzusehen?

b) Wie groß ist der Laufraddurchmesser?

Lösung:

a) Aus Gleichung (4.16) errechnet sich die Laufzahl:

$$\sigma = n \frac{\sqrt{\dot{V}}}{(2 \cdot Y)^{3/4}} \cdot 2 \cdot \sqrt{\pi}$$

$$\sigma = 48{,}33 \frac{\sqrt{4}}{(2 \cdot 1000)^{3/4}} \cdot 2 \cdot \sqrt{\pi}$$

$$\sigma = 1{,}15$$

Nach Tabelle 4.2 und Bild 4.7 ergibt sich ein **Axialrad.**

b) Durch Eintragen von $\sigma = 1{,}15$ in das Cordier-

Diagramm (Bild 4.7) erhält man die zugehörige optimale Durchmesserzahl $\delta \triangleq \delta_{opt}$:

$$\delta = 1{,}56$$

und daraus den Außendurchmesser $D_a = D$ über Gleichung (4.20):

$$\delta = D \sqrt[4]{\frac{2 \cdot Y}{\dot{V}^2}} \; \frac{\sqrt{\pi}}{2}$$

$$D_a = \delta \, \frac{\sqrt{\dot{V}}}{(2 \cdot Y)^{1/4}} \; \frac{2}{\sqrt{\pi}}$$

$$D_a = 1{,}56 \, \frac{\sqrt{4}}{(2 \cdot 1000)^{1/4}} \; \frac{2}{\sqrt{\pi}}$$

$$\underline{D_a = 0{,}53 \text{ m}}$$

In der Praxis wird man den Durchmesser zu $D_a = 500$ mm ausführen.

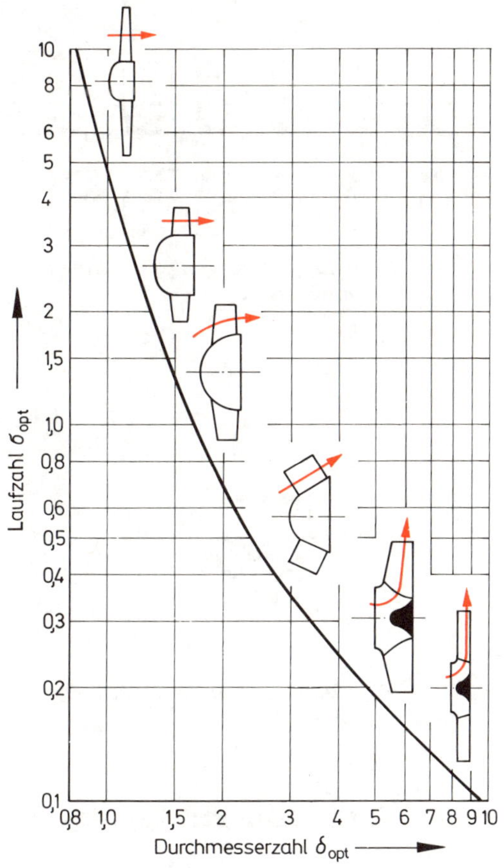

Bild 4.7 Cordier-Diagramm

4.7 Aufteilung der spezifischen Stutzenarbeit und des Volumenstromes auf mehrere Laufräder

Die spezifische Stutzenarbeit Y eines Laufrades läßt sich durch die Druckzahl ψ und die Umfangsgeschwindigkeit u ausdrücken:

$$Y = \psi \frac{u^2}{2}$$

Die Druckzahl ψ ist aus strömungsphysikalischen Gründen nach oben hin begrenzt, die Umfangsgeschwindigkeit u durch die Laufradfestigkeit. Die maximal mögliche spez. Stutzenarbeit Y_{max} einer Stufe beträgt demnach:

$$Y_{max} = \psi_{max} \frac{u_{max}^2}{2}$$

Liegt die geforderte spez. Stutzenarbeit der Maschine unter diesem Grenzwert, kann sie einstufig ausgeführt werden, liegt sie darüber, werden mehrere Stufen hintereinander angeordnet (Bild 4.8). Die spezifische Stutzenarbeit einer Maschine ist, etwas vereinfacht ausgedrückt, die Summe der spez. Stutzenarbeiten der einzelnen Stufen:

$$Y_{Maschine} = Y_{Stufe\,1} + Y_{Stufe\,2} + \cdots + Y_{Stufe\,n} \tag{4.23}$$

Der Volumenstrom eines Laufrades ist nach Gleichung (4.11) proportional zur Durchflußzahl φ, zur Drehzahl n und zur 3. Potenz des Laufraddurchmessers D:

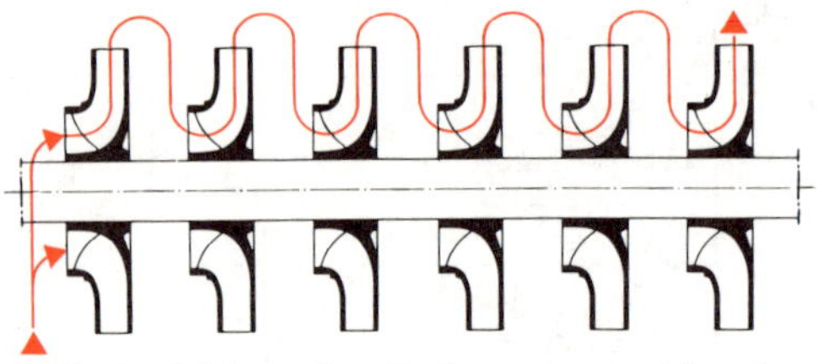

Bild 4.8 Mehrstufige Strömungsmaschine (aus KSB-Kreiselpumpen-Lexikon)

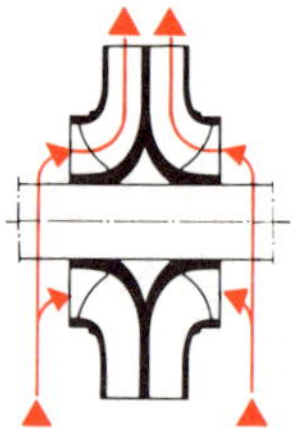

Bild 4.9 Zweiflutige Strömungsmaschine (aus KSB-Kreiselpumpen-Lexikon)

$$\dot{V} = \varphi \cdot \frac{\pi}{4} \cdot n \cdot D^3$$

Die Durchflußzahl φ ist nach oben hin strömungsphysikalisch begrenzt, Drehzahl n und Durchmesser D durch Laufradfestigkeit und Einbauverhältnisse.
Somit ergibt sich für den maximal möglichen Volumenstrom:

$$\dot{V}_{max} = \varphi_{max} \cdot \frac{\pi^2}{4} \cdot n_{max} \cdot D^3_{max}$$

Soll von der Maschine ein größerer Volumenstrom durchgesetzt werden, müssen mehrere gleichartige Laufräder parallelgeschaltet werden. Diese Laufradanordnung nennt man **mehrflutig** (Bild 4.9). Bei gleichzeitigem Auftreten großer Volumenströme und großer spezifischer Stutzenarbeiten werden **mehrstufig-mehrflutige** Maschinen ausgeführt. Insbesondere die Endstufen großer Kondensationsturbinen, großer Pumpen und Verdichter werden in dieser Kombination gebaut. Für die Anordnung der Laufräder gibt es die Möglichkeiten „gleichläufig" und „gegenläufig". In [4.12] sind alle Anordnungsvarianten aufgeführt.

4.8 Literatur zu Kapitel 4

[4.1] *Pantell, K.:* Aufwertungsformeln für Turbomaschinen. Z. VDI, Bd. 95 (1953), S. 97 bis 100.

[4.2] *Rütschi, K.:* Zur Aufwertung des Wirkungsgrades bei Pumpen und Turbinen. Schweiz. Bauzeitung, 69. Jahrgang (1951), Heft 38.

[4.3] *Rütschi, K.:* Zur Wirkungsgradaufwertung von Strömungsmaschinen, Verhalten einer Einzelmaschine und einer Reihe von Maschinen verschiedener Größe. Schweiz. Bauzeitung, 76. Jahrgang (1958), Heft 41.

[4.4] *Raabe, J.:* Hydraulische Maschinen und Anlagen, Teil 2 — Wasserturbinen. VDI-Verlag 1970, S. 118/119.

[4.5] IEC-Publication 193: Code International concernant les essais de réception sur modèle des turbines hydrauliques. Genf 1965.

[4.6] VDI-Richtlinie 2044 (Okt. 1966): Abnahme- und Leistungsversuche an Ventilatoren (VDI-Ventilatorenregeln).

[4.7] *Breh, K.,* und *Marcinowski, H.:* Dimensionslose Kennzahlen für Strömungsmaschinen. Brennstoff-Wärme-Kraft (BWK), Bd. 12 (1960), Nr. 3, S. 102 bis 105.

[4.8] *Eck, B.:* Die Bedeutung dimensionsloser Kennzahlen für Kreiselmaschinen, insbesondere für Gebläse und Ventilatoren. Konstruktion, Band 12 (1960), Nr. 6, S. 252/254.

[4.9] *Dannhorn, H.:* Kennzahlen im Strömungsmaschinenbau. Werkstattblatt 614, Carl-Hanser-Verlag 1974.

[4.10] *Petermann, H.:* Die Druckzahl ψ als Kenngröße ein- und mehrstufiger Kreiselpumpen und Turbinen. Z. VDI, Bd. 105 (1963), Nr. 12, S. 483—486.

[4.11] *Cordier, O.:* Ähnlichkeitsbedingungen für Strömungsmaschinen. VDI-Berichte, Band 3, 1955.

[4.12] *Fa. KSB:* KSB-Kreiselpumpen-Lexikon. Frankenthal 1980.

5 Kavitation

5.1 Allgemeine Grundlagen

Vereinfachend kann man Kavitation in hydraulischen Strömungsmaschinen als Ablauf folgender physikalischer Vorgänge beschreiben: örtliche Erniedrigung des statischen Druckes im Arbeitsmedium durch hohe Geschwindigkeiten oder starken statischen Sog — Unterschreitung des Dampfdruckes des Arbeitsmediums — Verdampfung, d.h. Bildung von Dampfblasen (Hohlräumen) — implosionsartiger Zusammenfall (Stoßkondensation) der Dampfblasen an Stellen höheren Druckes — Entstehen von Druckwellen mit örtlichen Druckspitzen von mehreren hundert bar bei relativ hohen Frequenzen bis zu vielen kHz.

Als **Ursachen** der Kavitation kommen demnach in Frage:

hohe örtliche Geschwindigkeiten,
Ansteigen der Temperatur des Arbeitsmediums,
Verkleinern des Druckes im saugseitigen Behälter,
Vergrößern der geodätischen Saughöhe bzw. Verkleinern der Zulaufhöhe.

Als äußere **Anzeichen** bzw. **Folgen** der Kavitation können beobachtet werden:

Zunahme des Geräusches, Vibrationen an Maschinen und Fundamenten,

Wirkungsgradabfall { bei Wasserturbinen: Leistungseinbuße, bei Kreiselpumpen: Mehrleistung,

Verringerung des Volumenstromes,
Abfall der spezifischen Stutzenarbeit bei Kreiselpumpen,
Werkstoffzerstörung (Materialabtrag) durch die Stoßkondensation der Dampfblasen an den festen Wänden der Strömungskanäle, insbesondere an den Saugseiten der Laufräder.

Die tatsächlichen Kavitationsvorgänge und -folgen sind äußerst verwickelt und noch nicht restlos geklärt. Man weiß z.B., daß in der Flüssigkeit gelöste Gase sowohl die Entstehung von Kavitation beeinflussen, da die sich herauslösenden Gasblasen als Kavitationskerne wirken, als auch die Kavitationsfolgen verändern, insbesondere die Werkstoffzerstörung, da die Gasblasen die Kavitationsschläge stark dämpfen.

In vielen hydraulischen Strömungsmaschinen, insbesondere in Wasserturbinen und Hochleistungspumpen, läßt sich die Entstehung leichter Kavitation auch durch optimale Gestaltung der Saugleitungen und Laufradsaugseiten nicht vermeiden. Durch Auswahl geeigneter Werkstoffe, z.B. Chromstähle oder besondere Bronzelegierungen, kann jedoch die Materialzerstörung in Grenzen gehalten werden.

Da auch die Oberflächenrauhigkeit der Schaufeln, Spaltweiten und Fertigungstoleranzen die Kavitation beeinflussen, sind Aussagen über Entstehung oder Vermeidung von Kavitation und ihrer Folgen immer mit gewissen Unsicherheiten behaftet. Das gilt insbesondere für die folgenden Betrachtungen.

5.2 Spezifische Halteenergie

Unter der spezifischen Halteenergie versteht man die Summe aus spezifischer Druck- und Geschwindigkeitsenergie, vermindert um die spezifische Verdampfungsenergie, bezogen auf den Eintrittsquerschnitt einer Kreiselpumpe bzw. den Austrittsquerschnitt einer Wasserturbine.

Man unterscheidet eine auf die hydraulische Strömungsmaschine selbst bezogene spezifische Halteenergie Y_H und eine auf die Anlage bezogene spezifische Halteenergie Y_{HA}.

Kavitationsfreier Betrieb einer hydraulischen Strömungsmaschine ist nur dann gewährleistet, wenn die spezifische Halteenergie der Anlage Y_{HA} größer ist als die spezifische Halteenergie Y_H der Strömungsmaschine!

Tabelle 5.1 Spezifische Halteenergie Y_{HA} von Kreiselpumpen- und Wasserturbinenanlagen

Kreiselpumpenanlage

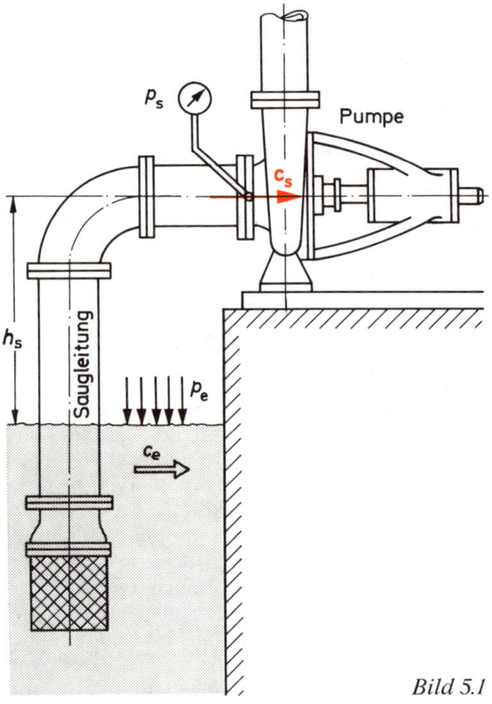

Bild 5.1

(5.1a)

$$Y_{HA} = \frac{p_s}{\varrho} + \frac{c_s^2}{2} - \frac{p_D}{\varrho}$$

Y_{HA} = spez. Halteenergie der Anlage
p_s = Absolutdruck im Saugstutzen der Pumpe
c_s = Geschwindigkeit im Saugstutzen der Pumpe
p_D = Verdampfungsdruck der Förderflüssigkeit
ϱ = Dichte der Förderflüssigkeit

oder durch die Werte im Saugbehälter und die geodätische Saughöhe h_s ausgedrückt:

(5.2a)

$$Y_{HA} = \frac{p_e}{\varrho} + \frac{c_e^2}{2} - g \cdot h_s - E_{Rs} - \frac{p_D}{\varrho}$$

Wasserturbinenanlage

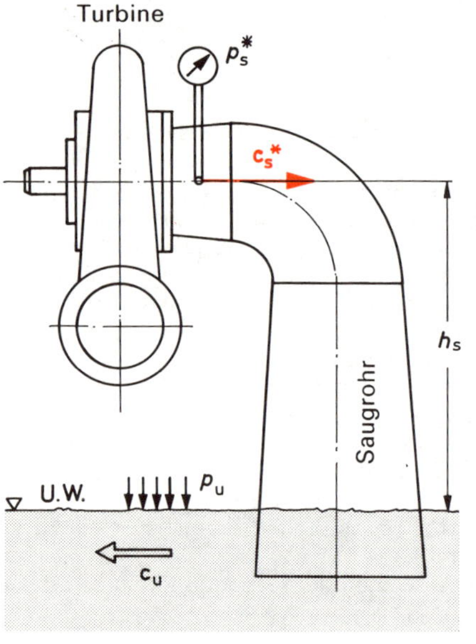

Bild 5.3

(5.1b)

$$Y_{HA} = \frac{p_s^*}{\varrho} + \frac{c_s^{*2}}{2} - \frac{p_D}{\varrho}$$

Y_{HA} = spez. Halteenergie der Anlage
p_s^* = Absolutdruck auf der Saugseite des Turbinenlaufrades
c_s^* = Geschwindigkeit auf der Saugseite des Laufrades, d.h. am Saugrohranfang
p_D = Verdampfungsdruck des Wassers
ϱ = Dichte des Wassers

oder durch die Werte des Unterwassers ausgedrückt:

(5.2b)

$$Y_{HA} = \frac{p_u}{\varrho} + \frac{c_u^2}{2} - g \cdot h_s - \frac{p_D}{\varrho}$$

Kreiselpumpenanlage	**Wasserturbinenanlage**
Y_{HA} = spez. Halteenergie der Anlage p_e = Druck auf dem Flüssigkeitsspiegel im Saugbehälter ϱ = Dichte der Förderflüssigkeit c_e = Geschwindigkeit im Saugbehälter (meist = 0!) h_s = geodätische Saughöhe E_{Rs} = spez. Verlustenergie der Saugleitung p_D = Verdampfungsdruck der Flüssigkeit Ist keine geodätische Saughöhe h_s, sondern eine geodätische **Zulaufhöhe** h_z vorhanden (Bild 5.2), muß $-g \cdot h_s$ in Gl. (5.2a) durch $+g \cdot h_z$ ersetzt werden;	Y_{HA} = spez. Halteenergie der Anlage p_u = Druck auf dem Unterwasser ϱ = Dichte des Wassers c_u = Geschwindigkeit des Unterwassers h_s = geodätische Saughöhe p_D = Verdampfungsdruck des Wassers Bei Vorhandensein einer **Zulaufhöhe** h_z (Bild 5.4) muß in Gl. (5.2b) der Ausdruck $-g \cdot h_s$ durch $+g \cdot h_z$ ersetzt werden:
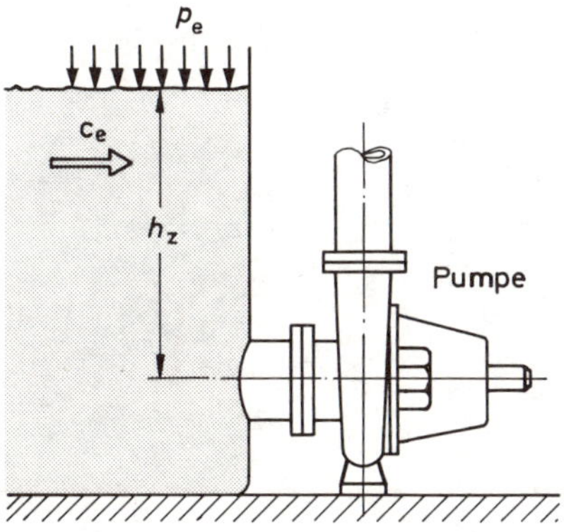 *Bild 5.2*	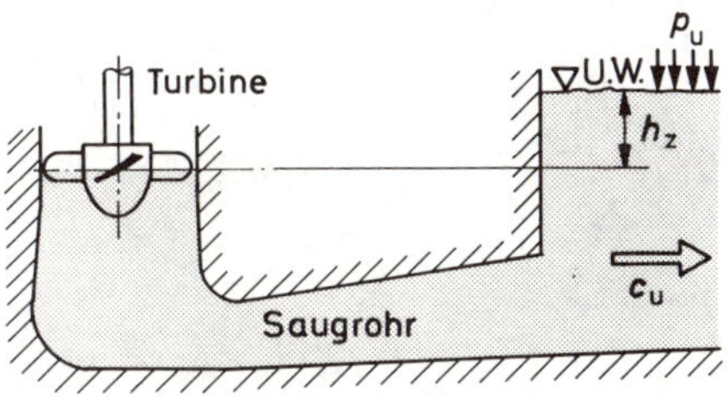 *Bild 5.4*
(5.3a) $$Y_{HA} = \frac{p_e}{\varrho} + \frac{c_e^2}{2} + g \cdot h_z - E_{Rs} - \frac{p_D}{\varrho}$$	(5.3b) $$Y_{HA} = \frac{p_u}{\varrho} + \frac{c_u^2}{2} + g \cdot h_z - \frac{p_D}{\varrho}$$
Bei Pumpen mit vertikaler oder schräger Wellenlage kann die Definition des Bezugspunktes für h_s bzw. h_z aus [5.1] bis [5.3] entnommen werden.	Sowohl in Gleichung (5.2b) als auch in (5.3b) fehlt ein Glied E_{Rs}, da die Saugrohrverluste der Turbine und nicht der Anlage zugerechnet werden.

Die **Halteenergie der Pumpe** Y_H, die zum Ansaugen der Flüssigkeit erforderlich ist, läßt sich durch die Geschwindigkeiten an den Laufschaufelsaugkanten ausdrücken. Auch die **Halteenergie der Turbine** Y_H, die den Sog im Saugrohr „erzeugt", kann durch die Geschwindigkeiten an den Laufschaufelsaugkanten definiert werden.

In Tabelle 5.2 sind die Geschwindigkeiten, die Definitionen der Bezugspunkte sowie die Beziehungen für die spezifischen Halteenergie Y_H von Kreiselpumpen und Wasserturbinen gegenübergestellt. Diese Abschätzverfahren gelten nur für den Optimalpunkt ($\eta = \eta_{max}$) der Maschine.

Tabelle 5.2 Spezifische Halteenergie Y_H

Kreiselpumpen

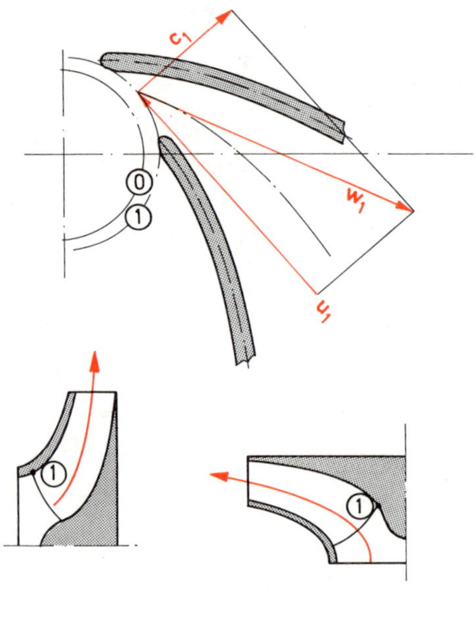

Bild 5.5

(5.4a)

$$Y_H = \lambda_1 \frac{w_1^2}{2} + \lambda_2 \frac{c_1^2}{2}$$

Y_H = spez. Haltenergie der Pumpe
w_1 = Relativgeschwindigkeit am Schaufeleintritt
c_1 = Absolutgeschwindigkeit am Schaufeleintritt
λ_1 = Beiwert (> 0) (üblicher Wert: $\lambda_1 \approx 0{,}2$)
λ_2 = Beiwert (> 1) (üblicher Wert: $\lambda_2 \approx 1{,}2$)

Wasserturbinen

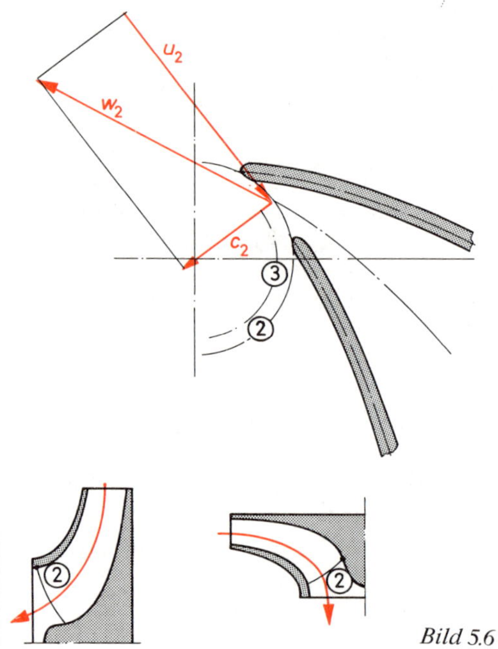

Bild 5.6

(5.4b)

$$Y_H = \lambda_1 \frac{w_2^2}{2} + \lambda_2 \frac{c_2^2}{2}$$

Y_H = spez. Halteenergie der Wasserturbine
w_2 = Relativgeschwindigkeit am Schaufelaustritt
c_2 = Absolutgeschwindigkeit am Schaufelaustritt
λ_1 = Beiwert (> 0) (üblicher Wert: $\lambda_1 \approx 0{,}16$)
λ_2 = Beiwert (> 0) (üblicher Wert: $\lambda_2 \approx 0{,}7$)

An sich müßten statt der Geschwindigkeiten w_1, w_2, c_1 und c_2 am Ende bzw. Anfang des Schaufelkanals die Werte unmittelbar kurz vor der Schaufel (Stelle 0 am Pumpenlaufrad) bzw. hinter der Schaufel (Stelle 3 am Turbinenlaufrad) eingesetzt werden (siehe [5.3] und [5.4]). Da aber die von der Laufradform, vom Schaufelwinkel β_1 bzw. β_2, von der Schaufelstärke s, von der Schaufelzahl z und vom Volumenstrom $\dot{V}$ abhängenden Beiwerte λ_1 und λ_2 von Fall zu Fall erheblich von den angegebenen Mittelwerten abweichen können, spielt gegenüber diesen Unsicherheiten die Abweichung der Werte w_1 und c_1 von w_0 und c_0 bzw. w_2 und c_2 von w_3 und c_3 nur eine geringe Rolle.

In der Praxis ist es heute noch üblich, anstelle des Begriffes der spez. Halteenergie den Ausdruck der **Haltedruckhöhe** zu benützen ([5.1], [5.5]). Man unterscheidet auch hier zwischen der **Haltedruckhöhe der Anlage** H_{HA} und der **Haltedruckhöhe der Maschine** H_H. Zwischen den Begriffen Haltedruckhöhe und spez. Halteenergie bestehen die einfachen Zusammenhänge:

$$H_{HA} = \frac{Y_{HA}}{g} \tag{5.5}$$

$$H_H = \frac{Y_H}{g} \tag{5.6}$$

Beispiel 8

Wie groß ist die spezifische Halteenergie Y_H der im Beispiel 3 behandelten Radialpumpe und wie groß kann die geodätische Saughöhe h_s gemacht werden, wenn Wasser von 20 °C aus einem offenen Behälter (p_e = 1000 mbar; c_e = 0 m/s) durch ein Saugrohr mit einem Energieverlust von E_{Rs} = 30 J/kg angesaugt wird?

Lösung:

a) Berechnung der spezifischen Halteenergie Y_H der Pumpe: nach Gl. (5.4a) erhält man für Y_H:

$$Y_H = \lambda_1 \frac{w_1^2}{2} + \lambda_2 \frac{c_1^2}{2}$$

$$w_1 = \frac{u_1}{\cos \beta_1}$$

u_1 = 4,71 m/s aus Beispiel 3

β_1 = 30° aus Beispiel 3

$$w_1 = \frac{4{,}71}{\cos 30°}$$

$w_1 = 5{,}44$ m/s

$\lambda_1 \approx 0{,}2$

$c_1 = c_{m1}$ (drallfreier Eintritt)

c_1 = 2,72 m/s aus Beispiel 3

$\lambda_2 = 1{,}2$

$$Y_H = 0{,}2 \cdot \frac{5{,}44}{2} + 1{,}2 \cdot \frac{2{,}72^2}{2}$$

$$Y_H = 1{,}96 + 4{,}44$$

$$\underline{Y_H = 7{,}4 \text{ J/kg}}$$

b) Abschätzung der Saughöhe h_s: Um kavitationsfreien Betrieb zu sichern, muß gelten:

$$Y_{HA} > Y_H$$

$$\frac{p_e}{\varrho} + \frac{c_e^2}{2} - g \cdot h_s - E_{Rs} - \frac{p_D}{\varrho} > Y_H$$

$$g \cdot h_s < \frac{p_e}{\varrho} + \frac{c_e^2}{2} - E_{Rs} - \frac{p_D}{\varrho} - Y_H$$

p_e = 1000 mbar = 10^5 Pa

ϱ = 998,2 kg/m³

c_e = 0 m/s

E_{Rs} = 30 J/kg

p_D = 2337 Pa

Y_H = 7,4 J/kg

$$g \cdot h_s < \frac{10^5}{998{,}2} - 30 - \frac{2337}{998{,}2} - 7{,}4$$

$$g \cdot h_s < 60{,}44 \text{ J/kg}$$

$$h_s < \frac{60{,}44}{9{,}81}$$

$$\underline{h_s < 6{,}16 \text{ m}}$$

Die geodätische Saughöhe h_s sollte mit Rücksicht auf kavitationsfreien Betrieb unter 6,16 m liegen!

5.3 Die Thoma-Zahl

Zurückgehend auf einen Vorschlag von Prof. THOMA wird die spez. Halteenergie Y_H bzw. Y_{HA} auf die spez. Stutzenarbeit Y bezogen. Dieser dimensionslose Quotient erhält nach [4.7] die Bezeichnung *Th*:

$$Th = \frac{Y_H}{Y} \tag{5.7}$$

bzw.

$$Th = \frac{Y_{HA}}{Y}$$

Man unterscheidet also wie bei der spez. Halteenergie eine auf die Anlage und eine auf die Maschine bezogene Thoma-Zahl. In der Literatur, vor allem auch in Fachaufsätzen, wird die Thoma-Zahl häufig noch mit dem Symbol σ gekennzeichnet, was aber zu Verwechslungen mit der Laufzahl σ führen kann.

Die Thoma-Zahl kann zur Abschätzung der Sicherheit in bezug auf Kavitation benutzt werden. Für **kavitationsfreien Betrieb** muß folgende Bedingung eingehalten werden:

$$Th_{\text{Anlage}} > Th_{\text{Maschine}} \tag{5.8}$$

In zahlreichen Versuchen wurde nachgewiesen, daß die Thoma-Zahl der Maschine vor allem von der spezifischen Drehzahl n_q bzw. von der Laufzahl σ abhängt. Bei mehrstufigen Pumpen hängt *Th* von der spez. Drehzahl n_q der 1. Stufe ab!

Da u.a. auch die Oberflächenrauhigkeit des Laufrades [5.6], der innere Wirkungsgrad [5.7], der Gasgehalt des Arbeitsmediums [5.8] und seine Temperatur [5.9] die Größe der Thoma-Zahl beeinflussen, können für Kreiselpumpen und Wasserturbinen nur Richtwerte angegeben werden, die im konkreten Einzelfall wesentlich über- oder auch unterschritten werden können.

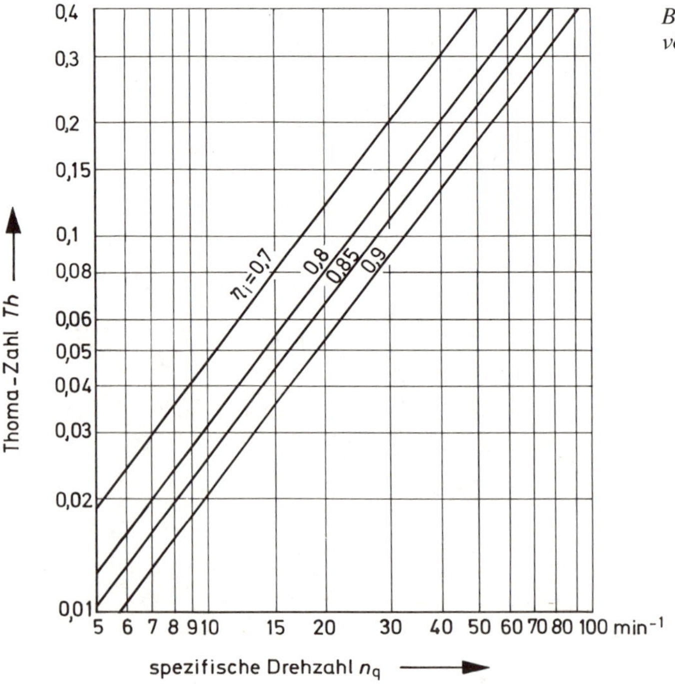

Bild 5.7 Thoma-Zahl von Kreiselpumpen

Bild 5.8 Thoma-Zahl von Kreiselpumpen

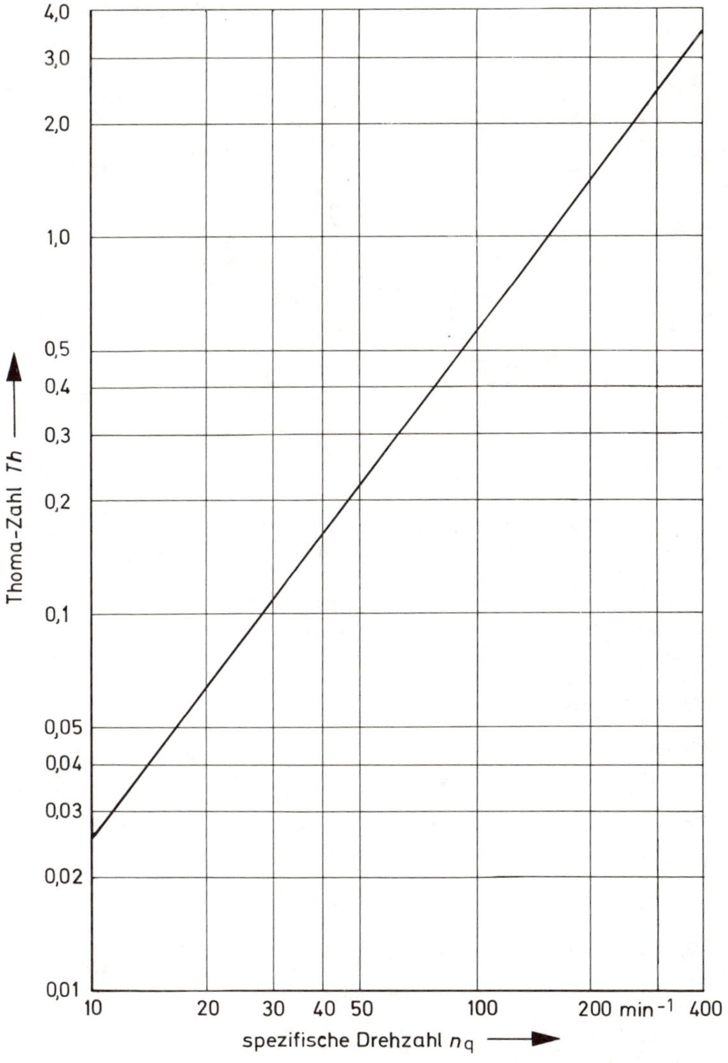

In [5.7] wurde ein Diagramm angegeben (Bild 5.7), aus dem man die Thoma-Zahl von einstufigen, einflutigen Radial- und Diagonalpumpen mit spezifischen Drehzahlen bis $n_q = 100\ \text{min}^{-1}$ abhängig von der spez. Drehzahl n_q und vom inneren Wirkungsgrad η_i entnehmen kann.
Von STEPANOFF [5.10] wurde das in Bild 5.8 dargestellte Diagramm zur Ermittlung der Thoma-Zahl in Funktion der spez. Drehzahl n_q vorgeschlagen.
Die im doppellogarithmischen Maßstab aufgezeichnete Gerade $Th = f(n_q)$ kann durch folgende Gleichung beschrieben werden:

für einflutige Pumpen (5.9)

$$Th = 1{,}22 \cdot 10^{-3} \cdot n_q^{4/3}$$

für zweiflutige Pumpen (5.10)

$$Th = 0{,}77 \cdot 10^{-3} \cdot n_q^{4/3}$$

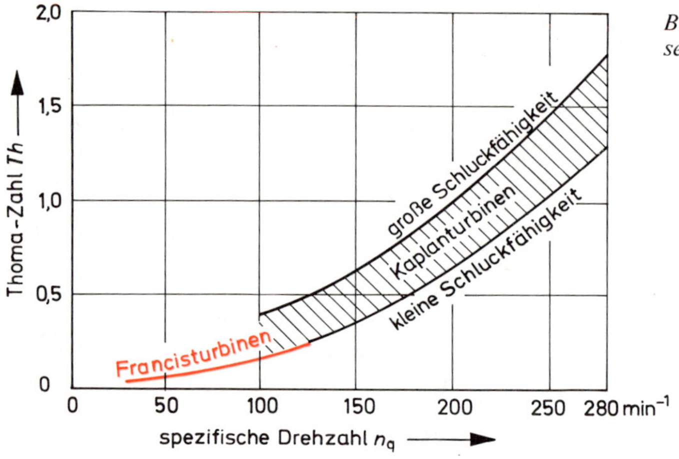

Bild 5.9 Thoma-Zahl von Wasserturbinen

Die spez. Drehzahl n_q in Gleichung (5.10) wird mit dem Gesamtvolumenstrom des zweiflutigen Rades gebildet!
Bild 5.9 enthält die Funktion $Th = f(n_q)$ für Francis- und Kaplanturbinen nach Angaben von Fa. J. M. Voith, Heidenheim.
Ein weiteres Diagramm dieser Art für Speicherpumpen findet sich in [5.4].

Beispiel 9

Eine Kaplanturbine hat folgende Betriebsdaten:

Volumenstrom	$\dot{V}$	=	84 m³/s
Fallhöhe	H	=	6 m
Drehzahl	n	=	100 min⁻¹
Wassertemperatur	t	=	15 °C
Luftdruck	p_u	=	980 mbar

Wie groß ist die geodätische Saughöhe h_s bzw. Zulaufhöhe h_z?

Lösung:

Zunächst wird die spezifische Drehzahl n_q nach Gl. (4.17) berechnet:

$$n_q = n \cdot \frac{\sqrt{\dot{V}}}{H^{3/4}}$$

$$n_q = 100 \cdot \frac{\sqrt{84}}{6^{3/4}}$$

$$n_q = 239 \text{ min}^{-1}$$

Aus Bild 5.9 wird folgender Bereich für die Thoma-Zahl entnommen:

$$Th = 0{,}93 \text{ bis } 1{,}35$$

Aus der Thoma-Zahl läßt sich mittels Gl. (5.7) die Halteenergie Y_H der Turbine errechnen:

$$Y_H = Th \cdot Y$$

$$Y = g \cdot H$$

$$Y_H = (0{,}93 \text{ bis } 1{,}35) \cdot 9{,}81 \cdot 6$$

$$Y_H = 54{,}74 \text{ bis } 79{,}46 \text{ J/kg}$$

Für kavitationsfreien Betrieb gilt:

$$Y_{HA} > Y_H$$

Die gesuchte geodätische Saughöhe h_s erhält man aus der spez. Halteenergie Y_{HA} aus Gleichung (5.2b):

$$Y_{HA} = \frac{p_u}{\varrho} + \frac{c_u^2}{2} - g \cdot h_s - \frac{p_D}{\varrho}$$

$$\frac{p_u}{\varrho} + \frac{c_u^2}{2} - g \cdot h_s - \frac{p_D}{\varrho} > Y_H$$

$$g \cdot h_s < \frac{p_u}{\varrho} + \frac{c_u^2}{2} - \frac{p_D}{\varrho} - Y_H$$

$$p_u = 98\,000 \text{ Pa}$$

$$\varrho = 999{,}5 \text{ kg/m}^3$$

c_u = 0 m/s gesetzt, d.h. wird vernachlässigt

p_D = 1708 Pa

$$g \cdot h_s < \frac{98\,000}{999{,}5} - \frac{1708}{999{,}5} - (54{,}74 \text{ bis } 79{,}46)$$

$$g \cdot h_s < 41{,}6 \text{ bis } 16{,}8$$

$$h_s < \frac{16{,}8 \text{ bis } 41{,}6}{9{,}81}$$

$$\underline{h_s < 1{,}72 \text{ bis } 4{,}24 \text{ m}}$$

Die geodätische Saughöhe h_s darf nach dieser Überschlagsrechnung zwischen 1,69 und 4,24 m liegen.

Selbstverständlich werden die Saughöhen in den Berechnungsbüros und Versuchslaboratorien der Turbinenhersteller wesentlich präziser berechnet bzw. experimentell ermittelt. Außerdem wird bei Wasserturbinen oft eine geringe Kavitation im Hinblick auf kleine Zulaufhöhen bzw. große Saughöhen zugelassen.

5.4 Dimensionslose Saugkennzahl S_q

Die Thoma-Zahl bezieht die Halteenergie auf die spez. Stutzenarbeit, d.h. auf eine Größe, die gemäß der Eulerschen Strömungsmaschinen-Hauptgleichung in erster Linie von den Strömungsverhältnissen auf der Laufraddruckseite abhängt. Die Halteenergie ergibt sich aber vielmehr aus den Strömungsbedingungen auf der Laufradsaugseite! Es erweist sich deshalb als besser, die spez. Halteenergie gemäß einem Vorschlag von Prof. Petermann [5.11] durch eine **dimensionslose Saugkennzahl** S_q, durch den Volumenstrom $\dot{V}$ und die Maschinendrehzahl n auszudrücken:

$$Y_H = \left(\frac{n\sqrt{\dot{V}}}{S_q}\right)^{4/3} \tag{5.11}$$

Y_H = spez. Halteenergie der Strömungsmaschine in J/kg
n = Drehzahl in s^{-1}
$\dot{V}$ = Volumenstrom in m^3/s
S_q = dimensionslose Saugkennzahl

Für **Kreiselpumpen** mit normaler Saugfähigkeit gibt Prof. Petermann folgenden Bereich für S_q an:

$$S_q = 0{,}4 \text{ bis } 0{,}45$$

Durch entsprechende Ausbildung der saugseitigen Schaufelenden oder durch Anbringen eines sogenannten Vorsatzläufers (Inducer) kann S_q auf Werte über 1 gesteigert werden.

Für Francis- und Kaplanturbinen werden von Prof. Petermann [5.3] die in Tabelle 5.3 zusammengestellten S_q-Werte in Abhängigkeit von der spez. Drehzahl n_q vorgeschlagen. Sowohl S_q als auch n_q beziehen sich auf den Vollastwasserstrom $\dot{V}_{1/1}$.

Beispiel 10

Wie groß ist die Halteenergie Y_H der im Beispiel 8 behandelten Kreiselpumpe, berechnet über die Saugkennzahl S_q?

Lösung:

Die spez. Halteenergie Y_H errechnet sich aus Gleichung (5.11):

$$Y_H = \left(\frac{n \cdot \sqrt{\dot{V}}}{S_q}\right)^{4/3}$$

$$Y_H = \left(\frac{30 \cdot \sqrt{3{,}56 \cdot 10^{-3}}}{0{,}4 \text{ bis } 0{,}45}\right)^{4/3}$$

$$Y_H = (3{,}977 \text{ bis } 4{,}475)^{4/3}$$

$$\underline{Y_H = 6{,}3 \text{ bis } 7{,}37 \text{ J/kg}}$$

D.h., die in diesem Beispiel berechneten Werte liegen etwas unter dem im Beispiel 8 errechneten Wert von Y_H = 7,4 J/kg, der sich aus den Geschwindigkeiten am Laufradeintritt ergab.

Tabelle 5.3 **S_q-Werte von Wasserturbinen**

Francisturbine	n_q	30	60	90	120	min^{-1}
	S_q	0,98	0,96	0,91	0,86	
Kaplanturbine	n_q	140	170	200	230	min^{-1}
	S_q	0,82	0,76	0,70	0,64	

5.5 Der NPSH-Wert der Kreiselpumpe

In den USA wird anstelle der spezifischen Halteenergie Y_H bzw. der Haltedruckhöhe der Begriff „**N**et **P**ositive **S**uction **H**ead", abgekürzt NPSH, verwendet. Auch in Deutschland wird seitens der Pumpenhersteller und Anwender meistens mit diesem Wert gearbeitet.

Man unterscheidet wie bei der spez. Halteenergie zwei NPSH-Werte:

a) $NPSH_{Pumpe}$, auch als $NPSH_{erf.}$ bezeichnet:
$NPSH_{Pumpe}$ gibt die Druckhöhe in m an, die über dem Sättigungsdruck des Arbeitsmediums am Pumpensaugstutzen vorhanden sein muß, damit die Pumpe kavitationsfrei arbeitet.

b) $NPSH_{Anlage}$, auch $NPSH_{vorh.}$ genannt:
$NPSH_{Anlage}$ sagt aus, welche tatsächliche Zulaufhöhe am Saugstutzen der Pumpe vorhanden ist. Für kavitationsfreien Betrieb gilt demnach die Bedingung:

$$NPSH_{Anlage} > NPSH_{Pumpe} \tag{5.12}$$

Viele Pumpenhersteller geben als Mindestreserve von $NPSH_{Anlage}$ gegenüber $NPSH_{Pumpe}$ 0,5 m an:

$$NPSH_{Anlage} \geqq NPSH_{Pumpe} + 0{,}5\ \text{m}$$

Zwischen $NPSH_{Pumpe}$ und der spez. Halteenergie Y_H besteht folgender Zusammenhang:

$$NPSH_{Pumpe} = \frac{Y_H}{g} \tag{5.13}$$

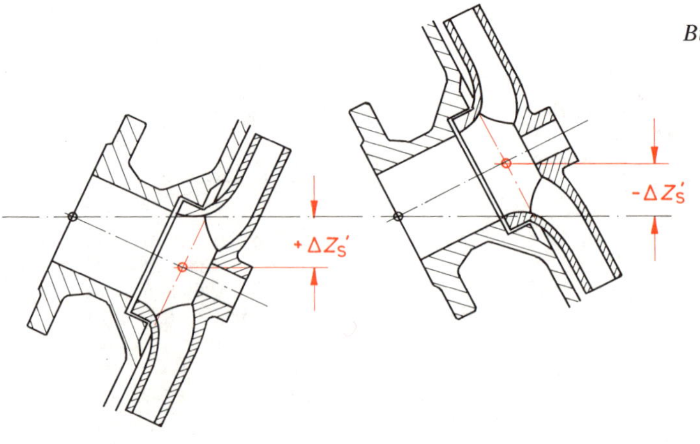

Bild 5.10 Schräg angeordnetes Pumpenlaufrad

Aus Gleichung (5.13) und (5.4a) ergibt sich:

$$\mathrm{NPSH}_{\mathrm{Pumpe}} = \frac{Y_{\mathrm{H}}}{g} = \lambda_1 \cdot \frac{w_1^2}{2 \cdot g} + \lambda_2 \cdot \frac{c_1^2}{2 \cdot g}$$

Da sowohl w_1 als auch c_1 proportional zum Volumenstrom $\dot{V}$ sind, kann $\mathrm{NPSH}_{\mathrm{Pumpe}}$ auch wie folgt geschrieben werden:

$$\mathrm{NPSH}_{\mathrm{Pumpe}} = \text{konst.} \cdot \dot{V}^2$$

Die Funktion $\mathrm{NPSH}_{\mathrm{Pumpe}} = f(\dot{V})$ stellt demnach eine quadratische Parabel dar (Bild 5.11).
In Wirklichkeit ist die Kurve $\mathrm{NPSH}_{\mathrm{Pumpe}} = f(\dot{V})$ nur in der Nähe des Optimalpunktes $\dot{V}_{\mathrm{opt}}$ eine quadratische Parabel. Bei Volumenströmen weit oberhalb bzw. unterhalb des Optimalpunktes liegen die $\mathrm{NPSH}_{\mathrm{Pumpe}}$-Werte über den theoretischen Werten.
In Bild 5.11 ist sowohl die theoretische Kurve für $\mathrm{NPSH}_{\mathrm{Pumpe}}$ als auch die tatsächliche Kurve (Prinzipbild) eingetragen. Weitere Einzelheiten finden sich in [5.19] und [5.20].
Viele Pumpenhersteller geben in ihren Katalogen $\mathrm{NPSH}_{\mathrm{Pumpe}}$ oder auch $\mathrm{NPSH}_{\mathrm{Anlage}} = \mathrm{NPSH}_{\mathrm{Pumpe}}$ + Reservezuschlag als Funktion des Förderstromes $\dot{V}$ an (vgl. Kapitel 13).
Die Größe $\mathrm{NPSH}_{\mathrm{Anlage}}$ kann durch die spez. Halteenergie nach Gleichung (5.2a) bzw. (5.3a) ausgedrückt werden:

$$\mathrm{NPSH}_{\mathrm{Anlage}} = \frac{Y_{\mathrm{HA}}}{g}$$

Saugbetrieb (Bild 5.1): (5.14a)

$$\mathrm{NPSH}_{\mathrm{Anlage}} = \frac{p_{\mathrm{e}} - p_{\mathrm{D}}}{\varrho \cdot g} + \frac{c_{\mathrm{e}}^2}{2g} - h_{\mathrm{s}} - \frac{E_{\mathrm{Rs}}}{g} \pm \Delta z_{\mathrm{s}}' \tag{5.14a}$$

Zulaufbetrieb (Bild 5.2): (5.14b)

$$\mathrm{NPSH}_{\mathrm{Anlage}} = \frac{p_{\mathrm{e}} - p_{\mathrm{D}}}{\varrho \cdot g} + \frac{c_{\mathrm{e}}^2}{2g} - h_{\mathrm{z}} - \frac{E_{\mathrm{Rs}}}{g} \pm \Delta z_{\mathrm{s}}' \tag{5.14b}$$

Bei Pumpen mit horizontaler Wellenlage ist die Höhendifferenz $\Delta z_{\mathrm{s}}' = 0$.
Für Pumpen mit vertikaler oder schräger Wellenlage (Bild 5.10) kann der jeweils zutreffende $\Delta z_{\mathrm{s}}'$-Wert aus [5.1] entnommen werden.
Für die folgenden Betrachtungen wird der Einfachheit halber $\Delta z_{\mathrm{s}}' = 0$ gesetzt!

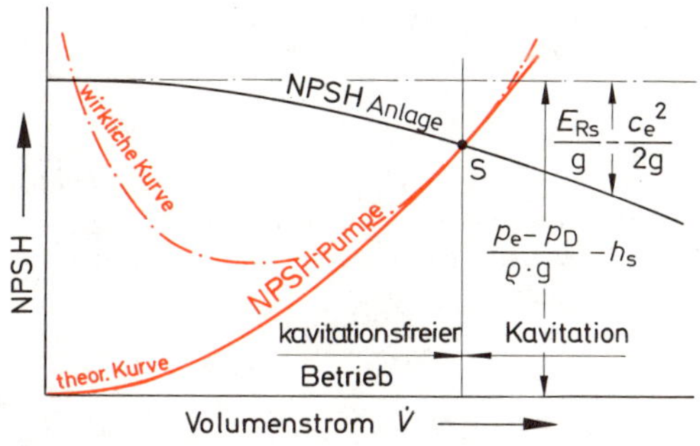

Bild 5.11 Zur Erklärung des NPSH-Wertes

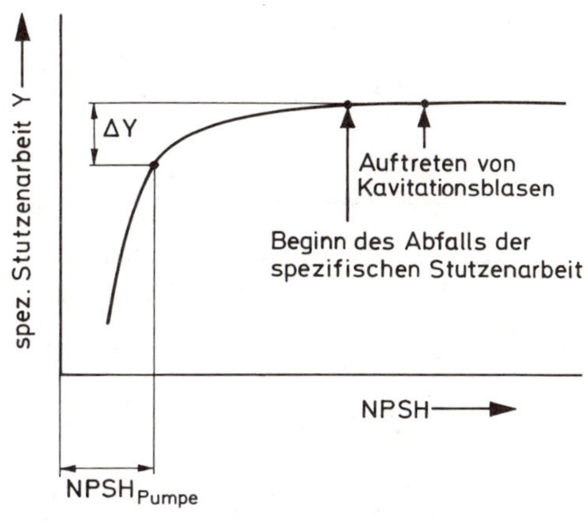

Bild 5.12 Zur Erklärung des NPSH-Wertes

In Gleichung (5.14) sind die Werte $p_{\mathrm{e}}/\varrho \cdot g$; h_{s} und $p_{\mathrm{D}}/\varrho \cdot g$ für einen bestimmten Betriebszustand konstant, während $c_{\mathrm{e}}^2/2 \cdot g$ und E_{Rs}/g vom Quadrat des Volumenstromes abhängen, d.h., $\mathrm{NPSH}_{\mathrm{Anlage}}$ ist ebenfalls eine quadratische Funktion des Förderstromes.
Da i.a. $c_{\mathrm{e}}^2 = 0$ ist, jedenfalls $c_{\mathrm{e}}^2/2 \cdot g \ll E_{\mathrm{Rs}}/g$, nimmt $\mathrm{NPSH}_{\mathrm{Anlage}}$ mit zunehmendem Förderstrom $\dot{V}$ quadratisch ab (Bild 5.11). Der Schnittpunkt S der beiden Parabeln „$\mathrm{NPSH}_{\mathrm{Pumpe}}$" und „$\mathrm{NPSH}_{\mathrm{Anlage}}$" trennt das Gebiet kavitationsfreien Betriebes von dem Gebiet der Kavitation.
Nun kann man aber nicht so präzise angeben, ob bereits Kavitation vorhanden ist oder nicht, da vom Auftreten erster Dampfbläschen bis zur starken Kavitation ein großer Abstand ist. In der Praxis ist es meist üblich, den $\mathrm{NPSH}_{\mathrm{Pumpe}}$-Wert für einen bestimmten Abfall an spez. Stutzenarbeit Y

(gebräuchlich sind Werte von $\Delta Y = 0{,}03 \cdot Y$ bis $0{,}05 \cdot Y$) zu definieren (Bild 5.12).

Beispiel 11

Wie groß ist der $NPSH_{Pumpe}$-Wert der in Beispiel 8 behandelten Pumpe und wie stellen sich die Betriebsverhältnisse in einem Diagramm gemäß Bild 5.11 dar?

Lösung:

a) Der $NPSH_{Pumpe}$-Wert ergibt sich aus Gleichung (5.13) für $z_s' = 0$:

$$NPSH_{Pumpe} = \frac{Y_H}{g}$$

$$NPSH_{Pumpe} = \frac{7{,}4}{9{,}81}$$

$$\underline{NPSH_{Pumpe} = 0{,}75 \text{ m}}$$

b) Die grafische Darstellung der NPSH-Werte, abhängig vom Volumenstrom $\dot{V}$, findet sich in Bild 5.13:

Der Ausdruck

$$\frac{p_e - p_D}{\varrho \cdot g} - h_s$$

ergibt sich aus den Zahlenwerten des Beispiels 8 zu:

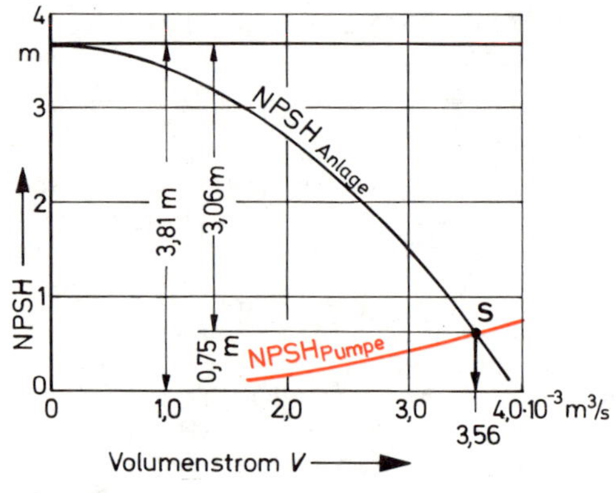

Bild 5.13 Zu Beispiel 11

$$\frac{p_e - p_D}{\varrho \cdot g} - h_s = \frac{10^5 - 2337}{998{,}2 \cdot 9{,}81} - 6{,}16$$

$$\frac{p_e - p_D}{\varrho \cdot g} - h_s = 3{,}81 \text{ m}$$

Die Eintrittsgeschwindigkeit c_e ist Null. Damit vereinfacht sich der von $\dot{V}$ abhängige Anteil von $NPSH_{Anlage}$ zu E_{Rs}/g:

$$\frac{E_{Rs}}{g} = \frac{30}{9{,}81} = 3{,}06 \text{ m}$$

Im Punkt S ist

$$NPSH_{Pumpe} = NPSH_{Anlage} = 0{,}75 \text{ m}$$

5.6 Werkstofffragen

Durch geeignete Werkstoffwahl kann der Kavitationsverschleiß stark gemindert werden.
Die durch Kavitation verursachte Materialabtragung kann dabei durch folgende Methoden ermittelt werden:

a) durch Aufmaß,
b) aus dem Gewichtsverlust,
c) aus dem Verbrauch an Auftragsschweißgut bei der Ausbesserung,
d) aus dem Zeitaufwand für die Ausbesserung.

Gibt man Grauguß GG-25 den kavitationsbedingten Gewichtsverlustindex 1,0, so ergeben sich nach [5.1] für andere Werkstoffe folgende Werte bezüglich ihrer Widerstandsfähigkeit gegen Kavitationsverschleiß (Tabelle 5.4):

Tabelle 5.4 Verschleißindex bei Kavitation

Werkstoff	Verschleiß-index
Stahlguß GS–C 25	0,8
Bronze G–CuSn 10	0,5
Chromstahlguß G-X 20 Cr 14	0,2
Mehrstoffbronze G-AlBz 10 Fe	0,1
Chromnickelstahl G-X 6 CrNi 189	0,05

Weitere Werte über den Problemkreis Kavitations-Materialabtrag finden sich in [5.8] und [5.12] bis [5.15].

5.7 Literatur zu Kapitel 5

[5.1] KSB-Kreiselpumpenlexikon 1980, herausgegeben von Fa. Klein, Schanzlin & Becker, Frankenthal.

[5.2] *Kalyta, A.:* Saughöhe, Zulaufhöhe und NPSH bei Kreiselpumpen. Zeitschrift gwf 1965, S. 1355ff.

[5.3] *Pfleiderer/Petermann:* Strömungsmaschinen, 5. Auflage 1986, Springer-Verlag.

[5.4] *Dziallas, R.:* Beitrag zur Beurteilung des Kavitationsverhaltens von radialen Kreiselpumpen. Voith „Forschung und Konstruktion", Heft 15, 1967.

[5.5] DIN 24260: Kreiselpumpen und Kreiselpumpenanlagen.

[5.6] *Schönberger, W.:* Untersuchung über Kavitation an radialen Kreiselpumpenrädern. Zeitschrift Konstruktion 1969, S. 245ff.

[5.7] *Rütschi, K.:* Die Pfleiderer-Saugzahl als Gütegrad der Saugfähigkeit von Kreiselpumpen. Schweizerische Bauzeitung 1960/Heft 12.

[5.8] *Grein, H.:* Kavitation — eine Übersicht. Technische Rundschau Sulzer Forschungsheft 1974.

[5.9] *Florjancic, D.:* Einfluß der Wassertemperatur auf die Saugfähigkeit von Kreiselpumpen. Technische Rundschau Sulzer Forschungsheft 1971.

[5.10] *Stepanoff, A. J.:* Radial- und Axialpumpen. Springer-Verlag 1959.

[5.11] *Petermann, H.:* Zur dimensionslosen Kennzeichnung der Saugfähigkeit von Kreiselpumpen und Wasserturbinen. VDI-Z-105, 1963, S. 595/596.

[5.12] *Osterwalter/Lecher:* Kavitation und Materialerosion. Escher-Wyss-Mitteilungen — Weitere 15 Jahre Forschung für Turbomaschinen.

[5.13] *Stauffer/Flury:* Kavitationsversuche mit einer Magnetostriktionsapparatur. Escher-Wyss-Mitteilungen — Weitere 15 Jahre Forschung für Turbomaschinen.

[5.14] *Stauffer/Flury:* Gegossene Werkstoffe für Wasserkraftanlagen. „Escher-Wyss im In- und Ausland", Festschrift Schweizerische Landesausstellung 1964 in Lausanne.

[5.15] *Thuß, W.:* Mögliche Grenzen der Umsetzung großer Fall- und Förderhöhen in einer Laufradstufe von Pumpspeichermaschinen aus der Sicht der Strömungsvorgänge. Voith „Forschung und Konstruktion", Heft 21.

[5.16] *Hutarew, G.,* Prof.: Die Ausbildung von Schaufeleintrittskanten und ihr Einfluß auf das Kavitationsverhalten von Pumpen. VDI-Berichte Nr. 193 (1973).

[5.17] *Voigt, J.:* Entwicklungsstand der Axialpumpen mit vollkavitierender Beschaufelung. VDI-Berichte Nr. 193 (1973).

[5.18] EUROPUMP: NPSH bei Kreiselpumpen. Bedeutung — Berechnung — Messung 1974. Maschinenbau-Verlag GmbH, 6000 Frankfurt, Postfach 71 01 09 (eine Broschüre).

[5.19] *Bohl, W.,* u.a.: Pumpen und Pumpenanlagen. expert-verlag 1981.

[5.20] *Neumaier, R.:* Kavitation und Gesamthaltedruckhöhe von Kreiselpumpen mittlerer Schnelläufigkeit. Zeitschrift Maschinenmarkt 83 (1977) Heft. Nr. 86.

[5.21] SIHI-HALBERG: Grundlagen für die Planung von Kreiselpumpenanlagen. Herausgeber: SIHI-Gruppe, Ludwigshafen/Rhein 1978.

[5.22] *Isay, W. H.:* Kavitation, 2. Auflage, Schiffahrts-Verlag „Hansa" G. Schroedter & Co. Hamburg, 1984.

[5.23] *Durrer, H.:* Kavitationserosion und Strömungsmechanik. Technische Rundschau SULZER. Heft 3/1986, S. 55/61.

6 Überschallgrenze

6.1 Einleitung

Wie wir aus der Tragflügelberechnung her wissen, ändern sich die Profilwerte bei Annäherung der Anströmgeschwindigkeit an die Schallgeschwindigkeit. Auch wenn die Anströmgeschwindigkeit unter der Schallgeschwindigkeit liegt, treten örtlich in den Zonen großen Unterdruckes auf der Profilsaugseite Überschreitungen der Schallgeschwindigkeit auf (Bild 6.1).
Beim Übergang vom Überschallgebiet zum Unterschallgebiet tritt ein **Verdichtungsstoß** auf, der Druck, Geschwindigkeit, Temperatur und Dichte „schlagartig" ändert. Verdichtungsstöße sind für die Strömung mit großen Verlusten verbunden und sollten deshalb in Turbomaschinen normalerweise nicht auftreten.
Als wichtige **Kennzahl** für die folgenden Betrachtungen wird die Mach-Zahl M eingeführt:

$$M = \frac{\text{Geschwindigkeit}}{\text{Schallgeschwindigkeit}} \tag{6.1}$$

Als Geschwindigkeit wird bei Laufschaufeln meist die Relativgeschwindigkeit w, bei Leitschaufeln die Absolutgeschwindigkeit c in Gleichung 6.1 eingesetzt, seltener die Umfangsgeschwindigkeit u.
Die Schallgeschwindigkeit kann aus folgender, an sich nur für ideale Gase exakt gültigen Beziehung errechnet werden:

$$a = \sqrt{\varkappa \cdot R_i \cdot T} = \sqrt{p \cdot v \cdot \varkappa} \tag{6.2}$$

a = Schallgeschwindigkeit
$\varkappa$ = c_p/c_v = Isentropenexponent
R_i = individuelle Gaskonstante
T = thermodynamische Temperatur
p = Druck
v = spezifisches Volumen

In den folgenden Abschnitten wird gezeigt, daß die Schallgrenze ein wichtiger Grenzwert bei thermischen Turbomaschinen ist, der die Drehzahl, den Energieumsatz und das Durchsatzvolumen nach oben hin begrenzt.

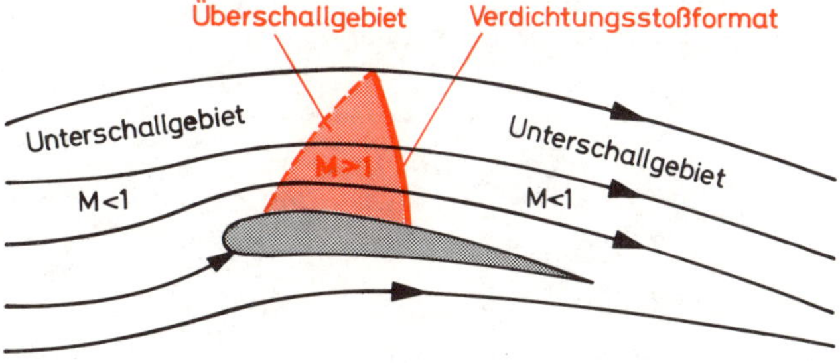

Bild 6.1 Überschallströmung an einem Tragflügelprofil

6.2 Die Überschallgrenze bei Verdichtern

6.2.1 Die maximale Mach-Zahl

Als maximale Mach-Zahl wird die Mach-Zahl der Eintrittsgeschwindigkeit eines Schaufelgitters verstanden, bei dem im engsten Querschnitt gerade Schallgeschwindigkeit herrscht (Bild 6.2). Die Strömungsgeschwindigkeiten sind mit w bezeichnet, beziehen sich also auf ein Laufrad. Bei Betrachtung eines Leitrades müßten lediglich die Relativgeschwindigkeiten w durch die Absolutgeschwindigkeiten c ersetzt werden!
Die Totaltemperatur T_{tot} des Gases beträgt am Schaufelgittereintritt:

$$T_{tot} = T_1 + \frac{w_1^2}{2 \cdot c_p}$$

Die Eintrittsgeschwindigkeit w_1 läßt sich durch die Mach-Zahl M_1 ausdrücken:

$$w_1 = M_1 \cdot a = M_1 \cdot \sqrt{\varkappa \cdot R_i \cdot T_1}$$

Setzt man diesen Ausdruck in obige Beziehung für die Totaltemperatur T_{tot} ein und ersetzt gleichzeitig c_p durch:

$$c_p = \frac{\varkappa}{\varkappa - 1} \cdot R_i$$

erhält man:

$$T_{tot} = T_1 \cdot \left(1 + \frac{\varkappa - 1}{2} \cdot M_1^2\right)$$

Nimmt man vereinfachend an, daß die Strömung **isentrop** verläuft, ist die Temperatur T_{tot} überall im Schaufelkanal gleich groß, d.h., auch an der engsten Stelle A_{min} gilt:

$$T_{tot} = T_{A\,min} \cdot \left(1 + \frac{\varkappa - 1}{2}\, M_{A\,min}^2\right)$$

Nun soll aber $M_{A\,min}$ gerade 1 werden:

$$T_{tot} = T_{A\,min} \cdot \left(1 + \frac{\varkappa - 1}{2}\right)$$

Durch Gleichsetzen der beiden Ausdrücke für T_{tot} ergibt sich:

$$T_1 \left(1 + \frac{\varkappa - 1}{2}\, M_1^2\right) = T_{A\,min} \cdot \left(1 + \frac{\varkappa - 1}{2}\right)$$

$$\frac{T_1}{T_{A\,min}} = \frac{1 + \frac{\varkappa - 1}{2}}{1 + \frac{\varkappa - 1}{2} \cdot M_1^2}$$

Ähnlich kann man bei den Geschwindigkeiten w_1 und $w_{A\,min}$ vorgehen:

$$w_1 = M_1 \cdot \sqrt{\varkappa \cdot R_i \cdot T_1}$$

$$w_{A\,min} = 1 \cdot \sqrt{\varkappa \cdot R_i \cdot T_{A\,min}}$$

$$\frac{w_1}{w_{A\,min}} = \frac{M_1 \cdot \sqrt{\varkappa \cdot R_i \cdot T}}{1\,\sqrt{\varkappa \cdot R_i \cdot T_{A\,min}}} = M_1 \sqrt{\frac{T_1}{T_{A\,min}}}$$

$$= M_1 \cdot \left(\frac{T_1}{T_{A\,min}}\right)^{1/2}$$

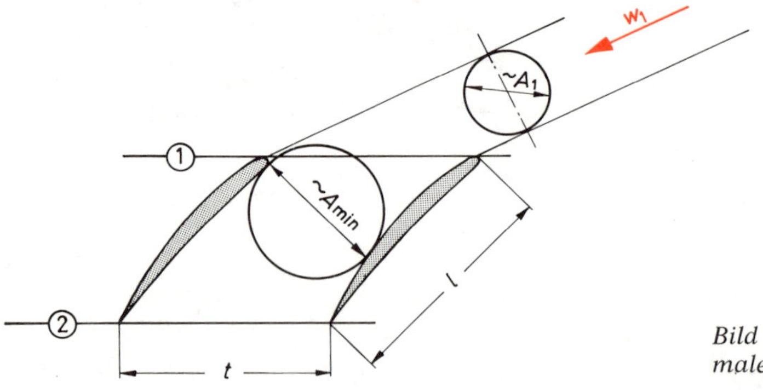

Bild 6.2 Zur Erklärung der maximalen Mach-Zahl

Bild 6.3 Maximale Mach-Zahl

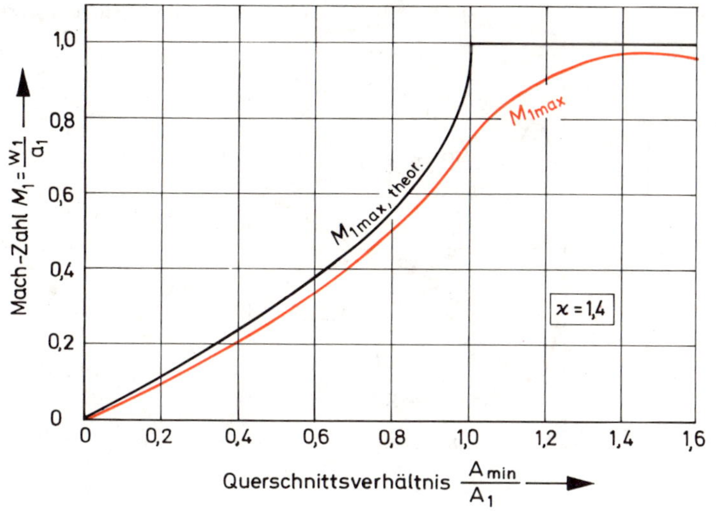

Aus der **Kontinuitätsgleichung** ergibt sich folgender Zusammenhang zwischen den Querschnittsflächen A_{min} und A_1 und dem Temperaturverhältnis $T_1/T_{A\,min}$:

$$A_1 \cdot w_1 \cdot \varrho_1 = A_{min} \cdot w_{A\,min} \cdot \varrho_{A\,min}$$

Für isentrope Strömung kann gesetzt werden:

$$\frac{\varrho_1}{\varrho_{A\,min}} = \left(\frac{T_1}{T_{A\,min}}\right)^{\frac{1}{\varkappa - 1}}$$

$$\frac{A_{min}}{A_1} = \frac{w_1}{w_{A\,min}} \cdot \frac{\varrho_1}{\varrho_{A\,min}}$$

$$\frac{A_{min}}{A_1} = M_1 \cdot \left(\frac{T_1}{T_{A\,min}}\right)^{1/2} \cdot \left(\frac{T_1}{T_{A\,min}}\right)^{\frac{1}{\varkappa - 1}}$$

Setzt man für $M_1 = M_{1\,max}$ und für $T_1/T_{A\,min}$ den oben erhaltenen Ausdruck ein, ergibt sich folgende Beziehung zwischen dem Querschnittsverhältnis A_{min}/A_1 und der maximalen Mach-Zahl $M_{1\,max}$:

$$\frac{A_{min}}{A_1} = M_{1\,max} \cdot \left(\frac{1 + \frac{\varkappa - 1}{2}}{1 + \frac{\varkappa - 1}{2} M_{1\,max}^2}\right)^{\frac{\varkappa + 1}{2(\varkappa - 1)}} \tag{6.3}$$

Nach [6.1] wird Gleichung 6.3 für Luft ($\varkappa = 1{,}4$) in Bild 6.3 grafisch dargestellt, wobei diese theoretisch abgeleitete Mach-Zahl noch den Index „theor" erhält.

6.2.2 Die kritische Mach-Zahl

Betrachtet man die Druck- und Geschwindigkeitsverteilung um ein Tragflügelprofil (Bild 6.4), so erkennt man auf der Profilsaugseite den größten Unterdruck und damit die größte Geschwindigkeit. Die qualitative und quantitative Druck- und Geschwindigkeitsverteilung hängt vor allem von der Profilform und vom Anstellwinkel ab.

Als **kritische Mach-Zahl** bezeichnet man die Mach-Zahl $M_1 = w_1/a_1$ bei der örtlich auf der Profilsaugseite gerade Schallgeschwindigkeit auftritt, aber nicht überschritten wird.

Nach der **Prandtlschen Regel** für die Beziehung zwischen der kompressiblen und der inkompressiblen Druckänderung kann ersetzt werden:

$$\text{kompressible Druckänderung} = \frac{\text{inkompressible Druckänderung}}{\sqrt{1 - M^2}}$$

d.h. im vorliegenden Falle:

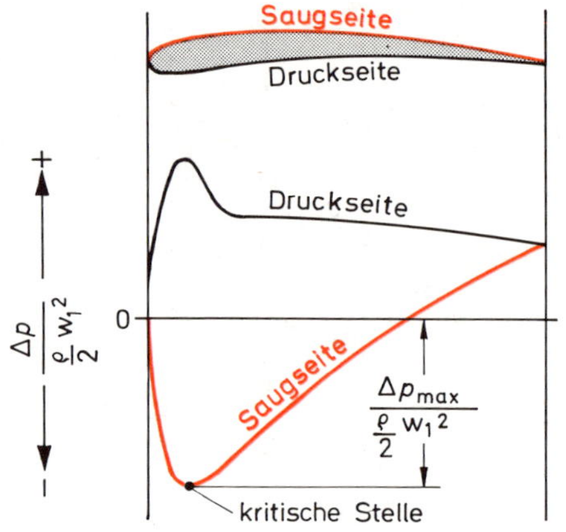

Bild 6.4 Druckverteilung an einem Tragflügelprofil

$$\left(\frac{\Delta p}{\frac{\varrho}{2} \cdot w_1^2}\right)_{\text{kompr.}} = \frac{\left(\frac{\Delta p}{\frac{\varrho}{2} \cdot w_1^2}\right)_{\text{inkompr.}}}{\sqrt{1 - M_1^2}}$$

Den Staudruck $\frac{\varrho}{2} \cdot w_1^2$ kann man durch die Mach-Zahl M_1 ausdrücken:

$$\frac{\varrho}{2} \cdot w_1^2 + p_1 = p_{1\,\text{tot}}$$

$$\frac{\varrho}{2} \cdot w_1^2 = p_1 \cdot \left(\frac{p_{1\,\text{tot}}}{p_1} - 1\right)$$

Für die Isentrope kann geschrieben werden:

$$\frac{p_{1\,\text{tot}}}{p_1} = \left(\frac{T_{1\,\text{tot}}}{T_1}\right)^{\frac{\varkappa}{\varkappa - 1}}$$

und gemäß vorigem Abschnitt:

$$\frac{T_{1\,\text{tot}}}{T_1} = 1 + \frac{\varkappa - 1}{2} \cdot M_1^2$$

$$\frac{\varrho}{2} \cdot w_1^2 = p_1 \cdot \left[\left(1 + \frac{\varkappa - 1}{2} \cdot M_1^2\right)^{\frac{\varkappa}{\varkappa - 1}} - 1\right]$$

Die größte Geschwindigkeit tritt an der Stelle des größten Unterdruckes Δp_{max} auf:

$$\Delta p_{\text{max}} = p_1 - p_{\text{min}} = p_1 \cdot \left(1 - \frac{p_{\text{min}}}{p_1}\right)$$

$$\Delta p_{\text{max}} = p_1 \cdot \left[1 - \left(\frac{T_{\text{min}}}{T_1}\right)^{\frac{\varkappa}{\varkappa - 1}}\right]$$

Durch Erweitern mit T_{tot}

$$\Delta p_{\text{max}} = p_1 \cdot \left[1 - \left(\frac{T_{\text{tot}}/T_1}{T_{\text{tot}}/T_{\text{min}}}\right)^{\frac{\varkappa}{\varkappa - 1}}\right]$$

und Erreichen von $M = 1$ an der Stelle des größten Unterdruckes ergibt sich:

$$\frac{T_{\text{tot}}}{T_{\text{min}}} = 1 + \frac{\varkappa - 1}{2} \cdot 1^2 = 1 + \frac{\varkappa - 1}{2}$$

$$\Delta p_{\text{max}} = p_1 \cdot \left[1 - \left(\frac{1 + \frac{\varkappa - 1}{2} \cdot M_1^2}{1 + \frac{\varkappa - 1}{2}}\right)^{\frac{\varkappa}{\varkappa - 1}}\right]$$

Durch Einsetzen der Ausdrücke für $\frac{\varrho}{2} \cdot w_1^2$ und Δp_{max} in die **Prandtlsche Regel** erhält man den gesuchten Zusammenhang zwischen kritischer Mach-Zahl $M_{1\,\text{krit}}$ und Unterdruckspitze Δp_{max}:

$$\left(\frac{\Delta p}{\frac{\varrho}{2} \cdot w_1^2}\right)_{\text{inkompr.}} = \left(\frac{\Delta p}{\frac{\varrho}{2} \cdot w_1^2}\right)_{\text{kompr.}} \cdot \sqrt{1 - M_1^2}$$

(6.4)

$$\left(\frac{\Delta p_{\text{max}}}{\frac{\varrho}{2} \cdot w_1^2}\right)_{\text{inkompr.}} = \sqrt{1 - M_{1\,\text{krit}}^2} \cdot \frac{1 - \left(\frac{1 + \frac{\varkappa - 1}{2} \cdot M_{1\,\text{krit}}^2}{1 + \frac{\varkappa - 1}{2}}\right)^{\frac{\varkappa}{\varkappa - 1}}}{\left(1 + \frac{\varkappa - 1}{2} \cdot M_{1\,\text{krit}}^2\right)^{\frac{\varkappa}{\varkappa - 1}} - 1}$$

In Bild 6.5 ist die Funktion $M_{1\,\text{krit}}$ als Funktion von

$$\left(\frac{\Delta p_{\max}}{\frac{\varrho}{2}\cdot w_1^2}\right)_{\text{inkompr.}}$$ für Luft ($\varkappa = 1{,}4$) dargestellt:

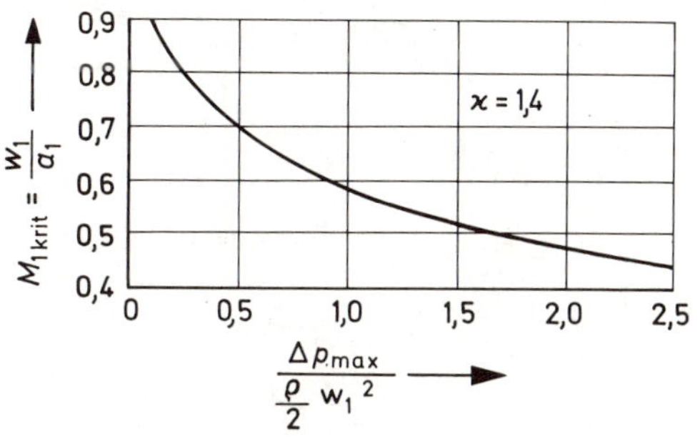

Bild 6.5 Kritische Mach-Zahl

In [6.1] und [6.2] werden Angaben über den Zusammenhang zwischen der Unterdruckspitze $\Delta p_{\max}$ und dem Auftriebsbeiwert c_a des Tragflügelprofils gemacht.

6.2.3 Versuchsergebnisse

Da die Strömung nicht isentrop, sondern polytrop verläuft und durch die Grenzschichten auf der Profilsaug- und -druckseite die effektiven Kanalquerschnitte zwischen den Schaufeln kleiner sind als in 6.2.1 angenommen, liegt die tatsächlich erreichbare maximale Mach-Zahl $M_{1\,\max}$ unter dem in Gleichung (6.3) angegebenen Wert.
In Bild 6.3 ist der auf Messungen [6.1] beruhende Linienzug $M_{1\,\max}$ eingetragen.
Auch die kritische Mach-Zahl $M_{1\,\text{krit}}$ liegt bei der praktischen Ausführung von Verdichtern unter den Werten von Gleichung (6.4) und Bild 6.5. Aufgrund von in [6.1, 6.3 und 6.4] beschriebenen Messungen wird $M_{1\,\text{krit}}$ für praktische Berechnungen in Bild 6.5 eingetragen.
Für **Radialverdichter** (Bild 6.6) werden in [6.1] folgende Grenzwerte angegeben:

$$M_1 = \frac{w_1}{\sqrt{\varkappa \cdot R_i \cdot T_1}} < 0{,}75 \text{ bis } 0{,}85 \tag{6.5}$$

$$M_0 = \frac{c_0}{\sqrt{\varkappa \cdot R_i \cdot T_0}} < 0{,}5 \tag{6.6}$$

$$\left(\frac{u_1}{\sqrt{T_0}}\right)^2 = \varkappa \cdot R_i \cdot \frac{M_1^2 - M_0^2}{1 + \frac{\varkappa - 1}{2} M_0^2} \tag{6.7}$$

$$\dot{V}_1 \approx \dot{m} \cdot \frac{R_i \cdot T_0}{p_0} \cdot \left(1 + \frac{1}{2} M_0^2\right) \tag{6.8}$$

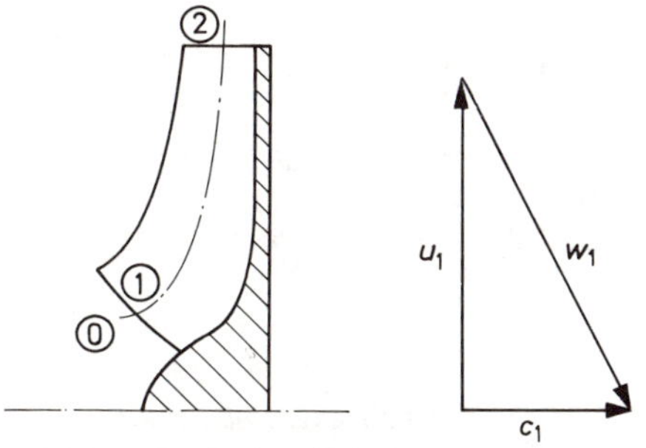

Bild 6.6 Radialverdichter

Bei Überschreiten einer Mach-Zahl M_1 von 0,4 beginnt i.a. bereits ein merklicher Wirkungsgradabfall (Bild 6.7). Der Einfluß der Mach-Zahl auf die Kennlinien eines Verdichters wird in Kapitel 13 behandelt.

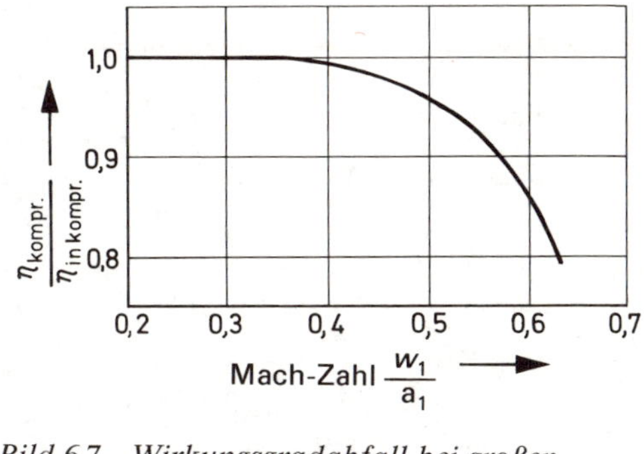

Bild 6.7 Wirkungsgradabfall bei großen Mach-Zahlen

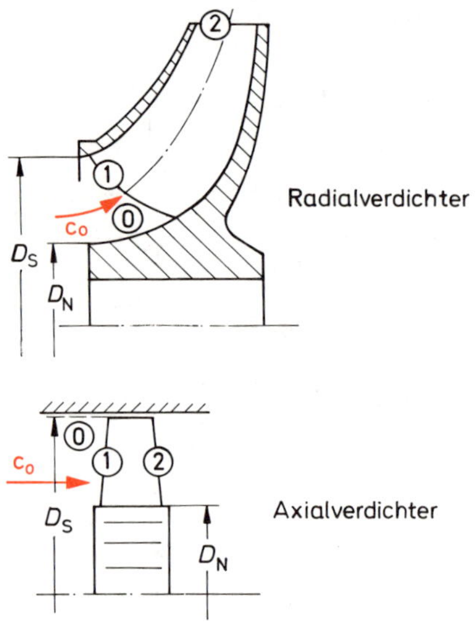

Bild 6.8 Erläuterungen zu den Formeln 6.9 und 6.10

6.2.4 Die Schallkennzahl nach Pfleiderer

Zurückgehend auf einen Vorschlag von Prof. Pfleiderer [6.5, 6.2] wird analog zur Saugkennzahl bei hydraulischen Strömungsmaschinen eine **Schallkennzahl** S_q für Verdichter eingeführt:

(6.9)

$$S_q = n \cdot \sqrt{\frac{\dot{V}_0}{k \cdot a_0^3}}$$

S_q = dimensionslose Schallkennzahl
n = Drehzahl in s^{-1}
$\dot{V}_0$ = angesaugter Volumenstrom vor den Schaufelkanten in m^3/s
a_0 = $\sqrt{\varkappa \cdot R_i \cdot T_0}$
= Schallgeschwindigkeit in m/s
k = Verengungsfaktor = $1 - (D_N/D_S)^2$ (Bild 6.8)

Gleichung (6.9) berücksichtigt nicht die Kompressibilität im Einlauf des Verdichterlaufrades! Exakter ist folgende Beziehung:

(6.10)

$$S_{q\,\text{kompr.}} = n \cdot \sqrt{\frac{\dot{V}_0}{\left[1 + 0{,}5\left(\frac{c_0}{a_0}\right)^2\right] \cdot k \cdot a_0^3}}$$

Die Schallkennzahl hängt vom Eintrittswinkel β_{0a} ab.

(6.11)

$$\tan \beta_{0a} = \frac{c_0}{u_{1a}}$$

$$c_0 = \frac{\dot{V}_0}{\frac{\pi}{4} \cdot (D_S^2 - D_N^2)}$$

$$u_{1a} = D_S \cdot \pi \cdot n$$

(6.12)

$$S_q = \sqrt{\frac{\cos^2 \beta_{0a} \cdot \sin \beta_{0a}}{4 \cdot \pi\,(1 + \lambda)^{3/2}}}$$

Der Beiwert λ berücksichtigt die Vergrößerung der Relativgeschwindigkeit von w_0 auf w_1 durch den Einfluß der Schaufeldicke. Pfleiderer gibt für λ den Bereich von 0,2 bis 0,3 an. Für einen mittleren Wert von $\lambda = 0{,}25$ ist in Bild 6.9 die Funktion $S_q = f(\beta_{0a})$ grafisch dargestellt:
Liegt für einen bestimmten Winkel β_{0a} die Schallkennzahl S_q unterhalb des durch den Kurvenzug in Bild 6.9 festgelegten Wertes, bleibt die Strö-

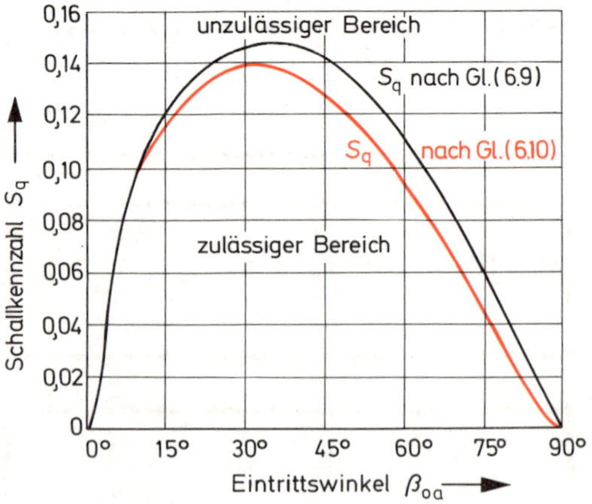

Bild 6.9 Schallkennzahl S_q

mung im Unterschallbereich; liegt sie darüber, muß mit dem Erreichen der Schallgeschwindigkeit und mit Verdichtungsstößen gerechnet werden.

Beispiel 12

Das in Bild 6.10 dargestellte Verdichterrad hat folgende Betriebsdaten:

Massenstrom	$\dot{m}$	$= 2{,}9$ kg/s
Eintrittsdruck	p_0	$= 1$ bar
Eintrittstemperatur	T_0	$= 288$ K
Drehzahl	n	$= 305\ \text{s}^{-1}$

Medium : Luft

Bleibt die Strömung im Laufradeinlauf im Unterschallbereich?

Lösung:

Man berechnet nach Gleichung (6.11) den Winkel β_{0a}, nach Gleichung (6.9) die Schallkennzahl S_q und überprüft, ob das Wertepaar $\beta_{0a} - S_q$ innerhalb des zulässigen Bereiches von Bild 6.9 liegt.

Volumenstrom $\dot{V}$:

$$p_0 \cdot \dot{V}_0 = \dot{m} \cdot R_i \cdot T_0$$

$$\dot{V}_0 = \frac{\dot{m} \cdot R_i \cdot T_0}{p_0}$$

$$\dot{V}_0 = \frac{2{,}9 \cdot 287 \cdot 288}{10^5}$$

$$\dot{V}_0 = 2{,}4\ \text{m}^3/\text{s}$$

Geschwindigkeit c_0:

$$c_0 = \frac{\dot{V}_0}{\frac{\pi}{4} \cdot (D_S^2 - D_N^2)}$$

$$c_0 = \frac{2{,}4}{\frac{\pi}{4} \cdot (0{,}24^2 - 0{,}16^2)}$$

$$c_0 = 95{,}5\ \text{m/s}$$

Umfangsgeschwindigkeit u_{1a}:

$$u_{1a} = \pi \cdot D_S \cdot n$$

$$u_{1a} = \pi \cdot 0{,}24 \cdot 305$$

$$u_{1a} = 230\ \text{m/s}$$

Bild 6.10 Zu Beispiel 12

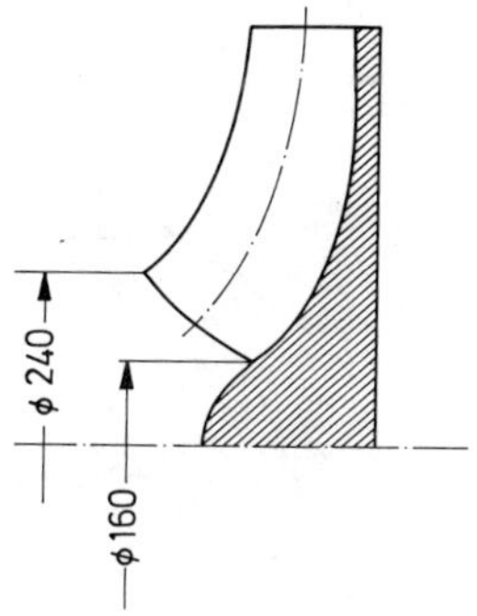

Eintrittswinkel β_{0a}:

$$\tan \beta_{0a} = \frac{c_0}{u_{1a}}$$

$$\tan \beta_{0a} = \frac{95{,}5}{230}$$

$$\beta_{0a} = 22{,}5°$$

Schallgeschwindigkeit a:

$$a_0 = \sqrt{\varkappa \cdot R_i \cdot T_0}$$

$$a_0 = \sqrt{1{,}4 \cdot 287 \cdot 288}$$

$$a_0 = 340{,}17\ \text{m/s}$$

Verengungsfaktor k:

$$k = 1 - \left(\frac{D_N}{D_S}\right)^2$$

$$k = 1 - \left(\frac{160}{240}\right)^2$$

$$k = 0{,}556$$

Schallkennzahl S_q nach Gleichung (6.9):

$$S_q = n \cdot \sqrt{\frac{\dot{V}_0}{k \cdot a_0^3}}$$

$$S_q = 305 \cdot \sqrt{\frac{2{,}4}{0{,}556 \cdot 340{,}17^3}}$$

$$S_q = 0{,}101$$

Durch Eintragen des Wertepaares $\beta_{0a} = 22{,}5°$ und $S_q = 0{,}101$ in Bild 6.9 sieht man, daß S_q unterhalb der Grenzkurve liegt, d.h. die Strömung im Unterschallbereich verläuft.

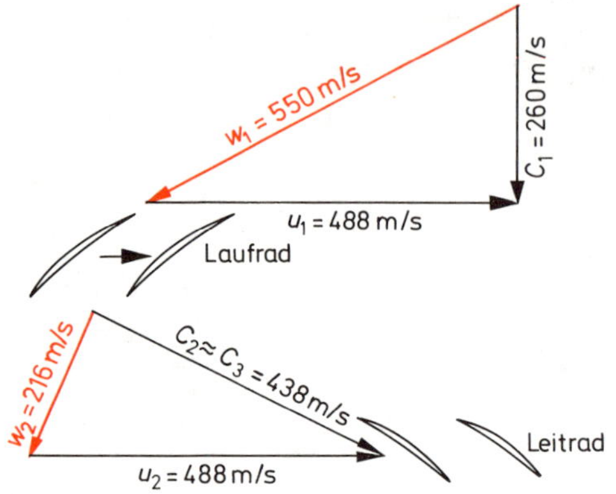

Bild 6.11 Überschall-Axialverdichter

6.2.5 Überschallverdichter

Erreicht die Strömungsgeschwindigkeit in einem Verdichter den Wert der Schallgeschwindigkeit, erfolgt die Verdichtung in **Stoßwellen**, d.h. unstetig.

Überschallverdichter sind demnach schnellaufende Turboverdichter mit relativ kleinen Abmessungen, die hohe Druckverhältnisse bei relativ schlechten Wirkungsgraden aufweisen.

Die Meridiangeschwindigkeiten liegen i.a. unter der Schallgeschwindigkeit, die Relativgeschwindigkeiten in den Laufrädern und die Absolutgeschwindigkeiten in den Leiträdern liegen ganz oder teilweise im Überschallbereich.

In Bild 6.11 nach [6.3] ist die Beschaufelung eines Überschall-Axialverdichters mit Überschallströmung in Lauf- und Leitrad dargestellt, mit dem ein Stufendruckverhältnis p_2/p_1 von etwa 6 erreicht wurde. Im Laufrad und Leitrad findet je ein gerader Verdichtungsstoß statt.

Viele aerodynamische und konstruktive Probleme des Überschallverdichters sind noch ungelöst.

6.3 Die Überschallgrenze bei Dampf- und Gasturbinen

6.3.1 Einfluß der Mach-Zahl auf die Schaufelverluste

Auch bei den Schaufelgittern von Dampf- und Gasturbinen ist eine Wirkungsgradabhängigkeit von der Mach-Zahl festzustellen [6.6, 6.7, 6.8]. Der Wirkungsgradabfall ist bei spitzen Profilen stärker ausgeprägt als bei gerundeten Profilen [6.6]. Allerdings ist die beschleunigte Strömung durch ein Turbinengitter auch bei Mach-Zahlen um 1 oder gar über 1 nicht so problematisch wie die verzögerte Strömung durch ein Verdichtergitter.

Nach [6.8] wird ein Profilverlustwert ζ_p wie folgt definiert:

Leitschaufeln	Laufschaufeln

Leitschaufeln

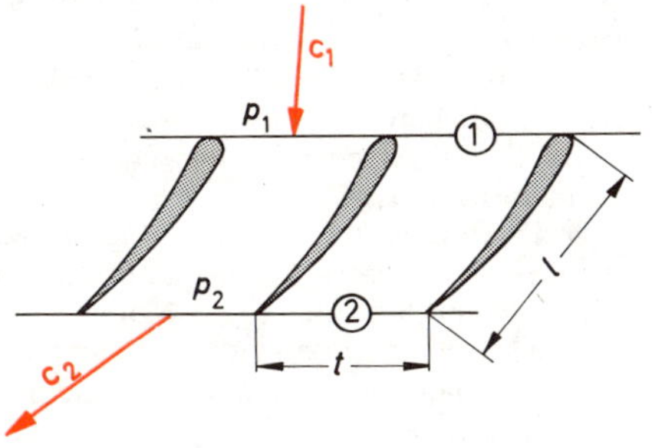

Bild 6.12a

(6.13a)

$$\zeta_p = 1 - \frac{\frac{c_2^2}{2}}{\frac{c_1^2}{2} + \frac{p_1 - p_2}{\varrho}}$$

ζ_p ist eine Funktion der Gitterparameter wie Profilform, Teilungsverhältnis t/l, Oberflächenrauhigkeit und der Strömungsparameter wie An- und Abströmwinkel, Reynolds-Zahl, Turbulenz und der **Mach-Zahl.**

Nach [6.8] kann der Einfluß der Mach-Zahl über einen Korrekturbeiwert K_M abgeschätzt werden:

$$M_2 = \frac{c_2}{\sqrt{\frac{2 \cdot \varkappa}{\varkappa + 1} \cdot p_{1\,tot} \cdot v_{1\,tot}}}$$

$$p_{1\,tot} = p_{1\,stat} + \varrho_1 \cdot \frac{c_1^2}{2}$$

Laufschaufeln

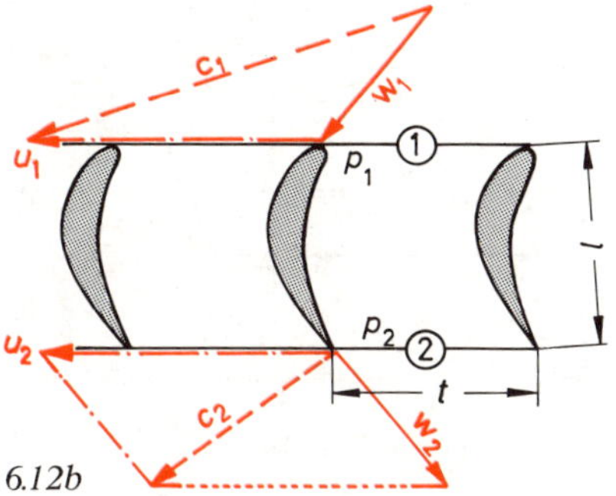

Bild 6.12b

(6.13b)

$$\zeta_p = 1 - \frac{\frac{w_2^2}{2}}{\frac{w_1^2}{2} + \frac{p_1 - p_2}{\varrho}}$$

$$\zeta_p = \zeta_{p0} \cdot K_M \cdot \cdots + \cdots + \cdots$$

(... steht für andere, hier nicht behandelte Einflußfaktoren!)

K_M kann abhängig von M_2 aus Bild 6.13 entnommen werden. Dabei ist die Austritts-Mach-Zahl M_2 wie folgt definiert:

$$M_2 = \frac{w_2}{\sqrt{\frac{2 \cdot \varkappa}{\varkappa + 1} \cdot p_{1\,tot} \cdot v_{1\,tot}}}$$

$$p_{1\,tot} = p_{1\,stat} + \varrho_1 \cdot \frac{w_1^2}{2}$$

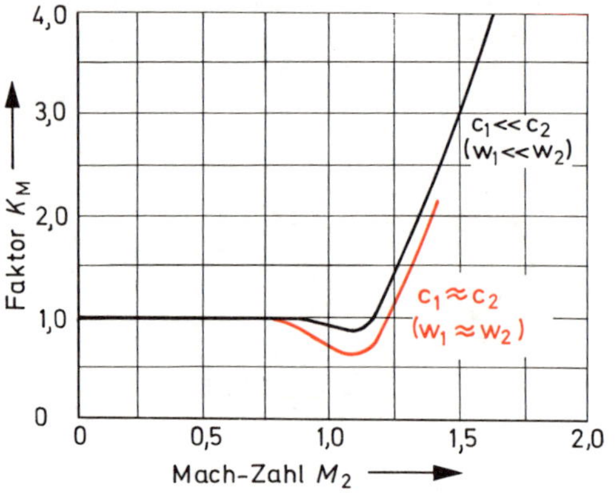

Bild 6.13 Faktor K_M

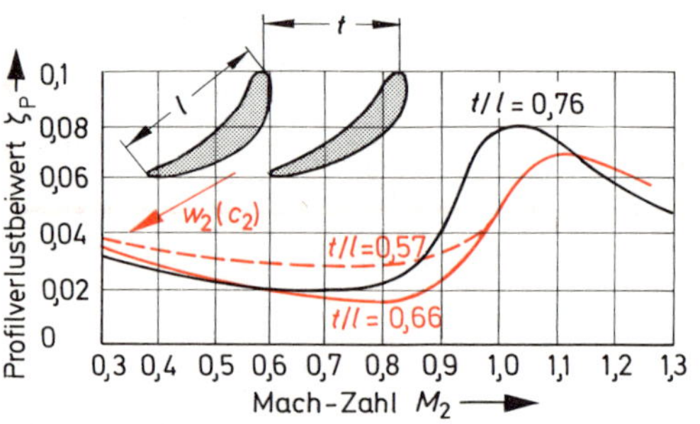

Bild 6.14 Profilverlustbeiwert ζ_P

In Bild 6.14 nach [6.7] ist der Profilverlustbeiwert ζ_p abhängig von der Mach-Zahl M_2 und vom Teilungsverhältnis dargestellt.

6.3.2 Sperrungserscheinungen in der Endstufe großer Kondensations-Dampfturbinen

Der aus dem Austrittsquerschnitt A_2 der Endstufe einer Dampfturbine (Bild 6.15) austretende Volumenstrom $\dot{V}_2$ ergibt sich aus der Kontinuitätsgleichung:

$$\dot{V}_2 = A_2 \cdot c_{m2} = \pi \cdot (r_a^2 - r_i^2) \cdot c_{m2}$$

Die Meridiangeschwindigkeit

$$c_{m2} = \frac{\dot{V}_2}{\pi \cdot (r_a^2 - r_i^2)}$$

kann die durch die thermischen Daten des Dampfes und durch die Kombination Schaufelkranz-Austrittsdiffusor-Abdampfgehäuse festgelegte Schallgeschwindigkeit a_2 nicht überschreiten, es sei denn, man würde den Abströmkanal als Lavaldüse ausbilden. **Der maximal mögliche Austritts-Volumenstrom wird also durch die Größe der Schallgeschwindigkeit und die Austrittsfläche bestimmt.**

Nach Erreichen der Schallgeschwindigkeit wird ein weiteres Vergrößern des Volumenstromes, beispielsweise durch Absenken des Kondensatordruckes, die Meridiangeschwindigkeit nicht mehr verändern und damit auch nicht die Druckverteilung am Schaufelprofil.

Bei der Auslegung der Endstufe für sehr großen Volumenstrom muß also beachtet werden, daß für die Mach-Zahl $M_{c_{m2}}$ der Meridiangeschwindigkeit c_{m2} eine physikalische obere Grenze existiert!

Die größtmögliche Mach-Zahl, die **Sperr-Mach-Zahl** $M_{c_{m2}}$, muß experimentell bestimmt werden und liegt nach [6.9, 6.11 und 6.12] für optimal gestaltete Abdampfgehäuse bei:

$$M_{c_{m2}\,max} = 0{,}8 \text{ bis } 0{,}9 \tag{6.14}$$

Liegt der Massenstrom $\dot{m}$ über dem dieser Sperr-Mach-Zahl entsprechenden Wert, kann nicht mehr das gesamte Stufen-Enthalpiegefälle ausgenutzt werden, der Wirkungsgrad sinkt.

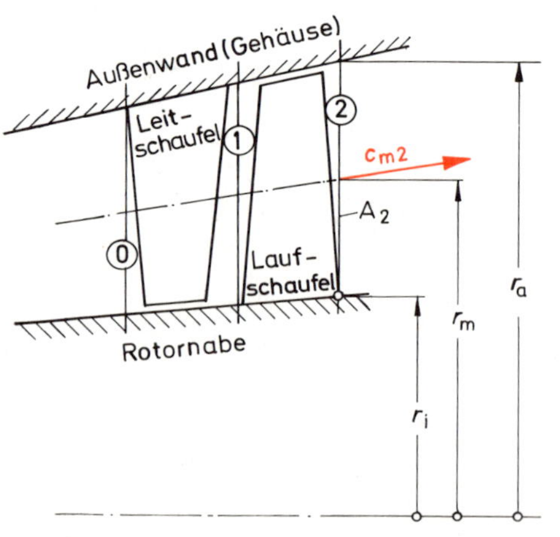

Bild 6.15 Endstufe einer Kondensationsdampfturbine

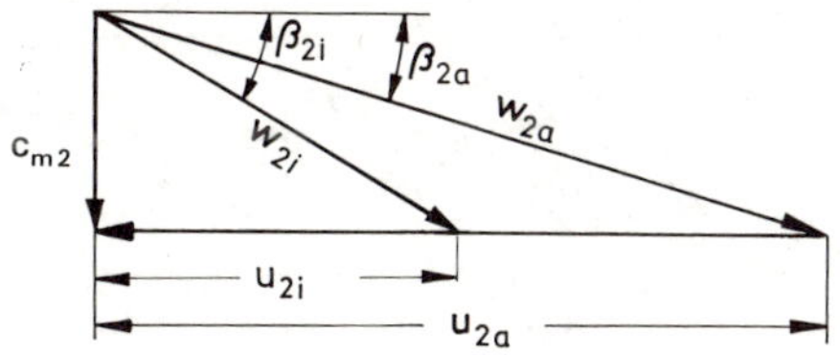

Bild 6.16 Geschwindigkeitsplan

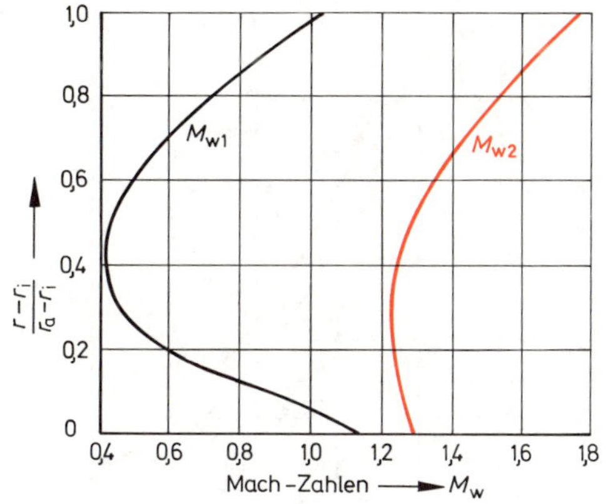

Bild 6.17 Mach-Zahl in der Endstufe einer Kondensationsdampfturbine

Aus dem Geschwindigkeitsplan (Bild 6.16) ist zu ersehen, daß die für die Relativgeschwindigkeit w_2 gebildete Mach-Zahl

$$M_{w_2} = \frac{w_2}{a_2}$$

über 1 liegt, d.h., die Beschaufelung der Endstufe muß als **transsonisches Gitter** ausgebildet werden, das die Strömung vom Unterschall- in den Überschallbereich beschleunigt.
In Bild 6.17 sind nach [6.10] die Mach-Zahlen für die Relativgeschwindigkeiten w_1 und w_2 als Funktion des Radius dargestellt.
Die Berechnung dieser weitgeteilten transsonischen Gitter ist wegen der auftretenden Verdichtungsstöße und Expansionswellen sehr schwierig; man ist deshalb zusätzlich auf **Experimente** [6.13, 6.15] z.B. auf **Schlierenaufnahmen** angewiesen.
In [6.13] werden folgende Schaufelparameter für den Außenschnitt angegeben:

Schaufelwinkel β_a	$15° < \beta_a < 30°$
Teilungsverhältnis	$t/l > 0{,}9$
Profildicke	$d/l > 0{,}05$

Die hohen Mach-Zahlen M_{w_1} und M_{w_2} bewirken bei günstiger Ausbildung der transsonischen Schaufeln nur eine geringe Zunahme der Strömungsverluste.
Bei der Ausbildung der Endstufen von Gasturbinen werden die Erfahrungen von großen Niederdruck-Dampfturbinenstufen verwandt. Insgesamt läßt sich feststellen, daß auch bei weiteren Steigerungen der Leistungen von Gasturbinen in deren Endstufen geringere aerodynamische Probleme bezüglich der Schallgrenze auftreten als dies bei großen Dampfturbinen und tiefen Kondensatorvakua der Fall ist [6.14].

6.3.3 Strahlablenkung

Unter Strahlablenkung versteht man eine Änderung des Abströmwinkels von Schaufelgittern, hervorgerufen durch eine Abweichung der tatsächlichen Strömungsverhältnisse von den Auslegungsdaten. Am häufigsten tritt diese Erscheinung in für unterkritische Druckverhältnisse ausgelegten Schaufelgittern auf, in denen dann doch eine überkritische Expansion stattfindet, oder auch bei aus Folgen von Lavaldüsen bestehenden überkritischen Schaufelgittern, bei denen die Mach-Zahl vom Auslegungswert abweicht.
In Bild 6.18 nach [6.8] ist der Strahlablenkungswinkel $\Delta\alpha_{1,2}$ abhängig vom Druckverhältnis für zwei Mach-Zahlen $M_1 = 1{,}2$ und $M_1 = 1{,}4$ dargestellt.
In [6.7] finden sich zahlreiche Formeln und Beiwerte zur rechnerischen Bestimmung des Strahlablenkungswinkels $\Delta\alpha_{1,2}$

Beispiel 13

Hinter den Endschaufeln einer Kondensationsdampfturbine (Bild 6.19) herrschen folgende Dampfzustände:

Dampfdruck $p_2 = 0{,}05$ bar

Dampfnässe $x_2 = 0{,}88$

Wieviele Niederdruckfluten müssen vorgesehen

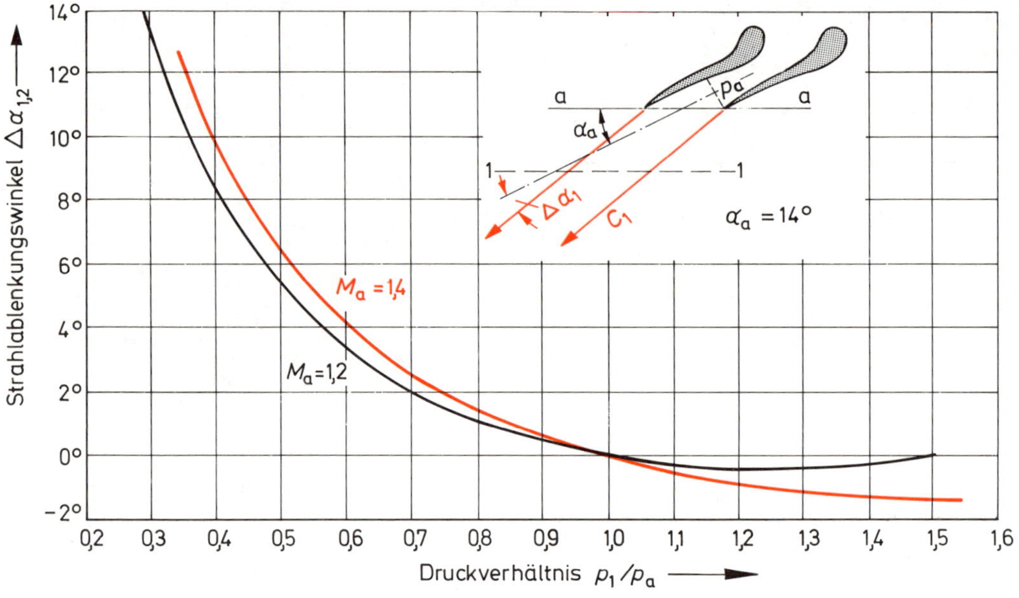

Bild 6.18 Strahlablenkung

werden, wenn der Massenstrom $\dot{m} = 400$ kg/s beträgt?

Lösung:

Der aus den Endstufen austretende Volumenstrom $\dot{V}_2$ beträgt:

$\dot{V}_2 = \dot{m} \cdot v_2$

$v_2 = 25$ m³/kg (aus Mollier-*h*-*s*-Diagramm)

$\dot{V}_2 = 400 \cdot 25$

$\dot{V}_2 = 10\,000$ m³/s

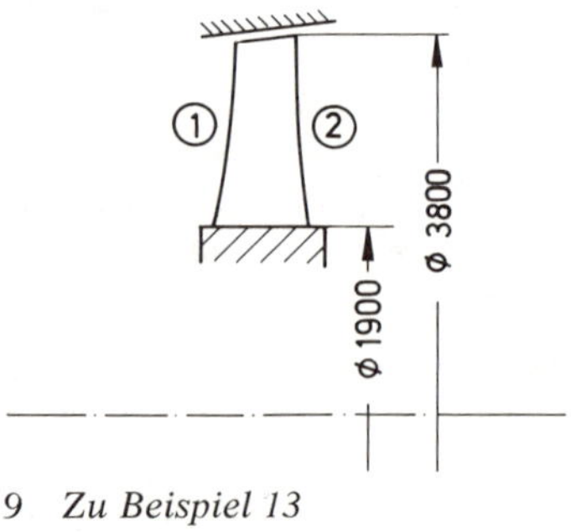

Bild 6.19 Zu Beispiel 13

Die Schallgeschwindigkeit wird überschlägig abgeschätzt zu:

$a_2 = \sqrt{\varkappa \cdot R_i \cdot T_2}$

$t_2 = 32{,}9$ °C aus VDI-Wasserdampftafel

$a_2 \approx \sqrt{1{,}135 \cdot 462 \cdot 305{,}9}$

$a_2 \approx 400$ m/s, was auch mit den Angaben in [6.11] übereinstimmt.

Die Sperr-Mach-Zahl wird mit $M_{cm2} = 0{,}8$ angenommen.
Daraus errechnet sich die maximale meridiane Abströmgeschwindigkeit c_{m2}:

$$c_{m2} = 0{,}8 \cdot a_2$$

$$c_{m2} = 0{,}8 \cdot 400$$

$$c_{m2} = 320 \text{ m/s}$$

Damit ergibt sich für gesamte Austrittsfläche $A_{2\,ges}$:

$$A_{2\,ges} = \frac{\dot{V}_2}{c_{m2}}$$

$$A_{2\,ges} = \frac{10\,000}{320}$$

$$A_{2\,ges} = 31{,}25 \text{ m}^2$$

Die Austrittsfläche A_2 einer einzelnen Flut beträgt:

$$A_2 = \frac{\pi}{4}(D_a^2 - D_i^2)$$

$$A_2 = \frac{\pi}{4}(3{,}8^2 - 1{,}9^2)$$

$$A_2 = 8{,}5 \text{ m}^2$$

Die Anzahl z_{Fl} der Fluten ergibt sich damit zu:

$$z_{Fl} = \frac{31{,}25}{8{,}5}$$

$$z_{Fl} = 3{,}68$$

Es sind demnach 4 Fluten vorzusehen.
Da der rechnerische Wert unter dem ganzzahligen Wert 4 liegt, könnten entweder die Abmessungen etwas verringert werden oder der Massenstrom erhöht werden, um die Sperr-Mach-Zahl 0,8 genau einzuhalten.
In [6.10, 6.11 und 6.12] sowie in Kapitel 8 dieses Buches sind Diagramme dargestellt, aus denen die Anzahl der Niederdruckfluten abhängig von Leistung und Kondensatordruck entnommen werden können.

6.4 Literatur zu Kapitel 6

[6.1] *Eckert/Schnell:* Axial- und Radialkompressoren. Springer-Verlag 1961.

[6.2] *Pfleiderer/Petermann:* Strömungsmaschinen. 5. Auflage, Springer-Verlag 1986.

[6.3] *Horlock, J. H.:* Axialkompressoren. Verlag G. Braun 1967.

[6.4] *de Kováts, A., und Desmur, G.:* Pumpen, Ventilatoren und Kompressoren. Verlag G. Braun 1968.

[6.5] *Pfleiderer, C.:* Die Überschallgrenze bei Kreiselverdichtern. VDI-Z, Band 92 (1950), Nr. 6

[6.6] *Oldrin, E.:* Über Versuche in einem Kanal für hohe Geschwindigkeiten mit neuen Schaufeltypen. VDI-Berichte, Bd. 3, 1955.

[6.7] *Dejc, M. E., und Trojanovski, B. M.:* Untersuchung und Berechnung axialer Turbinenstufen. VEB-Verlag Technik, Berlin, 1973.

[6.8] *Traupel, W.:* Thermische Turbomaschinen, Bd. I, Springer-Verlag.

[6.9] *Sparmann, R.:* Thermodynamische Auslegung von Endstufen für Kondensationsturbinen großer Leistung — in „Dampfturbinen großer Leistung“. Beiheft zur Siemens-Zeitschrift 1967.

[6.10] *Roeder, A.:* Die Endschaufel der größten volltourigen Norm-Niederdruckturbine. Brown-Boveri-Mitteilungen 2/1976.

[6.11] *Runte, W.:* Die Begrenzung der Einheitsleistung großer Dampfturbinen durch das Abdampfvolumen. BBC-Nachrichten 11/1973.

[6.12] *Buchwald, K.:* Gibt es Grenzen im Dampfturbinenbau? BBC-Druckschrift DGM 40889.

[6.13] *Meyer, J.:* Zur Untersuchung der Strömung an ebenen und rotierenden transsonischen Turbinenschaufelgittern. VDI-Berichte Nr. 193/1973.

[6.14] *Simon, M.:* Entwicklungen für große Gasturbinen in BBC-Druckschrift Nr. D GM 40 443 D, „Gasturbinen-Anlagen“.

[6.15] *Buxmann, J.:* Messungen von Luftströmungen mit dem Mach-Zehnder-Inferometer. Forschung im Ingenieurwesen Nr. 4/1970.

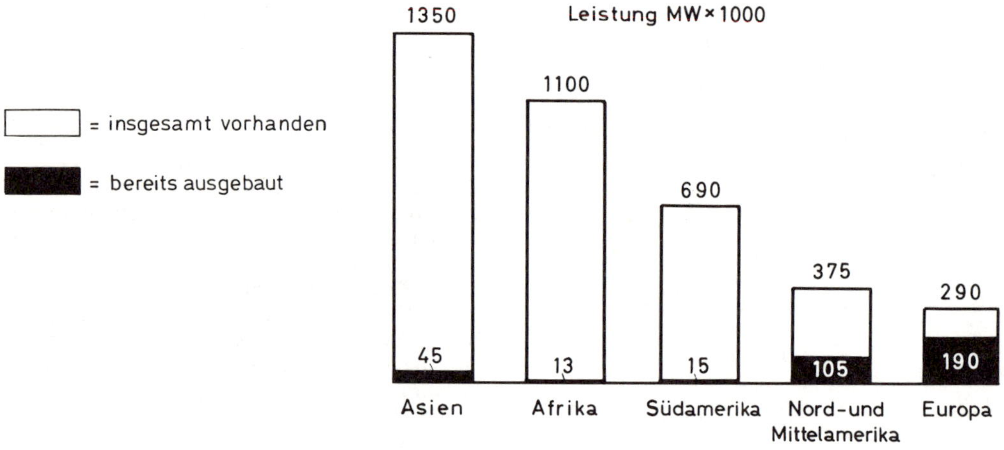

Bild 7.1 Wasserkräfte der Welt (nach Fa. Voith)

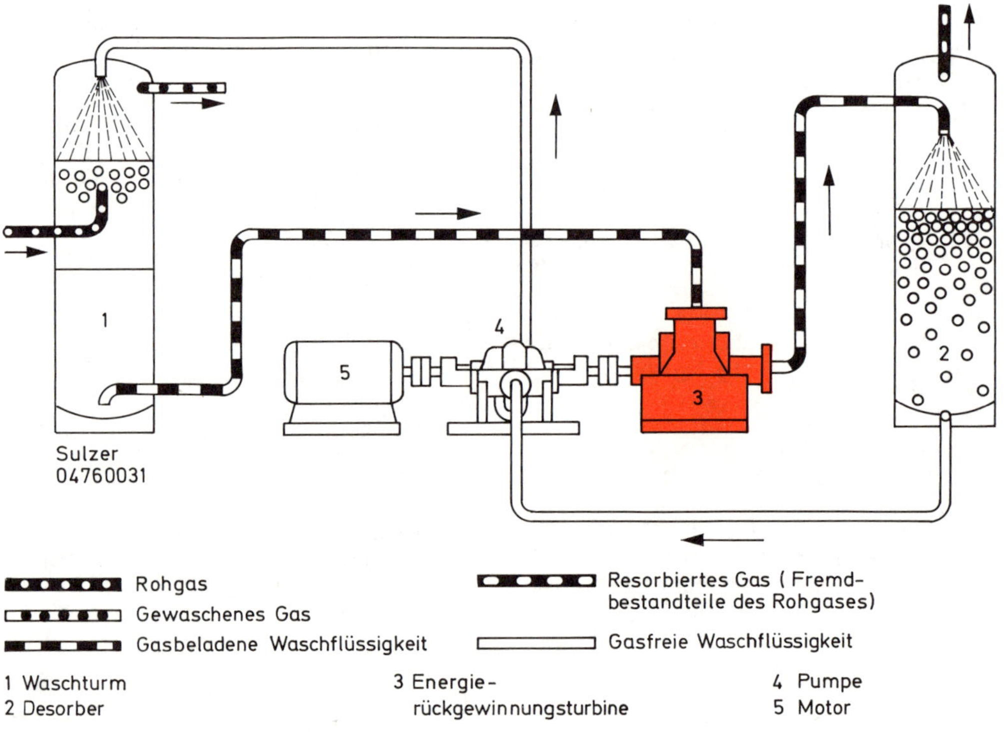

Bild 7.2 Einsatz einer Wasserturbine in einer Gaswaschanlage (nach Fa. Sulzer)

7 Wasserturbinen

7.1 Einleitung

In Wasserkraftwerken wird die potentielle Energie von in Stauseen oder Flußläufen gestautem Wasser in Wasserturbinen in Strömungsenergie umgesetzt und in mechanische Antriebsenergie, meist zum Antrieb elektrischer Generatoren, umgewandelt.
Von den geschätzten 3,8 Millionen MW wirtschaftlich ausbauwürdigen Wasserkräften sind z.Z. nur etwa 370 000 MW, d.h. etwa 10% ausgebaut (Bild 7.1). Die meisten noch ungenutzten Wasserkraftreserven liegen allerdings in beiden Teilen Amerikas, in Afrika und Asien. In Europa ist schon ein hoher Anteil der Wasserkräfte ausgebaut. Hier besteht noch ein relativ großer Bedarf an **Pumpspeicherkraftwerken,** die zur Deckung des Spitzenstrombedarfs eingesetzt werden.
Trotz der starken Verteuerung von Mineralöl und Kohle ist der Bau von Wasserkraftwerken oft nur in Verbindung mit Wasserstraßenbau, Flußsanierungen oder Bewässerungsprojekten wirtschaftlich sinnvoll.
Die Nutzung der Wasserkraft in **Gezeitenkraftwerken** [7.1, 7.2] muß bei kritischer Beurteilung der bis jetzt gebauten Demonstrationsanlagen nach wie vor mit Skepsis betrachtet werden. Die Ausnutzung des Wasserdruckes in sogenannten Gaswaschanlagen der chemischen Industrie (Bild 7.2) trägt nur einen ganz bescheidenen Anteil zur Eigenenergieversorgung dieser Industrie bei.
Je nach dem zur Verfügung stehenden Gefälle werden **Hochdruckkraftwerke** ($H > 300$ m) und **Mitteldruckkraftwerke** (400 m $> H >$ 20 m) am Fuße von Gebirgsseen und **Niederdruckkraftwerke** ($H < 50$ m) in Flüssen und Kanälen unterschieden (Bild 7.3).
Eine Systematik der Wasserkraftnutzung, d.h. Wahl der Kraftwerksart und -ausstattung, ist in [7.3], eine Einführung in energiewirtschaftliche Betrachtungen von Wasserkraftanlagen in [7.4] dargestellt.

Dieses Buch befaßt sich nur mit den Wasserturbinen, nicht mit den anderen maschinellen und elektrischen Einrichtungen der Wasserkraftwerke.
Für jede Kombination von Fallhöhe und Volumenstrom ist eine der in den folgenden Abschnitten beschriebenen Turbinenarten optimal geeignet, d.h. setzt die Energie bei höchstmöglichen Wirkungsgraden um.

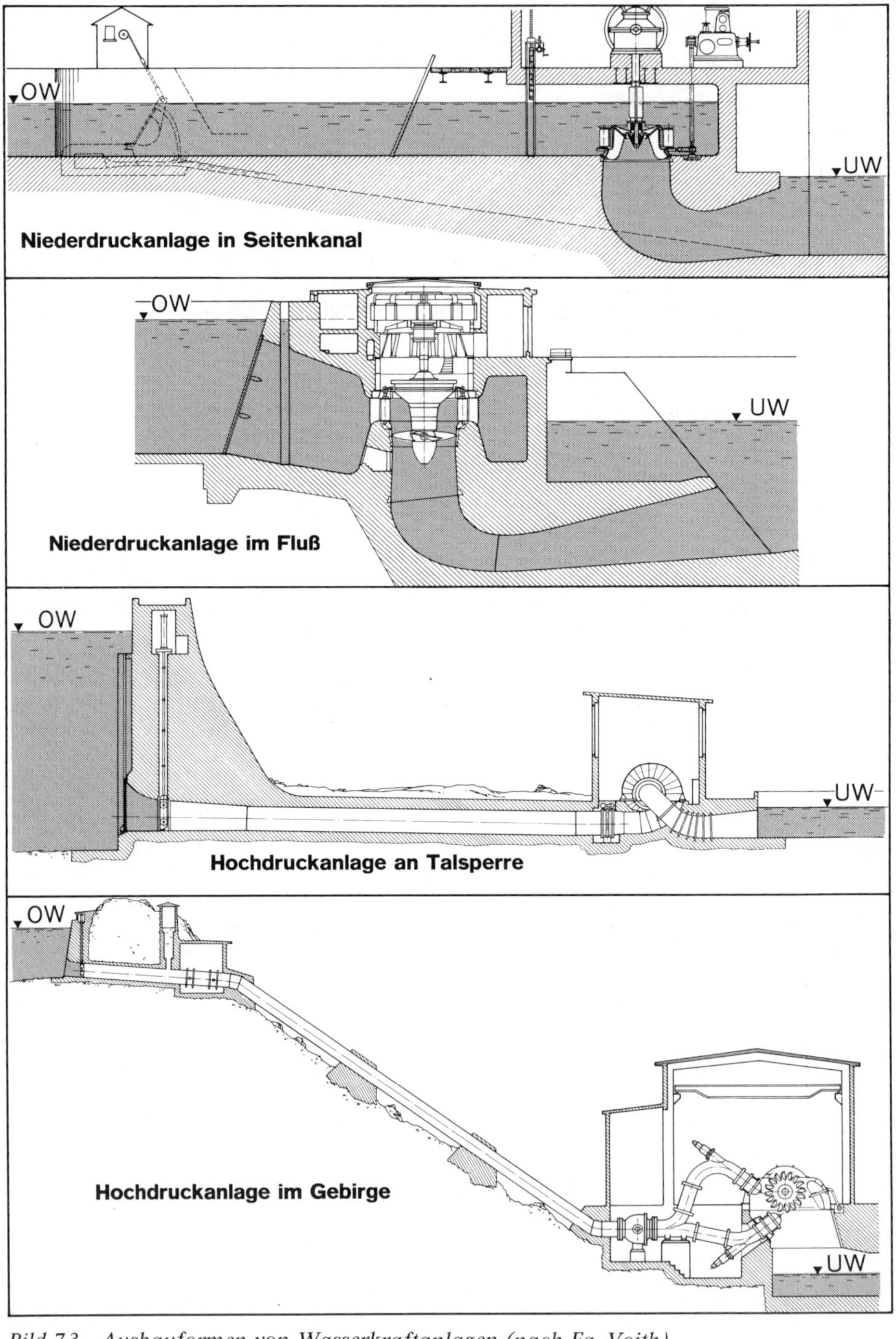

Bild 7.3 Ausbauformen von Wasserkraftanlagen (nach Fa. Voith)

Tabelle 7.1 Einteilung der Wasserturbinen nach der Wirkungsweise

Gleichdruckturbinen

gemeinsame Eigenschaften: Laufrad druckfrei durchströmt und teilbeaufschlagt

Bezeichnung	Bild	Laufrad	Leitvorrichtung
Freistrahlturbine (Peltonturbine)		Mit zahlreichen Doppelbechern besetzt, tangential angeströmt, nicht regelbar	1 bis 6 regelbare Nadeldüsen. Strahlablenker
Durchströmturbine, z.B. Ossberger-Turbine	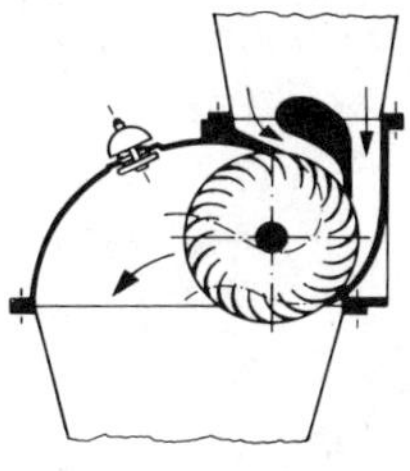	Trommelförmiges, längliches Radialrad mit einfach gekrümmten Schaufeln. Die Strömung beaufschlagt 2mal die Schaufeln beim Durchgang durchs Rad	Eine oder mehrere Leitschaufeln

Überdruckturbinen

gemeinsame Eigenschaften: Druck am Laufradeintritt größer als am Laufradaustritt. Laufrad voll beaufschlagt

Bezeichnung	Bild	Laufrad	Leitvorrichtung
Francisturbine	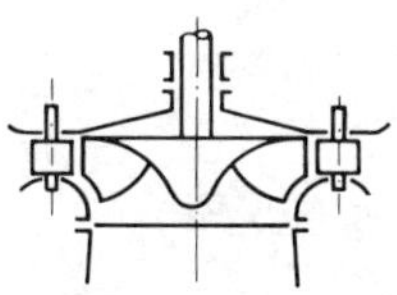	einfach oder doppelt gekrümmte Radialschaufeln. Von außen nach innen durchströmt. Nicht regelbar	regelbare, radiale Leitschaufeln
Kaplanturbine	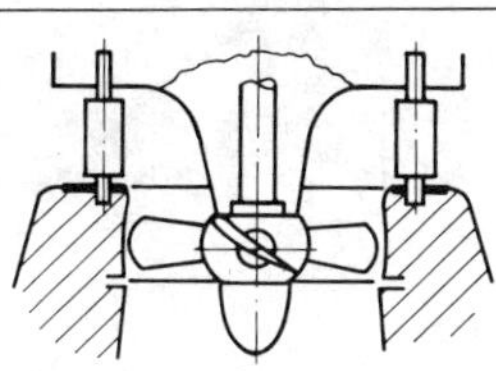	Tragflügelartige Laufschaufelprofile. Axial durchströmt. Laufschaufeln verstellbar	regelbare, radiale oder axiale Leitschaufeln
Diagonalturbine, z.B. Dériazturbine	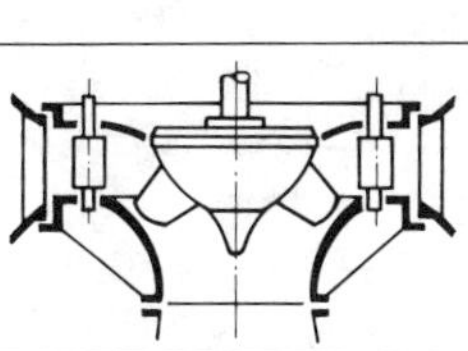	Tragflügelartige Schaufeln, meist verstellbar. Durchströmung diagonal von außen nach innen	radiale oder diagonale, regelbare Leitschaufeln

7.2 Übersicht über die Wasserturbinenbauarten

Man kann die Wasserturbinen nach verschiedenen Gesichtspunkten einteilen:

1. nach der Wirkungsweise der Turbinen,
2. nach der äußeren Bauweise,
3. nach der Betriebsart,
4. nach der Regelung.

Die Einteilung nach der Wirkungsweise erfolgt in Anlehnung an DIN 4320 in Tabelle 7.1, die Einteilung nach der Bauweise ebenfalls nach DIN 4320 in Tabelle 7.2.

Man kann die für einen bestimmten Wasserstrom und eine gegebene Fallhöhe geeignete Turbinenbauart abhängig von Volumenstrom $\dot{V}$ und Fallhöhe H aus Bild 7.4, abhängig von Fallhöhe H und spezifischer Drehzahl n_q aus Bild 7.5 entnehmen.

Eine Einteilung bezüglich **Betriebsart** ergibt folgende 3 Möglichkeiten:

a) Einsatz ausschließlich im Turbinenbetrieb,
b) Einsatz als Pumpenturbine im Umkehrbetrieb im Pumpspeicherkraftwerk,
c) Einsatz als isogyre Umkehrturbine nach Charmilles (Bild 7.6) im Pumpspeicherkraftwerk.

Hinsichtlich der **Regelungsart** unterscheidet man **einfachgeregelte** Turbinen wie die düsengeregelte Freistrahlturbine und die leitradgeregelte Francisturbine sowie **doppeltgeregelte** Turbinen wie Kaplanturbinen und Diagonalturbinen, bei denen sowohl die Laufschaufelstellung als auch die Leitradöffnung geregelt werden können.

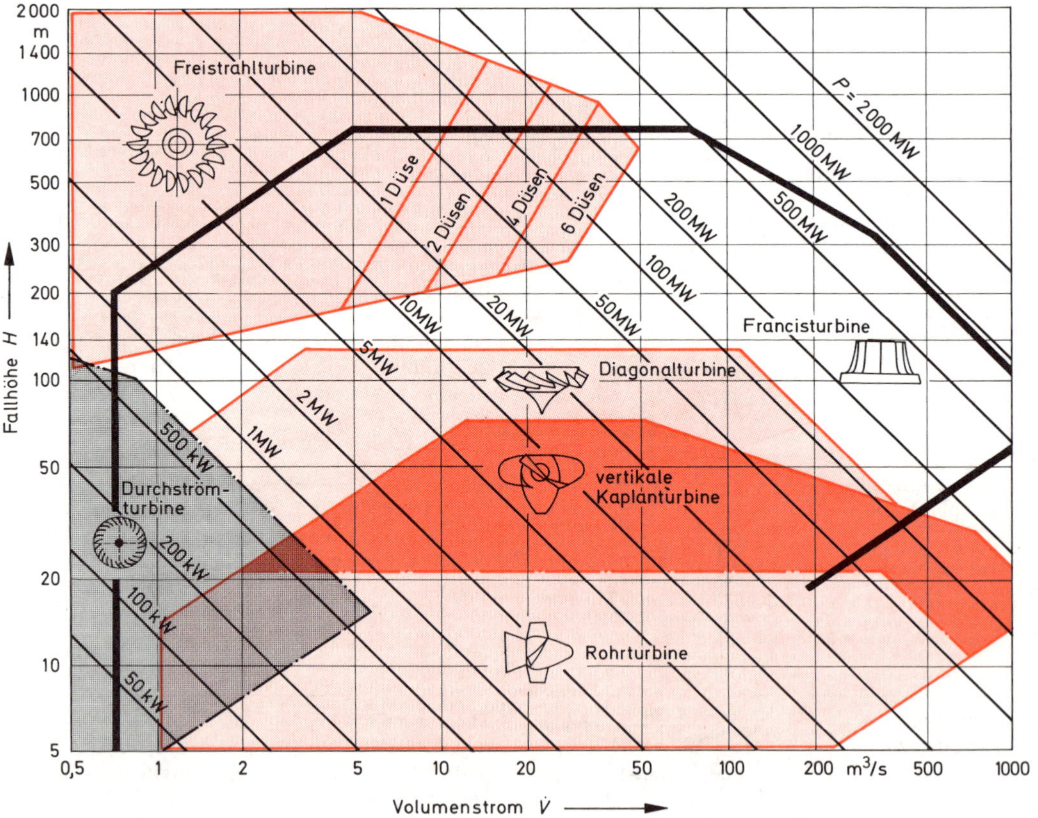

Bild 7.4 Einsatzbereiche der verschiedenen Wasserturbinentypen (nach Fa. Escher-Wyss)

Tabelle 7.2 Einteilung der Wasserturbinen nach der Bauweise

Merkmal	Bild	Kurzbeschreibung
Wellenlage	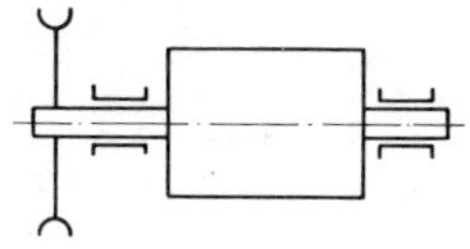	Wellenlage horizontal bei Freistrahlturbinen bis 2 Düsen bei Einradturbinen, bis 4 Düsen bei Zwillingsturbinen
	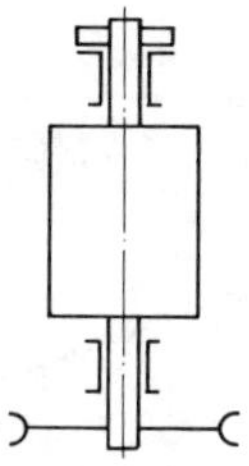	Wellenlage vertikal bei Freistrahlturbinen mit mehr als 2 Düsen
Wasser-zuführung	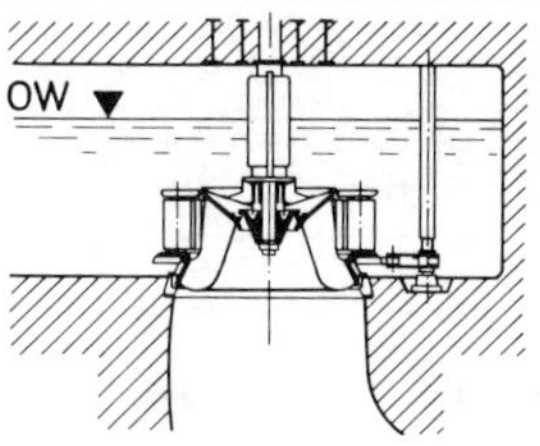	**Schachtturbinen** bei kleinen Leistungen als Francis- oder Kaplanturbine Wasser strömt direkt aus einem Schacht in den Leitapparat
	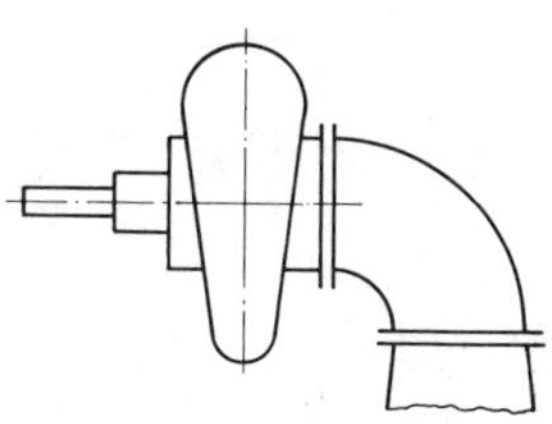	**Spiralturbinen** Francis- und Kaplanturbinen mit größeren Fallhöhen Wasser strömt in einer Blech- (oder Guß-) Spirale mit Kreisquerschnitten zum Leitrad
	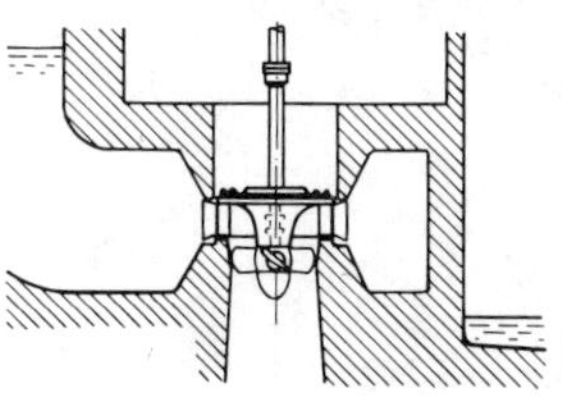	**Turbinen mit Betonspirale** Kaplanturbinen mit vertikaler Welle bei kleineren Fallhöhen
	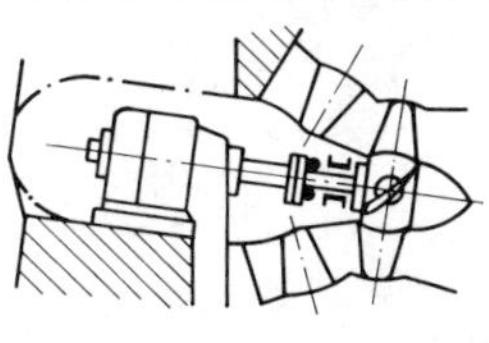	**Rohrturbinen** Kaplanturbinen kleinerer und mittlerer Leistung mit schräger oder horizontaler Wellenlage

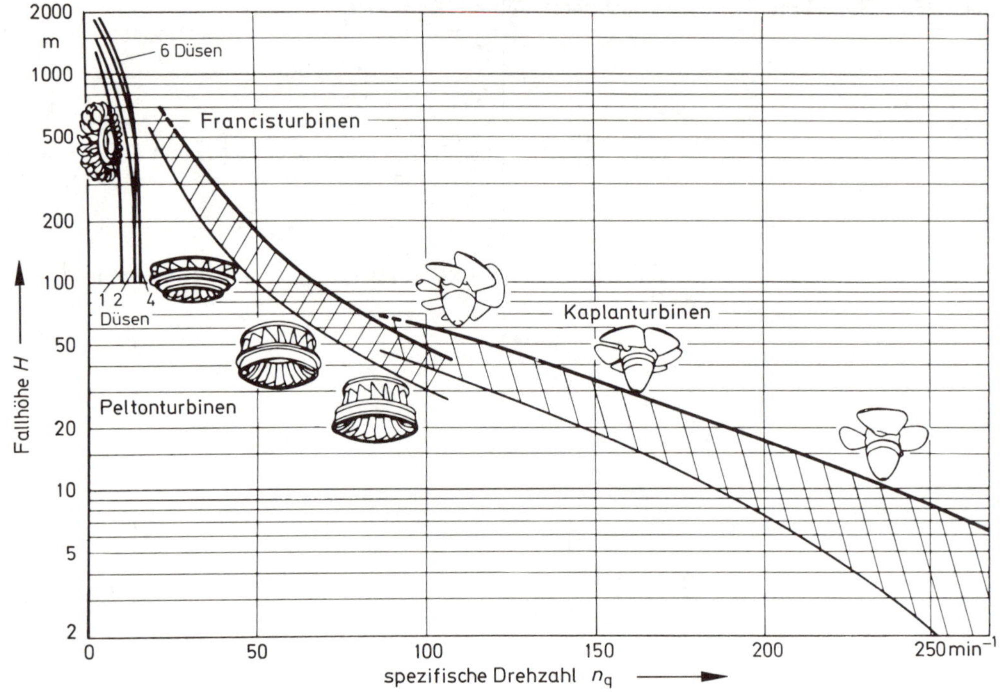

Bild 7.5 Einsatzbereiche der verschiedenen Wasserturbinentypen (nach Fa. Voith)

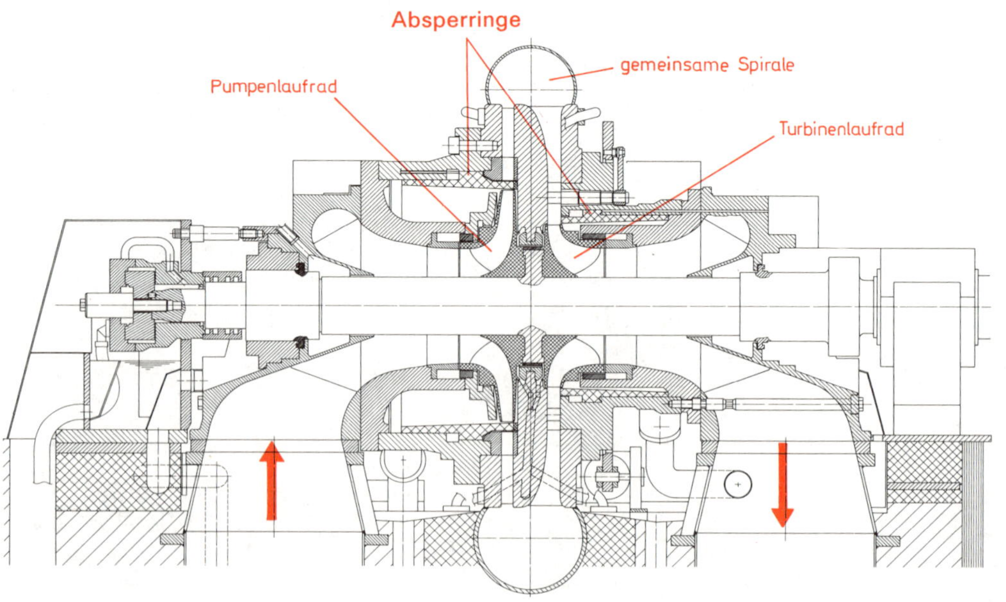

Bild 7.6 Isogyre Umkehrturbine (nach Fa. Charmilles)

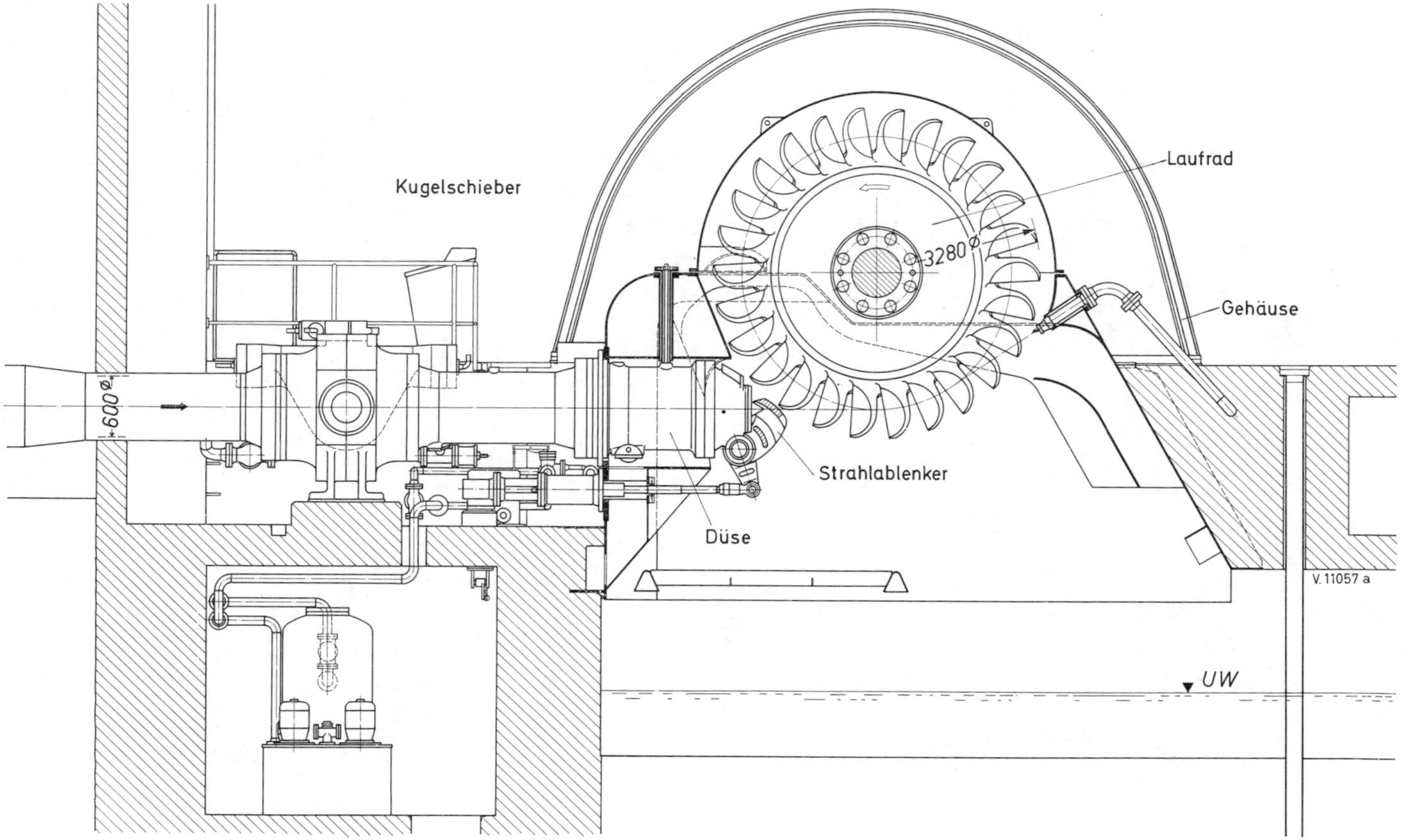

Bild 7.7 Freistrahlturbine (nach Fa. Voith)

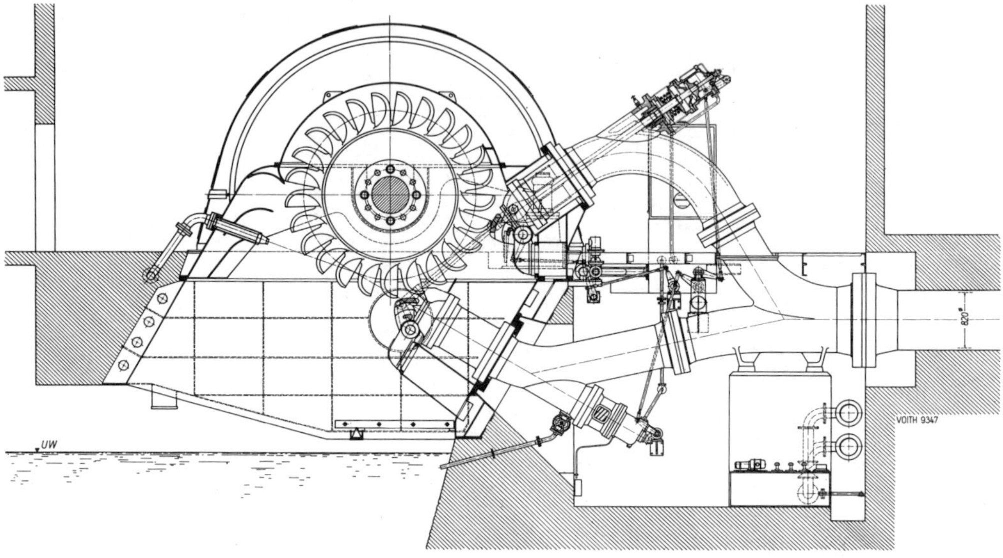

Bild 7.8 Freistrahlturbine (nach Fa. Voith)

7.3 Freistrahlturbine

Die Freistrahlturbine wurde um 1880 von dem Amerikaner PELTON erfunden, weshalb sie auch als Peltonturbine bezeichnet wird. Inzwischen wurde die Turbine in allen Teilen wesentlich verbessert und ihre Leistung gesteigert.
Die Freistrahlturbine wird bis zu Fallhöhen von 2000 m eingesetzt, unterhalb 550 m wurde sie in vielen Fällen von der Francisturbine verdrängt. Die maximalen Leistungen liegen heute bei etwa 200 MW.
Je nach Größe des Wasserstromes, des Gefälles und der Wasserqualität werden Freistrahlturbinen mit horizontaler Wellenlage mit 1 bis 2 Düsen je Rad als Einfach- oder Zwillingsturbine (Bilder 7.7 und 7.8) oder mit vertikaler Wellenlage mit bis zu 6 Düsen ausgeführt (Bild 7.9). Die Welle ist normalerweise direkt mit dem elektrischen Generator gekuppelt.
Die Freistrahlturbine ist eine teilbeaufschlagte Gleichdruckturbine, bei der das Drehmoment durch Umlenkung des aus der Düse kommenden Freistrahles in den Doppelbechern des Laufrades entsteht. Das gesamte Nutzgefälle wird in der Düse in Geschwindigkeit umgesetzt.
Im wesentlichen besteht die Freistrahlturbine aus folgenden Bauteilen: Laufrad, Düse(n) und Gehäuse.

Das Laufrad (Bild 7.10) mit den Becherschaufeln wird heute meist „aus einem Stück" gegossen. Als Werkstoff kommt vorwiegend 13%iger Chromstahlguß zur Verwendung. Die größten Peltonräder haben einen Außendurchmesser von mehr als 5 m und ein Gewicht von etwa 40 t. Die Schaufeln sind so geformt, daß der Freistrahl von der Mittelschneide in gleiche Teile geschnitten und in den Becherschalen um nahezu 180° umgelenkt wird. Durch diese Umlenkung wird fast die gesamte kinetische Energie des Wasserstrahles in Impulskraft am Radumfang umgesetzt. Wegen der Strömungssymmetrie tritt praktisch keine Strömungs-Axialkraft am Rotor auf.
Das Laufrad sitzt um den sogenannten Freihang höher als der Unterwasserspiegel, was einen Verlust an Fallhöhe bedeutet.
In der **Düse** wird das Nettogefälle der Turbine in Geschwindigkeit umgewandelt. Die Düse, deren geometrische Form in Versuchen ermittelt wird, besteht aus einem Rohrstück mit angeflanschtem Mundstück und einer im Rohr verschiebbaren Nadel. Die der Abnützung besonders unterworfenen Teile — Nadelspitze und Mundstück — sind aus hochfestem Werkstoff und lassen sich leicht auswechseln.
Die Nadel wird bei kleineren Turbinen durch

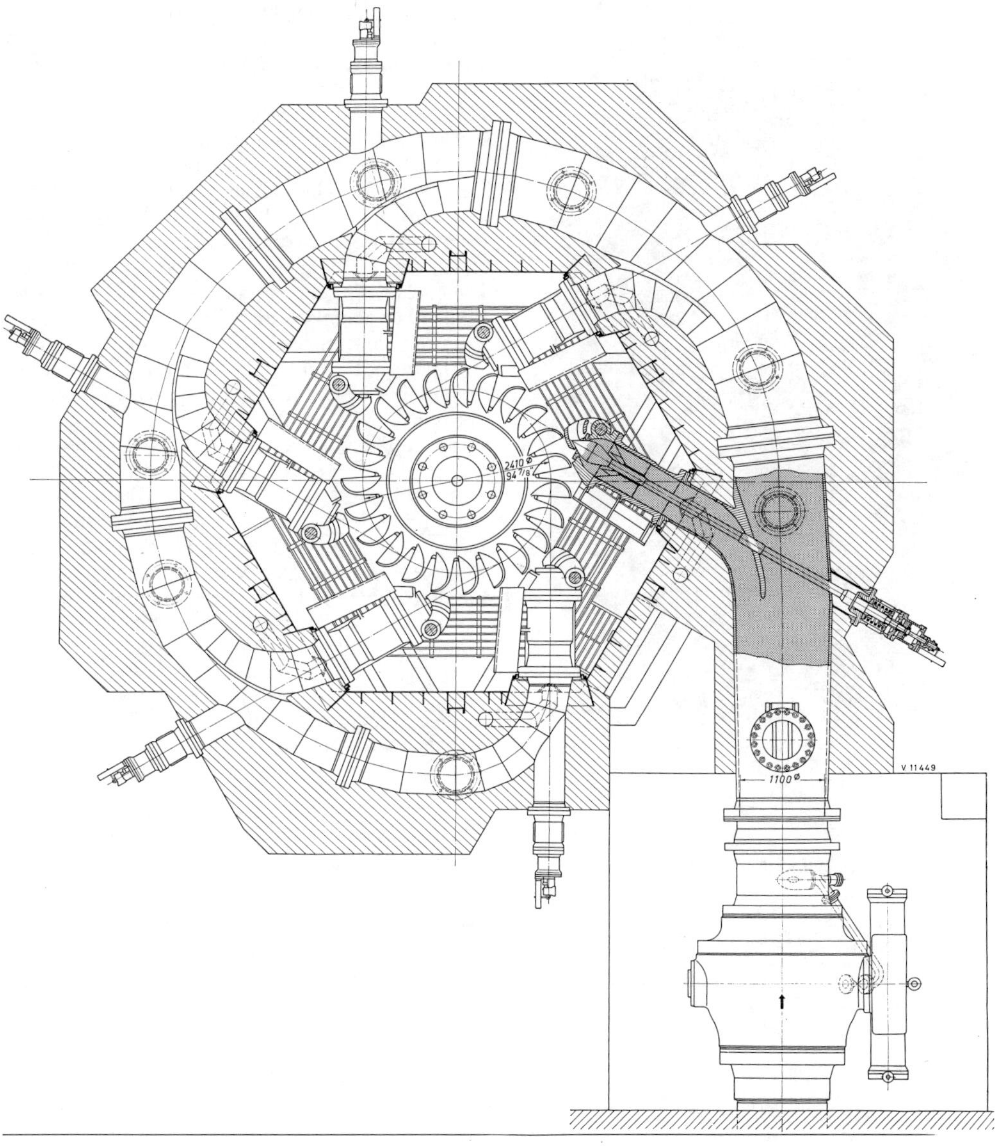

Bild 7.9 Freistrahlturbine (nach Fa. Voith)

einen außerhalb des Düsenrohres sitzenden Servomotor (Bild 7.11), bei großen Turbinen durch einen innenliegenden Servomotor (Bild 7.12) verschoben.
Zur Vermeidung von Druckstößen in der Druckleitung und zur Verhinderung des Durchgehens der Turbine wird bei größeren Regeleingriffen nicht nur die Nadeldüse verschoben, sondern kurzzeitig auch noch ein **Strahlabschneider** (Bild 7.13) oder **Strahlabdrücker** in den Freistrahl eingeschwenkt, der dadurch während der Dauer der Regelung ganz oder teilweise vom Laufrad abgelenkt wird.
Zum Abbremsen des Rotors dient eine kleine **Bremsdüse,** deren Strahl auf die Rückseiten der Schaufelbecher trifft und dadurch das Laufrad abbremst.
Das **Gehäuse** verhindert das Austreten von Spritzwasser in die Kraftwerkshalle. Der untere Gehäusekasten wird mit dem Krafthaus fest verbunden. Die Gehäuse moderner Freistrahlturbinen werden als Schweißkonstruktionen ausgeführt. Bei horizontalen Maschinen sitzen seitlich auf den Gehäusewangen die Turbinenlager, meist Gleitlager, bei vertikalen Maschinen wird das untere Halslager am Gehäuse befestigt.

Bild 7.10 Laufrad einer Freistrahlturbine (nach Fa. Escher-Wyss)

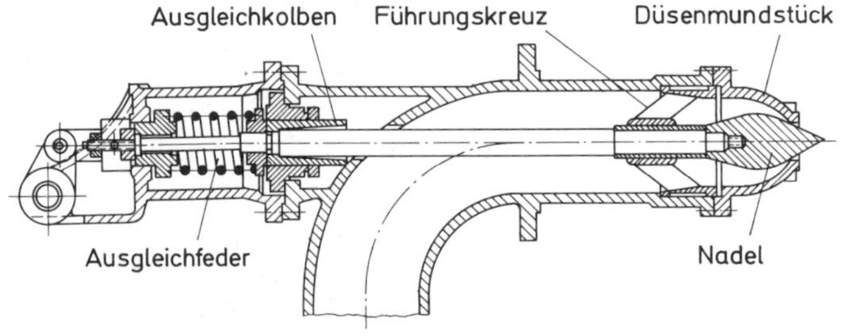

Bild 7.11 Außengeregelte Düse einer Freistrahlturbine (nach Fa. Voith)

Bild 7.13 Funktion des Strahlablenkers
▼

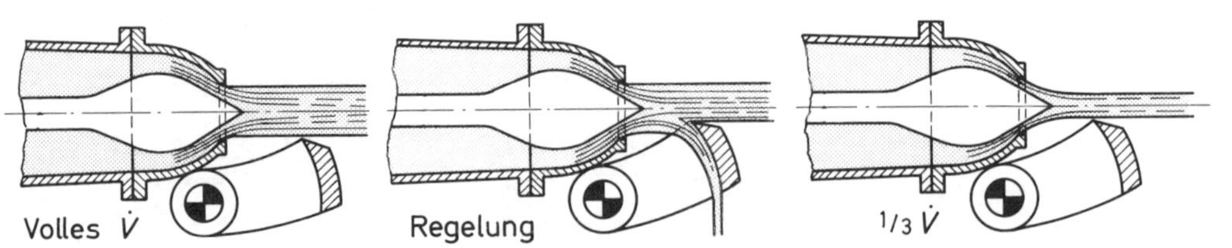

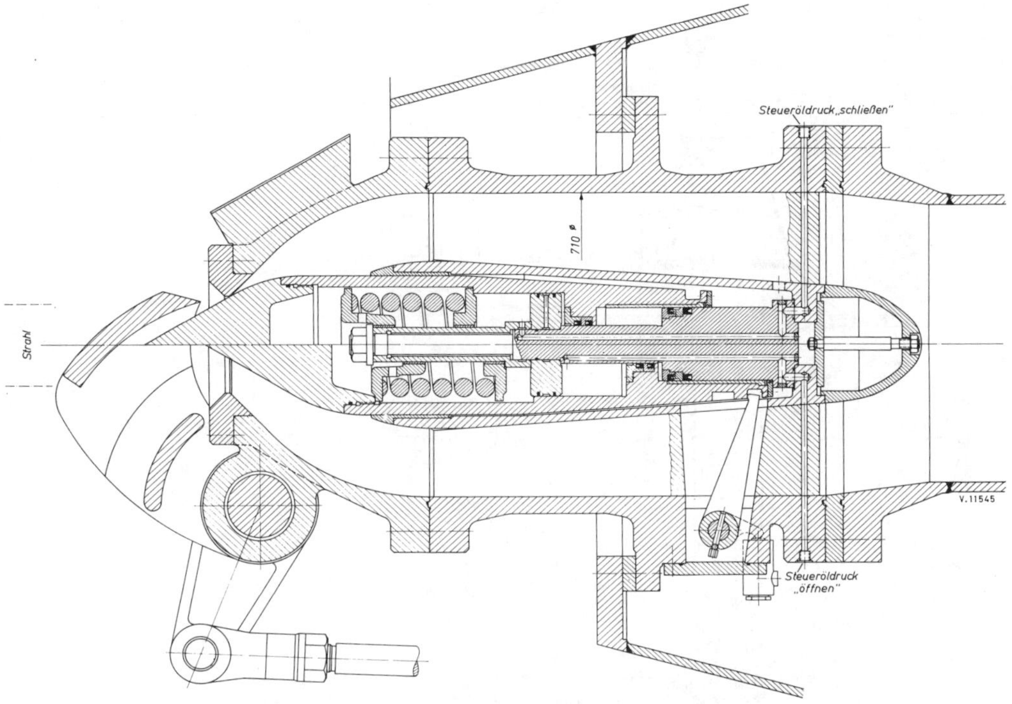

Bild 7.12 Innengeregelte Düse einer Freistrahlturbine (nach Fa. Voith)

7.4 Francisturbine

Die Francisturbine ist eine radial von außen nach innen durchströmte, axial ausströmende Überdruckturbine.

Sie wurde Mitte des 19. Jahrhunderts in ihrer Grundbauform von den Amerikanern Howd und Francis entwickelt.

Die Francisturbine wird bis zu Gefällen von 600 m und maximalen Leistungen über 500 MW gebaut. Ihr Einsatzgebiet überdeckt sich bei großen Fallhöhen mit dem der Freistrahlturbine, bei kleinen Gefällen mit dem der Kaplanturbine (Bilder 7.4 und 7.5). Als Vorteile gegenüber der Freistrahlturbine sind vor allem die höhere Drehzahl und damit kleineren Abmessungen, kleineres Gewicht und niedrigerer Preis sowie die bessere Energieausnutzung durch Wegfall des Freihangs zu nennen. Bedingt durch Wasserangebot und zur Verfügung stehenden Gefällen sind die meisten Wasserturbinen Francisturbinen. Bei kleineren Leistungen unter 200 kW und kleineren Fallhöhen unter 5 m werden **Schachtturbinen** (Kammerturbinen) mit vertikaler Welle (Bild 7.14) oder seltener mit horizontaler Welle eingebaut. Diese einfachen Turbinen bestehen aus dem radial von außen nach innen durchströmten Leitrad mit drehbaren Leitschaufeln, dem Laufrad und dem Saugrohr. Das Leitrad-Reguliergestänge liegt offen im Betriebswasser (Innenregulierung). Schachtturbinen werden wegen der relativ hohen spezifischen Investitionskosten kaum noch gebaut.

Große, leistungsstarke Francisturbinen werden als **Spiralturbinen** mit liegender Welle (Bild 7.15) oder stehender Welle (Bild 7.16) ausgeführt.

Das **Laufrad** (Bild 7.17) wird entweder aus einem Stück gegossen oder aus Ringen und Schaufeln zusammengeschweißt. Da es sich um eine Überdruckturbine handelt, muß sowohl das Laufrad mittels Labyrinthdichtungen gegen das Gehäuse als auch die Wellendurchführung am Gehäuse, meist durch eine Kohleringstopfbüchse, abgedichtet werden.

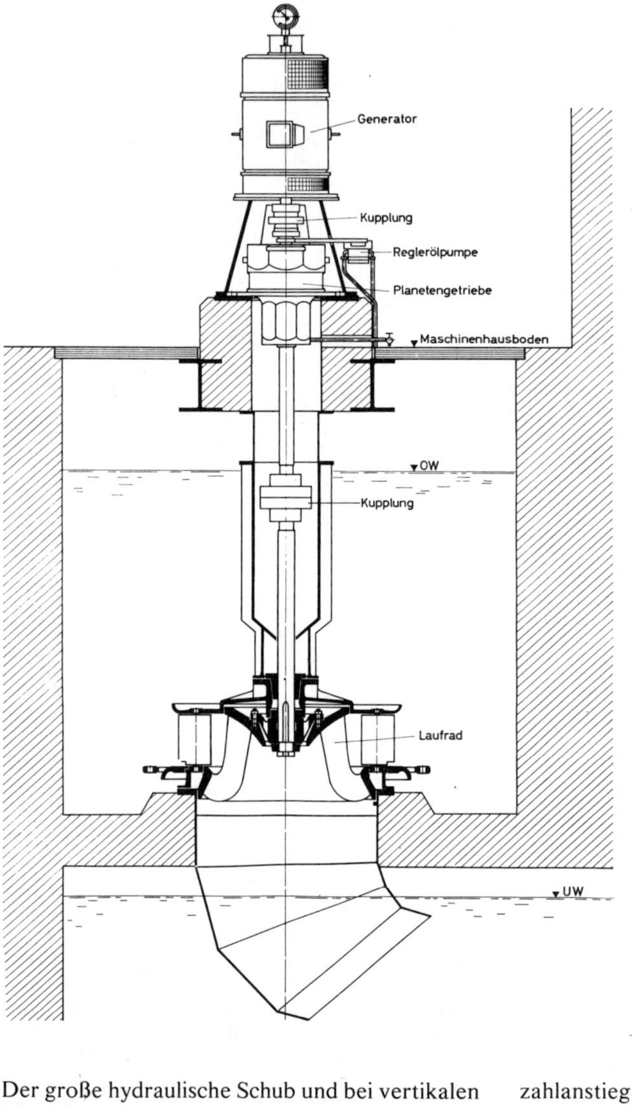

Bild 7.14 Francis-Schachtturbine (nach Fa. Voith)

Der große hydraulische Schub und bei vertikalen Maschinen noch das Rotorgewicht werden von **Kippsegment-Spurlagern** aufgenommen.

Die von Fink eingeführten drehbaren **Leitschaufeln** dienen zur Regulierung der Leistung durch Verändern sowohl des Volumenstromes als auch des Laufrad-Eintrittsdralles. Üblich ist die zentrale Verstellung aller Leitschaufeln über Hebel, Regulierring und einen oder zwei ölhydraulische Servomotoren. In letzter Zeit wurden einige sehr große Maschinen mit Einzelservomotoren für jede Leitschaufel ausgestattet (Bild 7.18).

Um bei plötzlicher Entlastung der Turbine Druckerhöhung in der Rohrleitung und Drehzahlanstieg der Maschine in Grenzen zu halten, wird bei manchen Francisturbinen ein ventilgesteuerter Nebenauslaß (Bypass) zur kurzzeitigen Umgehung des Laufrades vorgesehen.

Das **Spiralgehäuse** wird nur noch bei kleinen Maschinen gegossen, meistens wird es als Schweißkonstruktion ausgeführt. Das hinter dem Laufrad angeordnete **Saugrohr** dient zur Rückgewinnung eines Teiles der kinetischen Energie der Laufradabströmung. Bei kleinen Turbinen wird es als einfacher gerader Diffusor ausgeführt, bei großen Maschinen als ellenbogenförmiger Saugkrümmer.

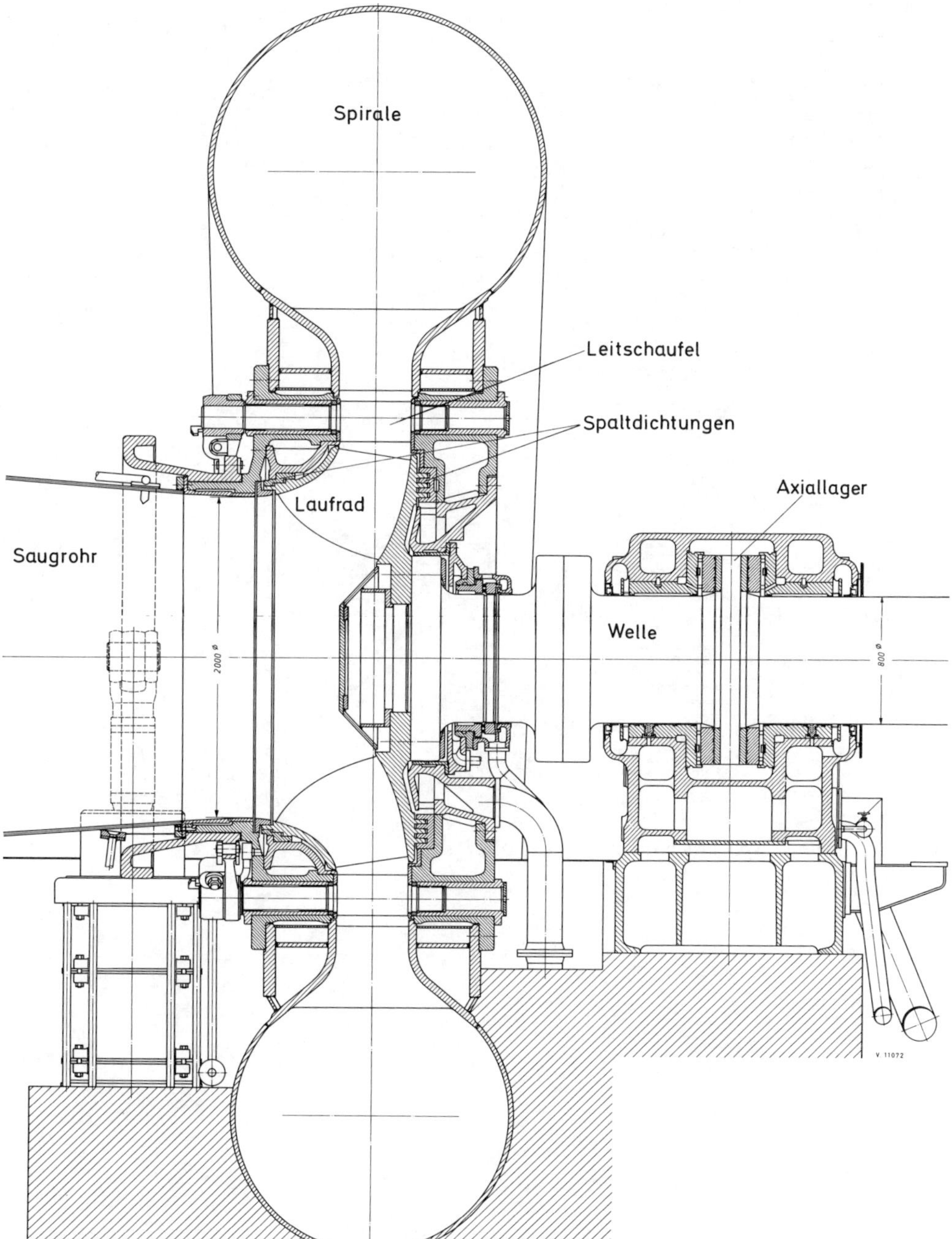

Bild 7.15 Francis-Spiralturbine (nach Fa. Voith)

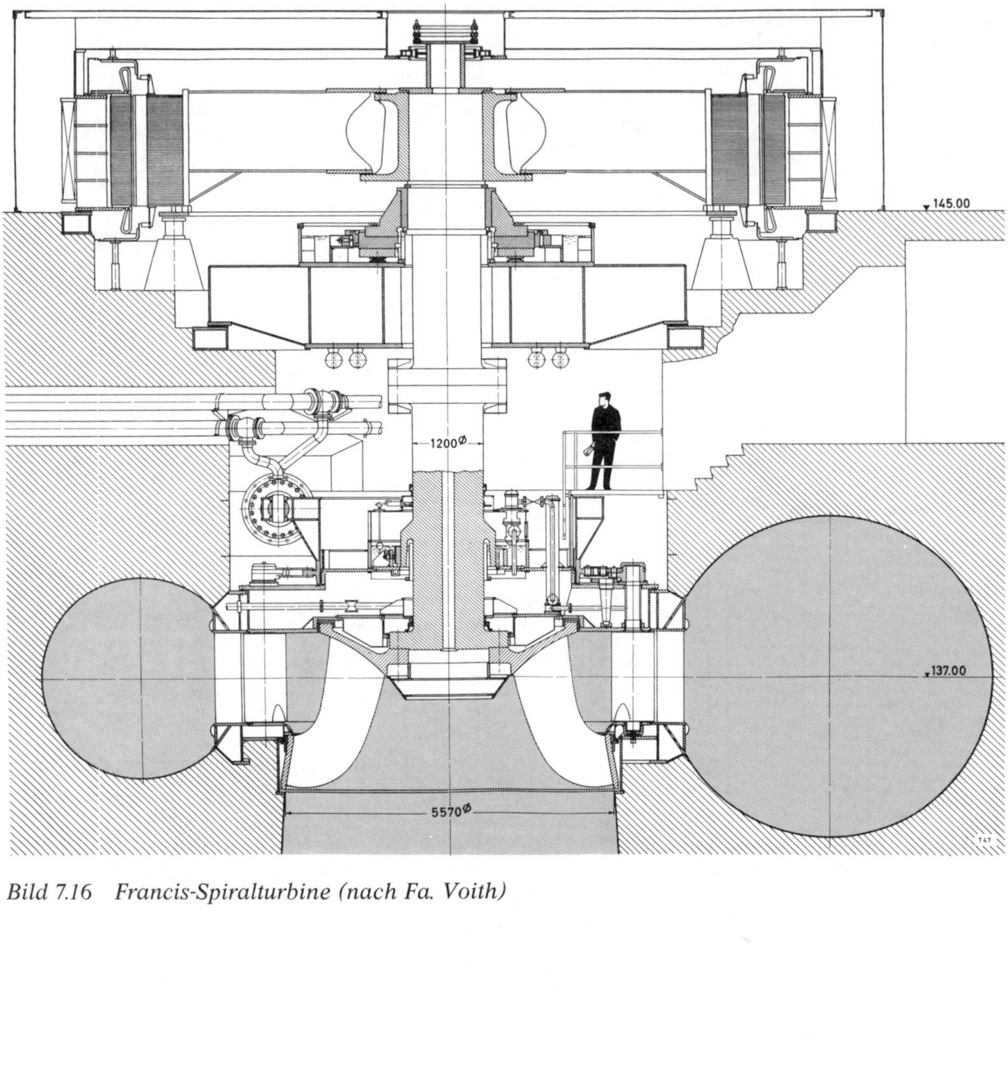

Bild 7.16 Francis-Spiralturbine (nach Fa. Voith)

Bild 7.17 Laufrad einer Francis-Turbine (nach Fa. Escher-Wyss)

Bild 7.18 Einzelservomotor (nach Fa. Voith)

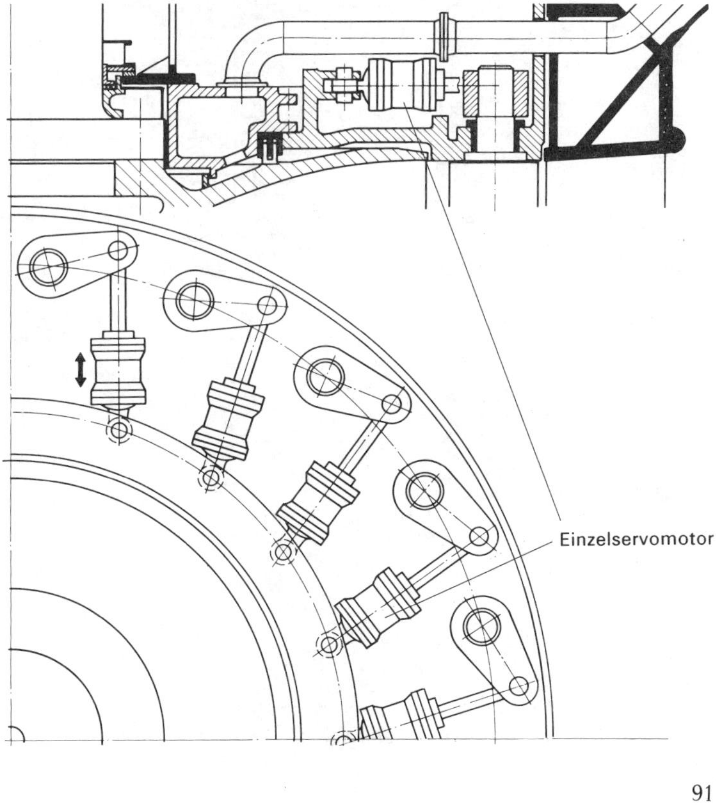

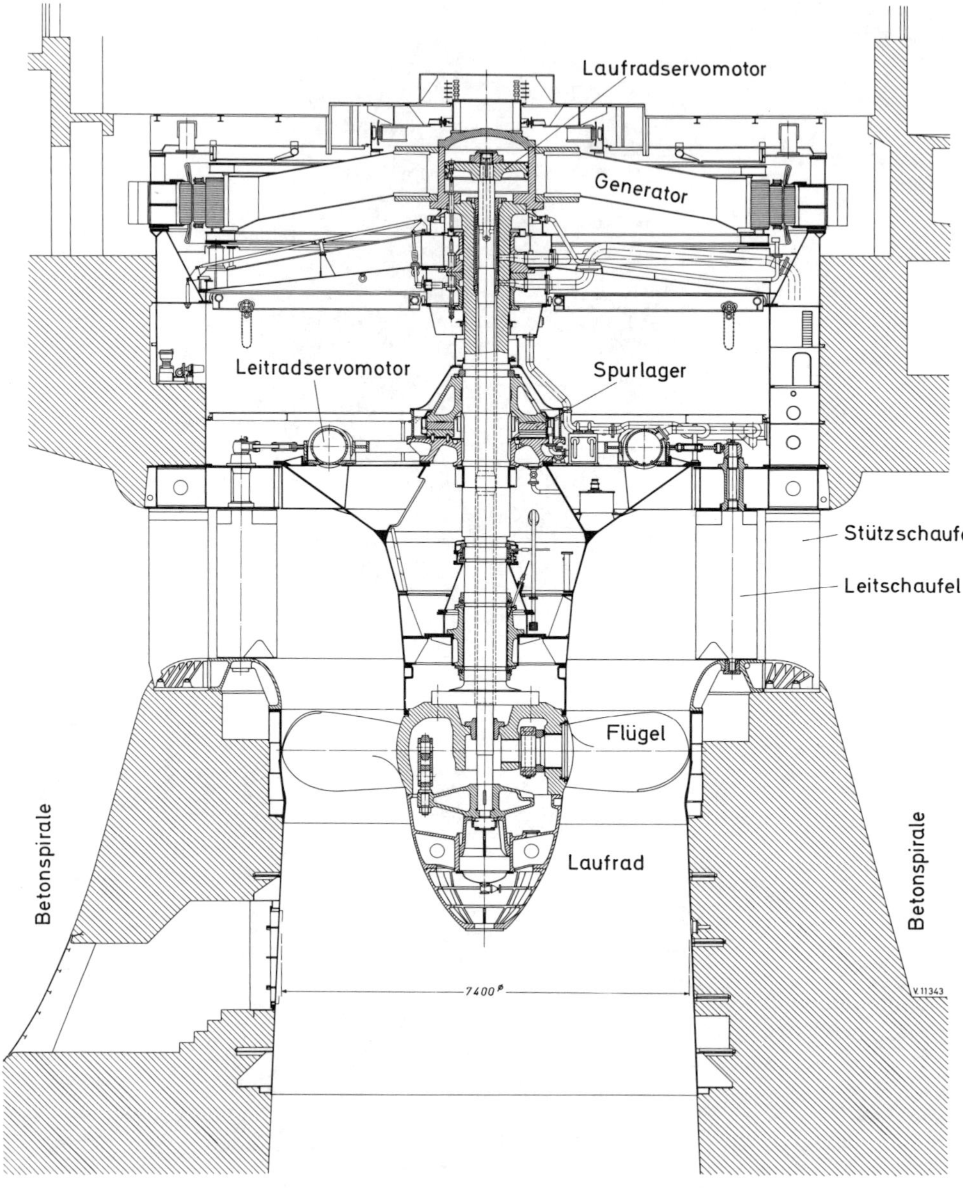

Bild 7.19 Kaplanturbine mit Betonspirale (nach Fa. Voith)

Bild 7.20 Kaplanturbine mit Blechspirale (nach Fa. Voith)

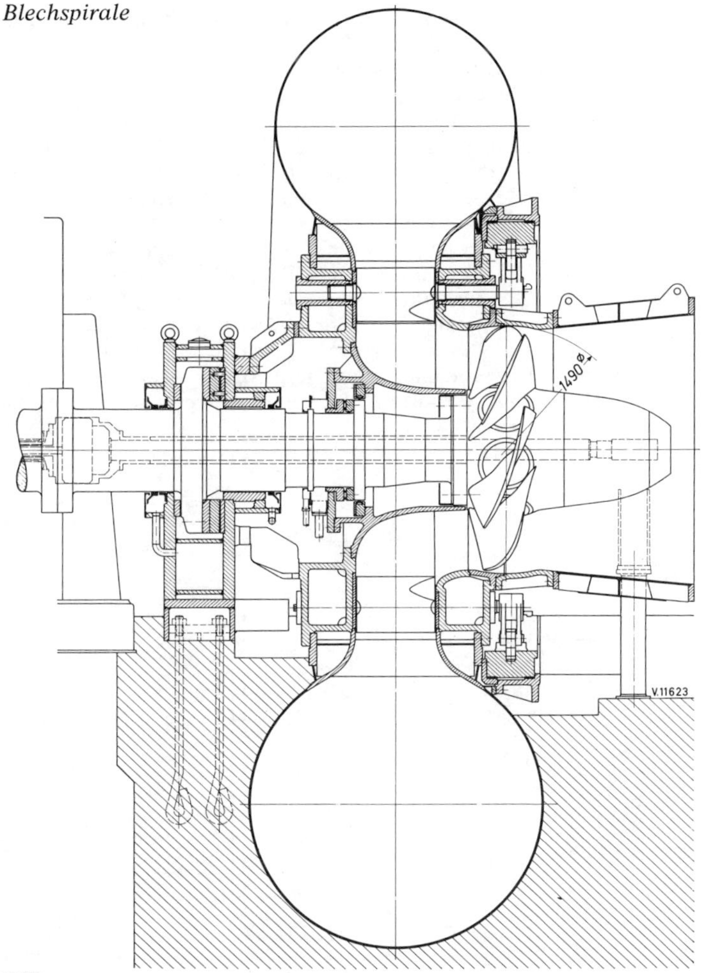

7.5 Kaplanturbine

7.5.1 Spiral-Kaplanturbine

Die Kaplanturbine ist eine am Laufrad axial durchströmte Überdruckturbine, deren Entwicklung auf Patente von Professor KAPLAN aus dem Jahr 1913 zurückgeht. Sie hat eine hohe spezifische Drehzahl und eignet sich demnach für große Wasserströme und kleinere bis mittlere Fallhöhen unter 80 m. Die größten gebauten Maschinen haben Leistungen über 100 MW und Laufraddurchmesser über 10 m. Die Kaplanturbine ist die „klassische" Wasserturbine zur Bestückung von Flußkraftwerken.
Das **Laufrad** ist mit 3 bis 8 im Betrieb verstellbaren Schaufeln versehen. Die Verstellung erfolgt über einen ölhydraulischen Servomotor, der in der Nabe selbst oder am oberen Wellenende untergebracht ist. In Sonderfällen kann auf die Laufschaufelverstellung verzichtet werden, man spricht dann von **Propellerturbinen.**
Bei Fallhöhen bis etwa 20 m wird die **Spirale** als Beton-Halbspirale (Bild 7.19), bei größeren Fallhöhen als voll ausgebildete Blechspirale (Bild 7.20) ausgeführt. Die starke Beanspruchung auf Aufweitung durch den Wasserdruck in der Spirale wird durch besondere Stützschaufeln aufgenommen, die vor den drehbaren Leitschaufeln angeordnet sind.
Durch die Doppelregulierung von Lauf- und Leit-

schaufeln ergibt sich ein sehr gutes Teillastverhalten.
Zur Aufnahme des großen Axialschubes dient wie bei der Francisturbine ein Kippsegment-Spurlager.
Die übliche Wellenlage ist vertikal (Bild 7.19), seltener horizontal (Bild 7.20). Bei großen Turbinen sind Turbine und Generator direkt gekuppelt, kleine Turbinen haben ein Übersetzungsgetriebe zur Erhöhung der Generatordrehzahl.
Da die kinetische Energie hinter dem Laufrad bis zu 60% der spezifischen Stutzenarbeit der Turbine betragen kann, muß ein besonderes Augenmerk auf die optimale Gestaltung des Saugkrümmers, an dessen Ende die kinetische Energie nur noch 1 bis 2% der spezifischen Stutzenarbeit beträgt, gelegt werden.

7.5.2 Kaplan-Rohrturbine

Rohrturbinen sind Kaplanturbinen mit horizontaler oder schräger Wellenlage (Bild 7.21), deren Zu- und Abströmung nahezu axial erfolgt. Krafthäuser mit Rohrturbinen bauen niedriger und schmäler als Krafthäuser mit „klassischen" Spiral-Kaplanturbinen in vertikaler Ausführung (Bild 7.22). Bei den meisten Ausführungen sitzt der Generator in einem außen von Wasser umflossenen Behälter und wird über ein Übersetzungsgetriebe mit dem Laufrad gekoppelt. Bei einer neuen Variante, ausgeführt von Escher Wyss, ist der Generator kranzförmig rings um das Turbinenlaufrad angeordnet (Bild 7.23), wodurch noch kleinere Gesamtabmessungen, d.h. niedrigere Investitionskosten erzielt werden.

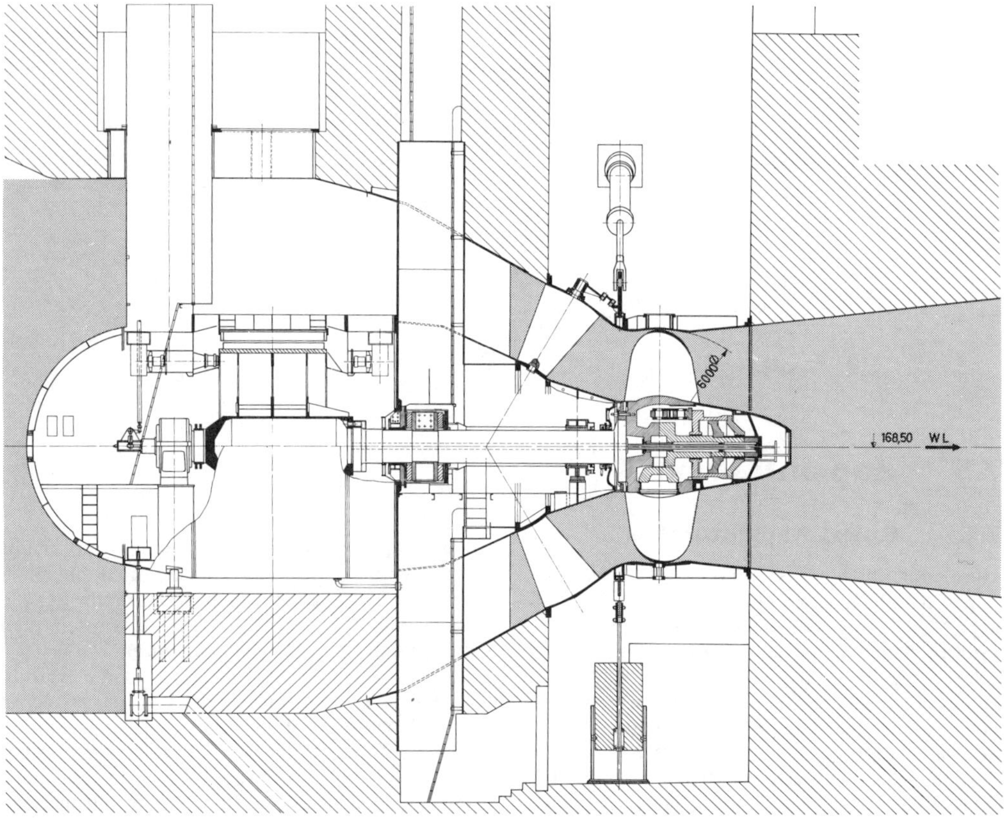

Bild 7.21 Rohrturbine (nach Fa. Voith)

Bild 7.22 Vergleich Kaplanturbine – Rohrturbine (nach Fa. Voith)

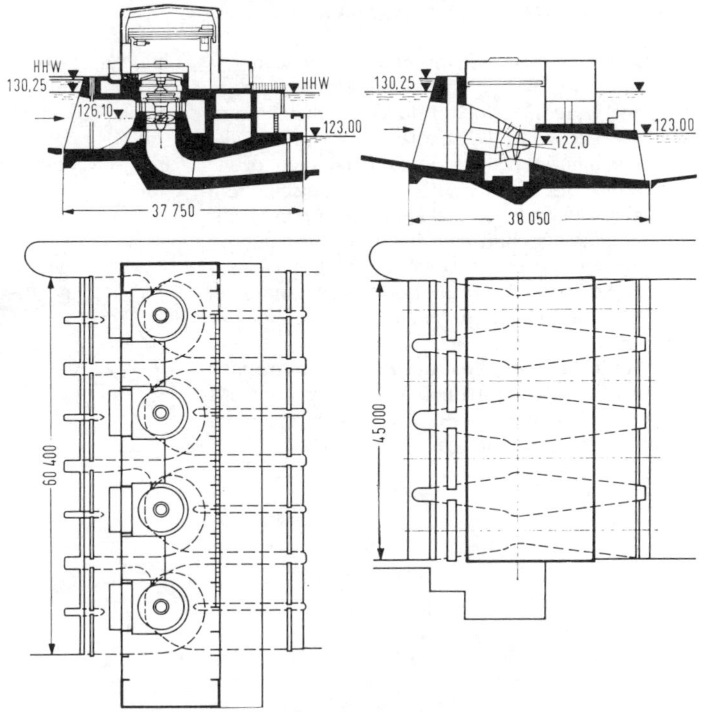

Bild 7.23 Rohrturbine (nach Fa. Escher-Wyss)

1 Lager
2 Verbindung zwischen Schaufeln und mitrotierendem Außenkranz
3 Dichtungen
4 Generator – Stator
5 Generator – Rotor
6 Schaufel
7 Leitapparat
8 Einlauf
9 Saugrohr

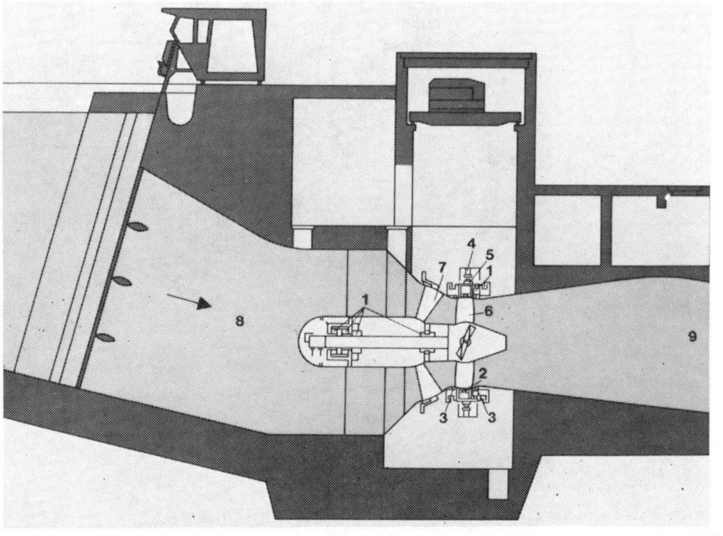

7.6 Diagonalturbine

Die Diagonalturbine, die bis heute nur in wenigen Exemplaren gebaut wurde, ist eine Überdruckturbine mit diagonal (mixed-flow) durchströmtem Laufrad. Die von P. Dériaz (Bild 7.24) und Kviatovsky gebauten Diagonalturbinen haben drehbare Leit- und Laufschaufeln. Die Laufschaufeln sind ähnlich wie bei der Kaplanturbine in Drehzapfen gelagert und werden über sogenannte Drehservomotoren geschwenkt. Bei der Dériazturbine steht das Leitrad ebenfalls diagonal, bei der Kviatovskyturbine rein radial, wie bei der vertikalen Kaplanturbine.
Die Gefälle der Diagonalturbinen liegen i.a. unter 150 m, die Wasserströme können größer als 100 m³/s sein, die Leistungen gehen bei Wirkungsgraden über 90% bis zu 100 MW.

Das Laufrad der Diagonalturbine nach Lawaczek ähnelt einem Francislaufrad ohne Außenkranz. Nach [7.5] wurden im Kraftwerk „Grand Couleé“ (USA) Lawaczekturbinen mit Leistungen von 600 MW bei einem Gefälle von 87 m eingebaut.

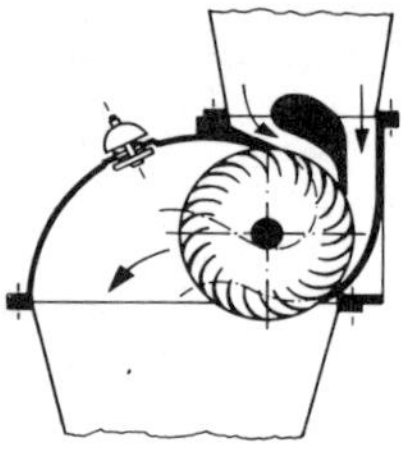

Bild 7.25 Durchströmturbine (nach Fa. Ossberger)

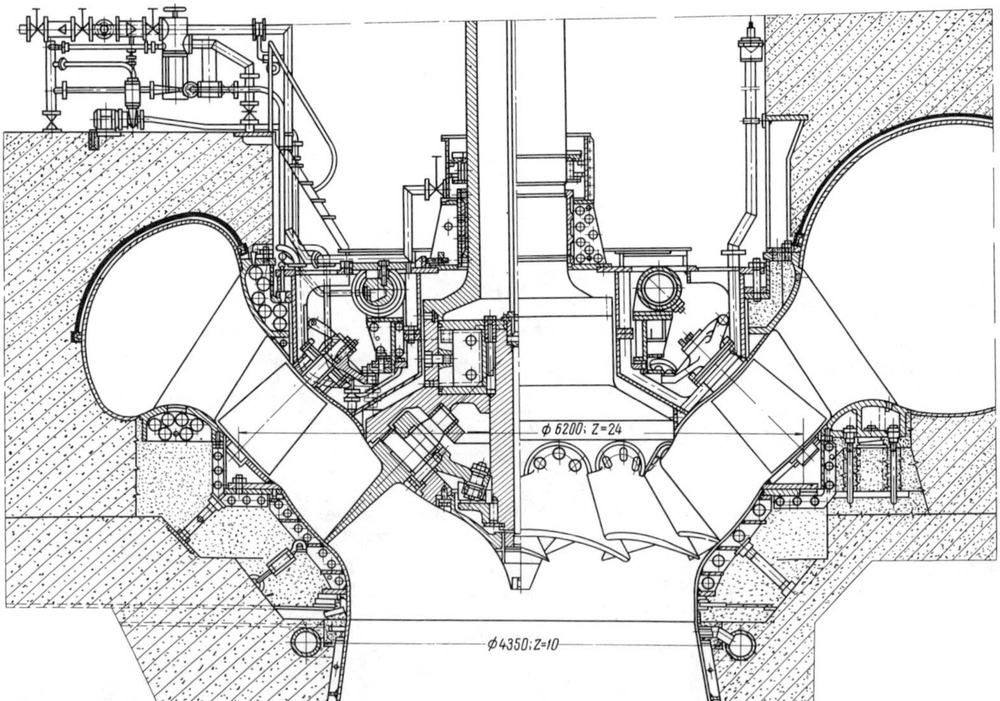

Bild 7.24 Diagonalturbine (nach russischen Quellen)

Bild 7.26 Durchströmturbine (nach Fa. Ossberger)

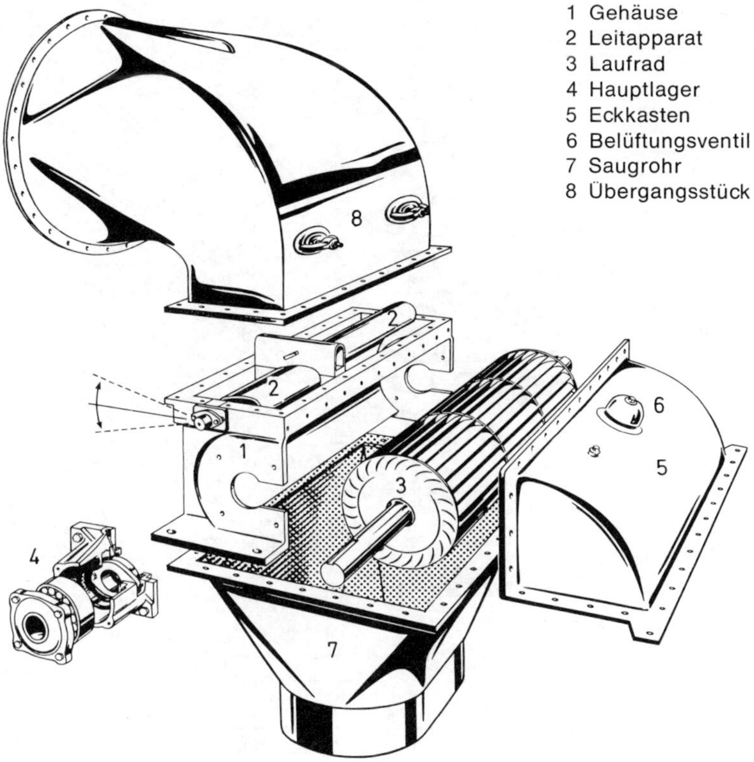

1 Gehäuse
2 Leitapparat
3 Laufrad
4 Hauptlager
5 Eckkasten
6 Belüftungsventil
7 Saugrohr
8 Übergangsstück

7.7 **Durchströmturbine** (Ossberger-Turbine)

Als Erfinder der Durchströmturbine gelten die Engländer Mitchell und der Ungar Banki. Heute sind viele tausend Wasserturbinen dieses einfachen Typs bei der Nutzung kleinerer und mittlerer Wasserkräfte im Einsatz.
Für die Betriebsdaten können etwa folgende Bereiche angesetzt werden:

Wasserströme $\dot{V}$ zwischen 20 Liter/s und 7 m^3/s

Fallhöhen H zwischen 1 m und 200 m

Leistungen bis 750 kW

Wirkungsgrad etwas über 80%

Drehzahlen zwischen 50 min^{-1} und 200 min^{-1}

Die Durchströmturbine (Bild 7.25) ist eine radial durchströmte, teilbeaufschlagte Freistrahlturbine.
Der aus dem Leitapparat kommende rechteckige Freistrahl durchströmt das walzenförmige Laufrad (Bild 7.26) zuerst von außen nach innen und dann nach Durchquerung des Radinnern nochmals von innen nach außen.
Ein betriebstechnischer Vorteil der Turbine ist die gute Anpassungsfähigkeit an stark schwankende Wasserströme. Durch Unterteilung von Laufrad und Leitapparat in zwei ungleiche Zellen im Verhältnis 1 : 2 (Bild 7.26) kann die Maschine kleine Volumenströme mit der kleinen Zelle, mittlere Volumenströme mit der großen Zelle und große Volumenströme mit beiden Zellen gemeinsam verarbeiten. Dadurch ergibt sich ein gutes Teillastverhalten.

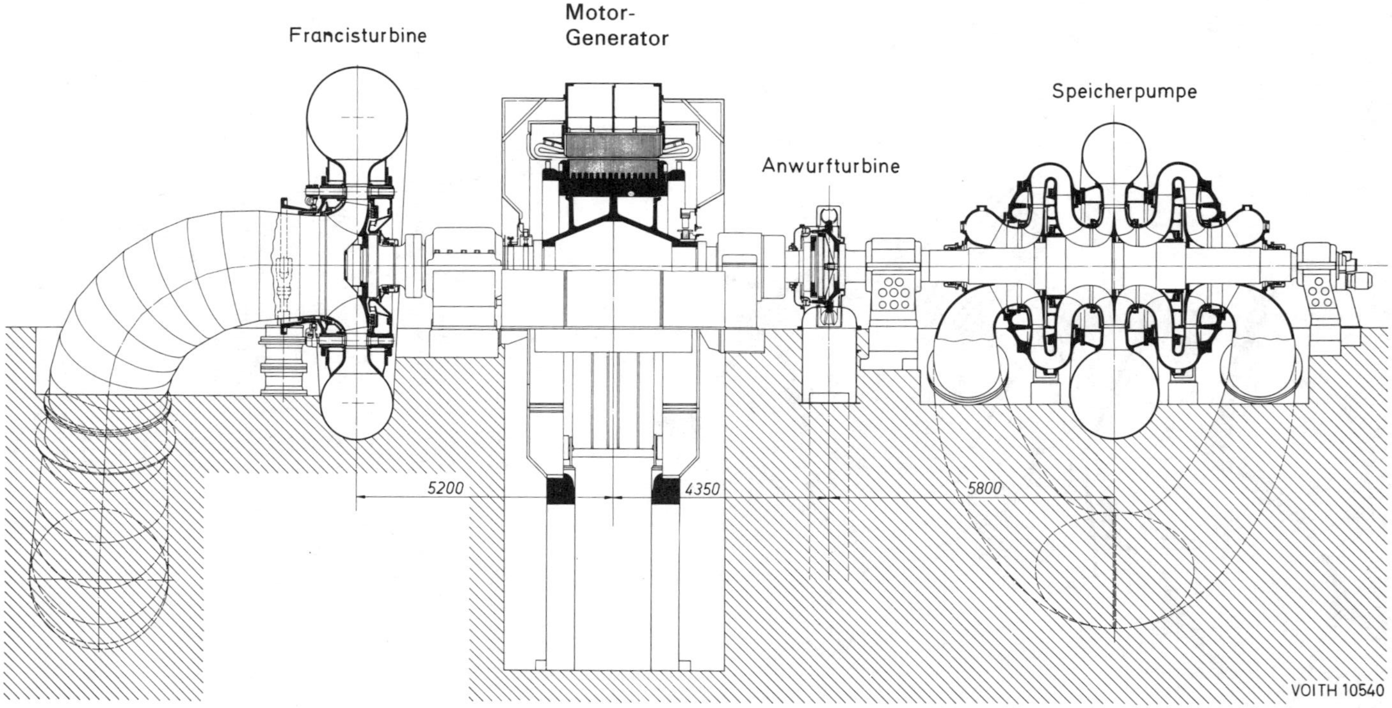

Maschinensatz des Pumpspeicherwerks Vianden

Francis-Spiralturbine
H = 265—290 m Q = 37,2—39,5 m³/s n = 428,6 U/min
P = 90000—100000 kW = 123100—136000 PS
P_{max} = 104000 kW = 142700 PS

Anwurf-Freistrahlturbine mit Zahn-Schaltkupplung
H = 288 m Q = 1,31 m³/s n = 428,6 U/min
P = 2700 kW = 3670 PS

2flutige 2stufige Speicherpumpe
H_{man} = 268—292 m Q = 23—20,7 m³/s n = 428,6 U/min
P = 69000—67000 kW = 93800—91000 PS
P_{max} = 76000 kW = 103000 PS

Bild 7.27 Pumpspeichersatz mit getrennten Maschinen (nach Fa. Voith)

7.8 Pumpenturbinen

Legt man bei einem Pumpspeicherwerk Wert auf einen hohen hydraulischen Gesamtwirkungsgrad, werden getrennte Maschinen (Bild 7.27) aufgestellt, die beide optimal ausgelegt sind und auch im Betrieb optimal eingesetzt werden können.
Zur Einsparung von Investitionskosten und zur Platzeinsparung werden radiale und axiale hydraulische Maschinen gebaut, die sowohl Turbinen als auch Pumpen sind.
I.a. wird die Umschaltung von einer Betriebsart in die andere durch Drehrichtungsänderung bewirkt, bei Kaplanturbinen auch durch Durchschwenken der Flügel bei gleichbleibender Drehrichtung.
In letzter Zeit werden in zunehmendem Maße große, radiale Pumpenturbinen (Bild 7.28) gebaut, die äußerlich mit ihren Spiralgehäusen, Leitapparaten und radialen Laufrädern Francisturbinen ähneln. Die Beschaufelung des Laufrades gleicht allerdings mehr der Beschaufelung eines radialen Pumpenrades. Aus der Eulerschen Strömungsmaschinen-Hauptgleichung (Gleichung 3.4) folgt unter Berücksichtigung von Wirkungsgrad und Minderleistung (Gleichung 3.5), daß die Drehzahl im Pumpbetrieb höher sein sollte als im Turbinenbetrieb.
Turbine:

$$Y_T \cdot \eta_{iT} \cdot \mu_T = c_{u1T} \cdot u_{1T} \quad (c_{u2T} = 0)$$

Pumpe:

$$\frac{Y_P}{\eta_{iP} \cdot \mu_P} = c_{u2P} \cdot u_{2P} \quad (c_{u1P} = 0)$$

$$u_{1T} = \frac{Y_T \cdot \eta_{iT} \cdot \mu_T}{c_{u1T}}$$

$$u_{2P} = \frac{Y_P}{\eta_{iP} \cdot \mu_P \cdot c_{u2P}}$$

$$\frac{u_{2P}}{u_{1T}} = \frac{Y_P \cdot c_{u1T}}{Y_T \cdot \eta_{iT} \cdot \mu_T \cdot \eta_{iP} \cdot \mu_P \cdot c_{u2P}}$$

für $c_{u1T} \approx c_{u2P}$ und $Y_P = Y_T$ folgt:

$$\frac{u_{2P}}{u_{1T}} = \frac{1}{\eta_{iP} \cdot \mu_P \cdot \eta_{iT} \cdot \mu_T}$$

Da sowohl η_i als auch $\mu < 1$ sind, ergibt sich aus dieser Ableitung, daß die Pumpendrehzahl höher sein sollte als die Turbinendrehzahl. In [7.6] werden abhängig von der spezifischen Drehzahl Werte von $u_{2P}/u_{1T} = 1{,}1$ bis 1,5 angegeben, wobei der untere Wert für kleine spezifische Drehzahlen, der obere Wert für große spezifische Drehzahlen gilt.
Durch Versuche wurde z.B. nachgewiesen, daß bei im Moselkraftwerk „Detzem" eingebauten Kaplan-Pumpenturbinen die Pumpen-Drehzahl 45% über der Turbinen-Drehzahl liegen sollte, wenn man mit hohem Wirkungsgrad und erschütterungsfrei fahren will.
Über das Leistungsverhältnis von Pumpenturbinen, d.h. über das Verhältnis Pumpenleistung/Turbinenleistung, sind in [7.6] und [7.7] Angaben enthalten. Es liegt je nach spezifischer Drehzahl sowie den hydraulischen und elektrischen Daten etwa im Bereich 0,9 bis 1,4.

Beispiel 14

Eine Wasserturbine hat folgende Betriebsdaten:

Fallhöhe $H = 136$ m

Wasserstrom $\dot{V} = 60$ m³/s

a) Welche Turbinentype eignet sich für diese Daten?
b) Welche Drehzahl ist bei Direktantrieb eines 50-Hz-Generators vorzusehen?
c) Welche Leistung hat die Turbine bei einem Wirkungsgrad von $\eta = 92\%$?

Lösung:

a) aus Bild 7.4 und 7.5 folgt für den Turbinentyp:

Francisturbine

b) aus Bild 7.5 ergibt sich folgender Bereich für die spezifische Drehzahl n_q:

$$n_q \approx 40 \text{ bis } 55 \text{ min}^{-1}$$

Aus Gleichung 4.17 wird daraus der Bereich für die Drehzahl n berechnet:

$$n_q = n \cdot \frac{\sqrt{\dot{V}}}{H^{3/4}}$$

$$n = n_q \cdot \frac{H^{3/4}}{\sqrt{\dot{V}}}$$

$$n = (40 \text{ bis } 55) \cdot \frac{136^{3/4}}{\sqrt{60}}$$

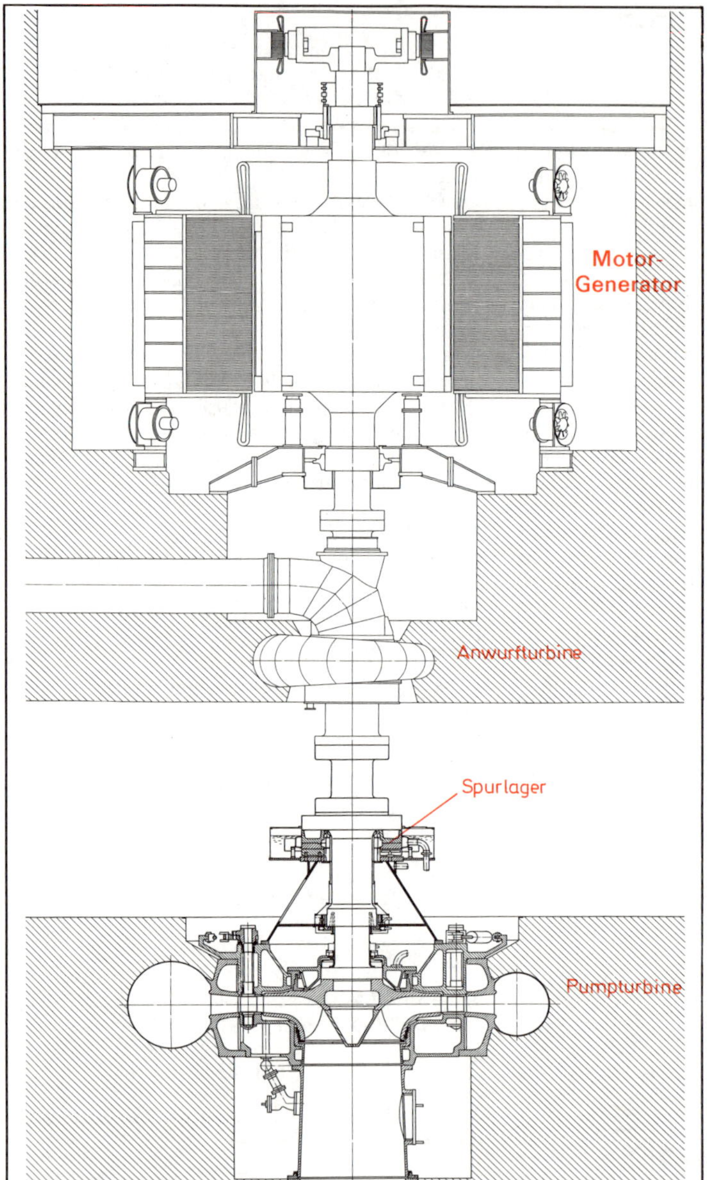

Bild 7.28 Pumpturbine (nach Fa. Voith)

Turbinenbetrieb

H_{netto} = 278,6 bis 305,5 m
Q_{max} = 29,3 bis 28,0 m³/s
P = 73,5 bis 78,0 MW
n = 500 min⁻¹

Pumpenbetrieb

H_{man} = 289,5 bis 314,7 m
Q = 25,7 bis 22,4 m³/s
P = 78,9 bis 74,6 MW
n = 500 min⁻¹

Minimale Zulaufhöhe bezogen auf Absenkziel und Achse des Spiralgehäuses 24 m

Abmessungen

Laufrad-Nenndurchmesser	3010 mm
Leitschaufelhöhe	273 mm
Saugmunddurchmesser	1615 mm
Einlaufdurchmesser des Spiralgehäuses	1600 mm
Wellendurchmesser	670 mm

$$n = 205 \text{ bis } 282{,}8 \text{ min}^{-1}$$

$$n = 3{,}42 \text{ bis } 4{,}71 \text{ s}^{-1}$$

Nach Kapitel 2.6 muß die nächstliegende Synchrondrehzahl gesucht werden:

$$n_{syn} = \frac{f}{p}$$

$$f = 50 \text{ Hz}$$

rechnerische Polpaarzahl

$$p' = \frac{f}{n} = \frac{50}{3{,}42 \text{ bis } 4{,}71}$$

$$p' = 14{,}61 \text{ bis } 10{,}61$$

Die Polpaarzahl wird mit $p = 11$ festgelegt. Damit beträgt die Turbinendrehzahl n:

$$n = n_{syn} = \frac{50}{11} = 4{,}545 \text{ s}^{-1}$$

$$\underline{\underline{n = 272{,}7 \text{ min}^{-1}}}$$

c) Die Turbinenleistung P errechnet sich aus Gleichung 2.22:

$$P = \dot{m} \cdot Y \cdot \eta$$

$$P = \varrho \cdot \dot{V} \cdot g \cdot H \cdot \eta$$

$$P = 1000 \cdot 60 \cdot 9{,}81 \cdot 136 \cdot 0{,}92$$

$$P = 73{,}6 \cdot 10^6 \text{ W}$$

$$\underline{\underline{P = 73{,}6 \text{ MW}}}$$

Bei der vorliegenden Turbine handelt es sich um die von Voith gelieferte Francisturbine für das Kraftwerk „Gitaru“ in Kenia.

7.9 Literatur zu Kapitel 7

[7.1] *Raabe, J.:* Hydraulische Maschinen und Anlagen, Teil 4, Wasserkraftanlagen. VDI-Verlag, Düsseldorf 1970.

[7.2] *Wickert, G.:* Probleme der Gezeitenkraftnutzung. VDI-Forschungsheft 446, 1954.

[7.3] *Fentzloff, H. E.:* Systematik der Wasserkraftnutzung. VDI-Forschungsheft 453, 1956.

[7.4] *Quantz/Meerwarth:* Wasserkraftmaschinen, Springer-Verlag 1963.

[7.5] *Raabe, J.:* Hydraulische Maschinen und Anlagen, Teil 2, Wasserturbinen. VDI-Verlag, Düsseldorf 1970.

[7.6] *Escher-Wyss:* Druckschrift „Speicherpumpen und Pumpenturbinen“.

[7.7] *Wolfram, F.:* Leistungsverhältnis von Pumpenturbinen in Voith-Information 3/1975.

[7.8] *Dietzel, F.:* Turbinen, Pumpen und Verdichter. Vogel-Buchverlag, Würzburg 1980.

[7.9] *Sigloch, H.:* Strömungsmaschinen. Carl-Hanser-Verlag, München 1984.

[7.10] *von König, F.:* Bau von Wasserkraftanlagen, Verlag C. F. Müller, Karlsruhe 1985.

DIN 4320 vom Okt. 71: Wasserturbinen, Benennungen nach der Wirkungsweise und nach der Bauweise.

DIN 4323 vom Dez. 57: Wasserturbinen, Begriffe, Zeichen, Einheiten.

DIN 4324 vom Dez. 57: Wasserturbinen, Rechnungsgrößen.

Außerdem Druckschriften der Firmen:
Charmilles, Escher-Wyss, Ossberger, J. M. Voith.

8 Dampfturbinen

8.1 Einleitung

Mehr als dreiviertel des Weltbedarfs an elektrischer Energie werden heute durch die Stromerzeugung der fossilen und nuklearen Wärmekraftwerke gedeckt. Die in diesen thermischen Kraftwerken aufgestellten Generatoren werden größtenteils durch Dampfturbinen angetrieben. In Heizkraftwerken, die neben elektrischer Energie noch Heizwärme liefern, sind vorwiegend Dampfturbosätze aufgestellt.

Neben diesen großen Kraftwerksturbinen kommen zahlreiche kleine und mittlere Dampfturbinen in der Industrie als Antriebsmaschinen für Generatoren, Pumpen und Verdichter zum Einsatz. Die Verwendung von Dampfturbinen als Schiffsantriebe ist in letzter Zeit zurückgegangen.

Dampfturbinen werden für einen Leistungsbereich von wenigen kW bei Kleinstturbinen bis über 1000 MW bei Kraftwerks-Kondensationsturbinen gebaut. Bei Großturbinen ist analog zur Steigerung der Stromerzeugung eine Leistungsverdopplung je Dekade zu beobachten, bis zum Jahr 2000 werden Leistungen von 3000 MW vorausgesagt (Bild 8.1). Die maximalen Leistungen von Industrieturbinen liegen z.Z. bei etwa 100 MW.

Ausgehend von den ersten leistungsabgebenden Dampfturbinen von Gustaf de Laval (1883) und Parsons (1884) wurden zahlreiche Bauformen und Typen zu hoher technischer Reife, Zuverlässigkeit und Lebensdauer entwickelt.

Besondere technische Anforderungen, wie kurze Anfahrzeiten, schnelle Leistungsregelung bei guten Teillastwirkungsgraden, lange Laufzeiten zwischen den Revisionen u.a.m., werden von neuzeitlichen Dampfturbinen sicher erfüllt.

Auch bei Dampfturbinen, insbesondere bei Industrieturbinen, wurde die Standardisierung von ganzen Maschinen oder Baugruppen, d.h. der Zusammenbau der Turbinen nach dem Baukastenprinzip, weitgehend verwirklicht.

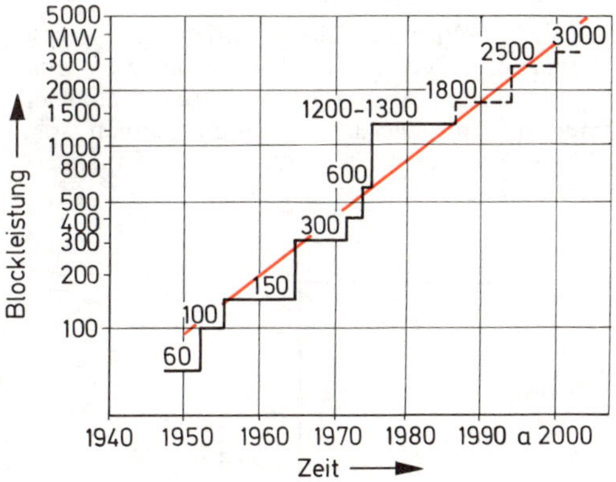

Bild 8.1 Anstieg der Turbinenleistungen zwischen 1950 und 2000 (nach Fa. BBC)

8.2 Die Dampfturbine als Teil des Dampfkraftprozesses

8.2.1 Kondensationsturbine

In Kondensationsturbinen wird die Expansion des Dampfes durch Nachschalten eines Kondensators hinter der letzten Schaufelreihe bis zu sehr niedrigen Drücken — je nach Kühlwassertemperatur — 0,02 bis etwa 0,12 bar heruntergeführt. Kondensationsturbinen verarbeiten somit das größtmögliche Wärmegefälle, das Dampf bestimmten Anfangszustandes ergeben kann.
Kleine Kondensationsturbinen, wie z.B. Kesselspeisepumpen-Antriebsturbinen oder Industrieturbinen, werden relativ einfach geschaltet (Bild 8.2), große Kondensationsturbinen mit Leistungen über 100 MW, die als Kraftwerksturbinen eingesetzt werden, werden an Dampfprozesse mit einfacher oder zweifacher Zwischenüberhitzung und Speisewasservorwärmung angeschlossen (Bild 8.3). Durch diesen großen wärmetechnischen Aufwand lassen sich Prozeßwirkungsgrade über 40% erzielen.
Das große Wärmegefälle erfordert eine große Stufenzahl. In großen Kraftwerksturbinen werden die vielen Stufen in mehreren Gehäusen untergebracht. Da das Abdampfvolumen sehr groß ist, wird es bei Großturbinen auf mehrere Fluten aufgeteilt.

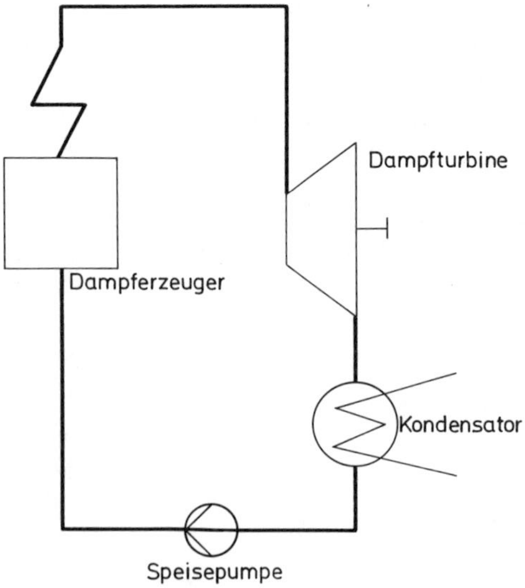

Bild 8.2 Schaltung einer Kondensationsturbine (Prinzip)

8.2.2 Gegendruckturbine

Gegendruckturbinen werden in einem Kraft-Wärme-Prozeß einem Wärmeverbraucher vorgeschaltet (Bild 8.4). Die Expansion des Dampfes wird nur bis zum Druck des Wärmeverbrauchers (Gegendruck) heruntergeführt. Die Höhe des Gegendruckes richtet sich nach dem geforderten Temperaturniveau des Wärmeverbrauchers. Der Abdampf der Gegendruckturbine wird zur Dekkung von Wärmebedarf für Heizen, Kochen, Trocknen usw. in Zuckerfabriken, Raffinerien, Textilfabriken, Brauereien, Zellstoff- und Papierfabriken, in der chemischen Industrie usw. verwendet.
Infolge der kleineren Wärmegefälle und der geringeren Volumenzunahme werden Gegendruckturbinen meist eingehäusig und mit geringem Querschnittszuwachs (geringer Zunahme der Schaufellängen) ausgeführt.
In Kraftwerken findet die Gegendruckturbine als sogenannte **Vorschaltturbine** bei der Modernisierung älterer Anlagen durch Einbau neuer Kessel mit höherem Druck Verwendung. In der Vorschaltturbine wird der Druck des neuen Hochdruckkessels auf den Eintrittsdruck der vorhandenen älteren Turbinen reduziert.

8.2.3 Entnahmeturbine

Die Beschaufelung der Entnahmeturbine ist in zwei oder mehr getrennten Gehäuseabschnitten oder Gehäusen untergebracht. Neben der **geregelten Entnahme** von Heizdampf für Wärmeverbraucher ermöglicht die Entnahmeturbine auch eine vom Wärmeverbrauch unabhängig geregelte mechanische Leistungsabgabe an der Turbinenkupplung.
Das Schaltbild einer Entnahmeturbine mit zwei Beschaufelungsabschnitten und einer Entnahmestelle ist in Bild 8.5 dargestellt. Die Entnahmeturbine kann als Kondensationsturbine betrieben werden, wobei ein Teil des Dampfes bei konstantem Entnahmedruck dem Wärmeverbraucher zugeführt, der Rest des Dampfes auf Kondensatordruck entspannt wird (Bild 8.5) oder als Gegendruckturbine, die zwei oder mehr Wärmenetze mit verschiedenem Temperatur- und Druckniveau versorgt. In Kapitel 13 ist das Kennfeld und das Betriebsverhalten einer Entnahmeturbine beschrieben.
Wird bei einer Dampfturbine an einer oder mehr

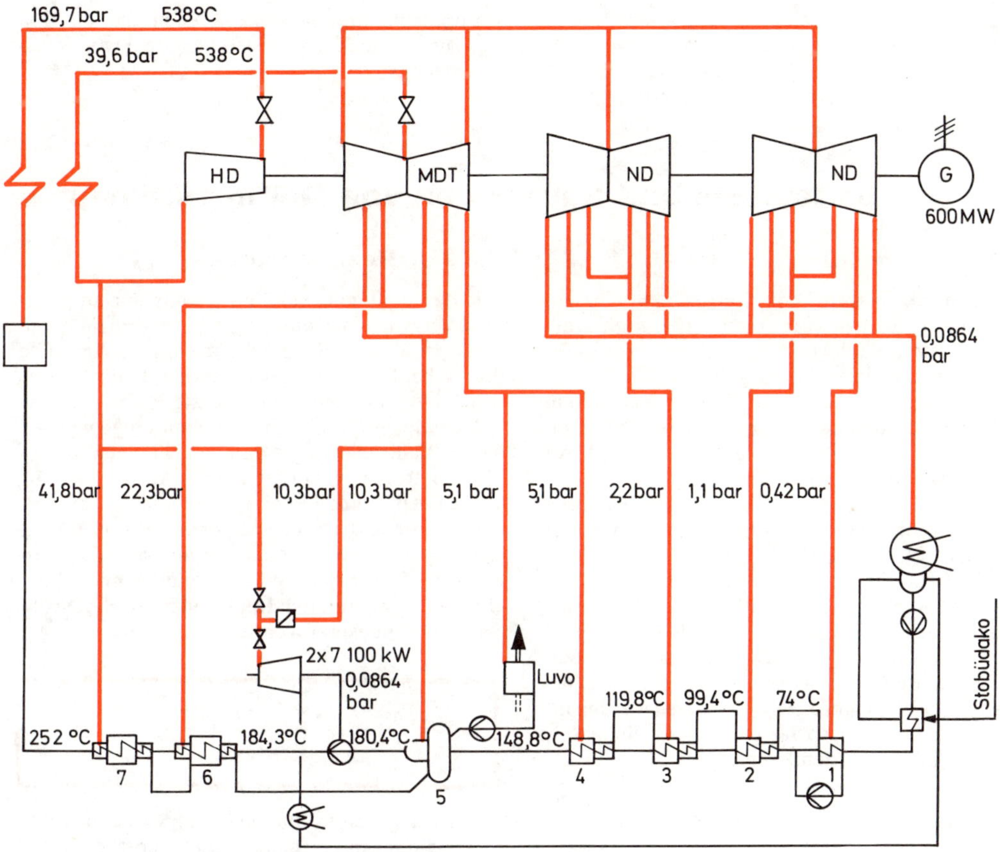

Bild 8.3 Kondensationsturbinenanlage (nach Fa. BBC)

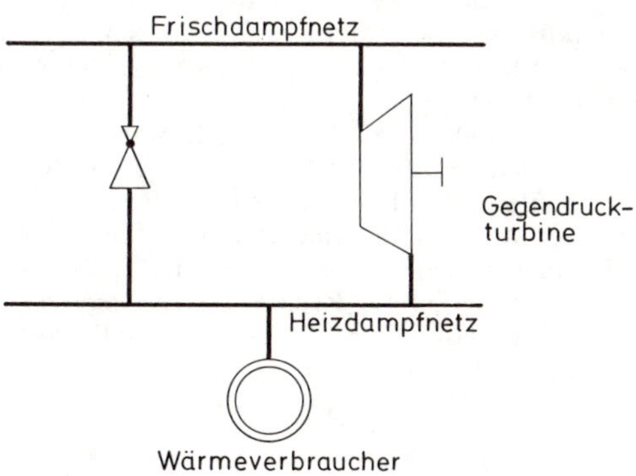

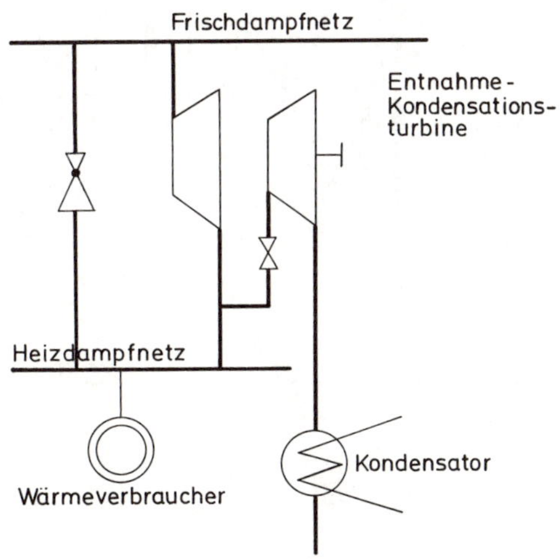

Bild 8.4 Schaltung einer Gegendruckturbine (Prinzip)

Bild 8.5 Schaltung einer Entnahmeturbine (Prinzip)

Stellen Dampf für Heizzwecke, z.B. zur Speisewasservorwärmung, **ungeregelt** entnommen, spricht man von einer **Anzapfturbine.** Bei dieser ungeregelten Dampfentnahme verändert sich der Dampfdruck an den Anzapfstellen als Funktion des durch die Turbine strömenden Dampfmassenstromes.

8.3 Arbeitsweise und Bauformen von Dampfturbinen

8.3.1 Einleitung

In rund 100 Jahren Dampfturbinenentwicklung haben sich bei der vorherrschenden **mehrstufigen axialen** Bauform zwei Arbeits- und Konstruktionsprinzipien herausgebildet:

a) Die von Rateau und Zoelly entworfene **Gleichdruckturbine** in **Kammerbauweise,** die in der Bundesrepublik beispielsweise von MAN gebaut wird.

b) Die von Parsons konzipierte **Überdruckturbine** in **Trommelbauweise,** wie sie z.B. von den Firmen BBC und KWU hergestellt wird.

Beide Bauweisen haben ihre spezifischen Vor- und Nachteile, wie sie z.B. in [8.1] und [8.2] beschrieben und gegenübergestellt sind.

Im übernächsten Abschnitt werden beide Bauweisen in den wichtigsten Punkten verglichen.

Radial durchströmte Dampfturbinen werden nur noch selten gebaut, so daß ihre Beschreibung sehr kurz gehalten werden kann.

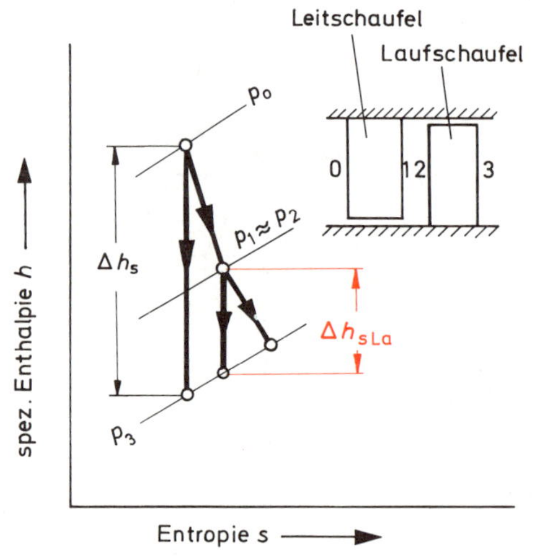

8.3.2 Reaktionsgrad

Die Beschaufelung einer mehrstufigen Dampfturbine setzt sich aus einer Anzahl im Prinzip ähnlicher Stufen zusammen, die jeweils aus Leit- und Laufschaufeln bestehen. An den Leitschaufeln wird die in der Stufe umgesetzte Enthalpie ganz oder teilweise in Geschwindigkeit umgewandelt, in den Laufrädern wird durch die Umlenkung des Dampfstrahles, bei Überdruckbeschaufelung auch noch durch Druckwirkung, eine Umfangskraft erzeugt. Bezeichnet man das isentrope Stufengefälle mit Δh_s, das nur im Laufrad verarbeitete isentrope Wärmegefälle mit Δh_{sLa} (Bild 8.6), so kann der **Reaktionsgrad der Stufe** wie folgt angesetzt werden:

$$r = \frac{\Delta h_{sLa}}{\Delta h_s} \tag{8.1}$$

Wird das gesamte Stufenwärmegefälle allein im Leitrad oder in einzelnen Düsen verarbeitet und in Geschwindigkeit umgesetzt, so wird, da das Laufradgefälle Δh_{sLa} Null wird, auch der Reaktionsgrad Null. Eine solche Stufe nennt man **Gleichdruckstufe,** da der Druck p_2 vor den Laufschaufeln praktisch gleich dem Druck p_3 hinter den Laufschaufeln ist.

Ist der Reaktionsgrad $r > 0$, spricht man von Überdruckstufen. In der Praxis hat sich in den sogenannten Überdruckturbinen ein Reaktionsgrad von $r = 0{,}5$ durchgesetzt. Bei den stark verwundenen Endschaufeln der großen Kondensationsturbinen ist der Reaktionsgrad längs der Schaufel veränderlich, er nimmt von innen (Nabe) nach außen (Blattspitze) zu.

Bild 8.6 Expansion in einer Turbinenstufe

8.3.3 Vergleich zwischen Gleichdruck- und Überdruckstufe

Gleichdruckstufe

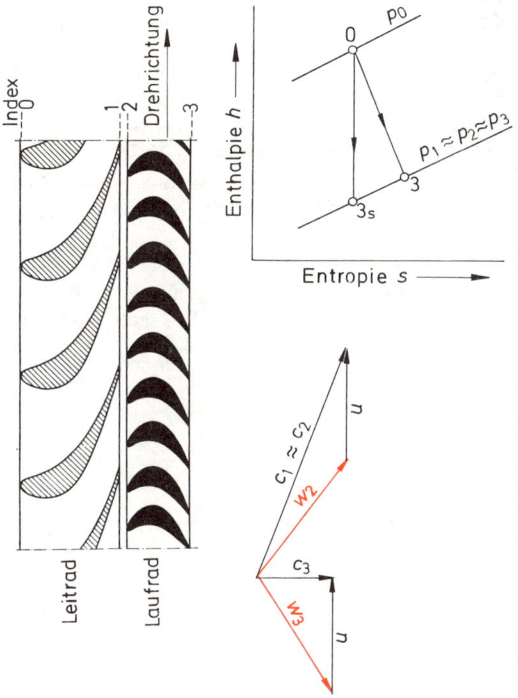

Bild 8.7 Schema einer Gleichdruckstufe

Das gesamte Stufengefälle wird im Leitrad bzw. in einzelnen Düsen in Geschwindigkeit umgesetzt. Infolge der großen Beschleunigungen entstehen relativ hohe Leitradverluste. Im Laufrad wird der Dampfstrom unter gleichbleibendem Druck umgelenkt. Durch den großen Umlenkungswinkel entstehen große Profilverluste im Laufrad. Da an den Laufschaufeln keine Druckunterschiede bestehen, treten nur geringfügige Leckageverluste zwischen Laufschaufelspitzen und Gehäusewand auf. In einer Gleichdruckstufe kann ein wesentlich größeres Wärmegefälle als in einer Überdruckstufe verarbeitet werden, weshalb mehrstufige Turbinen bei Gleichdruckbeschaufelung wesentlich weniger Stufen aufweisen als bei Überdruckbeschaufelung (bei gleichem Gesamtgefälle!).

Überdruckstufe

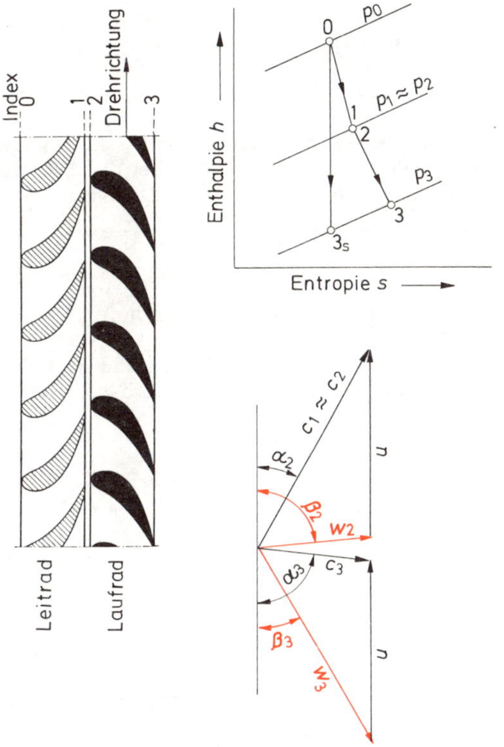

Bild 8.8 Schema einer Überdruckstufe

Das Stufengefälle wird etwa zur Hälfte im Leitrad in Geschwindigkeit umgewandelt, im Laufrad erfolgt die Verarbeitung des Restgefälles. Die Beschleunigung des Dampfes im Leitrad und die Umlenkung im Laufrad sind wesentlich geringer als bei einer vergleichbaren Gleichdruckstufe, die Profilverluste an Leit- und Laufschaufeln sind deshalb entsprechend kleiner. Bei einem Reaktionsgrad $r = 0{,}5$ sind die Winkel α_2 und β_3 sowie α_3 und β_2 jeweils gleich groß, bei Leit- und Laufrad können deshalb geometrisch gleiche Schaufelprofile verwendet werden. Die Abdichtung der Laufschaufelspitzen am Gehäusemantel und der Leitschaufelspitzen an der Welle bereitet größere Schwierigkeiten als bei der Gleichdruckstufe; es entstehen größere Leckverluste.

Gleichdruckstufe	Überdruckstufe
Der Vorteil der geringeren Stufenzahl geht aber durch die größere axiale Baulänge größtenteils wieder verloren. Auf Gleichdruckschaufeln wirken nur sehr kleine Axialkräfte, die durch relativ kleine Axiallager aufgenommen werden können. Bei Gleichdruckbeschaufelung läßt sich Teilbeaufschlagung durchführen, was bei der Düsengruppenregelung angewandt wird.	Durch das kleinere Stufengefälle ergeben sich größere Stufenzahlen und damit etwas längere Rotoren und Gehäuse. An den Laufschaufeln greifen große Axialkräfte an, die zu einem großen Axialschub des Rotors führen, der bei einflutigen Turbinen durch die Wirkung eines besonderen Ausgleichkolbens kompensiert werden muß. Zusätzlich ist ein reichlich dimensioniertes Axiallager erforderlich.

In [8.1 und 8.2] sind Angaben über die Wirkungsgrade, die Betriebssicherheit, die Anpassungsfähigkeit im Betrieb, die Baulängen und über die Kosten der beiden in Wettbewerb stehenden Turbinenarten gemacht.
In Bild 8.9 sind die Wirkungsgrade von Gleich- und Überdruckturbinen nach [8.1] gegenübergestellt.

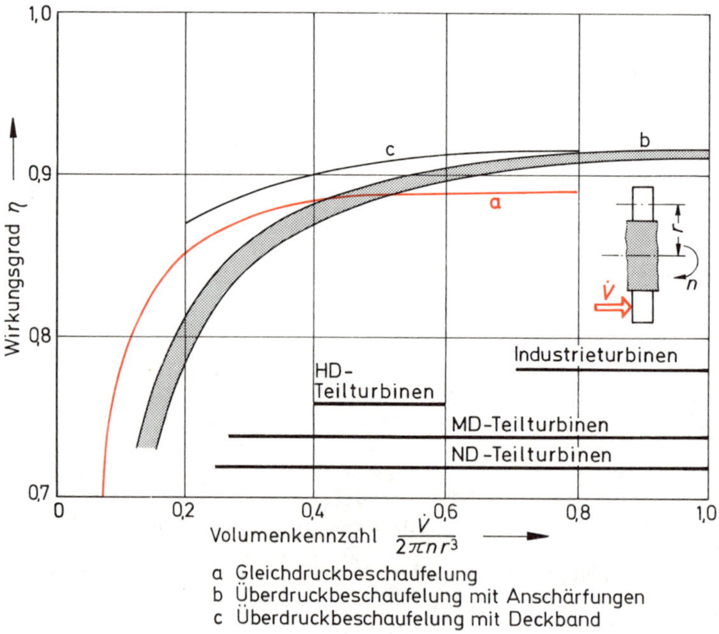

Bild 8.9 Wirkungsgrade von Gleich- und Überdruckbeschaufelungen (nach Fa. BBC)

8.3.4 Vergleich zwischen Kammerturbine und Trommelturbine

Kammerturbine	Trommelturbine
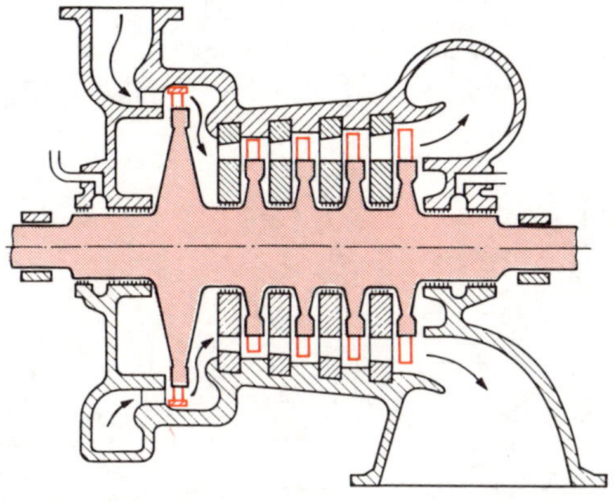 *Bild 8.10 Kammerturbine*	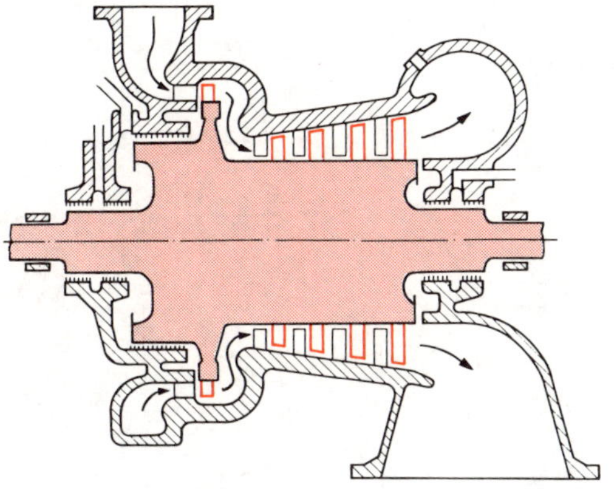 *Bild 8.11 Trommelturbine*
Bei der Kammerturbine sind mehrere Laufräder auf einer relativ schlanken Welle angeordnet, wobei jedes Laufrad von einem davor sitzenden Leitrad beaufschlagt wird. Das Leitrad ist Teil eines mit dem Gehäuse verbundenen Zwischenbodens. Der Zwischenboden wird innen an der Welle mittels Labyrinthdichtungen abgedichtet. An diesen Dichtstellen entstehen nur geringfügige Leckagen. Die Kammerbauart erlaubt wegen des relativ großen axialen Platzbedarfs der einzelnen Stufen und wegen der schlanken, biegeweichen Welle nur eine geringe Stufenzahl. Sie wird deshalb bei Turbinen angewandt, die nach dem Gleichdruckprinzip arbeiten, also pro Stufe größere Gefälle umsetzen als bei der Überdruckbauart.	Die Trommelbauweise wird bei Turbinen mit großer Stufenzahl, d.h. bei Überdruckturbinen angewandt. Trotz vieler Stufen bleibt der trommelförmige Rotorkörper relativ biegesteif, was sich günstig auf die biegekritische Drehzahl und die radialen Schaufelspiele auswirkt. An den Spalten zwischen Leitschaufeln und Trommel und zwischen Laufschaufeln und Gehäuse entstehen relativ große Leckagen, die man durch Schaufelanschärfungen und Deckbänder zu verkleinern sucht.

8.3.5 Radialturbinen

Dampfturbinen mit radialer Durchflußrichtung werden nur noch sehr selten gebaut. Die Durchströmrichtung ist meist zentrifugal, d.h. von innen nach außen. Radialturbinen bauen besonders kompakt und platzsparend und eignen sich, da sie in Topfbauart, d.h. ohne empfindliche Teilflansche konstruiert sind, besonders als Hochdruckturbinen.

Eine besondere Bauart ist die gegenläufige Radialturbine, die nach ihrem Konstrukteur benannte **Ljungströmturbine** (Bild 8.12). Diese Turbine enthält zwei in entgegengesetztem Drehsinn umlaufende beschaufelte Rotoren. Das feststehende Leitrad entfällt. Ljungströmturbinen haben hohe Wirkungsgrade. Ihr Nachteil ist die Notwendigkeit der Anordnung von zwei Generatoren.

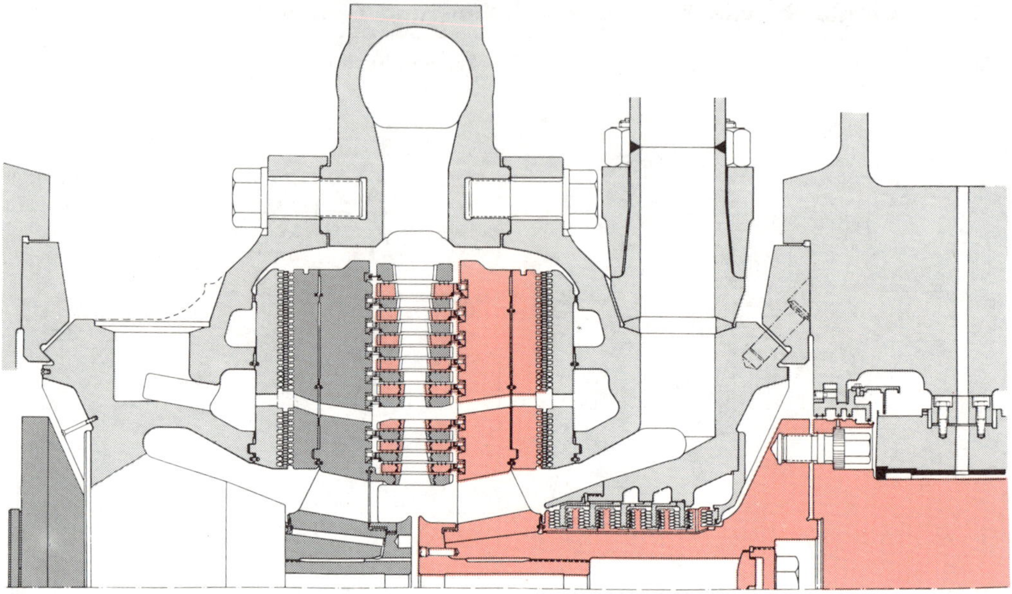

Bild 8.12 Ljungströmturbine (nach Fa. MAN)

8.4 Kraftwerksturbinen

8.4.1 Konstruktiver Aufbau

Große Kraftwerksturbinen mit den in 8.1 angegebenen Leistungen werden als mehrgehäusige Kondensationsturbinen in einwelliger oder zweiwelliger (Compound-)Ausführung gebaut. Turbinen für konventionelle Kraftwerke, mit Dampfdrücken in der Größenordnung von 200 bar und Temperaturen über 500 °C, laufen mit Drehzahlen von 3000 min^{-1} bzw. 3600 min^{-1}, Turbinen für Atomkraftwerke mit wesentlich niedrigeren Drücken und Temperaturen auch mit 1500 min^{-1} bzw. 1800 min^{-1}.

Je nach Größe der Dampfvolumina und der Drehzahl werden die einzelnen Gehäuseabschnitte einflutig oder mehrflutig ausgeführt.

Das Hochdruckgehäuse (HD-Teil) wird als zweischaliges Gehäuse in Topfbauweise oder mit Schrumpfringen (Bild 8.13) mit möglichst vollkommener Rotationssymmetrie und annähernd gleichen Wanddicken zur Vermeidung ungünstiger Wärmespannungen konstruiert. Die HD-Turbine kann mit Regelrad und Düsengruppenregelung (Festdruckbetrieb) oder ohne Regelrad (Gleitdruckbetrieb) gebaut werden (vgl. Kapitel 8.6).

Der Mitteldruckteil (MD-Teil) wird ab Leistungen von 400 bis 500 MW doppelflutig ausgeführt. Wie beim HD-Teil wird ebenfalls die Doppelmantelbauweise angewandt. Wegen der niedrigeren Drücke können die zweiteiligen Gehäuse mit normalen Flanschen und Dehnschrauben verbunden werden. In Bild 8.14 ist eine zweiflutige MD-Turbine in zweischaliger Ausführung dargestellt.

Die Gehäuse der Niederdruckturbinen (ND-Teilturbinen) sind durch Überströmleitungen mit den Abdampfstutzen der MD-Turbine verbunden. Die Gehäuse werden als mehrschalige, axial geteilte Schweißkonstruktionen ausgeführt (Bild 8.15).

Der aus den Niederdruckteilen abströmende Dampf strömt direkt in die unter den ND-Teilturbinen angeordneten **Kondensatoren** (Bild 8.15). Der Kondensator hat die Aufgabe, den aus der ND-Turbine kommenden Abdampf zu kondensieren und zur Vergrößerung des Wärmegefälles einen möglichst niedrigen Druck zu erzeugen und zu halten.

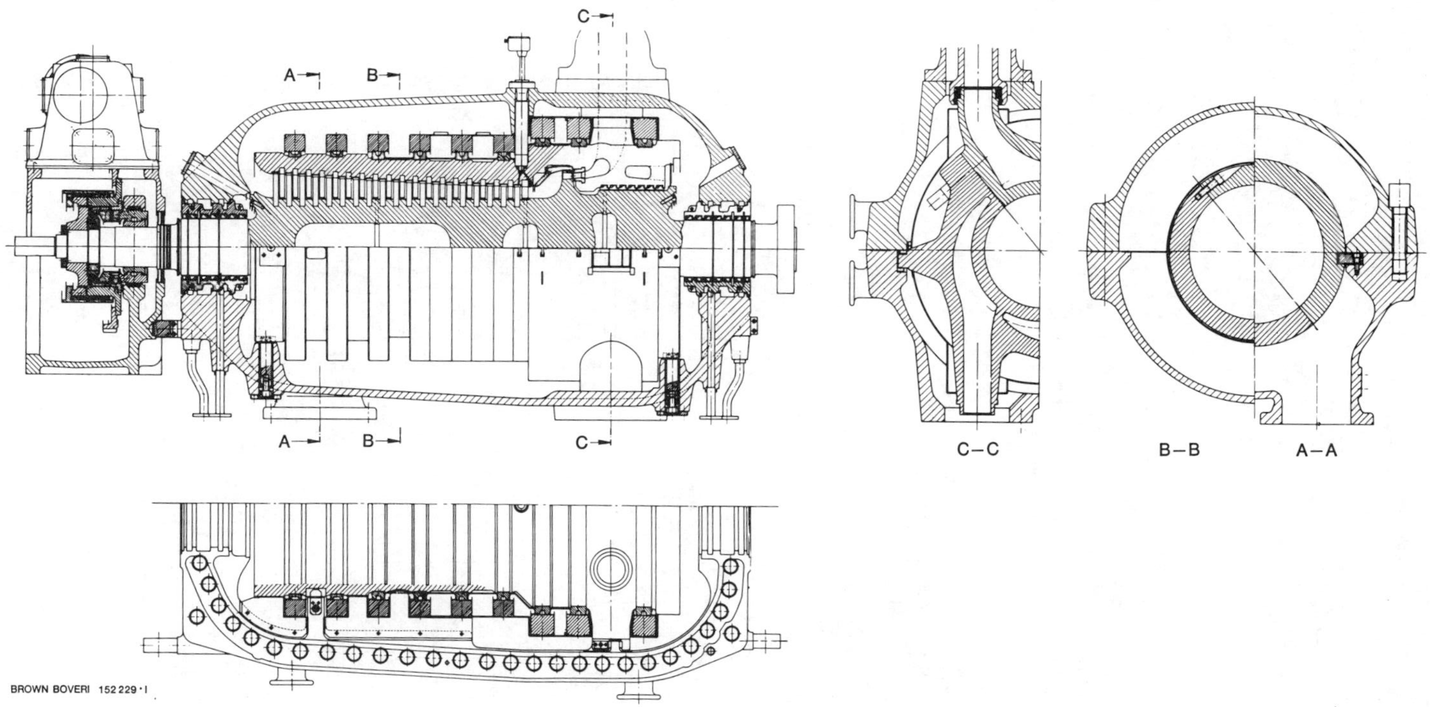

Bild 8.13 *Hochdruckteil einer mehrgehäusigen Turbine (nach. Fa. BBC)*

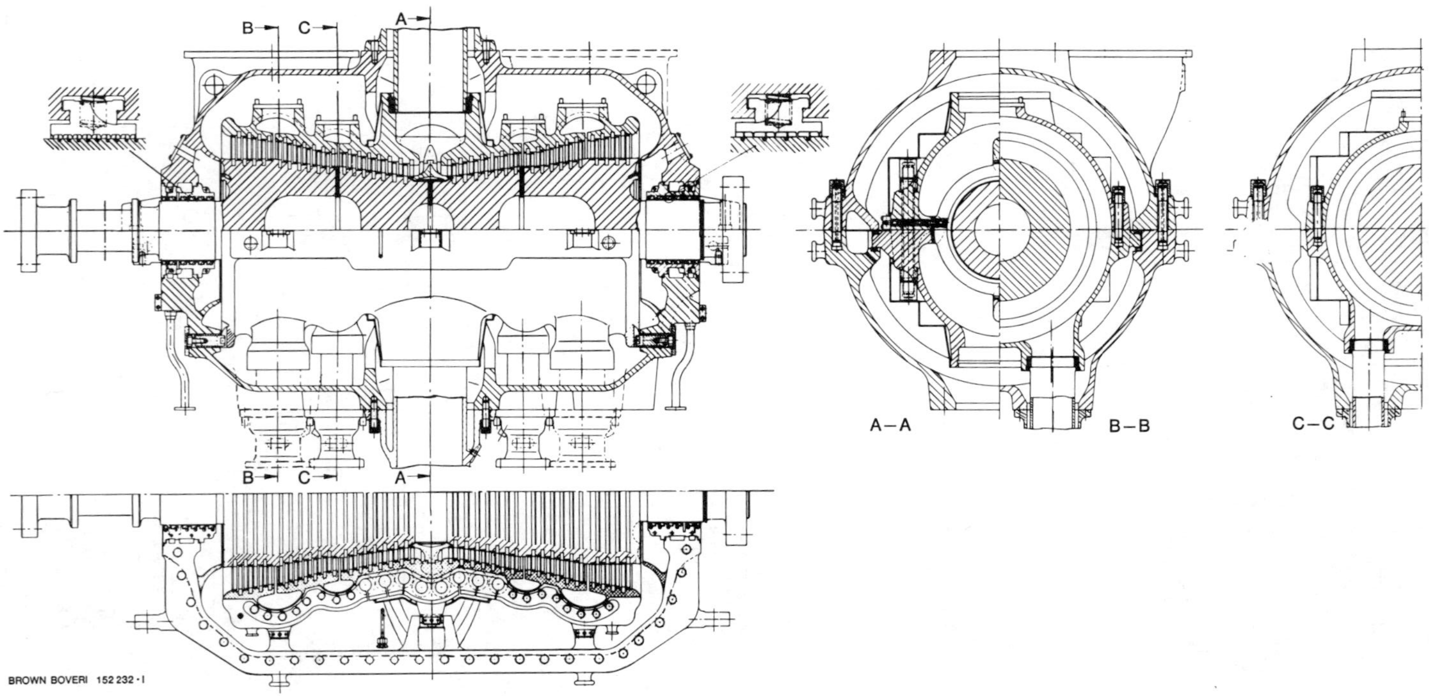

Bild 8.14 Mitteldruckteil einer mehrgehäusigen Turbine (nach Fa. BBC)

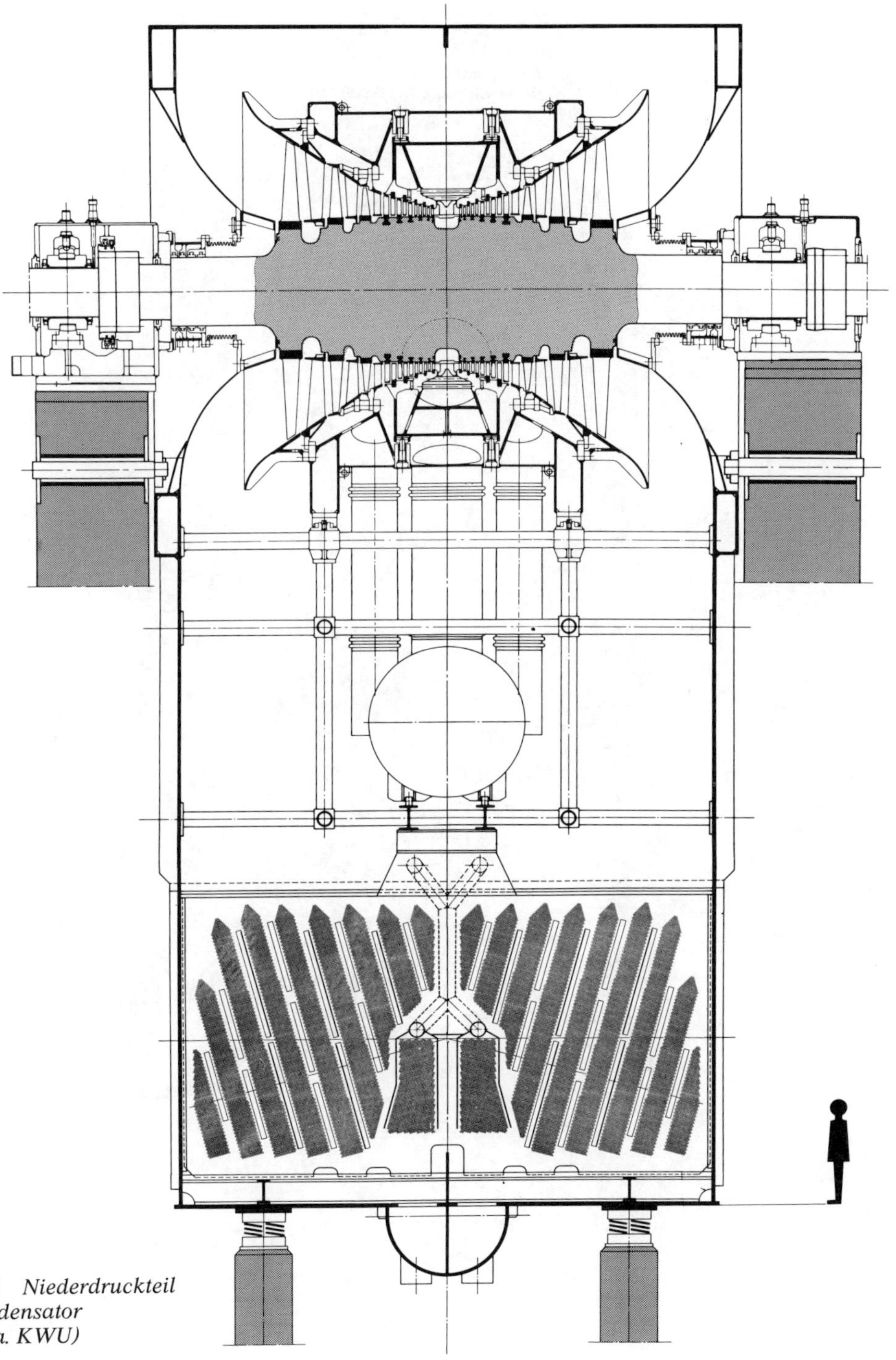

Bild 8.15 Niederdruckteil mit Kondensator (nach Fa. KWU)

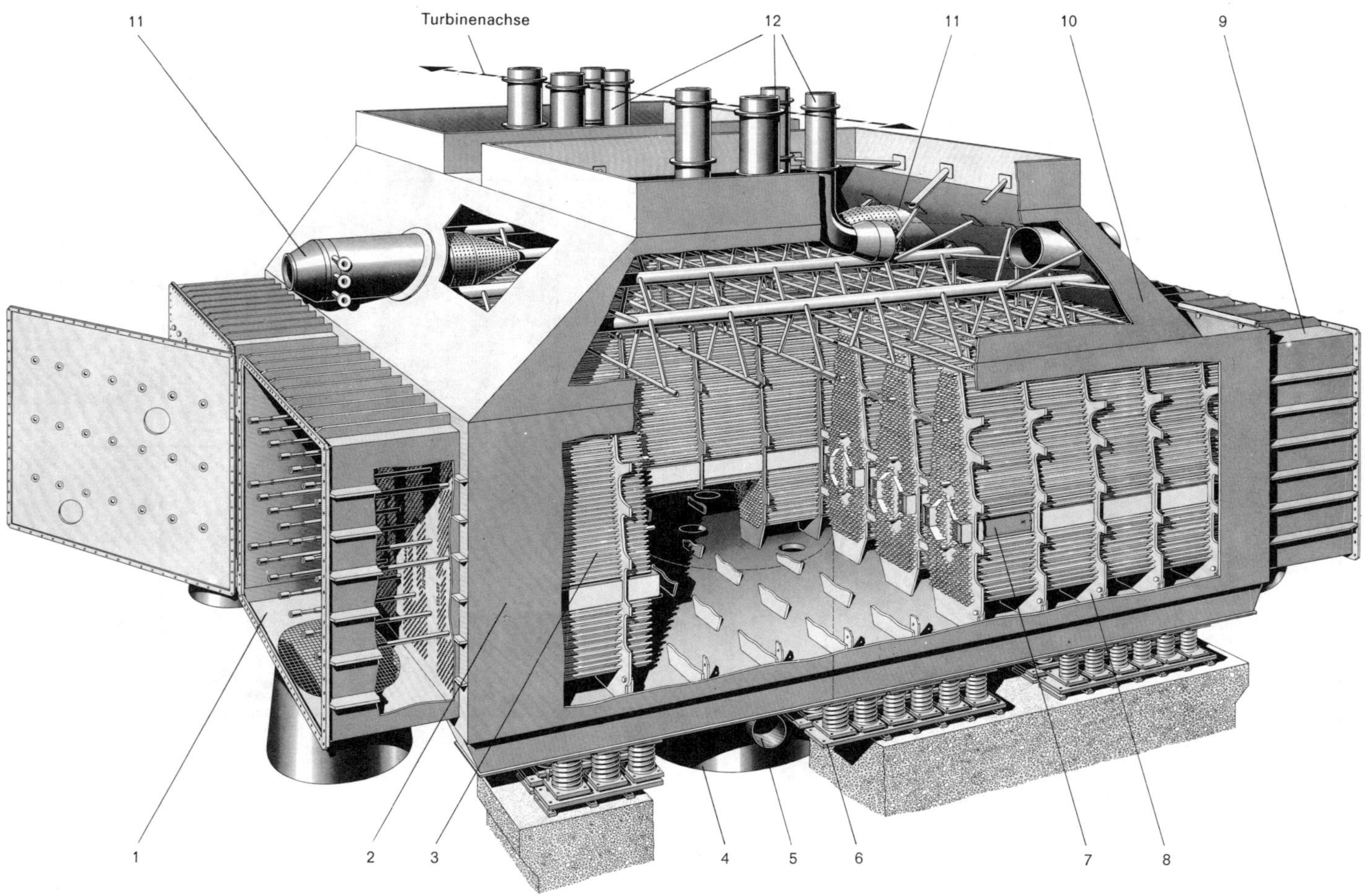

Bild 8.16 Kondensator (nach Fa. BBC)

1. Wasserkammer-Eintritt
2. Dampfraum
3. Rohrbündel
4. Kondensat-Sammelgefäß
5. Kondensatabsaugung
6. Feder-Auflager
7. Luftkühler
8. Stützplatte
9. Wasserkammer-Austritt
10. Abdampfgehäuse
11. Umleitdampf-Einführung
12. Anzapfleitungen

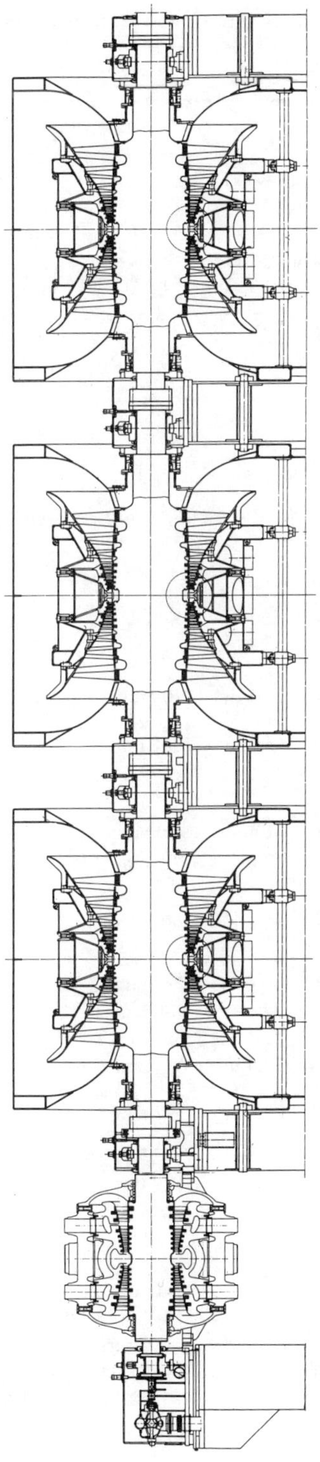

Bild 8.18 1200-MW-Dampfturbosatz eines Kernkraftwerkes (nach Fa. KWU)

Moderne Kondensatoren werden meist als kastenförmige, röhrenbestückte Oberflächenkondensatoren mit rechteckigem Dampfraumquerschnitt in Schweißkonstruktion gebaut (Bild 8.16). Die Rohre sind üblicherweise aus Messing und werden in den Rohrböden eingewalzt. Zur Vermeidung von großen Durchbiegungen und Schwingungen werden die Rohre in Zwischenwänden abgestützt.

Auf die Beschreibung der Fundamentkonstruktion und der Rohrleitungen für die verschiedenen Medien wird aus Platzgründen verzichtet.

In Bild 8.17 (Faltblatt im Anhang) ist ein Dampfturbinensatz für ein konventionelles Kraftwerk, in Bild 8.18 für ein Kernkraftwerk dargestellt. Aus Gründen der besseren Übersicht sind die Rohrleitungen und die Fundamentkonstruktion weggelassen worden.

8.4.2 Grenzen im Dampfturbinenbau

Die Baugröße großer Kondensationsturbinen ist nach oben hin durch verschiedene Randbedingungen begrenzt. In [6.12] sind die wichtigsten Grenzwerte zusammengestellt:

a) Begrenzung durch die maximal möglichen Abmessungen der **Endstufen**.

Abhängig von Abdampfdruck und Leistung ergeben sich immer größere Dampfvolumina, die immer größere Austrittsflächen erfordern, da die Austrittsgeschwindigkeit durch die Schallgrenze nach oben begrenzt ist. Wegen der Fliehkraft- und Schwingungsbeanspruchung kann die Schaufellänge der Endschaufeln nicht beliebig groß gemacht werden. Sie liegt bei der Drehzahl n = 3000 min^{-1} bei etwa 1200 mm, bei der Drehzahl n = 1500 min^{-1} bei 1450 mm. In Bild 8.19 sind die Grenzleistungen konventioneller Dampfturbinen und Sattdampfturbinen abhängig von Kondensatordruck und Schaufellänge nach [6.10] dargestellt.

b) In [6.12] werden folgende Grenzleistungen abhängig von der **Kupplungskonstruktion** zwischen Turbine und Generator angegeben (siehe Tabelle 8.1).

Bei Generatoren mit Supraleitung können, da die Rotorkappen entfallen, noch etwas größere Leistungen erzielt werden.

c) Grenzen durch die **Gewichte** und **Abmessungen** der einzelnen Bauteile lassen sich nur schwer angeben, da sie von der Belastbarkeit der Transportmittel und den zulässigen Transportabmessungen von Bahn und Straße abhängen.

8*

Tabelle 8.1 Einfluß der Kupplungskonstruktion auf die Grenzleistung von Dampfturbinen

Kupplungsart	Grenzleistung
Reibungs-Flanschkupplung	800 MW
Scherbüchsenkupplung	1200 MW bei 3000 min^{-1} 3000 MW bei 1500 min^{-1}
Hülsenkupplung	2000 MW bei 3000 min^{-1} 4500 MW bei 1500 min^{-1}

Heißdampfturbinen

Bild 8.19 Schaufellängen der Endschaufeln (nach Fa. BBC)

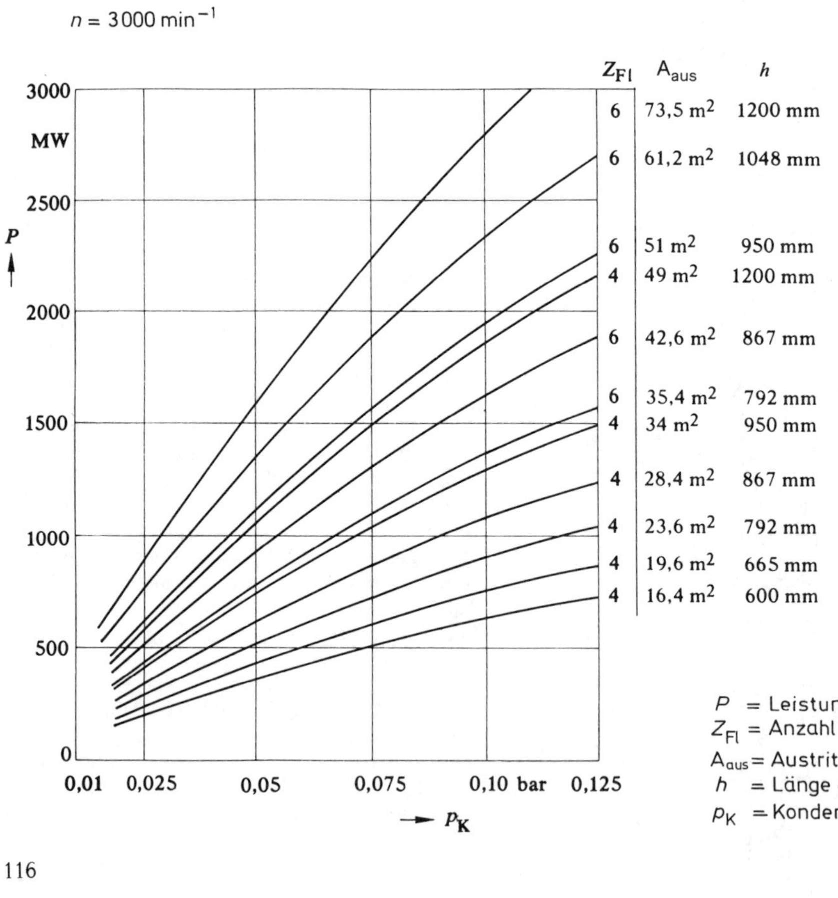

P = Leistung
Z_{Fl} = Anzahl der Fluten
A_{aus} = Austrittsfläche
h = Länge der Endschaufel
p_K = Kondensatordruck

In [6.12] wird eine obere Grenzleistung von P_{max} = 4500 MW angegegeben, da dann die Niederdruckwelle einer Sattdampfturbine etwa 420 t wiegt, bei einem Durchmesser von 7,6 m, über die Schaufeln gemessen, und einer Länge von 15 m.

d) Nimmt man die **zulässige Lagerbelastung** als Begrenzungswert, so kommt man nach [6.12] sowohl bei Heißdampf- als auch bei Sattdampfturbinen auf etwa 4500 MW als Grenzleistung.

e) Eine Leistungsvergrößerung ist nur solange sinnvoll, als man den Hochdruck- und Mitteldruckteil noch eingehäusig, wenn auch zweiflutig, bauen kann. Bei der Drehzahl $n = 3000\ min^{-1}$ dürfte aus diesem Grund die Grenzleistung bei etwa 3500 MW, bei 3600 min^{-1} bei etwa 4000 MW liegen.

f) Steigert man Druck und Temperatur des Frischdampfes bzw. überhitzt man in Atomkraftwerken den Sattdampf, läßt sich der **Wirkungsgrad** des Kraftwerkes erhöhen (Bild 8.20). Eine Leistungssteigerung über etwa 800 MW hinaus bringt jedoch keine Wirkungsgradverbesserung mehr.

g) Die **Verfügbarkeit** der Dampfturbine dürfte kaum von der Leistung abhängen, da in Dampfturbinen keine Verschleißteile eingebaut sind, die bei großer Leistung eine kürzere Lebensdauer der Maschine bedeuten würden als bei kleiner Leistung.

Sattdampfturbinen

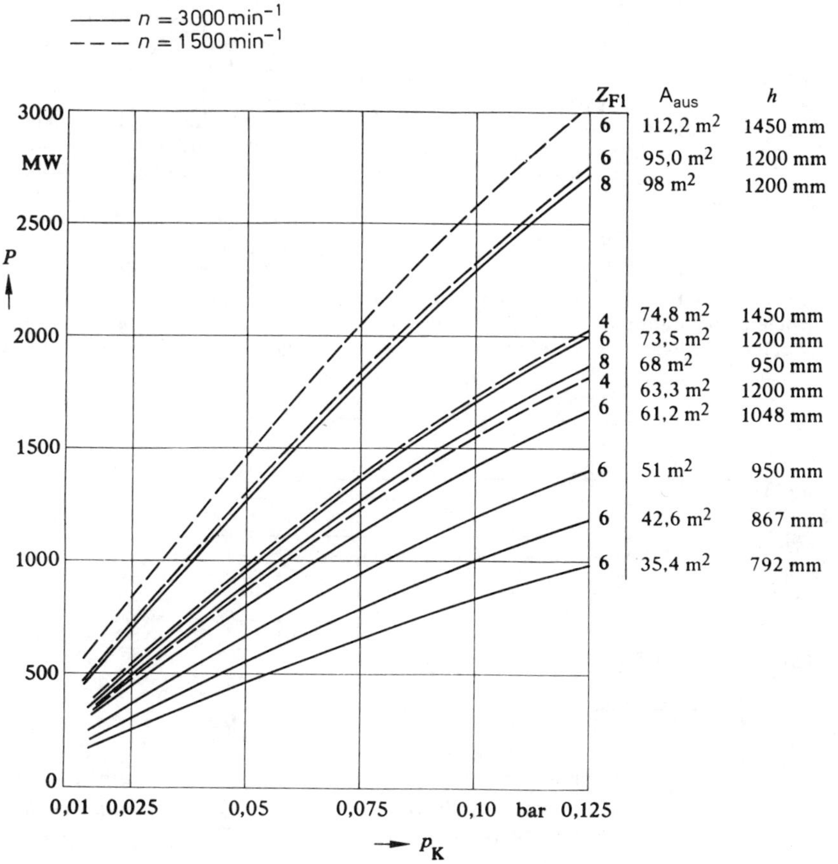

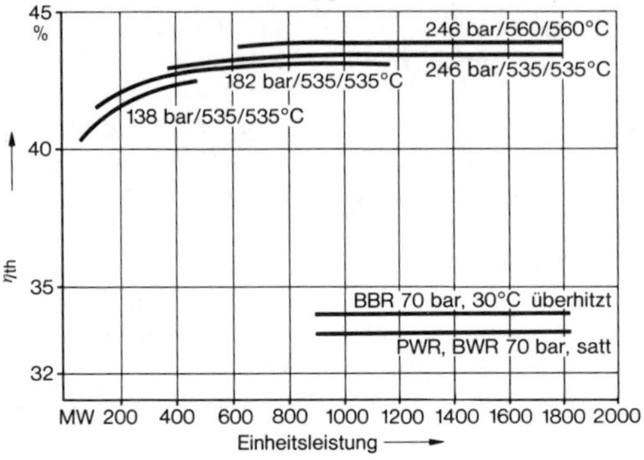

Bild 8.20 Wirkungsgrade von Dampfkraftprozessen (nach Fa. BBC)

8.5 Industrieturbinen

Das Einsatzgebiet von Industrieturbinen, d.h. Dampfturbinen kleiner und mittlerer Leistung, ist weitgespannt. Es reicht von der kleinen Gegendruckturbine, die elektrischen Strom nur als Nebenprodukt erzeugt, über mechanische Antriebsturbinen für Pumpen und Verdichter bis zur mittleren Kraftwerksturbine.

Als gemeinsame Merkmale der im folgenden beschriebenen Industrieturbinen seien deshalb vorausgesetzt:

a) die Turbinen sind eingehäusig,
b) die Leistung liegt unter 150 MW.

Leistungs- und Drehzahlbereich von Industrieturbinen und damit die Variation der Abmessungen und Gewichte sind außerordentlich groß, desgleichen sind die Anforderungen hinsichtlich des betrieblichen Einsatzes in den einzelnen Industriezweigen sehr verschieden. Es ist deshalb nicht möglich, alle Bauformen und -größen und alle Einsatzgebiete zu behandeln.

Da die Frischdampfdaten sich den Werten von Großturbinen genähert haben (Bild 8.21), ist auch der konstruktive Aufbau einer Industrieturbine (Bild 8.22) von demjenigen einer Großturbine nur wenig verschieden, wie überhaupt die strömungstechnische und konstruktive Entwicklung der großen Kraftwerksturbinen den Bau von Industrieturbinen wesentlich beeinflußt haben.

Wegen der relativ hohen Frischdampfzustände und einer einfachen Montage und Revision sind die Gehäuse in Zweischalenbauweise, d.h. mit Außenmantel und darin wärmeelastisch aufgehängten Leitschaufelträgern ausgeführt. Das Außengehäuse ist in Höhe der Maschinenachse horizontal geteilt und trägt meist im Oberteil die Einström- und Regelventile. Ober- und Unterteil sind durch Flansche und Dehnschrauben verbunden. Die Leitschaufeln sind in die Radialnuten der Leitschaufelträger eingesetzt. Der Turbinenläufer wird aus einem Stück gefertigt, bei Fa. BBC bei größeren Rotoren auch aus Scheiben zusammengeschweißt. Die Laufschaufeln werden in die Nuten des Läufers formschlüssig eingesetzt bzw. — bei besonders hochtourigen Maschinen — elektrochemisch aus dem vollen Läufermaterial herausgearbeitet (Fa. Siemens). Je nach Dampfdaten und gewünschtem Wirkungsgrad werden die Schaufeln frei endend oder mit Deckbändern ausgeführt. Die Wellendurchführungen werden mit Labyrinthstopfbuchsen abgedichtet.

Das Gehäuse wird üblicherweise auf den Lager-

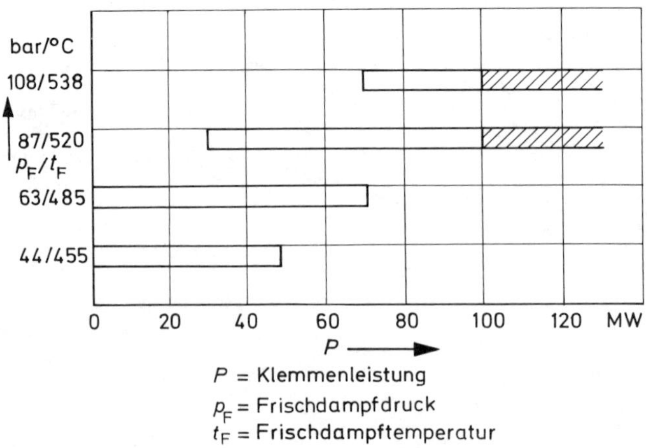

Bild 8.21 Einsatzbereiche von Industriedampfturbinen (nach Fa. BBC)

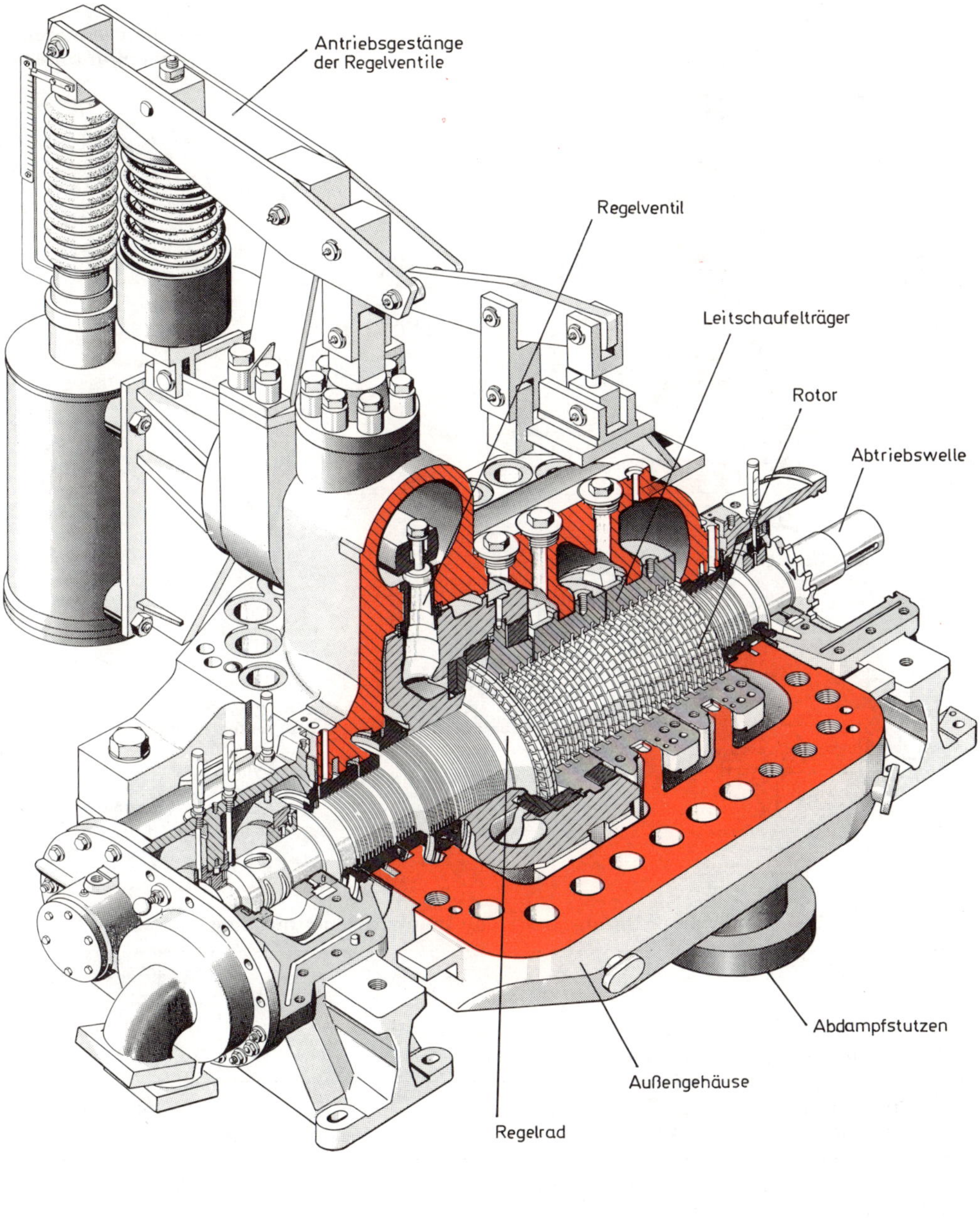

Bild 8.22 Industriedampfturbine (nach Fa. Siemens)

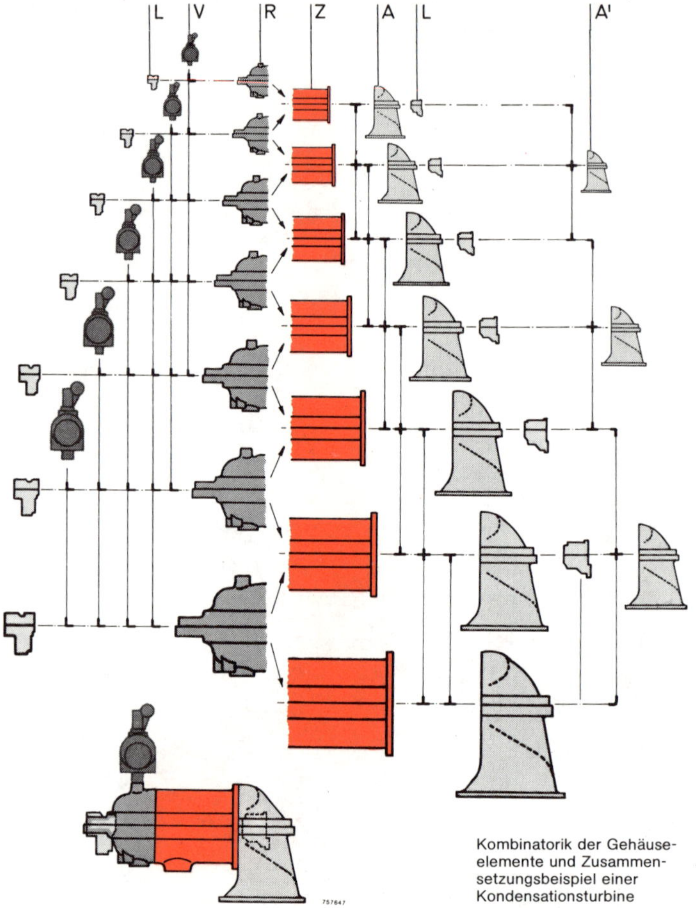

Bild 8.23 Baukastensystem von Industriedampfturbinen (nach Fa. BBC)

Tabelle 8.2 Richtwerte für die Wirkungsgrade von Industriedampfturbinen nach [8.3]

Turbinentyp	Wirkungsgrad η
Gegendruckturbinen bis 20 MW, mittlere Dampfdaten, schnellaufend	0,7 bis 0,84
Gegendruckturbinen 20 bis 40 MW, höhere Dampfdaten, direkt antreibend	0,74 bis 0,86
Kondensationsturbinen ohne Zwischenüberhitzung bis 150 MW mittlere bis höhere Dampfdaten	0,8 bis 0,86
Kondensationsturbinen mit Zwischenüberhitzung bis 150 MW entsprechend hohe Dampfdaten	0,85 bis 0,87
Der mechanische Wirkungsgrad und der volumetrische Wirkungsgrad liegen jeweils in der Größenordnung von 0,99.	

böcken abgestützt, wodurch eine gute Zentrierung von Läufer und Labyrinthdichtungen erzielt wird. Als Lager werden Mehrflächengleitlager in radialer und axialer Ausführung verwendet.
Wegen der relativ hohen Stückzahlen werden Industriedampfturbinen trotz der vielfältigen Anforderungen und Betriebsdaten aus Gründen einer wirtschaftlichen Fertigung in Form eines **flexiblen, modularen Baukastensystems** mit variablen Baulängen und Durchmessern gebaut (Bild 8.23). Die Turbinen werden aus einer beschränkten Anzahl standardisierter Gehäuse-, Läufer-, Ventil- und Lagerelemente nach spezifischen Kundenwünschen zusammengesetzt, wobei allerdings die Beschaufelungen weitgehend individuell angepaßt werden.
Zur exemplarischen Bestimmung der ungefähren Abmessungen, Gewichte und Drehzahlen von Industrie-Gegendruck- und -Kondensationsturbinen dienen die Abbildungen 8.24 und 8.25:
Nach Bestimmung der spezifischen Stutzenarbeit aus den Frischdampfdaten und dem Austrittsdruck (vgl. Beispiel 2!) und einem geschätzten Wirkungsgrad, beispielsweise nach Tabelle 8.2, kann man den für eine gegebene Leistung P erforderlichen Dampfmassenstrom $\dot{m}$ und den Austrittsvolumenstrom $\dot{V}_2$ berechnen. Aus Bild 8.24 wird dann der zugehörige Turbinentyp und der Drehzahlbereich entnommen, aus Bild 8.25 die zugehörigen Hauptabmessungen und Gewichte.

Obwohl Industriedampfturbinen meist nur einen kleinen Teil der Anlageninvestition darstellen, werden vom Betreiber doch recht hohe Anforderungen an die Maschinen gestellt.

Die Turbinen sollen ohne Ausfälle und bei großen Revisionsabständen einen langjährigen, sicheren Betrieb gewährleisten (hohe Verfügbarkeit).
Die Turbinen müssen häufig angefahren werden können.
Die Turbinen sollen ein gutes und sicheres Teillastverhalten aufweisen.
Die Turbinenanlage soll mit möglichst wenig Personalaufwand betrieben werden können.

Zur Gewährleistung dieser Bedingungen müssen auch an den Betreiber einige unabdingbare Bedingungen gestellt werden:

- Der Dampf muß von hoher Qualität, d.h. frei von Fremd-(Fest-)Körpern und Salzen sein.
- Stillstandsschäden müssen durch strikte Beachtung der Betriebsanleitungen vermieden werden.
- Korrekte Betriebsführung, d.h. laufende Überwachung und Kontrolle durch Geräte und Personal.
- Vermeidung von Fehlmanipulationen.
- Richtige, systematische Wartung, insbesondere der Überwachungs- und Sicherheitseinrichtungen.

8.6 Regelung und Überwachungs-(Sicherheits-) Einrichtungen

8.6.1 Regelung

Die Leistung einer Dampfturbine ergibt sich nach Gleichung 2.22 aus dem Massenstrom $\dot{m}$ und der spezifischen Stutzenarbeit Y (Wärmegefälle). Man kann die Leistung einer Dampfturbine bei konstanter oder variabler Drehzahl regeln, indem man entweder den Massenstrom, die spezifische Stutzenarbeit oder beide verändert. Der die Turbine versorgende Dampferzeuger kann entweder getrennt oder, bei neueren Anlagen fast durchweg der Fall, im Verbund geregelt werden.
Bei der Turbinenregelung unterscheidet man:
a) **Festdruckregelung** mit konstantem Frischdampfdruck vor der Turbine
Die Turbine ist mit einem oder mehreren Einlaßventilen versehen, deren Öffnungsquerschnitt bei Laständerung variiert wird, wodurch die Größe des Massenstromes und die spezifische Stutzenarbeit geändert werden.
Man unterscheidet die **Drosselregelung**, bei der durch Querschnittsverengung eines oder mehrerer Stellventile der Dampfdruck vor der ersten Turbinenstufe gedrosselt und damit die spezifische Stutzenarbeit verkleinert wird, und die **Füllungsregelung**, bei der durch Ab- oder Zuschaltung einzelner Düsen oder Düsengruppen der der ersten Turbinenstufe (dem Regelrad) zuströmende Massenstrom geändert wird. Bei der reinen Drosselregelung ist die erste Stufe voll-, bei der Füllungsregelung teilbeaufschlagt.
Die meisten kleineren und mittleren Dampfturbinen, insbesondere ältere Kraftwerksturbinen und Industrieturbinen, werden durch eine kombinierte Drossel-Füllungsregelung über mehrere

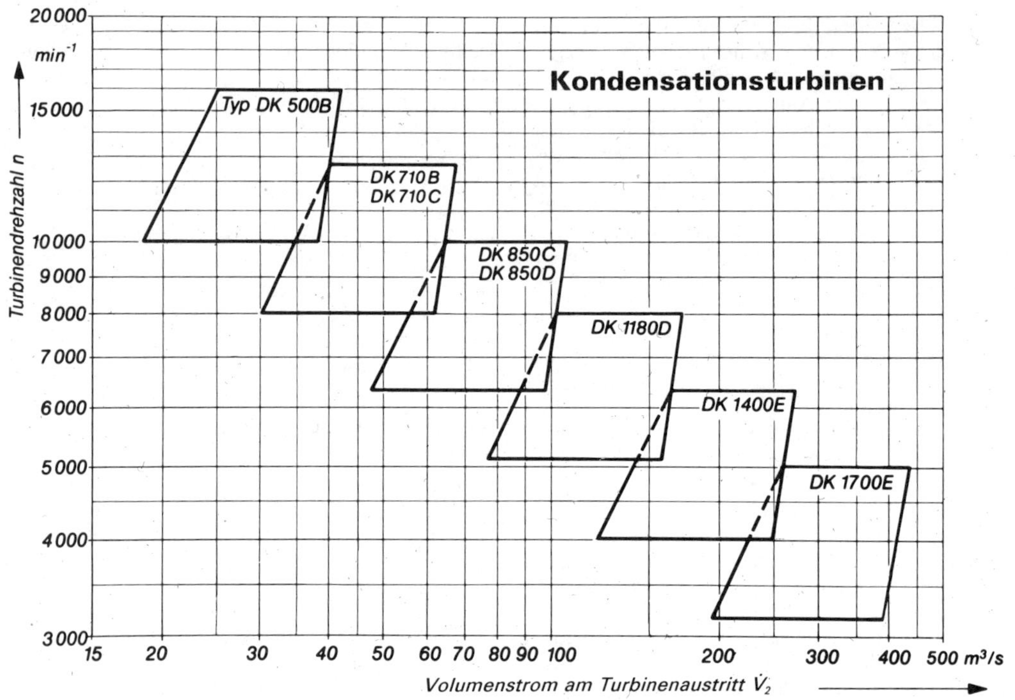

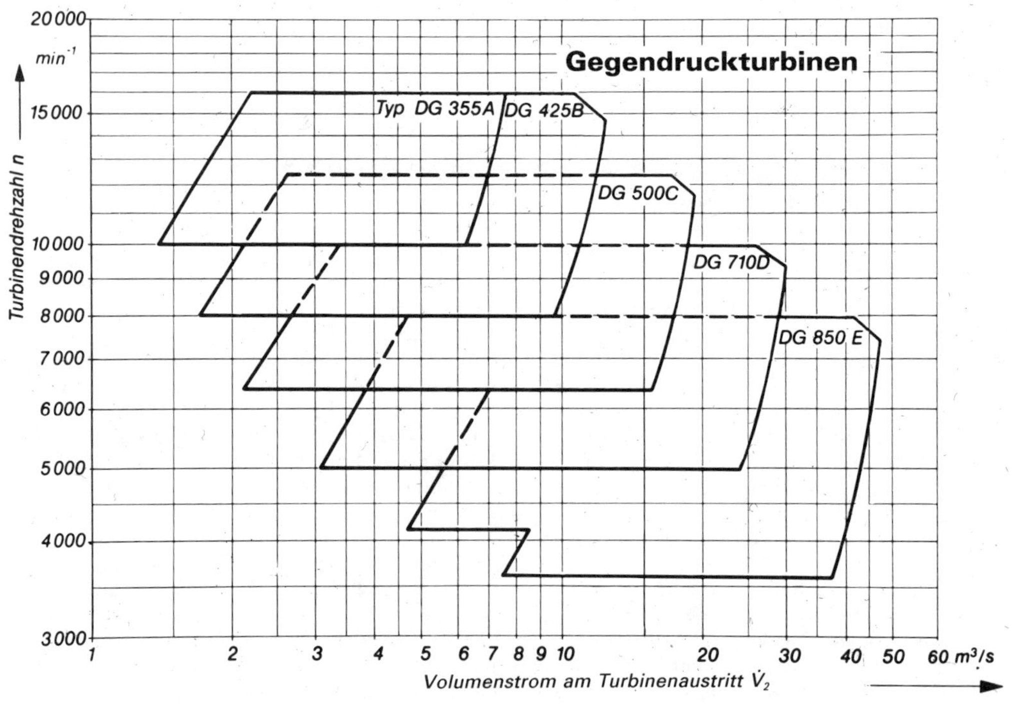

Bild 8.24 Auswahlkennfelder von Industriedampfturbinen (nach Fa. Borsig)

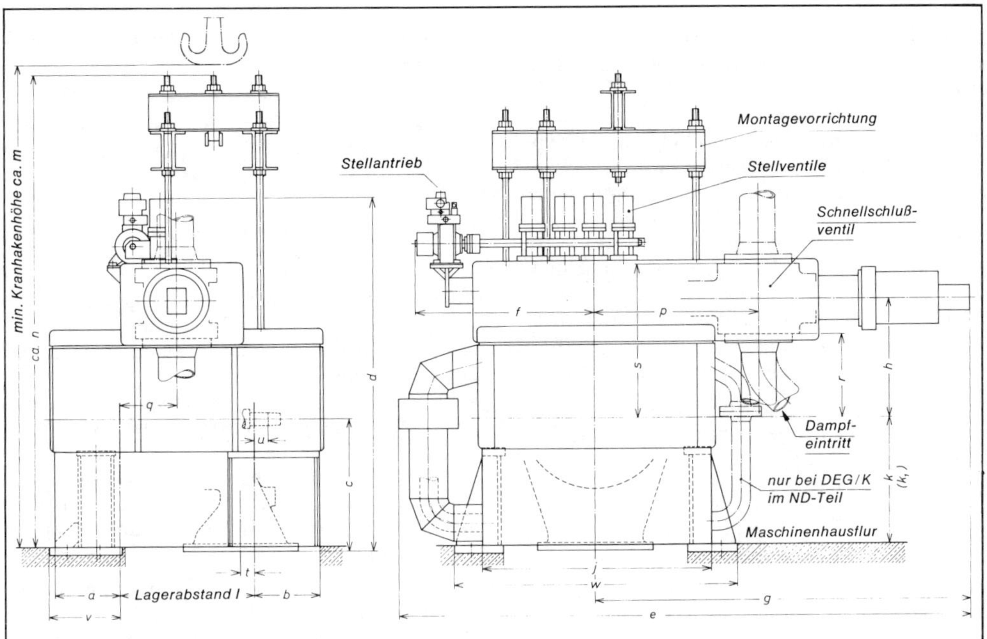

Typ DG	355A		425B			500C			710D				850E		
DK		500A		500B	710B		710C	850C		850D	1180D	1400D		1400E	1700E
a	400	400	400	400	400	450	450	450	530	530	530	530	500	500	500
b	400	400	400	450	450	450	450	530	530	530	530	640	640	640	640
c	800	800	800	800	800	800	800	1000	1000	1000	1000	1250	1250	1250	1250
d	2100	2100	2160	2160	2160	2310	2310	2310	2660	2660	2660	2660	3185	3185	3185
e	3555	3555	3555	3555	3555	3845	3845	3845	4400	4400	4400	4400	4950	4950	4950
f	1130	1130	1130	1130	1130	1230	1230	1230	1430	1430	1430	1430	1700	1700	1700
g	2330	2330	2330	2330	2330	2490	2490	2490	2780	2780	2780	2780	3030	3030	3030
h	680	680	710	710	710	860	860	860	1010	1010	1010	1010	1180	1180	1180
j	1300	1400	1400	1400	1600	1600	1600	2000	2000	2000	2000	2500	2500	2500	2500
k	800	800	800	800	800	800	800	800	800	800	800	1000	1000	1000	1000
m	3900	3900	4000	4000	4000	4200	4200	4200	4500	4500	4500	4500	5600	5600	5600
n	2950	2950	3000	3000	3000	3100	3100	3100	3200	3200	3200	3200	3900	3900	3900
p	1000	1000	1000	1000	1000	1150	1150	1150	1400	1400	1400	1400	1700	1700	1700
q	350	350	350	350	350	375	375	375	460	460	460	460	560	560	560
r	430	430	490	490	490	610	610	610	690	690	690	690	835	835	835
s	870	870	930	930	930	1100	1100	1100	1330	1330	1330	1330	1525	1525	1525
t	30	30	30	40	40	40	40	40	125	125	325	325	325	325	325
u	80	80	80	100	100	100	100	125	125	125	125	160	160	160	160
v	425	425	425	425	425	500	500	500	575	575	575	575	650	650	650
w	1620	1720	1720	1920	1920	1920	1920	2320	2320	2320	2320	2800	2800	2900	2900
Lagerabstand	750	890	820			1130			1510	1710	1710		2200	2450	2450
Gewicht t	6	6,5	7,5			10,5			20	21	22		30	31	22
Lagerabstand	820	960	880			1210	1370		1610	1810	1810	1825	2325	2575	2575
Gewicht t	6,2	6,7	7,7			11	11,5		21	22	23	24	31	32	33
Lagerabstand	890	1030	950	1120		1290	1450	1500	1710	1910	1910	1950	2450	2700	2700
Gewicht t	6,5	7	8	8,5		11,5	12	13	22	23	24	25	32	33	34
Lagerabstand	960	1100	1030	1200	1200	1370	1530	1600	1810	2010	2010	2075	2575	2825	2825
Gewicht t	6,7	7,2	8,2	9,0	9,5	12	12,5	13,5	23	24	25	26	33	34	35
Lagerabstand	1030	1170	1100	1280	1280	1450	1610	1700	1910	2110	2110	2200	2700	2950	2950
Gewicht t	7	7,5	8,5	9,2	9,7	12,5	13	14	24	25	26	27	34	35	36
Lagerabstand	1100	1240	1170	1380	1380	1530	1690	1800	2010	2210	2210	2325	2825	3075	3075
Gewicht t	7,2	7,7	8,7	9,5	10	13	13,5	14,5	25	26	27	28	35	36	37

Bild 8.25 Abmessungen von Industriedampfturbinen (nach Fa. Borsig)

Düsengruppen geregelt, bei der sowohl der Massenstrom als auch das Wärmegefälle beeinflußt werden.

b) **Gleitdruckregelung**

Beim reinen Gleitdruckbetrieb bleiben die Ventile der Turbinen voll geöffnet, die Lastschwankungen werden durch Ändern des Dampfdruckes von der Dampferzeugerseite her geregelt. Da die Regelung des Dampferzeugers relativ träge ist, können im reinen Gleitdruckbetrieb keine schnellen Lastschwankungen ausgeglichen werden, weshalb man oft eine modifizierte Gleitdruckregelung zur Verbesserung der Regeleigenschaften anwendet. Folgende Lösungen sind möglich:

1. Die Turbine hat keine Regelstufe, die Einlaßventile sind etwas gedrosselt und werden bei Leistungssteigerung aufgefahren.
2. Die Turbine hat keine Regelstufe und fährt mit ständig geöffneten Einlaßventilen. Bei Leistungssteigerung öffnet ein Bypaßventil und gibt Zusatzdampf in eine Zwischenstufe der Turbine.
3. Die Turbine ist mit einer Regelstufe ausgerüstet und läuft normalerweise teilbeaufschlagt. Bei Leistungserhöhung öffnet ein zusätzliches Düsenventil.

Als Führungsgrößen für das meist elektrohydraulische oder hydraulische Regelsystem der Turbine können dienen:

Turbinenleistung,
Drehzahl bzw. Frequenz,
Drücke an verschiedenen Stellen der Anlage,
Temperaturen, insbesondere Lager- und Wandtemperaturen.

Ein elektrohydraulisches Regelsystem besteht aus folgenden Bausteinen:

Geräte zur Meßwerterfassung und -umformung,
Regler und Sollwertführungsgeräte,
Hydraulikteile mit elektrohydraulischen Umformern,
Strom-, Öl- und Steuerflüssigkeitsversorgung,
Überwachungs- und Meldeeinrichtungen.

Eine genaue Beschreibung der Dampfturbinenregelung kann z.B. in [8.5] und [8.13] nachgelesen werden.

8.6.2 Sicherheits- und Überwachungseinrichtungen

In Störungsfällen können in Dampfturbinen Kräfte auftreten, die zur Zerstörung von Bauteilen führen könnten. Um dies zu vermeiden, d.h. eine größtmögliche Betriebssicherheit zu gewährleisten, werden Sicherheits- und Überwachungseinrichtungen eingebaut, die bei Gefahr die Turbine stillsetzen.

Die wichtigsten Sicherheits- und Überwachungseinrichtungen, deren Funktionen u.a. in [8.5, 8.6 und 8.13] beschrieben sind, sind in der folgenden Liste aufgeführt:

1. Sicherung gegen Fremdkörper im Dampf, meist mittels Dampfsiebe,
2. Sicherung gegen mangelnde Lagerölversorgung,
3. Sicherung gegen Überdrehzahl,
4. Prüfeinrichtungen für Schnellschlußventile und Drehzahlwächter,
5. Sicherung gegen Rückdampf,
6. Sicherung gegen Wassereinbruch,
7. Sicherung gegen Überdruck,
8. Sicherung gegen zu niedrigen oder zu hohen Gegendruck,
9. Sicherung gegen Antrieb der Turbine vom Netz her,
10. Überwachung von Gehäusedehnungen, Wellenlage und Schub,
11. Überwachung der radialen Schaufelspiele.

Im weitesten Sinne zählt auch die Wellendrehvorrichtung, die nach Abstellen der Turbine den Läufer langsam dreht, um eine thermische Verkrümmung des Rotors zu vermeiden, zu den Sicherheitseinrichtungen.

8.7 Literatur zu Kapitel 8

[8.1] *Reuter, H.:* Dampfturbinen-Bauarten. BBC-Nachrichten, Jahrgang 48 (1966), Seite 438–445.

[8.2] *Costard, G.:* Zur Frage des zweckmäßigen Reaktionsgrades bei Dampfturbinen großer Leistung. Siemens-Zeitschrift, 41. Jahrgang (1967), Beiheft „Dampfturbinen großer Leistung".

[8.3] *Hohn, A., und Spechtenhauser, A.:* Stand der Technik und Einsatzmöglichkeiten von Turbogruppen für Industrie und mittlere Kraftwerke. Brown, Boveri Mitteilungen 1976, Heft 6.

[8.4] *Häusermann, A.:* Zur Betriebsführung von mittleren und Industrieturbinen. Brown, Boveri Mitteilungen 1976, Heft 6.

[8.5] *Schröder, K.:* Große Dampfkraftwerke, 3. Band/Teil B. Springer Verlag 1968.

[8.6] Kemper, R.: Sicherheits- und Überwachungseinrichtungen für Dampfturbinen. BBC-Druckschrift.

[8.7] DIN 4304 Dampfturbinen, Benennungen.

[8.8] DIN 4305 Dampfturbinen, Benennungen der Baugruppen und Bauteile.

[8.9] VDMA 4310 Dampfturbinen für die chemische Industrie.

[8.10] *Dietzel, F.:* Dampfturbinen. 3. Auflage. Hanser-Verlag 1980.

[8.11] *Martin, O.:* Dampf- und Gasturbinen. Walter-de-Gruyter-Verlag 1971.

[8.12] *Roemer, H.-W.:* Dampfturbinen. Girardet-Verlag 1972.

[8.13] *Brücher, A.:* Regelung von Dampfturbinen. Taschenbuch der Kraftwerk Union.

[8.14] *Dietzel, F.:* Turbinen, Pumpen und Verdichter. Vogel-Buchverlag, Würzburg 1980.

[8.15] *Sigloch, H.:* Strömungsmaschinen. Carl-Hanser-Verlag, München 1984.

Außerdem Druckschriften der Firmen:
AEG-Kanis, BBC, Blohm & Voss, Borsig, Escher-Wyss, Gutehoffnungshütte, Kühnle, Kopp & Kausch, KWU, MAN, Škoda, Siemens.

9 Gasturbinen

9.1 Einleitung

Die ersten Vorschläge zur technischen Verwirklichung der Gasturbine stammen zwar bereits aus dem Jahr 1791 (J. Barber, England), technisch brauchbare Gasturbinen werden aber erst seit etwa 40 Jahren gebaut. Damit entstand den bis dahin bereits zu hoher technischer Reife entwikkelten „klassischen" Wärmekraftmaschinen Ottomotor, Dieselmotor und Dampfturbine ein ernsthafter Konkurrent. Die Gasturbine hat die Luftfahrt in großen Flughöhen und mit großen Geschwindigkeiten, insbesondere im militärischen Bereich mit mehrfacher Schallgeschwindigkeit, überhaupt erst ermöglicht und — sieht man von kleinen Leistungen ab — dort den Ottomotor vollkommen verdrängt.
In jüngster Zeit drängt die Gasturbine aufgrund großer technologischer Fortschritte, insbesondere durch den Bau großer, leistungsfähiger Axialverdichter, durch die Entwicklung neuer warmfester Werkstoffe und durch die Anwendung der Schaufelkühlung in bisher von Dampfturbine, Dieselmotor und Elektromotor unangefochten beherrschte Anwendungsgebiete vor.
Die Entwicklung ist jedoch keinesfalls abgeschlossen. Der Trend geht zu noch höheren Frischgastemperaturen (bei modernen Flugzeuggasturbinen liegt die maximale Temperatur am Turbineneintritt bei etwa 1250 °C!), zu größeren Druckverhältnissen (heute etwa maximal 25), zu größeren Leistungen, kleineren Gewichten und Abmessungen, höherer Lebensdauer und Verfügbarkeit und größerer Wirtschaftlichkeit.

Aufgrund ihrer Vorteile: niedriges Leistungsgewicht, geringer Raumbedarf, geringer oder kein Kühlwasserbedarf, einfache Verwirklichung von Automatisierung und Fernsteuerung, geringer Personalbedarf, geringe Schmierölkosten und schnelle Betriebsbereitschaft wird die Gasturbine vor allem auf folgenden Gebieten eingesetzt:

in Kraftwerken zur Stromerzeugung und eventuell Heizkraftversorgung,
in Luftspeicherkraftwerken,
zum Antrieb von Pumpen und Verdichtern,
zum Antrieb von Schienen-, Straßen- und Wasserfahrzeugen,
zum Antrieb von Flugzeugen und Hubschraubern.

Die Leistungsgrenze liegt bei Kraftwerksturbinen bei etwa 150 MW, bei Antriebsturbinen für Arbeitsmaschinen bei etwa 20 MW und bei Flugzeugturbinen bei einem Schub von etwa 200 000 N.
Als Strömungsmaschine gesehen, ist die Gasturbine eine thermische Turbokraftmaschine, die im Vergleich zur verwandten Dampfturbine mit wesentlich niedrigeren Drücken, erheblich größeren Temperaturen, kleinerer spezifischer Stutzenarbeit und damit wesentlich kleineren Stufenzahlen arbeitet.
Eine in Anlehnung an [9.1] zusammengestellte Tabelle mit ungefähren Richtwerten soll diese Unterschiede verdeutlichen:

Tabelle 9.1 Vergleich Gasturbine—Dampfturbine

	Gasturbine	Dampfturbine
Druck des Arbeitsmediums	< 25 bar	< 250 bar
Temperatur des Arbeitsmediums	< 1200 °C	< 550 °C
Austrittsdruck	≧ 1 bar	> 0,02 bar
Endtemperatur	> 400 °C	> 20 °C
Wärmegefälle	500 kJ/kg	1500 kJ/kg
Stufenzahl	4 bis 8	20 bis 40

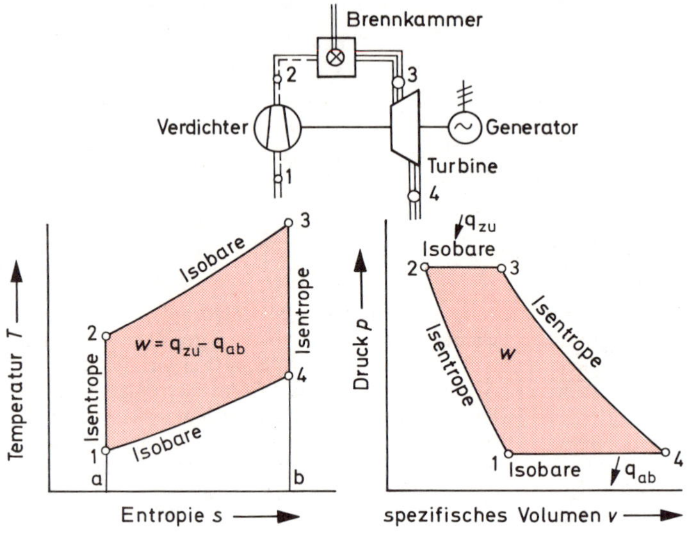

Bild 9.1 Offene Gasturbinenanlage

9.2 Gasturbinen-Kreisprozesse

Im Rahmen dieses Buches ist es nur möglich, von den zahlreichen Gasturbinen-Kreisprozessen die in der Praxis häufig angewandten Prozesse zu behandeln, Sonderprozesse, die nur selten vorkommen, insbesondere bei einzelnen Versuchsprojekten, können der weiterführenden Fachliteratur [9.1] bis [9.5] entnommen werden.

In den folgenden Abschnitten werden deshalb nur der **offene Gasturbinen-Kreisprozeß** mit und ohne Wärmetausch und der **geschlossene Prozeß** erläutert.

9.2.1 Der offene Gasturbinen-Kreisprozeß ohne Wärmetausch

Der **ideale, verlustlose Kreisprozeß** einer einfachen, **offenen Gasturbinenanlage** besteht aus folgenden Zustandsänderungen (Bild 9.1):

1 — 2 isentrope Verdichtung von p_1 auf p_2 im **Verdichter,**
2 — 3 isobare Wärmezufuhr in der **Brennkammer,**
3 — 4 isentrope Entspannung von p_3 auf p_4 in der **Turbine,**
4 — 1 isobare Wärmeabfuhr an die Umgebung.

Die thermischen Grenzen des Kreisprozesses werden nach unten durch Druck p_1 und Temperatur T_1 der angesaugten Verbrennungsluft, nach oben durch die maximal mögliche Turbineneintrittstemperatur T_3 festgelegt.

Thermischer Wirkungsgrad η_{th} und **Arbeitsvermögen** w des Prozesses hängen, wie aus dem T-s-Diagramm (Bild 9.1) abgeleitet wird, sowohl von der Turbineneintrittstemperatur T_3 als auch vom Druckverhältnis $\pi = p_2/p_1 = p_3/p_4$ ab:

$$\eta_{th} = \frac{\text{Nutzen}}{\text{Aufwand}} = \frac{w}{q_{zu}}$$

$$= \frac{q_{zu} - q_{ab}}{q_{zu}} = 1 - \frac{q_{ab}}{q_{zu}}$$

$$\left.\begin{aligned} q_{zu} &= \text{Fläche a} - 2 - 3 - \text{b} \\ q_{ab} &= \text{Fläche a} - 1 - 4 - \text{b} \end{aligned}\right\} \text{ im } T\text{-}s\text{-Diagramm (Bild 9.1)}$$

Die isobar zugeführte Wärmemenge beträgt bekanntlich:

$$q_{zu} = c_{pm}\,(T_3 - T_2)$$

die isobar abgeführte Wärmemenge:

$$q_{ab} = c_{pm}\,(T_4 - T_1)$$

Unter Annahme gleicher spezifischer Wärmekapazitäten c_{pm} für Wärmezu- und -abfuhr ergibt sich durch Einsetzen in die Definitionsgleichung des thermischen Wirkungsgrades:

$$\eta_{th} = 1 - \frac{T_4 - T_1}{T_3 - T_2}$$

Unter Verwendung der Gleichungen für die isentrope Verdichtung 1–2 und die isentrope Entspannung 3–4 können die Temperaturen T durch die korrespondierenden Drücke p ersetzt werden:

$$\frac{T_2}{T_1} = \left(\frac{p_2}{p_1}\right)^{\frac{\varkappa - 1}{\varkappa}}; \quad \frac{T_3}{T_4} = \left(\frac{p_3}{p_4}\right)^{\frac{\varkappa - 1}{\varkappa}}$$

Setzt man die Isentropenexponenten $\varkappa$ für Kompression und Expansion gleich hoch an und die Drücke $p_2 = p_3$ bzw. $p_1 = p_4$ (Isobaren!), ergeben sich folgende einfachen Ausdrücke für den thermischen Wirkungsgrad dieses idealisierten Prozesses:

(9.1)

$$\eta_{th} = 1 - \frac{T_1}{T_2} = 1 - \frac{T_4}{T_3}$$

(9.2)

$$\eta_{th} = 1 - \left(\frac{p_1}{p_2}\right)^{\frac{\varkappa - 1}{\varkappa}} = 1 - \frac{1}{\pi^{\frac{\varkappa - 1}{\varkappa}}}$$

Nach Aussage von Gleichung 9.2 ist demnach der thermische Wirkungsgrad η_{th} des offenen, idealen Gasturbinen-Kreisprozesses nur vom Druckverhältnis π abhängig. In Bild 9.2 aus [9.1] ist η_{th} als Funktion des Druckverhältnisses π für einen Isentropenexponenten $\varkappa = 1{,}4$ (Luft) dargestellt.

Die **Nutzarbeit** w der Gasturbinenanlage ergibt sich als Differenz der Turbinen- und Verdichterarbeit:

$$w = Y_T - Y_V$$

Y_T kann nach Gleichung 2.13, Y_V nach Gleichung 2.18 berechnet werden:

$$Y_T = h_3 - h_{4,s} = c_{pm} \cdot (T_3 - T_4)$$

$$Y_V = h_{2,s} - h_1 = c_{pm} \cdot (T_2 - T_1)$$

$$w = c_{pm} \cdot (T_3 - T_4) - c_{pm} \cdot (T_2 - T_1)$$

mit

$$T_4 = T_3 \cdot \left(\frac{p_4}{p_3}\right)^{\frac{\varkappa - 1}{\varkappa}} = T_3 \cdot \frac{1}{\pi^{\frac{\varkappa - 1}{\varkappa}}}$$

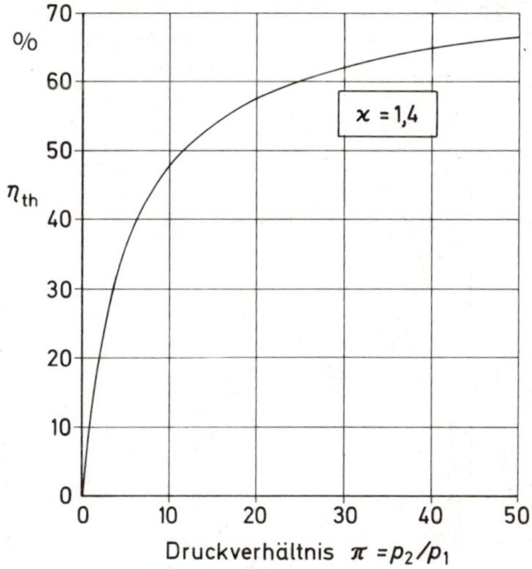

Bild 9.2 Theoretischer Prozeßwirkungsgrad abhängig vom Druckverhältnis

und

$$T_2 = T_1 \cdot \left(\frac{p_2}{p_1}\right)^{\frac{\varkappa - 1}{\varkappa}} = T_1 \cdot \pi^{\frac{\varkappa - 1}{\varkappa}}$$

folgt für die Nutzarbeit w:

$$w = c_{pm} \cdot T_3 \cdot \left(1 - \frac{1}{\pi^{\frac{\varkappa - 1}{\varkappa}}}\right) - c_{pm} \cdot T_1 \cdot \left(\pi^{\frac{\varkappa - 1}{\varkappa}} - 1\right)$$

(9.3)

$$\frac{w}{c_{pm} \cdot T_1} = \frac{T_3}{T_1} \cdot \left(1 - \frac{1}{\pi^{\frac{\varkappa - 1}{\varkappa}}}\right) - \left(\pi^{\frac{\varkappa - 1}{\varkappa}} - 1\right)$$

Gleichung 9.3 stellt eine dimensionslose Beziehung für die Nutzarbeit w dar, ausgedrückt durch das Temperaturverhältnis T_3/T_1 und das Druckverhältnis π. In Bild 9.3 ist der dimensionslose Ausdruck $\frac{w}{c_p \cdot T_1}$ abhängig vom Druckverhältnis π

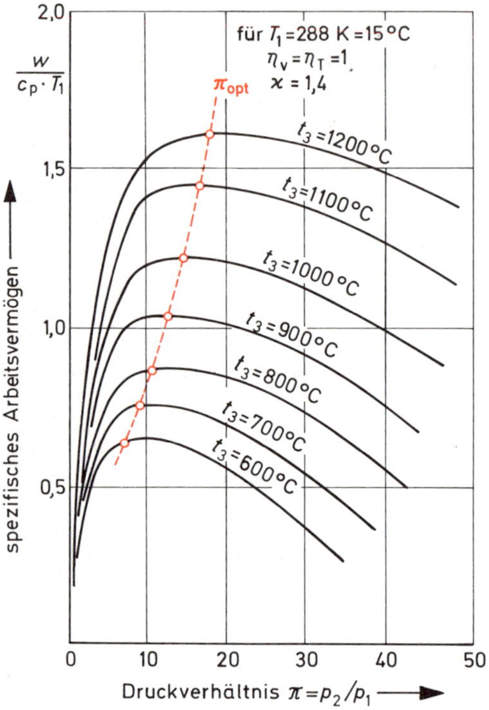

Bild 9.3 Spezifisches Arbeitsvermögen

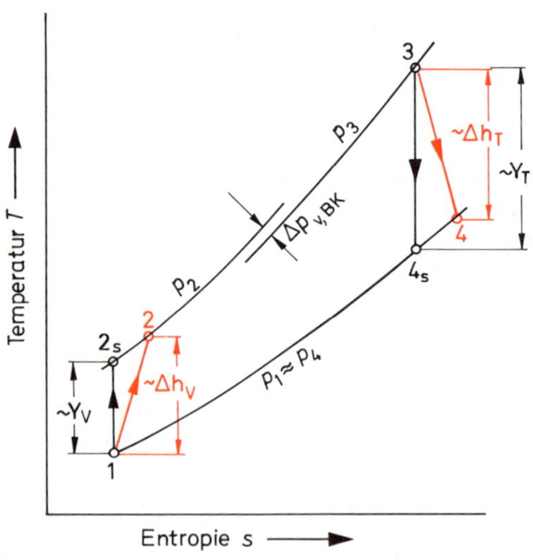

Bild 9.4 Wirklicher Kreisprozeß

und der Turbineneintrittstemperatur t_3 für eine Luftansaugetemperatur t_1 = 15 °C und eine spez. Wärmekapazität c_{pm} = 1004 J/kg (Luft) nach [9.1] dargestellt. Aus diesem Diagramm erkennt man, daß es wenig Sinn hat, das Druckverhältnis π im Hinblick auf einen hohen thermischen Wirkungsgrad nach Gleichung 9.2 bzw. Bild 9.2 über den in Bild 9.3 rot eingezeichneten Grenzwert π_{opt} zu steigern, da sonst das Arbeitsvermögen w, d.h. die Nutzleistungsabgabe der Gasturbinenanlage, abnehmen würde.

Beim wirklichen Prozeß treten Verluste auf:

a) Die Verdichtung verläuft **polytrop** (mit Entropiezunahme), da Reibungs- und Strömungsverluste auftreten (Bild 9.4).

b) Die Wärmezufuhr in der Brennkammer verläuft nicht rein isobar, sondern mit einem geringen Druckverlust Δp_{vBk} (Bild 9.4).

c) Die Expansion in der Turbine ist ebenfalls nicht isentrop, sondern polytrop mit Entropiezunahme (Bild 9.4).

d) mechanische Verluste, insbesondere in den Lagern, sowie benötigte Antriebsenergien für Hilfsantriebe,

e) Leckage an den Dichtungen sowie bei höheren Temperaturen für Kühlzwecke abgezweigte Luftströme,

f) Druckverluste im Zulauf (Luftfilter, Schalldämpfer, Ansaugeleitungen) und in der Abgasleitung,

g) Energieverluste aufgrund unvollständiger Verbrennung des Kraftstoffes in der Brennkammer.

Alle diese Verluste bewirken einen im Vergleich zum theoretischen thermischen Wirkungsgrad η_{th} wesentlich niedrigeren Kupplungswirkungsgrad η_K.

Drückt man nach [9.1 und 9.6] die an der Kupplung der Gasturbinenanlage abgegebene Nutzleistung P_K relativiert aus

(9.4)

$$\frac{P_K}{\dot{m}_L} = f(\pi; t_3)$$

P_K = Nutzleistung in kW
$\dot{m}_L$ = angesaugter Luftmassenstrom in kg/s
π = Druckverhältnis (p_2/p_1)
t_3 = Turbineneintrittstemperatur in °C

so kann man abhängig vom gewählten Druckverhältnis π und der Turbineneintrittstemperatur t_3 aus Bild 9.5 (nach [9.6]) zu einer gegebenen Leistung P_K den erforderlichen Luftmassenstrom $\dot{m}_L$ – oder umgekehrt – grafisch bestimmen.

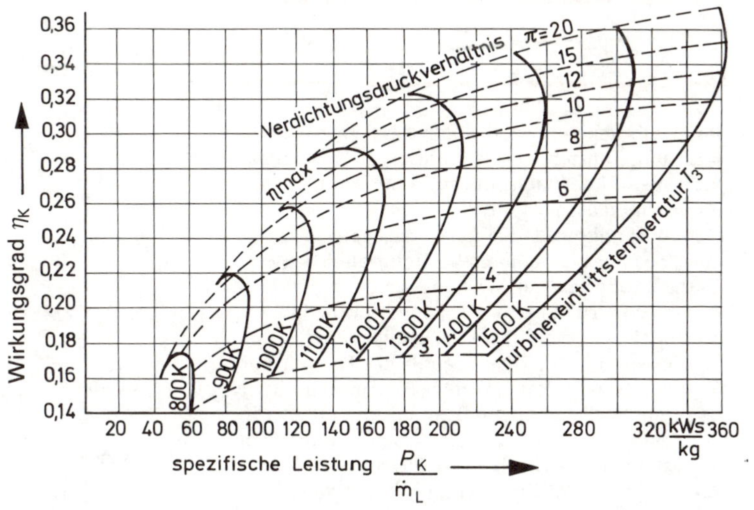

Bild 9.5 Spezifische Leistung und Wirkungsgrad des offenen Gasturbinenprozesses (nach Fa. AEG-KANIS)

Zusätzlich kann an der Ordinate noch der zugehörige Wirkungsgrad η_K abgelesen werden.
Man kann den Kupplungswirkungsgrad η_K auch aus der Leistung P_K, dem Heizwert H_u des Brennstoffs und dem Brennstoff-Massenstrom $\dot{m}_B$ bestimmen:

(9.5)

$$\eta_K = \frac{P_K}{\dot{m}_B \cdot H_u}$$

η_K = Kupplungswirkungsgrad
P_K = Nutzleistung an der Kupplung
$\dot{m}_B$ = Brennstoff-Massenstrom
H_u = unterer Heizwert des Kraftstoffes

9.2.2 Der offene Gasturbinen-Kreisprozeß mit Wärmetausch

Führt man die aus der Turbine mit der noch relativ hohen Abgastemperatur T_5 austretenden Abgase über einen Wärmetauscher, so läßt sich die ebenfalls durch den Wärmetauscher strömende verdichtete Verbrennungsluft von T_2 auf T_3 vorwärmen (Bild 9.6). Dadurch kann Brennstoff gespart werden, da die in der Brennkammer zuzuführende Wärmemenge q_{zu} noch

$$q_{zu} = c_{pm} \cdot (T_4 - T_3)$$

beträgt, denn die Wärmemenge

$$q_{Wt} = c_{pm} \cdot (T_3 - T_2)$$

wurde bereits im Wärmetauscher zugeführt.
Nach [9.1] ergibt sich für den thermischen Wirkungsgrad eines verlustlosen, idealen Kreisprozesses mit Wärmetausch:

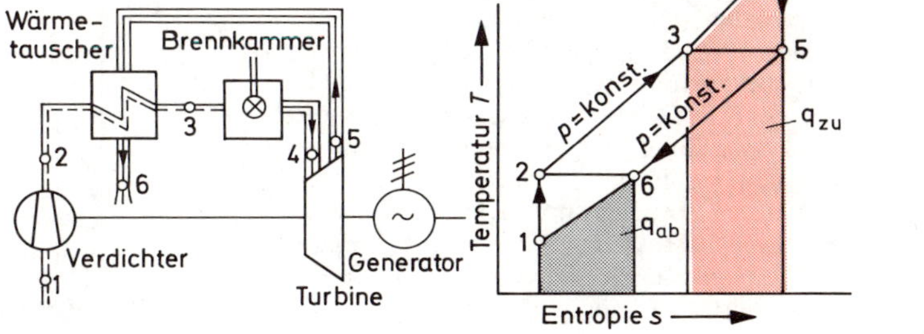

Bild 9.6 Gasturbinenanlage mit Wärmetauscher

$$\eta_{th} = 1 - \pi^{\frac{\varkappa - 1}{\varkappa}} \cdot \frac{T_1}{T_4} \qquad (9.6)$$

Beim wirklichen Prozeß sind zusätzlich zu den in 9.2.1 aufgeführten Verlusten noch die Reibungsverluste und der tatsächliche Temperaturverlauf im Wärmetauscher zu berücksichtigen.

Der Wirkungsgrad des Prozesses mit Wärmetausch ist nur bis zu einem bestimmten Druckverhältnis größer als der Wirkungsgrad des Prozesses ohne Wärmetausch. Dies liegt daran, daß bei hohem Druckverhältnis π die Temperatur T_2 der verdichteten Luft höher liegt als die Temperatur T_5 des Abgases. Ein positiver Wärmetausch ist dann gar nicht mehr möglich, im Gegenteil, die verdichtete Luft würde die Abgase aufheizen anstatt abkühlen. Die Höhe des Druckverhältnisses, ab der sich der Einsatz eines Wärmetauschers prozeßmäßig nicht mehr lohnt, hängt von den Temperaturen des Prozesses und den Wirkungsgraden von Verdichter, Turbine und Wärmetauscher ab und liegt bei den üblichen Daten in der Größenordnung von 10 bis 15. In [9.1] und [9.2] sind diesbezüglich detaillierte Aussagen gemacht und Diagramme angegeben.

Bei der Entscheidung, ob eine Gasturbinenanlage niedrigen Druckverhältnisses mit einem Wärmetauscher ausgestattet werden soll oder nicht, muß u.a. die eventuelle Brennstoffersparnis den Amortisations-, Betriebs- und Wartungskosten des Wärmetauschers gegenübergestellt werden.

Anstelle von Gasturbinenanlagen mit Wärmetauscher werden in neuerer Zeit immer mehr Anlagen mit Verringerung der Abgastemperatur in Abhitze-Dampferzeugern, sogenannte **kombinierte Gas-Dampf-Anlagen** [9.5] gebaut.

9.2.3 Der geschlossene Gasturbinen-Kreisprozeß

Billige Brennstoffe, z.B. schweres Heizöl oder Kohlenstaub, enthalten Verunreinigungen, die zu Korrosionen in Brennkammern oder Turbinen führen können. Für die direkte Verbrennung im offenen Prozeß eignen sich deshalb nur relativ reine Brennstoffe wie Erdgas, leichtes Heizöl oder bei Strahltriebwerken Spezialkraftstoffe.

Zur Verwendung billiger Brennstoffe, insbesondere von Kohlestaub, wurde deshalb von den Schweizern ACKERET und KELLER vor etwa 40 Jahren ein Gasturbinensystem mit geschlossenem Kreislauf entwickelt und von den Firmen Escher Wyss und GHH gebaut. Inzwischen wird dieser

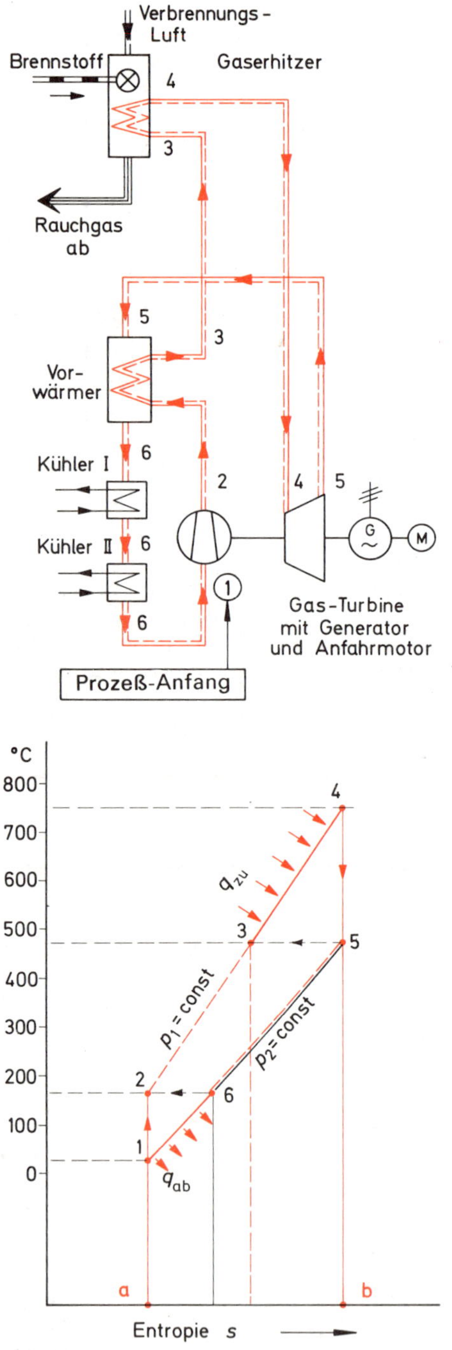

Bild 9.7 Geschlossene Gasturbinenanlage

geschlossene Prozeß auch als Kühlgaskreislauf für Hochtemperaturreaktoren angewandt. Als Arbeitsmedium (Kühlgas) für diese nuklearen Gasturbinenanlagen wird vor allem Helium eingesetzt.
Beim geschlossenen Prozeß wird das Arbeitsgas in einem **Erhitzer** auf Temperatur gebracht. Dieser Erhitzer des geschlossenen Gasturbinenprozesses entspricht dem Dampferzeuger im Dampfkraftprozeß.
Das Gas läuft in geschlossenem Kreislauf zwischen Verdichter, Erhitzer (Atomreaktor) und Gasturbine um (Bild 9.7). Im Hinblick auf den offenen Prozeß kommt neu die Abkühlung des aus der Turbine ausströmenden Gases in Kühlern hinzu.
Der geschlossene Prozeß hat folgende Vorteile:
a) Das Arbeitsmittel enthält keine Rauchgase und Verunreinigungen.
b) Durch Verändern des Systemdruckes kann der im Kreislauf umlaufende Massenstrom und damit die Turbinenleistung relativ einfach geregelt werden. Außerdem werden dadurch hohe Teillastwirkungsgrade erzielt.
c) Durch die Wahl hoher Systemdrücke können die Maschinenabmessungen klein gehalten und große Maschinenleistungen verwirklicht werden.
Als Nachteile des geschlossenen Prozesses sind der größere apparative Aufwand, insbesondere die benötigten Kühler und die großen Kühlwassermengen zu nennen.
Wirkungsgrad und Arbeitsvermögen des geschlossenen Kreisprozesses, insbesondere ihre Abhängigkeiten vom Druckverhältnis und von der maximalen Prozeßtemperatur, ändern sich gegenüber dem offenen Prozeß nicht, da es thermodynamisch keinen Unterschied gibt zwischen der Wärmezufuhr durch direkte Verbrennung in einer Brennkammer und der Wärmezufuhr in einem Wärmetauscher.

9.3 Bauteile einer Gasturbinenanlage

9.3.1 Einleitung

Eine einfache Gasturbinenanlage besteht aus den 3 Hauptgruppen:

Verdichter, Brennkammer, Turbine.

Bei Anwendung der Luftvorwärmung durch die Abgase kommt noch ein Wärmetauscher, bei geschlossenen Prozessen noch der Erhitzer und die Kühler hinzu.
Der **Verdichter**, je nach Größe der Gasturbine in radialer oder axialer Ausführung, ist im Prinzip ähnlich wie die in Kapitel 11 beschriebenen Turboverdichter aufgebaut, wird allerdings bei neueren Gasturbinenkonstruktionen zusammen mit der Turbine in einer Verbundkonstruktion eingehäusig ausgeführt (Bilder 9.14, 9.16 und 9.24).
Im Rahmen dieses Abschnittes werden deshalb nur Aufbau und Wirkungsweise von Brennkammer und eigentlicher Gasturbine beschrieben.

9.3.2 Brennkammer

Die im offenen Kreisprozeß arbeitenden stationären Gasturbinen und Flugtriebwerke haben Brennkammern für Unterschallverbrennung, d.h., die Mach-Zahlen sind mit Rücksicht auf die Fortpflanzungsgeschwindigkeit der Verbrennung relativ niedrig, insbesondere im Bereich der eigentlichen Flammenzone.
Technische Anforderungen an die verschiedenen Ausführungen von Brennkammern:
a) Trotz der nur sehr kleinen mittleren Verweilzeit des Gases in der Brennkammer (Größenordnung: bis etwa 10 Millisekunden), soll ein hoher **Brennkammerwirkungsgrad** (Ausbrand), auch im Teillastbereich, vorhanden sein, d.h., die chemische Energie des flüssigen oder gasförmigen Brennstoffes soll möglichst verlustfrei in Wärme umgesetzt werden.
Gute Brennkammern haben Wirkungsgrade zwischen 0,94 und 0,98 bei einem Druckverlust von etwa 3 bis 8% des Verdichterenddruckes.
b) Die Verbrennung soll so verlaufen, daß die Abgase möglichst wenig Schadstoffe und Trübung enthalten [9.8].
c) Die Flamme soll möglichst stabil brennen.
d) Trotz der hohen Temperaturen (im Flammenkern bis zu 2500 K) soll die Lebensdauer der Brennkammer hoch sein (möglichst höher als 100 000 h!), d.h., die Brennkammerteile müssen beständig gegen Korrosion und Verzundern sein.
Ausgehend von diesen Bedingungen haben sich bei den verschiedenen Gasturbinenarten folgende Brennkammertypen herausgebildet:
a) die **Einzelbrennkammer**, die insbesondere in stationären Gasturbinenanlagen eingebaut wird,
b) die einfache **Ringbrennkammer**,
c) die Ringbrennkammer mit Flammrohreinsätzen (Rohr-Ringbrennkammer),
d) die Mehrfachbrennkammer.

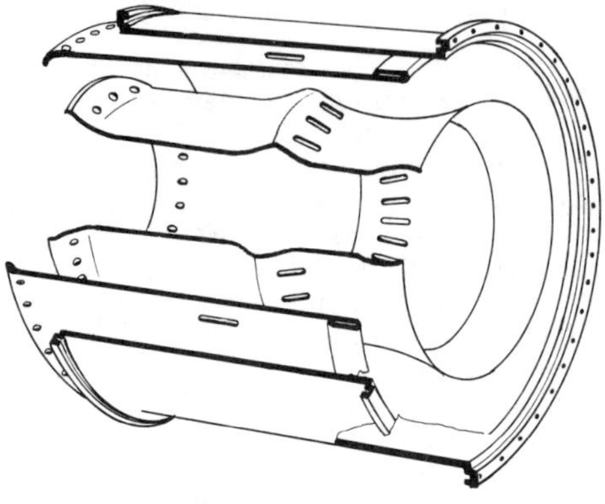

Bild 9.8 Einfache Ringbrennkammer

Die Brennkammern unter b) bis d) werden vor allem in Flugzeuggasturbinen eingesetzt, wobei die Mehrfachbrennkammer nur noch bei älteren Triebwerken eingebaut ist, moderne Flugtriebwerke haben ausschließlich Ringbrennkammern.

Aus dem in Bild 9.14 dargestellten Schnitt einer 125-MW-Turbine der Fa. KWU ist auch der Aufbau der beiden seitlich der Turbine stehend angeordneten Einzelbrennkammern zu ersehen. Die Brennkammer ist zweischalig aus einem äußeren, isolierten Rohr (Druckmantel) und einem inneren Flammrohr ausgeführt.

Zwischen den beiden Rohren strömt Kühlluft zur Verringerung der durch Abstrahlung entstehenden Wärmeverluste. In der Decke der Kammer sind die Brenner und Wirbelbleche eingesetzt.

Die Brennkammern von Flugtriebwerken müssen auf engstem Raum um die Mittelachse untergebracht werden und ein geringes Gewicht aufweisen. In neueren Triebwerken werden entweder einfache Ringbrennkammern mit einem konzentrischen Flammrohr (Bild 9.8) oder Ringbrennkammern mit mehreren Flammrohreinsätzen (Bild 9.9) eingebaut.

Nach [9.10] ist der Brennkammerbelastungsgrad q' in den letzten Jahren von etwa 25 J/(s m^3 bar) auf 50 J/(s m^3 bar) gestiegen, d.h. die Wärmeleistung bei gleichen Abmessungen wesentlich gesteigert worden.

Aus Bild 9.10 kann der Geschwindigkeits- und Temperaturverlauf in einer Brennkammer, aus Bild 9.11 die radiale Temperaturverteilung nach der Brennkammer, d.h. am Turbineneintritt bei unmittelbar hinter der Brennkammer angeordneter Turbine, ersehen werden. Diese Temperaturverteilung ist für den wärmeempfindlichen Schaufelfuß und Schaufelkopf günstiger als eine gleichmäßige Temperaturverteilung.

Die Dimensionierung der Brennkammer wird anhand empirischer, auf dem Versuchsweg gewonnener Werte durchgeführt.

Einzelheiten über das Regelverhalten, die Kraftstoffeinspritzung und Zündung können in [9.7 und 9.9] nachgelesen werden.

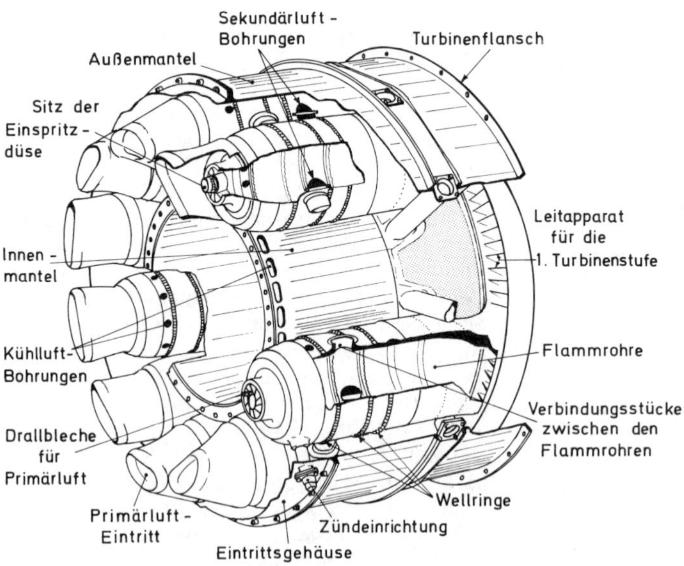

Bild 9.9 Ringbrennkammer mit Flammrohreinsätzen

9.3.3 Turbine

Je nach Größe der Leistung und nach dem Einsatzgebiet werden Gasturbinen als einstufige **Zentripetalturbinen** oder als ein- und mehrstufige **Axialturbinen** ausgeführt.

Zentripetalturbinen werden bis zu Nutzleistungen von etwa 2500 kW gebaut (Fa. Kongsberg), was unter Berücksichtigung der Verdichterantriebsleistung, die etwa doppelt so groß wie die Nutzleistung ist, einer reinen Turbinenleistung am Laufrad von etwa 7500 kW entspricht.

Die Zentripetalturbine wird vor allem bei kleinen und mittleren Abgasturboladern wegen ihres einfachen, billigen Einstück-Laufrades verwendet (Bild 9.26). Die Zuführung des Gases erfolgt in einer Spirale, an der seitlich, tangential die Einzelbrennkammer angeordnet ist (Bild 9.16). Bei Turboladern ist die Spirale mit den Abgasrohren des Motors verbunden. Am Spiralenaustritt ist ein radiales Leitrad eingesetzt, das den Drall für das unmittelbar folgende Laufrad erzeugt. Bei Kleinstturbinen kann dieses Leitrad entfallen (Bild 9.26).

Die **Axialturbinen** sind im Prinzip ähnlich aufgebaut wie die Dampfturbinen, allerdings wegen der niedrigeren Drücke und höheren Temperaturen in leichterer Bauweise, d.h. dünnwandiger und wärmeelastischer. Der bei Flugtriebwerken angewandte extreme Leichtbau mit dünnsten Blechen, Hohlwellen und Scheibenläufern (Bild 9.21) hat auch den Bau großer stationärer Gasturbinen beeinflußt, insbesondere ist man dazu übergegangen, auch Großturbinen eingehäusig, d.h. mit nur 2fach gelagertem, für Verdichter und Turbine gemeinsamem Läufer auszuführen.

Die Außengehäuse, in die die Leitschaufelträger wärmeelastisch eingehängt werden, werden meist als Schweißkonstruktionen mit horizontaler Teilfuge gebaut. Die Läufer werden aus einzelnen Scheiben mittels Zuganker verspannt oder zusammengeschweißt (Konzeption BBC).

Kleine Turbinen, Flugtriebwerke und manche Turbolader besitzen Wälzlager, große, stationär eingesetzte Turbinen Gleitlager. Die Wellendurchführung am Gehäuse wird mittels Labyrinthspalten abgedichtet.

Den hohen Temperaturbeanspruchungen des Läufers begegnet man bei Temperaturen bis etwa 900 °C in stationären Anlagen und bis etwa 1250 °C in Flugtriebwerken durch Verwendung **hochwarmfester Werkstoffe** und durch **Kühlung**. Die Welle bzw. die Rotortrommel wird durch einen Kühlluftschleier so abgekühlt, daß Temperaturen in der Größenordnung von 400 °C

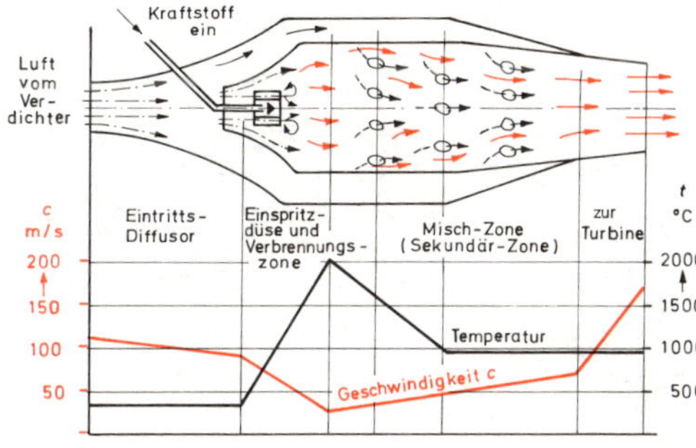

Bild 9.10 Geschwindigkeits- und Temperaturverlauf in einer Brennkammer

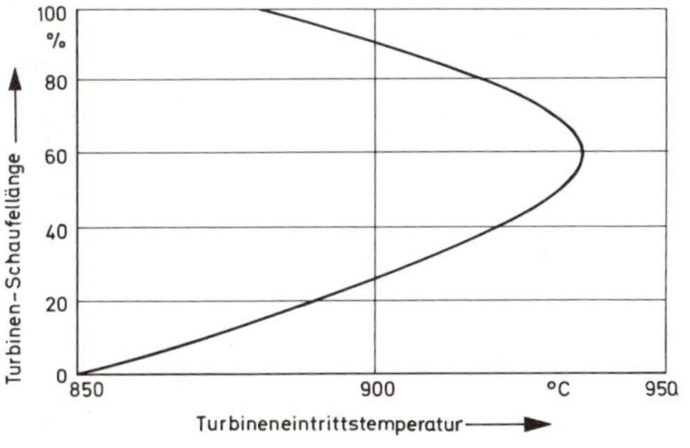

Bild 9.11 Temperaturverteilung am Turbineneintritt (nach Fa. AEG-KANIS)

erreicht werden, was die Verwendung ferritischer Stähle erlaubt.

Bei der **Schaufelkühlung** unterscheidet man (Bild 9.12):

a) **Konvektionskühlung**, bei der die Schaufel innen von Kühlluft durchströmt wird,

b) **Prallkühlung**, bei der die Kühlluftströme auf die innere Oberfläche der Schaufel aufprallen,

c) **Filmkühlung**, bei der Kühlluft durch kleine Schlitze und Bohrungen aus dem Schaufelinneren austritt und die Außenkontur der Schaufel mit einem Kühlfilm umhüllt,

d) **Transpirationskühlung**, bei der die Kühlluft durch die poröse Schaufelwand strömt und gleichmäßig über der gesamten Schaufeloberfläche austritt.

Zwar nimmt die Wirksamkeit der Kühlung in der Reihenfolge der aufgezählten Kühlverfahren zu, aber der Prozeßwirkungsgrad wegen der Zuführung kalter Luft ab (Bild 9.13 nach [9.5]).

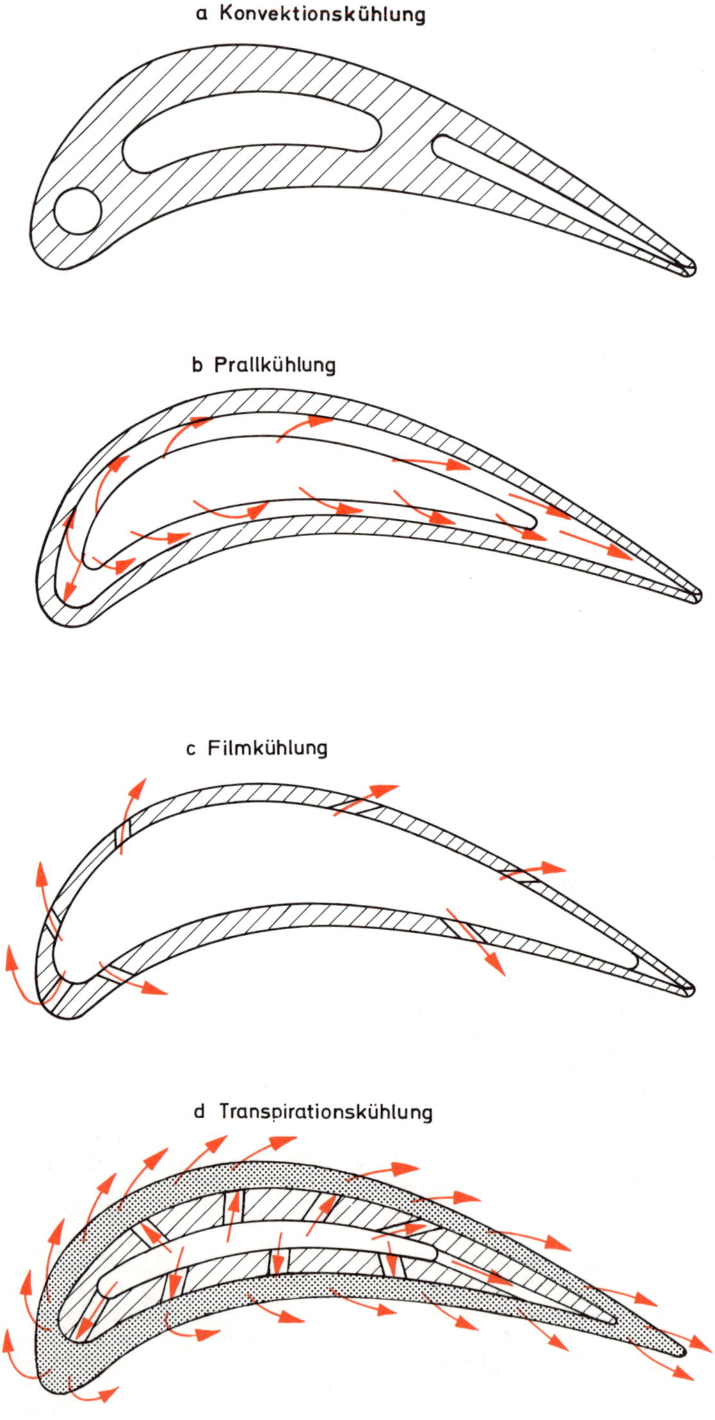

Bild 9.12 Methoden der Schaufelkühlung (nach Fa. BBC)

Bild 9.13 Prozeßwirkungsgrade bei verschiedenen Schaufelkühlungen (nach Fa. BBC)

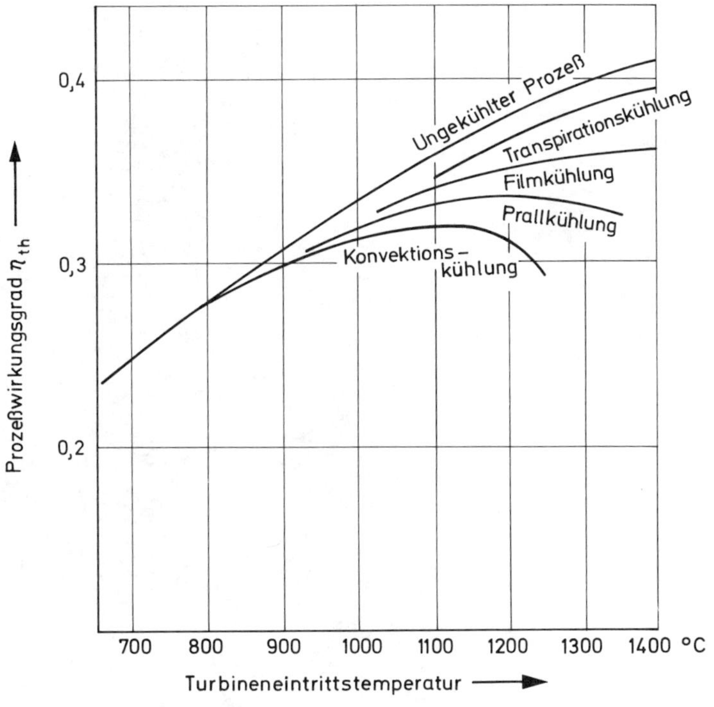

9.4 Einsatzgebiete der Gasturbine

9.4.1 Ortsfeste Anlagen

Ortsfeste Gasturbinenanlagen werden sowohl in Kraftwerken zur Stromerzeugung, eventuell mit Heizwärmelieferung gekoppelt, als auch zum Antrieb von Turboarbeitsmaschinen innerhalb eines großen Leistungs- und Drehzahlbereiches eingesetzt.

Da die Anlagenkosten von Gasturbinenanlagen wesentlich niedriger sind als die von Dampf- oder Wasserkraftanlagen, kommen trotz schlechteren Wirkungsgrades und höherer Brennstoffkosten Gasturbinen in zunehmendem Maße in Kraftwerken, insbesondere Spitzenlastkraftwerken, zur Verwendung. Weitere Vorteile der Gasturbine in Kraftwerken sind die kurzen Anfahrzeiten von wenigen Minuten bis Vollast, der geringe Bedarf an Kühlwasser, die freie Wahl des Standortes und der personalarme Betrieb. Je nach energiewirtschaftlicher Situation werden Gasturbinen eingesetzt in:

- Grundlastkraftwerken,
- Spitzenlastkraftwerken,
- Notstromaggregaten,
- kombinierten Gas-/Dampfanlagen,
- Heizkraftwerken,
- Kernkraftwerken.

Der Betrieb von Grundlastkraftwerken mit Gasturbinen ist nur dann energiewirtschaftlich sinnvoll, wenn billige Brennstoffe, z.B. in Hüttenwerken, auf Erdgas- oder Ölfeldern zur Verfügung stehen.

In Spitzenstromanlagen kommen entweder konventionelle Gasturbinenanlagen (Bild 9.14) oder aus Flugtriebwerken und Nutzleistungsturbinen kombinierte Anlagen (Bild 9.15) zum Einsatz. Da Notstromanlagen i.a. kleine Leistungen aufweisen, werden sie mit kleinen Gasturbinen, oft mit einstufigen Zentripetalturbinen (Bild 9.16) betrieben.

Zur Steigerung des Anlagenwirkungsgrades werden in neuerer Zeit in zunehmendem Maße kombinierte Gasturbinen-Dampfkraft-Anlagen (Bild 9.17) errichtet. Dem Dampfprozeß wird dabei eine Gasturbinenanlage vorgeschaltet. Die Eintrittstemperaturen der Gasturbine liegen da-

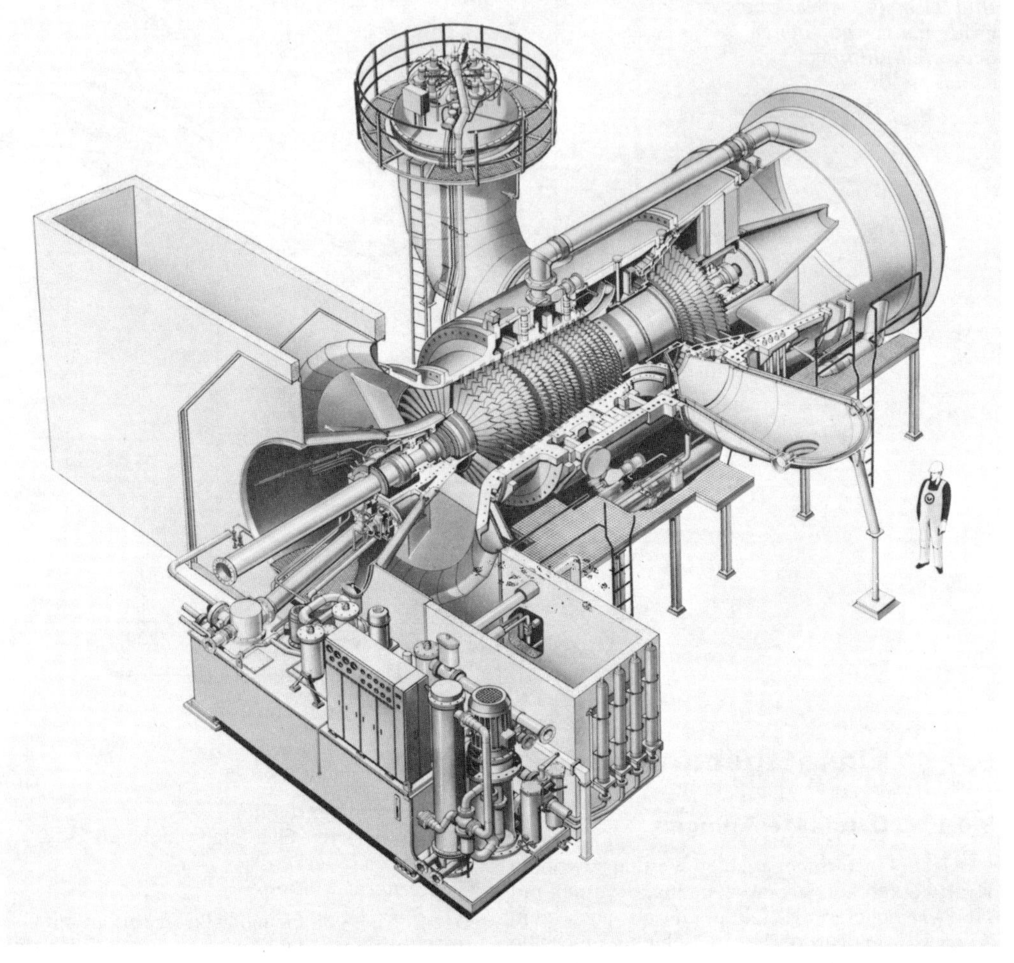

Bild 9.14 Schnitt durch eine große Gasturbine (nach Fa. KWU)

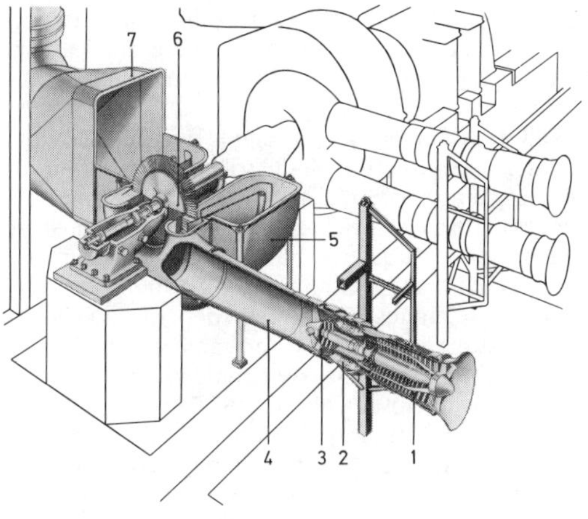

Bild 9.15 Spitzenlastkraftwerk, bestehend aus Gaserzeuger und Nutzleistungsturbine (nach Fa. BBC)

1 Verdichter des Strahltriebwerkes
2 Brennkammer des Strahltriebwerkes
3 Turbine des Strahltriebwerkes
4 Verbindungsleitung
5 Gehäuse der Nutzleistungsturbine
6 Laufrad der Nutzleistungsturbine
7 Abgasleitung

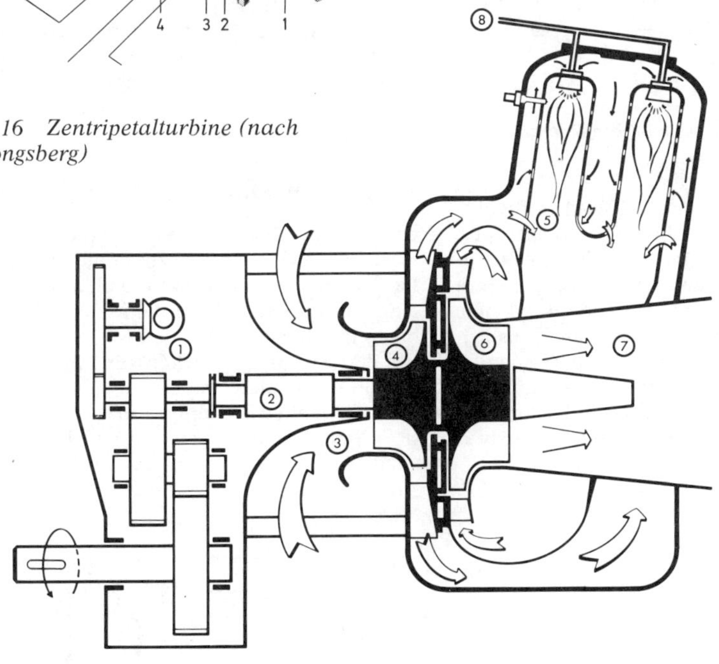

Bild 9.16 Zentripetalturbine (nach Fa. Kongsberg)

1 Übersetzungsgetriebe
2 Welle
3 Lufteinlaß
4 Verdichter
5 Brennkammer
6 Zentripetalturbine
7 Abgasdiffusor
8 Brennstoffzufuhr

bei bei etwa 900 °C. Die wegen der hohen Luftüberschußzahl des Gasturbinenprozesses noch reichlich Sauerstoff enthaltenden, etwa 450 °C heißen Abgase der Gasturbine werden in einen Dampferzeuger geleitet, in dem durch weitere Verbrennung Frischdampf hohen Druckes und hoher Temperatur erzeugt wird. Dieser Dampf wird dann in einer Dampfturbine entspannt.

Die Koppelung von Stromerzeugung und Wärmeversorgung in einem öffentlichen oder industriellen Heizkraftwerk ergibt höchste Wirkungsgrade, d.h. bringt die wirtschaftlichste Brennstoffausnutzung. Gasturbinen eignen sich wegen der großen, etwa 450 °C heißen Abgasströme besonders gut für den Betrieb in Heizkraftwerken. Hauptvorteile sind hier der äußerst geringe Kühlwasserbedarf, die Möglichkeit der Stromabgabe ohne Heizwärmeabgabe auch im Sommer, die niedrigen Anlagekosten. Diese Vorteile gestatten die Aufstellung eines Gasturbinen-Heizkraftwerkes im Schwerpunkt seines Versorgungsgebietes.

Mit den gasgekühlten Kernreaktoren entsteht für die Gasturbine im geschlossenen Kreislauf ein neues Anwendungsgebiet (Bild 9.18). Als Arbeitsmedium wird meist Helium vorgesehen, da dies

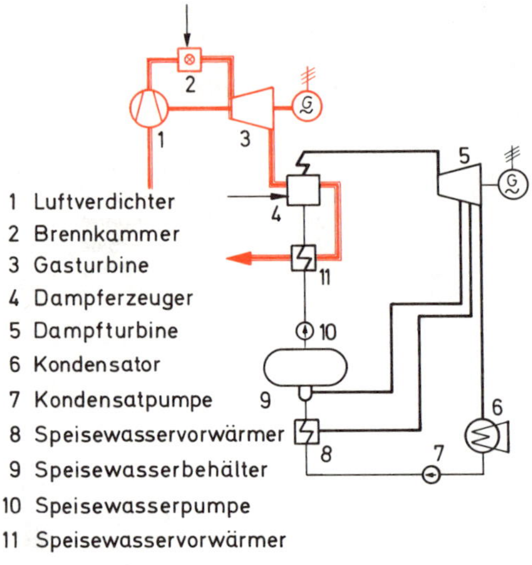

Bild 9.17 Kombinierte Gasturbinen-Dampfkraftanlage

chemisch inert ist (erleichtert die Werkstoffwahl), gegenüber Luft eine etwa fünfmal größere spez. Wärmekapazität hat, seine Schallgeschwindigkeit etwa dreimal größer ist als die der Luft (ermöglicht hohe Geschwindigkeiten und kleine Maschinenabmessungen). Der Helium-Kreisprozeß ergibt bei kleineren Druckverhältnissen wesentlich höhere Wirkungsgrade als der Luftprozeß. Trotz der relativ niedrigen Dichte des Heliums ergeben sich für Turbine und Verdichter relativ kleine Abmessungen (Bild 9.19).

Durch den Einsatz von Gasturbinen in **Luftspeicher-Anlagen** soll eine Alternative zu Wasserkraftspeicheranlagen für flache Landschaften angeboten werden.
Außer in der Stromerzeugung werden Gasturbinen anstelle von Industriedampfturbinen in zunehmendem Maße als Antriebsmaschinen für Pumpen und Verdichter in der Hüttenindustrie, chemischen Industrie und insbesondere in den Druckerhöhungsstationen der Öl- und Gasfernleitungen eingesetzt. Neben den oft günstigen Brennstoffkosten durch Verwendung von Hochofengichtgas oder Öl bzw. Erdgas aus der Pipeline ist es vor allem das gut auf die Turboarbeitsmaschinen abgestimmte Betriebsverhalten, das die Verwendung von Gasturbinen als Antriebsturbinen begünstigt. In Bild 9.20 ist beispielsweise eine solche Antriebsturbine, bestehend aus einem Gaserzeuger (1 und 2) und einer getrennten Nutzturbine (3), dargestellt.

9.4.2 Ortsbewegliche Anlagen

Unter dem Begriff „ortsbewegliche Anlagen" werden alle Gasturbinen zusammengefaßt, die in Fahrzeugen aller Art und mobilen Kraftwerken eingesetzt werden, außerdem noch Kleingasturbinen und Abgasturbolader.
Bei den **Strahltriebwerken für Flugzeuge** werden unterschieden:
a) **Propeller-Turbinen-Luftstrahltriebwerke** (PTL), die in Hubschraubern und Propellerflugzeugen eingebaut werden (Bild 9.21).

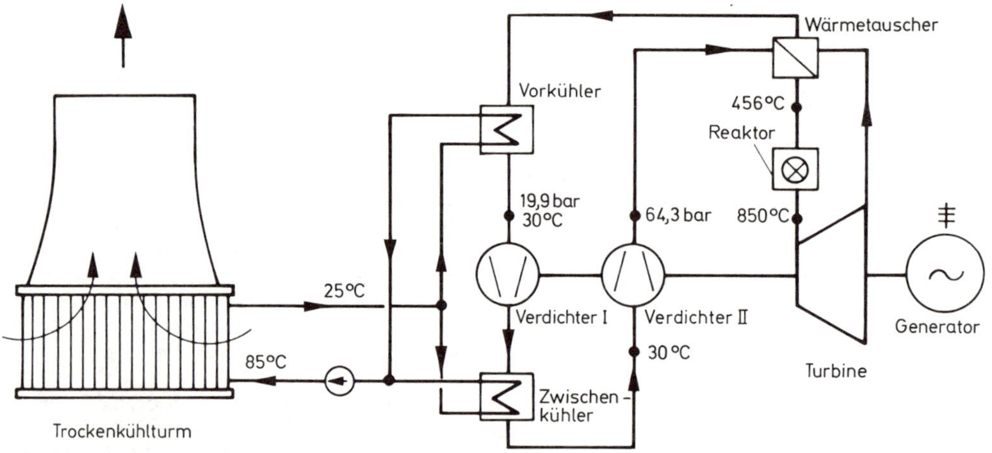

Bild 9.18 Gasturbine im Kernkraftwerk (nach Fa. BBC)

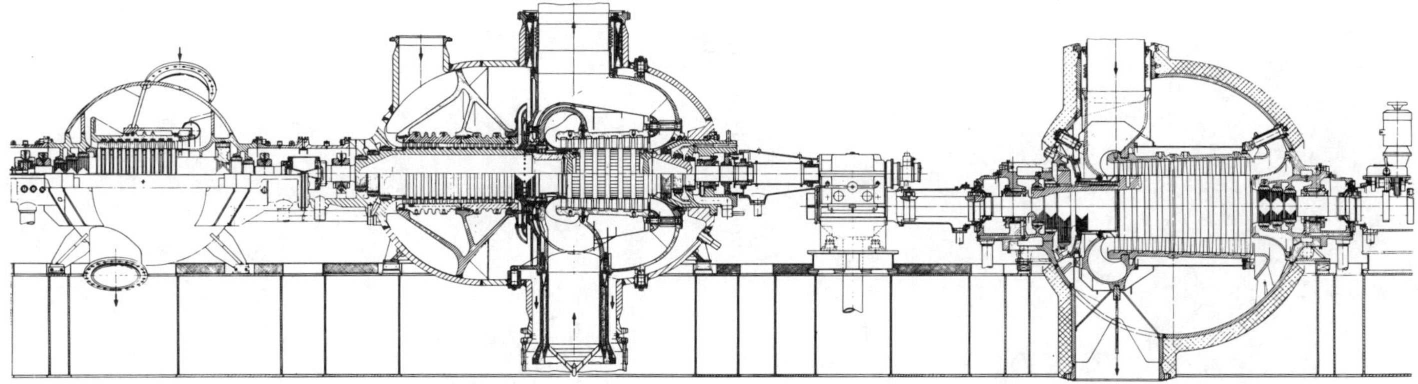

Bild 9.19 Helium-Gasturbine (nach Fa. GHH)

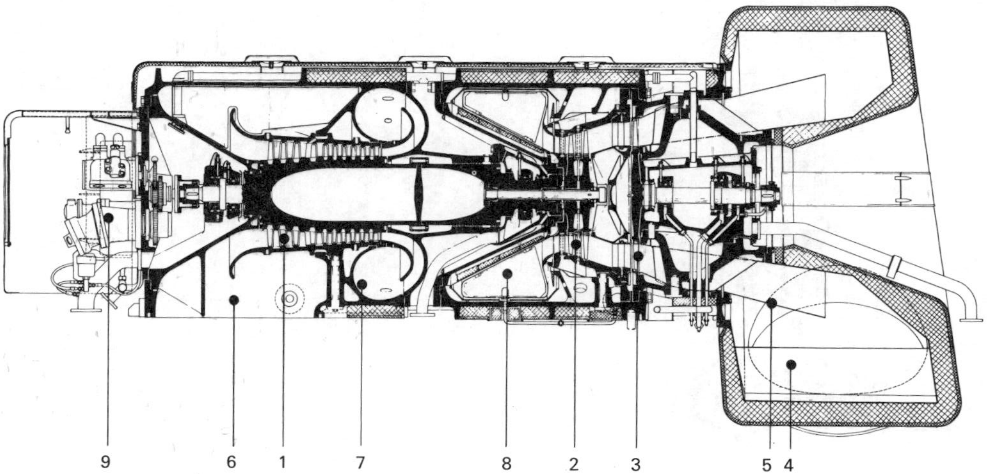

Bild 9.20 Schnitt durch eine Gasturbine mit getrennter Nutzleistungsturbine (nach Fa. Sulzer)

1 Rotor mit 10stufigem Axialverdichter
2 und 2stufiger Turbine
3 Nutzturbinenrotor mit Zahnkupplung
4, 5 Abgasgehäuse mit Diffusor
6 Ansaugstutzen des Kompressors
7 Druckstutzen des Kompressors
8 Turbinen-Eintrittsgehäuse
9 Geräteplatte mit Hilfsbetrieben

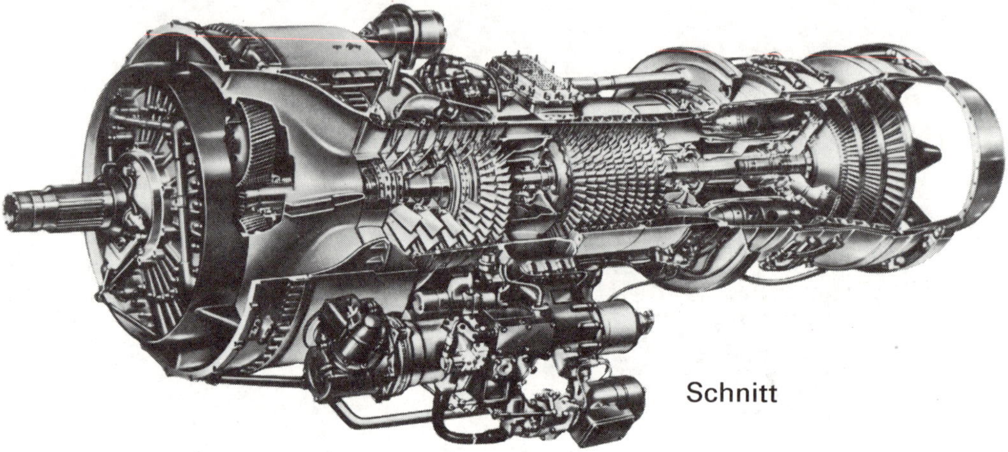

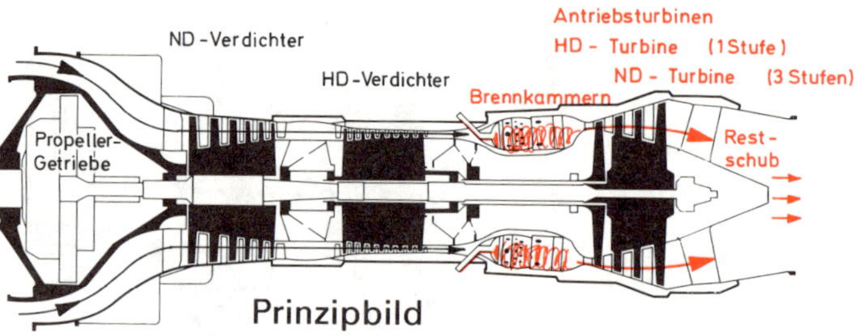

Bild 9.21 Propellertriebwerk (nach Fa. MTU)

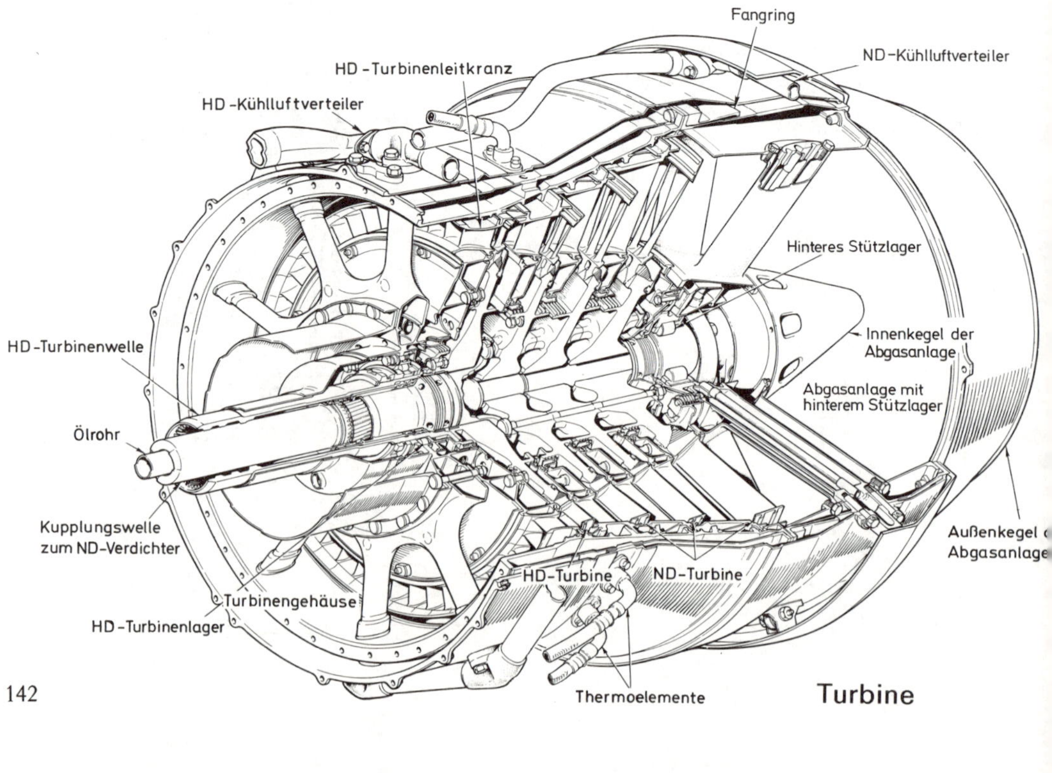

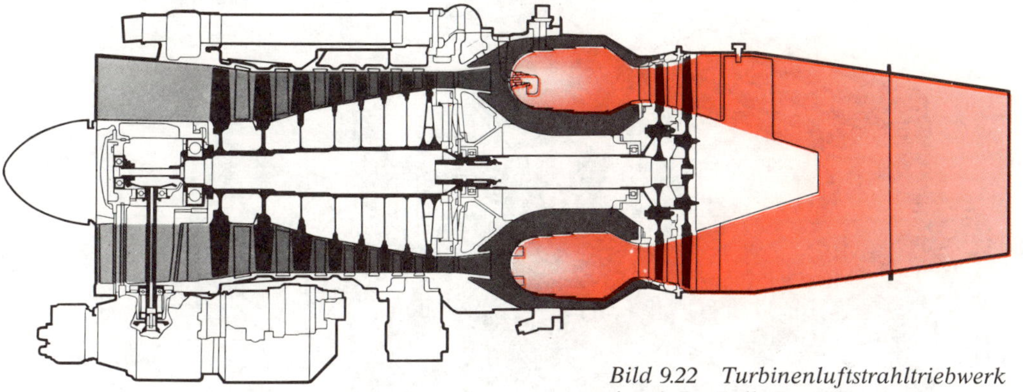

Bild 9.22 Turbinenluftstrahltriebwerk (nach Fa. Rolls-Royce)

Bild 9.23 Zweistromtriebwerk (nach Fa. MTU)

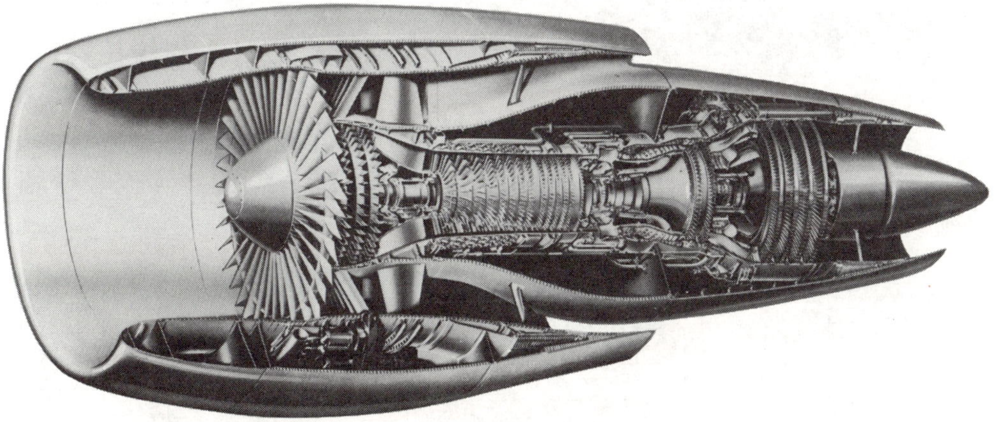

b) **Einstrom-Luftstrahltriebwerke** (TL) zum Antrieb schnellfliegender Flugzeuge (Fluggeschwindigkeiten über 800 km/h) (Bild 9.22). Je nach Größe des Schubes werden Verdichter und Turbine ein- oder zweiwellig, d.h. mit einer oder zwei Drehzahlen ausgeführt. Für eine kurzzeitige Schubverstärkung erhalten Militärtriebwerke einen Nachbrenner.

c) **Zweistrom-Luftstrahltriebwerke** (ZTL) werden vorwiegend in mittlere und große Passagier- und Transportflugzeuge eingebaut. Neuere Ausführungen (Bild 9.23) haben ein einstufiges Frontgebläse, das einen sehr großen Bypass-Luftstrom fördert. ZTL-Triebwerke haben im Geschwindigkeitsbereich bis etwa 900 km/h bessere Wirkungsgrade als TL-Triebwerke.

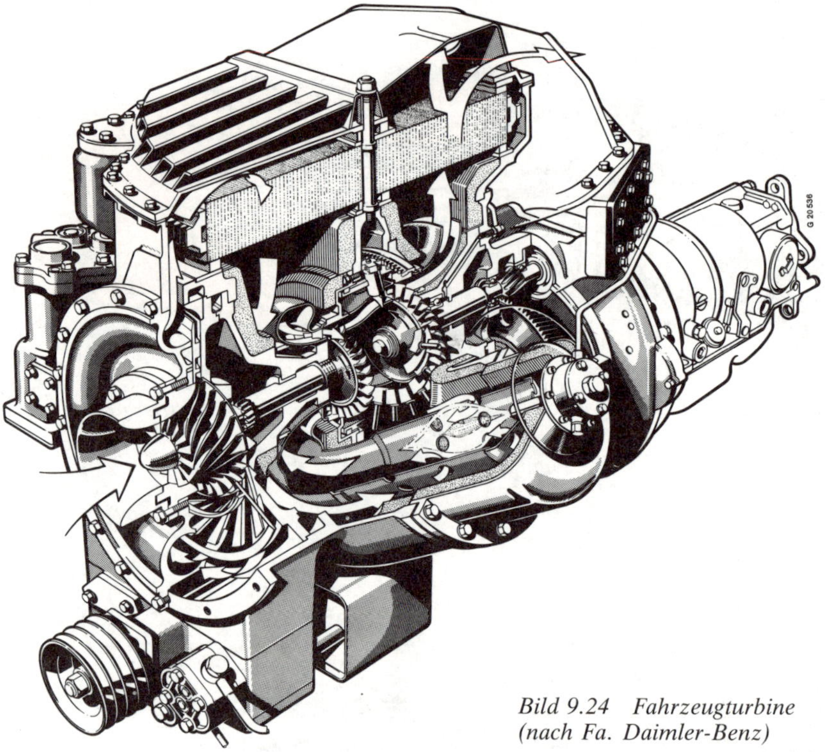

Bild 9.24 Fahrzeugturbine (nach Fa. Daimler-Benz)

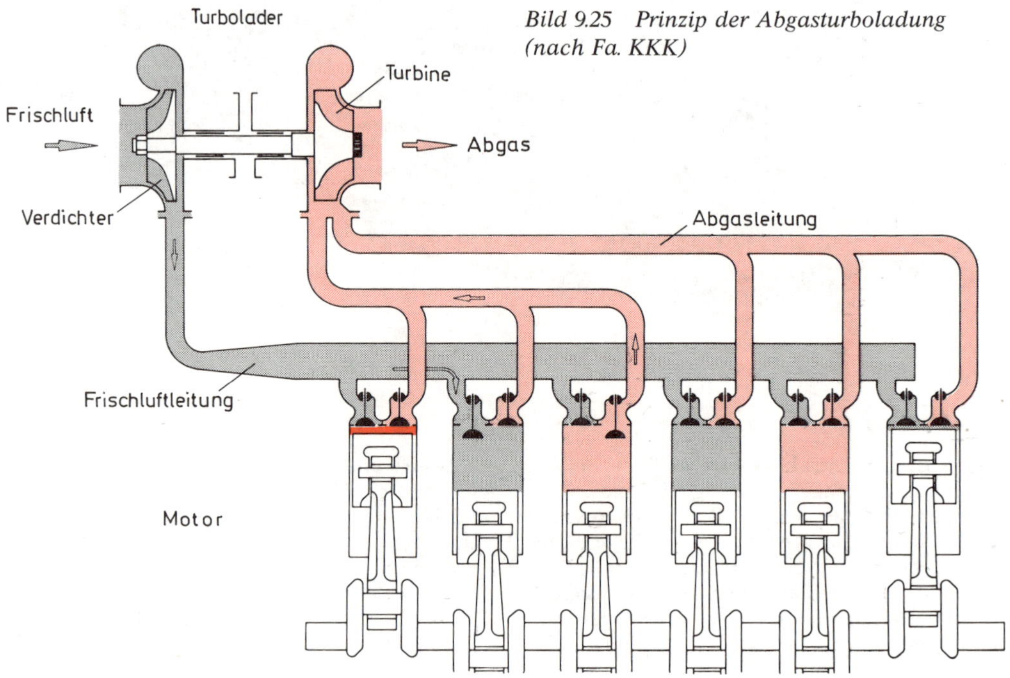

Bild 9.25 Prinzip der Abgasturboladung (nach Fa. KKK)

Bild 9.26 Abgasturbolader (nach Fa. KKK)

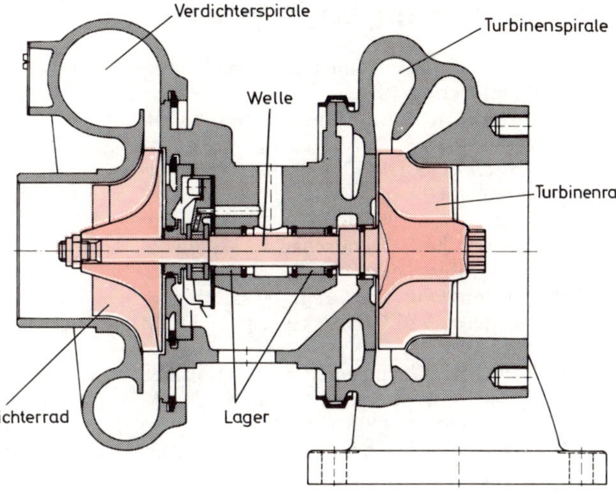

Für den Einsatz auf **Schiffen**, insbesondere Kriegsschiffen, und in **Schienenfahrzeugen**, vor allem Schnelltriebwagen, werden Propellertriebwerke den besonderen Anforderungen konstruktiv und hinsichtlich Betriebsführung angepaßt. Für die Verwendung von Gasturbinen in Schiffen und Schienenfahrzeugen spricht vor allem das niedrige Gewicht und der geringe Platzbedarf. Bis heute sind allerdings nur wenige Gasturbinen auf diesen Gebieten eingesetzt.

In Containern oder auf Straßenfahrzeugen untergebrachte, meist von Propellertriebwerken abgeleitete Gasturbinen treiben in **mobilen Kraftwerken** Generatoren für die Spitzen- oder Notstromversorgung an. Derartige schnell bewegliche Kleinkraftwerke eignen sich vorwiegend für die Versorgung von Großbaustellen oder abgelegener, noch nicht an das Netz angeschlossener Gebiete.

Kleingasturbinen (Bild 9.16), wie sie u.a. zum Antrieb von Feuerlöschpumpen, kleinen Notstromgeneratoren, leichten Hubschraubern und kleineren Booten dienen, sind die konstruktive Ausgangsbasis für **Kraftfahrzeug-Gasturbinen** für **Straßenfahrzeuge** und **Panzer.** Nach [9.11] hat die Fahrzeugturbine im Vergleich zum Verbrennungsmotor in Fahrzeugen mit größerer Nutzleistung, insbesondere in schweren Lastwagen, durchaus eine Chance, aus dem heutigen Experimentierstadium herauszukommen und in größeren Stückzahlen eingesetzt zu werden. Im Hinblick auf die hohen Kraftstoffkosten sollten Fahrzeugturbinen mit Wärmetauscher ausgestattet sein.

In Bild 9.24 ist eine Versuchsgasturbine der Fa. Daimler-Benz, bestehend aus Gaserzeuger und Nutzturbine, dargestellt.

Die Leistung der Turbine liegt bei etwa 200 kW. Weitere Ausführungen von Fahrzeuggasturbinen sind in [9.1, 9.11 und 9.12] beschrieben.

Zur Erhöhung der Leistung bei gleichbleibendem Hubraum und zur Verbesserung des inneren Wirkungsgrades werden Kolbenverbrennungsmotoren mittels **Abgasturbolader** aufgeladen, d.h. das Druckniveau im Motor durch einen turbinenbetriebenen Turboverdichter angehoben. Aus Bild 9.25 kann das Schema der Turboaufladung eines 6-Zylinder-Viertaktmotors, aus Bild 9.26 der konstruktive Aufbau eines kleineren Turboladers mit Zentripetalturbine ersehen werden. Die thermodynamische Zusammenarbeit von Turbolader und Kolbenmotor können u.a. in [9.12 und 9.13] nachgelesen werden.

9.5 Literatur zu Kapitel 9

[9.1] *Dietzel, F.:* Gasturbinen. kurz und bündig. Vogel-Verlag 1974.

[9.2] *Gasparovic, N.:* Gasturbinen. VDI-Verlag 1974.

[9.3] *Kruschik, J.:* Die Gasturbine. Springer-Verlag 1960.

[9.4] *Leist, K.:* Gasturbinen. Sonderdruck aus „Technische Rundschau“. Hallwag-Verlag, Bern 1959.

[9.5] *Verschiedene Autoren:* Gasturbinen-Anlagen. BBC-Druckschrift DGM 40 433 D.

[9.6] *Braig, W.:* Gasturbinen für stationären Einsatz mit offenem Kreislauf. Druckschrift der Fa. AEG-KANIS.

[9.7] *Ostenrath, H.:* Gasturbinen-Triebwerke. Girardet-Verlag 1968.

[9.8] *Kapler, G.:* Die Entstehung von Schadstoffen in Gasturbinenbrennkammern und Methoden zur Reduzierung ihrer Emission. mtu-Berichte 76/10.

[9.9] *Münzberg, H. G.:* Flugantriebe. Springer-Verlag 1972.

[9.10] *Dettmering, W.:* Entwicklungslinien der luftansaugenden Strahltriebwerke. Deutscher Verlag Köln und Opladen 1968.

[9.11] *Eckert, B.:* Stand und Entwicklung von Fahrzeug-Gasturbinen. mtu-Berichte 72/01.

[9.12] *Pippert, H.:* Antriebstechnik. Vogel-Verlag 1974.

[9.13] *Kolb, W.:* Die wichtigsten Grundlagen der Abgasturboladung. Zeitschrift MTZ, 23. Jahrgang 1962/Heft 3.

[9.14] DIN 4340: Gasturbinen. Begriffe — Benennungen.

[9.15] DIN 4342: Gasturbinen. Normbezugsbedingungen, Normleistungen, Angaben über Betriebswerte.

[9.16] DIN 4341, Teil 1: Gasturbinen. Abnahmeregeln für Gasturbinen; Grundlagen.

[9.17] *Hagen, H.:* Fluggasturbinen und ihre Leistungen. G. Braun, Karlsruhe 1980.

[9.18] *Dietzel, F.:* Turbinen, Pumpen und Verdichter. Vogel-Buchverlag, Würzburg 1980.

[9.19] *Sigloch, H.:* Strömungsmaschinen. Carl-Hanser-Verlag, München 1984.

Außerdem Druckschriften der Firmen:
AEG-KANIS, BBC, GHH, KHD, KKK, Kongsberg, KWU, MTU, Rolls-Royce, Sulzer und Turbomeca.

10 Kreiselpumpen

10.1 Einleitung

Der erste Prototyp einer Kreiselpumpe wurde 1689 von dem französischen Physiker Denis PAPIN gebaut. Seitdem hat die Kreiselpumpe auf vielen Gebieten der Technik, z.B. in der Wasserwirtschaft, in der Verfahrenstechnik, in der Haustechnik und in der Kraftwerkstechnik, zunehmend Eingang gefunden. Kreiselpumpen, insbesondere Radialpumpen, stellen heute die überwiegende Zahl an Pumpenkonstruktionen für die Flüssigkeitsförderung.

Kreiselpumpen fördern neben kalten und heißen wäßrigen Flüssigkeiten auch dickflüssige Medien. Sonderkonstruktionen eignen sich für die Förderung aggressiver Stoffe.

Kreiselpumpen für kleinere und mittlere Volumenströme und spezifische Stutzenarbeiten sind heute weitgehend standardisiert oder genormt und werden in großen Stückzahlen hergestellt, während Kreiselpumpen für große Förderhöhen und große Förderströme in kleinen Stückzahlen

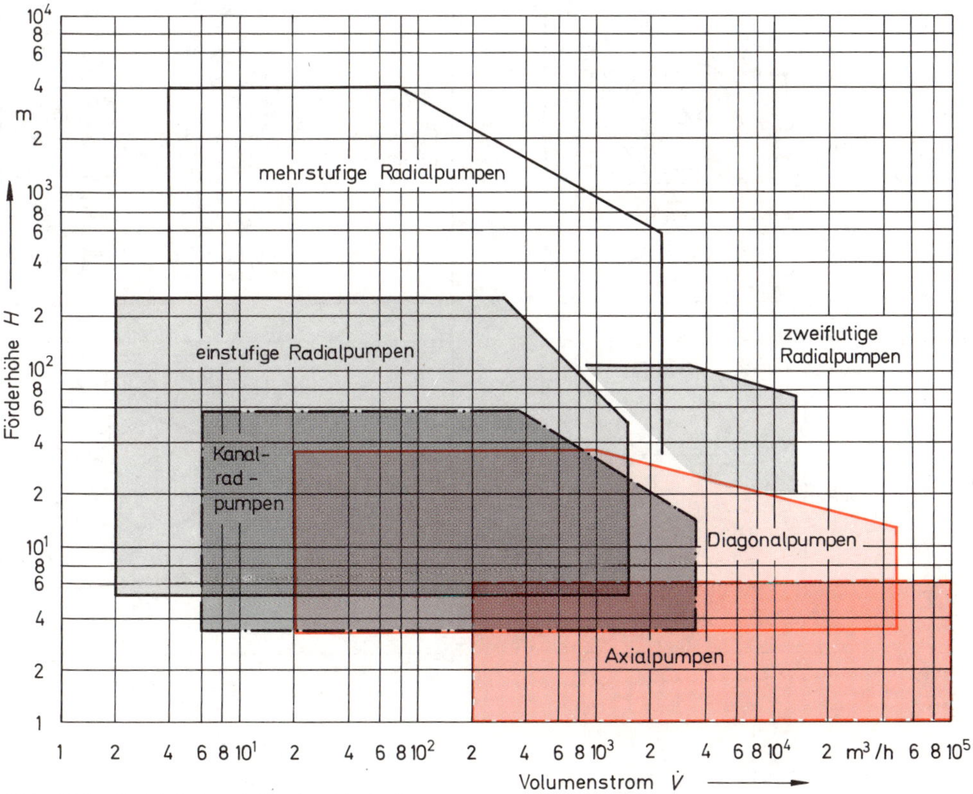

Bild 10.1 Betriebsbereiche der Kreiselpumpen

Tabelle 10.1 Einteilung der Kreiselpumpen (nach [10.1])

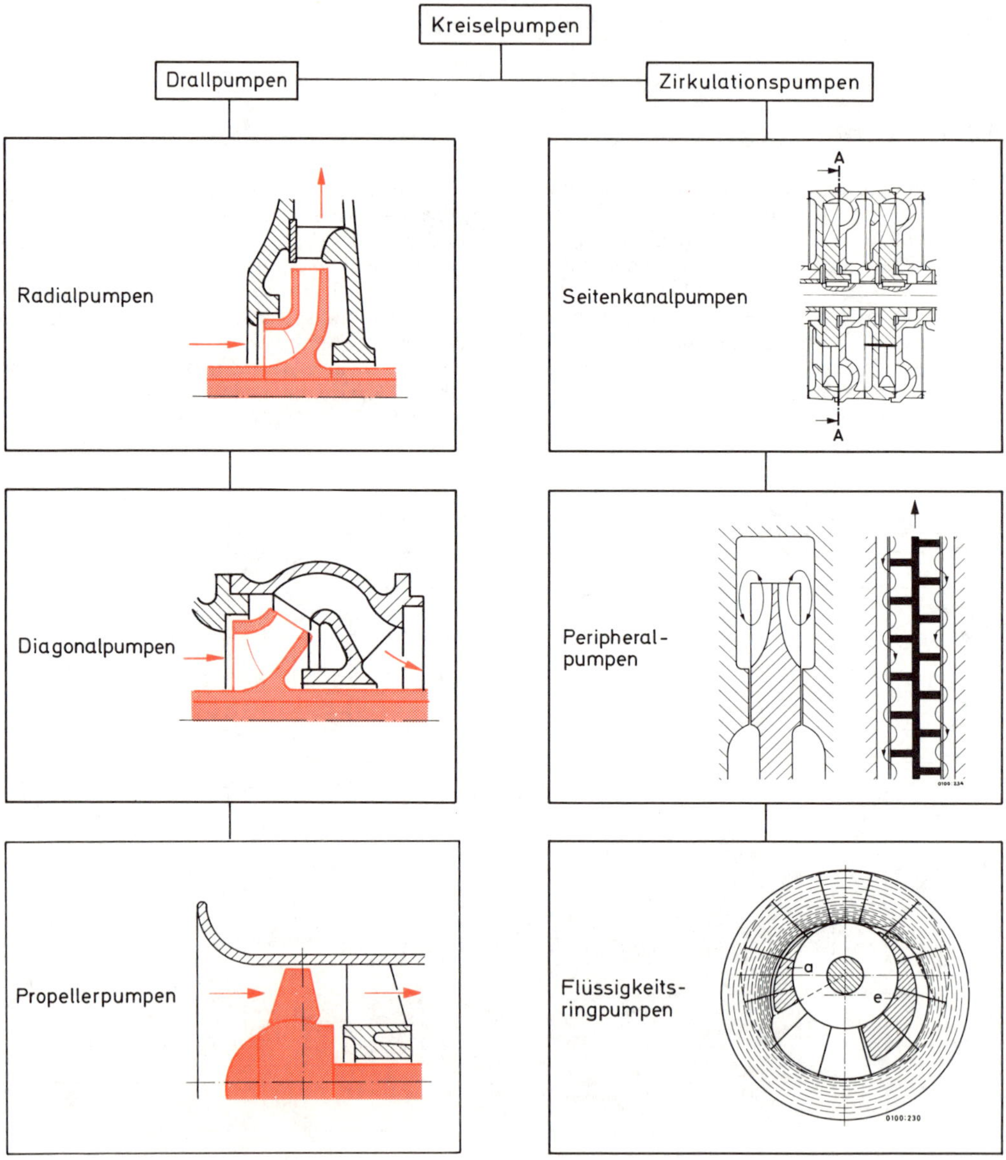

für die entsprechenden Anwendungsfälle „maßgeschneidert" werden.
Im vorliegenden Kapitel 10 werden von den in Tabelle 10.1 aufgeführten Kreiselpumpentypen nur die nach dem „Euler-Prinzip" arbeitenden **Drallpumpen** behandelt.
In Bild 10.1 sind die ungefähren Betriebsbereiche der verschiedenen Kreiselpumpen nach [10.2] dargestellt.
Für den Einsatz von Kreiselpumpen sprechen folgende **Vorteile**:
a) nahezu gleichmäßige Förderung ohne periodische Schwankungen in Förderstrom und Förderhöhe,
b) hohe Zuverlässigkeit, da keine oszillierenden Bauteile und Ventile vorhanden sind,
c) hohe Drehzahlen erlauben eine direkte Kupplung mit Elektromotoren oder Dampf- und Gasturbinen,
d) aufgrund der hohen Drehzahlen ergeben sich kleine Maschinenabmessungen, d.h. geringer Platzbedarf und niedrige Installationskosten,
e) niedrige Betriebs- und Wartungskosten,
f) gute Anpassung an sich ändernde Betriebsbedingungen.
Die folgenden **Nachteile**
a) niedriger Wirkungsgrad bei Förderung kleiner Volumenströme gegen hohe Drücke,
b) Kreiselpumpen sind normalerweise nicht selbstansaugend,
können u.U. die Anwendung von Verdrängerpumpen sinnvoller erscheinen lassen.

10.2 Laufradformen

Je nach Größe des Förderstromes, der spezifischen Stutzenarbeit und der Drehzahl ergibt sich bei Anstreben eines optimalen Wirkungsgrades eine charakteristische Laufradform.
In Bild 10.2 sind verschiedene Laufradformen mit den zugehörigen spezifischen Drehzahlen dargestellt.
Radialräder und Halbaxialräder können in **geschlossener Form**, d.h. mit hinterer und vorderer Deckscheibe (Bilder 10.3 und 10.4), oder in **offener Form** ohne vordere (äußere) Deckscheibe (Bild 10.5) ausgeführt werden.
Zur Erhöhung des Volumenstromes können Radial- und Halbaxialräder auch **zweiflutig** (Bild 10.6) ausgebildet werden.
Halbaxiale und axiale Propellerräder (Bilder 10.7 und 10.8) können feststehende, einstellbare (d.h. bei demontierter Pumpe einstellbare) oder während des Stillstandes oder Laufens verstellbare (Laufschaufelverstellung) Schaufeln haben.

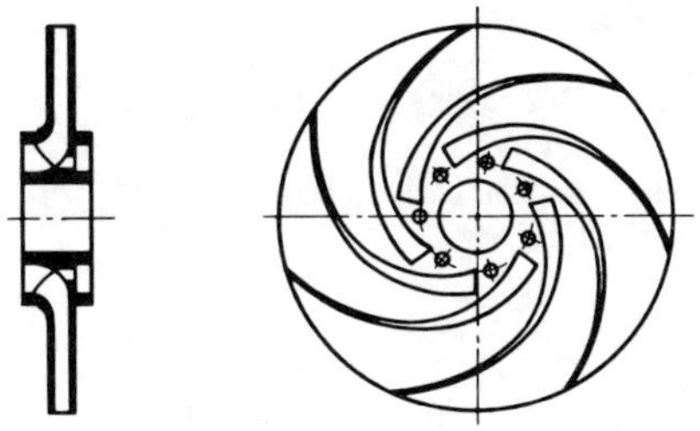

Bild 10.3 Radialrad (nach Fa. KSB)

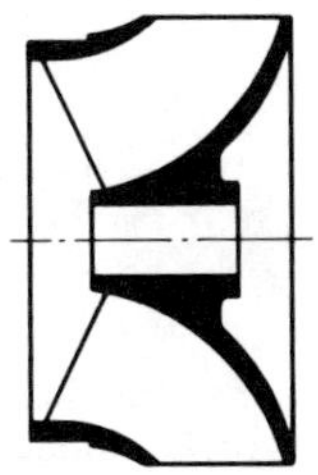

Bild 10.4 Geschlossenes Halbaxialrad (nach Fa. KSB)

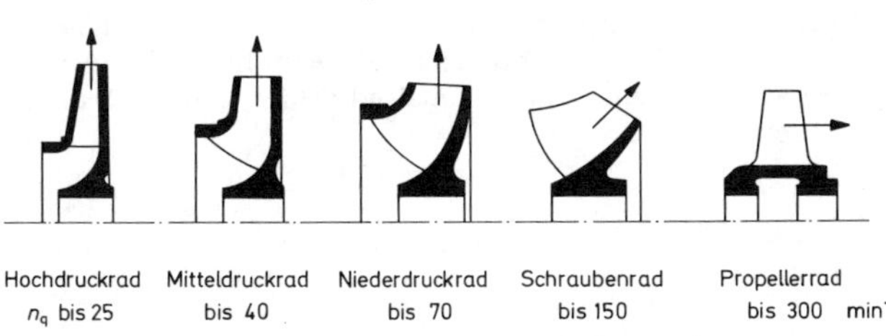

Bild 10.2 Laufradformen von Kreiselpumpen (nach Fa. KSB)

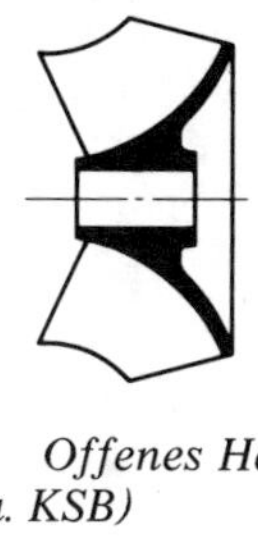

Bild 10.5 Offenes Halbaxialrad (nach Fa. KSB)

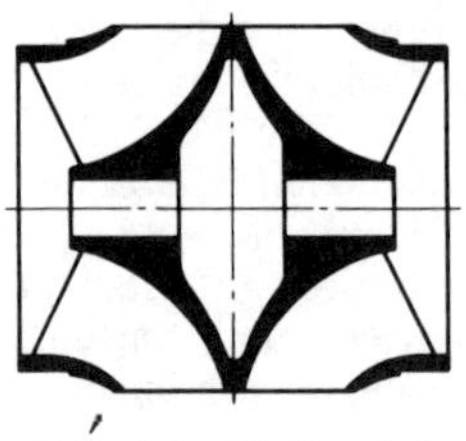

Bild 10.6 Zweiflutiges Halbaxialrad (nach Fa. KSB)

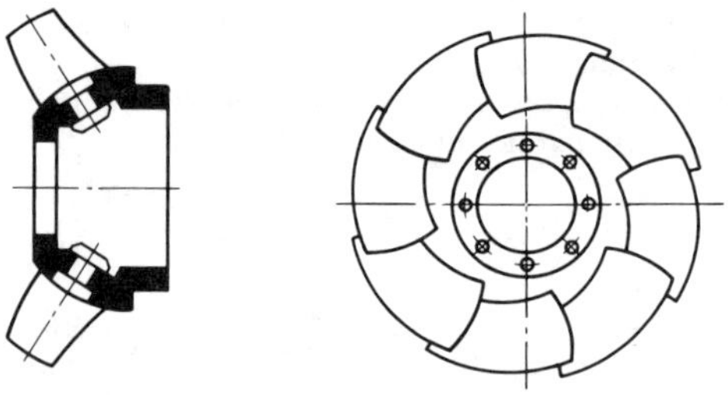

Bild 10.7 Halbaxiales Propellerrad (nach Fa. KSB)

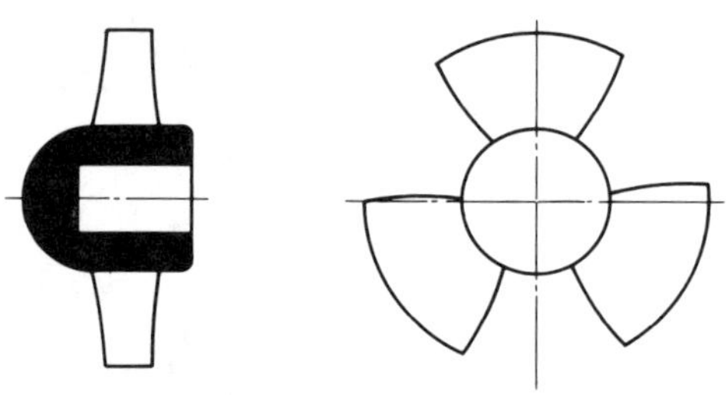

Bild 10.8 Axiales Propellerrad (nach Fa. KSB)

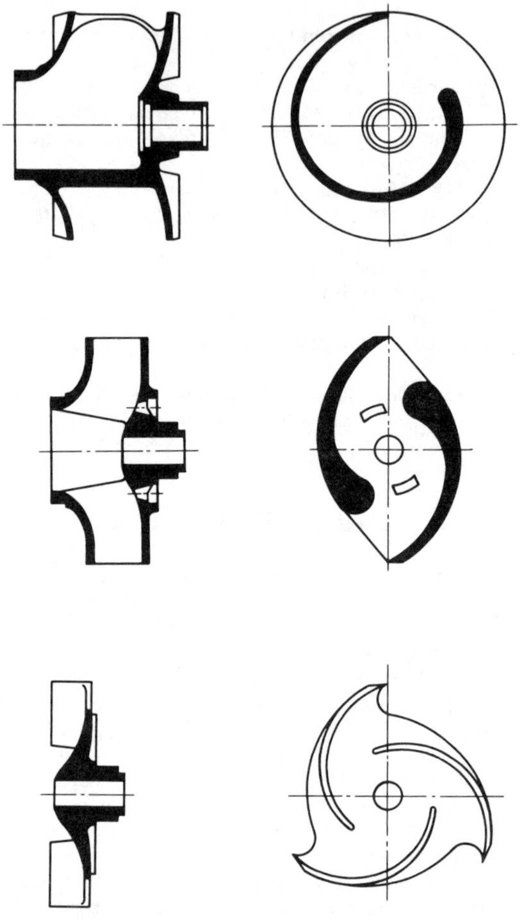

Bild 10.9 Kanalräder (nach Fa. KSB)

Bei ein- oder verstellbaren Laufschaufeln sind die Konturen von Pumpengehäuse und Nabe kugelig ausgeformt, um bei allen Schaufeleinstellungen gleichbleibende Spalte zu behalten. Durch Verkleinern der Schaufelzahl kann man die Durchflußquerschnitte so vergrößern, daß das Laufrad auch mehr oder minder stark verunreinigte Flüssigkeiten oder Dickstoffe pumpen kann. In der Praxis reduziert man deshalb die Schaufelzahlen von radialen und diagonalen Laufrädern zur Förderung von Dickstoffen auf 1, 2 oder 3 Schaufeln. Man bezeichnet diese entweder offen oder geschlossen ausgeführten Laufräder als **Kanalräder** bzw. **Einschaufelräder**. In Bild 10.9 sind verschiedene Kanalradformen gegenübergestellt.

10.3 Die einstufige Radialpumpe

Die einstufige, einflutige Radialpumpe in Form der **Spiralgehäusepumpe** ist die am häufigsten gebaute Kreiselpumpe. Die Wellenlage ist normalerweise horizontal, in Sonderfällen auch vertikal, entsprechend die Saugstutzenlage ebenfalls waagerecht oder senkrecht. Die Stellung des tangentialen oder radialen Druckstutzens kann mit verschiedenen Neigungswinkeln ausgeführt werden (Bild 10.10). Bei vielen Radialpumpen hat der Saugstutzen wegen der Verbesserung der Saugverhältnisse (vgl. Kapitel 5) eine größere Nennweite als der Druckstutzen.
Das fliegend gelagerte Laufrad ist von radialer, leicht diagonaler oder von Kanalrad-Bauform.
Hinsichtlich der Lagerung und der Anbringung des Motors werden unterschieden:

1. Die **Grundplattenbauweise**, mit Befestigung von Pumpe und Motor auf einer gemeinsamen Grundplatte.
2. die **Blockausführung** mit direkt auf der Motorwelle aufgesetztem Laufrad.

Bei der Grundplattenbauweise kann die im Regelfall mit Wälzlagern ausgestattete Lagerung entweder in **Lagerstuhlausführung** (Bild 10.11) für besonders rauhen Betrieb oder in **Lagerträgerausführung** (Bild 10.12) für Normalbetrieb gestaltet sein.
Bei der Lagerstuhlausführung wird das Spiralgehäuse an den Lagerstuhl angeflanscht, die auf das Spiralgehäuse wirkenden Rohrleitungskräfte werden auf den Lagerstuhl übertragen, weshalb die Saug- und Druckleitung gesondert abgestützt werden sollten. Beim Ausbau des Laufrades zur Saugseite hin muß die Saugleitung entfernt werden.
Bei der Lagerträgerausführung wird der topfförmige Lagerträger an das mit Füßen versehene Spiralgehäuse angeschraubt. Die von Druck- und Saugleitung ausgeübten Kräfte werden direkt über das Spiralgehäuse zur Grundplatte geleitet. Die Demontage des aus Laufrad, Welle und kompletter Lagerung bestehenden Laufzeuges kann ohne Lösen des Motors und der Rohrleitungen erfolgen (Bild 10.13). Nach Wiedereinbau des Laufzeuges entfällt das Ausrichten von Pumpe, Motor und Saugleitung.
Bei den Pumpen in Blockbauweise, die bis zu Förderströmen von etwa 400 m³/h und Förderhöhen bis etwa 100 m wegen ihrer preiswerten und platzsparenden Bauweise und einfachen Montage in zunehmendem Maße eingesetzt wer-

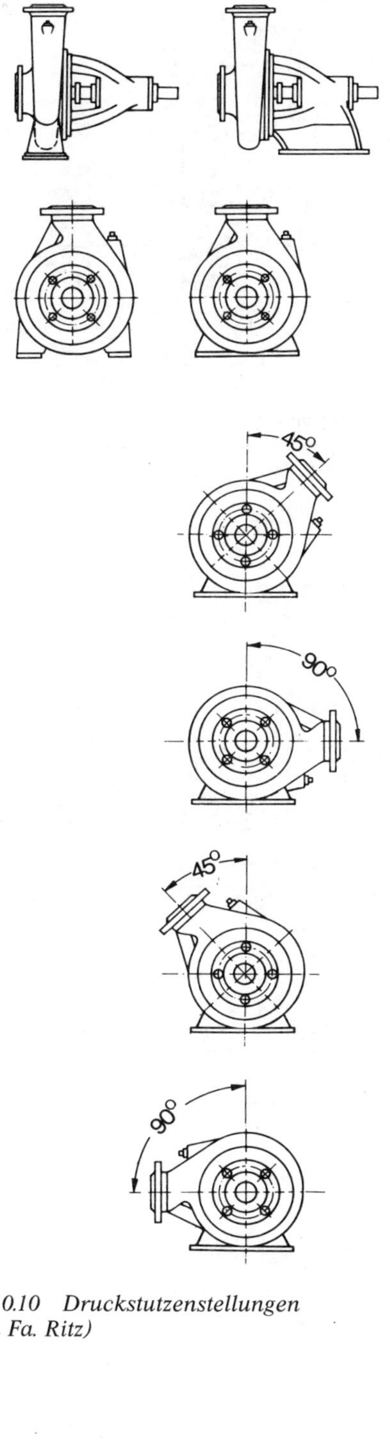

Bild 10.10 Druckstutzenstellungen (nach Fa. Ritz)

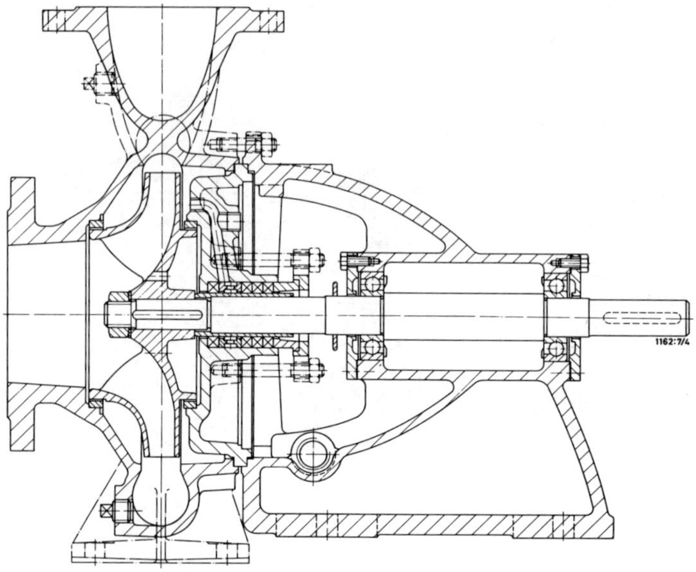

Bild 10.11 Spiralgehäusepumpe in Lagerstuhlausführung (nach Fa. KSB)

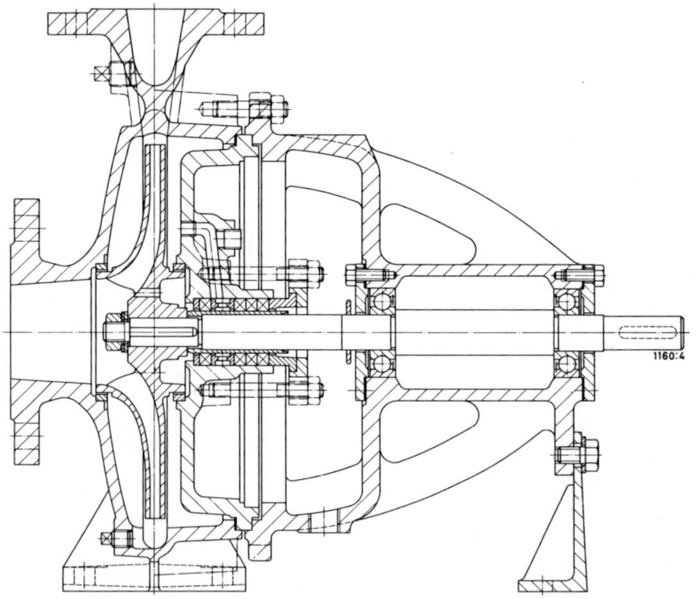

Bild 10.12 Spiralgehäusepumpe in Lagerträgerausführung (nach Fa. KSB)

Bild 10.13 Ausbau des Laufzeuges (nach Fa. Ritz)

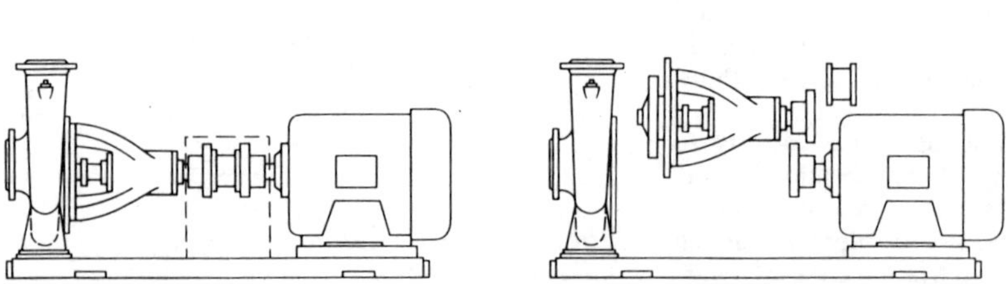

den, kann entweder der Motor an das mit Füßen versehene Spiralgehäuse (Bild 10.14) oder das freihängende Spiralgehäuse an den mit Fuß ausgestatteten Motor (Bild 10.15) angeflanscht werden. Die Blockpumpe kann auch wie eine Armatur direkt in die Rohrleitung eingesetzt werden (Bild 10.19). Hinsichtlich Wellenlage und Stellung des Druckstutzens sind viele Varianten möglich.

Die **Abdichtung** der Welle beim Durchgang durch das Pumpengehäuse erfolgt mittels Pakkungs-Stopfbüchse oder Gleitringdichtung.

Das Laufrad wird über Spalte saug- und druckseitig abgedichtet. Zur Verminderung des Axialschubes erhalten die Laufräder einige Druckausgleichsbohrungen, die allerdings eine interne Leckageströmung zur Folge haben, d.h. den volumetrischen Wirkungsgrad herabsetzen.

Aus Gründen einer wirtschaftlichen Fertigung, Einführung einheitlicher Außenabmessungen, einfacher Wartung und Ersatzteilhaltung wurden Radialpumpen schon relativ früh hinsichtlich ihrer hydraulischen Daten und Abmessungen in einem gerasterten Baukastensystem **standardisiert** oder **genormt**. So sind z.B. Spiralgehäusepumpen für wäßrige, nicht aggressive Flüssigkeiten für Förderströme bis etwa 400 m^3/h und Förderhöhen bis knapp 100 m in DIN 24255 (Tabelle 10.2) und Chemiepumpen ähnlicher Daten in DIN 24256 genormt. Die Pumpenhersteller haben das genormte Raster der hydraulischen Daten noch nach oben und unten erweitert bzw. abgerundet (Bild 10.16). In den Katalogen der Hersteller sind nicht nur die Abmessungen der Pumpe gemäß DIN-Norm, sondern auch die Einbaumaße der kompletten, aus Pumpe, Motor und Grundplatte bestehenden Pumpenaggregate enthalten. Die Entwicklung der hydraulischen und konstruktiven Konzeption von Normpumpen, vom Anwender und Hersteller her gesehen, kann z.B. in [10.3 und 10.4] nachgelesen werden.

Für die Projektierung und den Betrieb von Pumpenanlagen werden dem Anwender seitens des Herstellers zusätzlich zu den hydraulischen und geometrischen Pumpendaten noch zahlreiche Hinweise gegeben bezüglich des Betriebsverhaltens, insbesondere des Saugverhaltens, der richtigen Rohrleitungsführung, der Auswahl des Pumpenzubehörs wie Saugkörbe, Absperrorgane, Meßgeräte und der Aufstellung der Pumpen in Gebäuden oder im Freien. Mit Hilfe dieser Unterlagen ist es dem Projektierungsingenieur möglich, Pumpen in Anlagen richtig einzuplanen.

In Bild 10.17 ist beispielsweise anhand von Skizzen die richtige Führung der Saugleitung gezeigt.

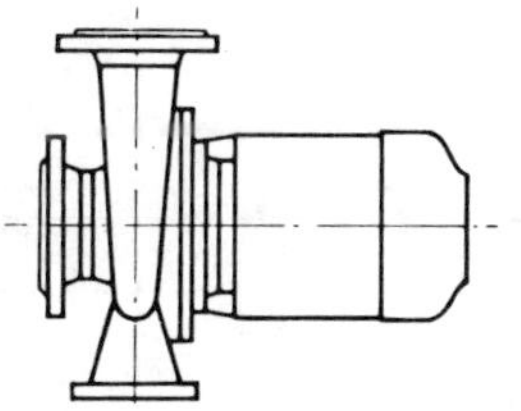

Bild 10.14 Spiralgehäusepumpe in Blockausführung (nach Fa. Ritz)

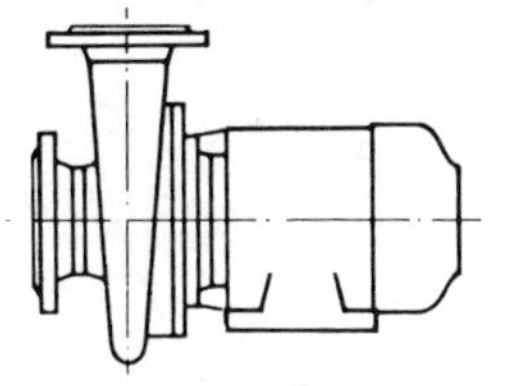

Bild 10.15 Spiralgehäusepumpe in Blockausführung (nach Fa. Ritz)

Bild a stellt einen falschen, zu engen Rohrkrümmer, Bild b den richtigen, strömungsgünstigen Rohrbogen dar. Zur Vermeidung von Luftansammlungen sollte die Saugleitung zur Pumpe hin immer mit einer Steigung verlegt werden (Bilder d, f, b). Die Bilder c, e, h zeigen fehlerhafte Anordnungen.

Neben diesen genormten Pumpen werden noch viele andere Varianten von Radialpumpen gebaut, wie z.B.:

- Kanalradpumpen (Bild 10.18) für Dickstoffe,
- In-line-Pumpen (Bild 10.19), deren Druck- und Saugstutzen in der geradlinig verlaufenden Rohrachse liegen,
- stopfbuchslose Pumpen, wie z.B. Pumpen mit Spaltrohrmotor (Bild 10.19) oder Tauchmotor,
- Pumpen mit Gehäusen und Laufrädern aus nichtmetallischen Werkstoffen wie Kunststoff, Glas oder Keramik.

Auch Speicherpumpen für Pumpspeicherkraftwerke oder große Trinkwasserpumpen für Wasserversorgungsanlagen werden, allerdings in Sonderanfertigung, als einstufige, einflutige Radialpumpen mit horizontaler oder vertikaler Welle ausgeführt. Zur Erreichung hoher Wirkungsgrade wird in diesen Pumpen zwischen Laufrad

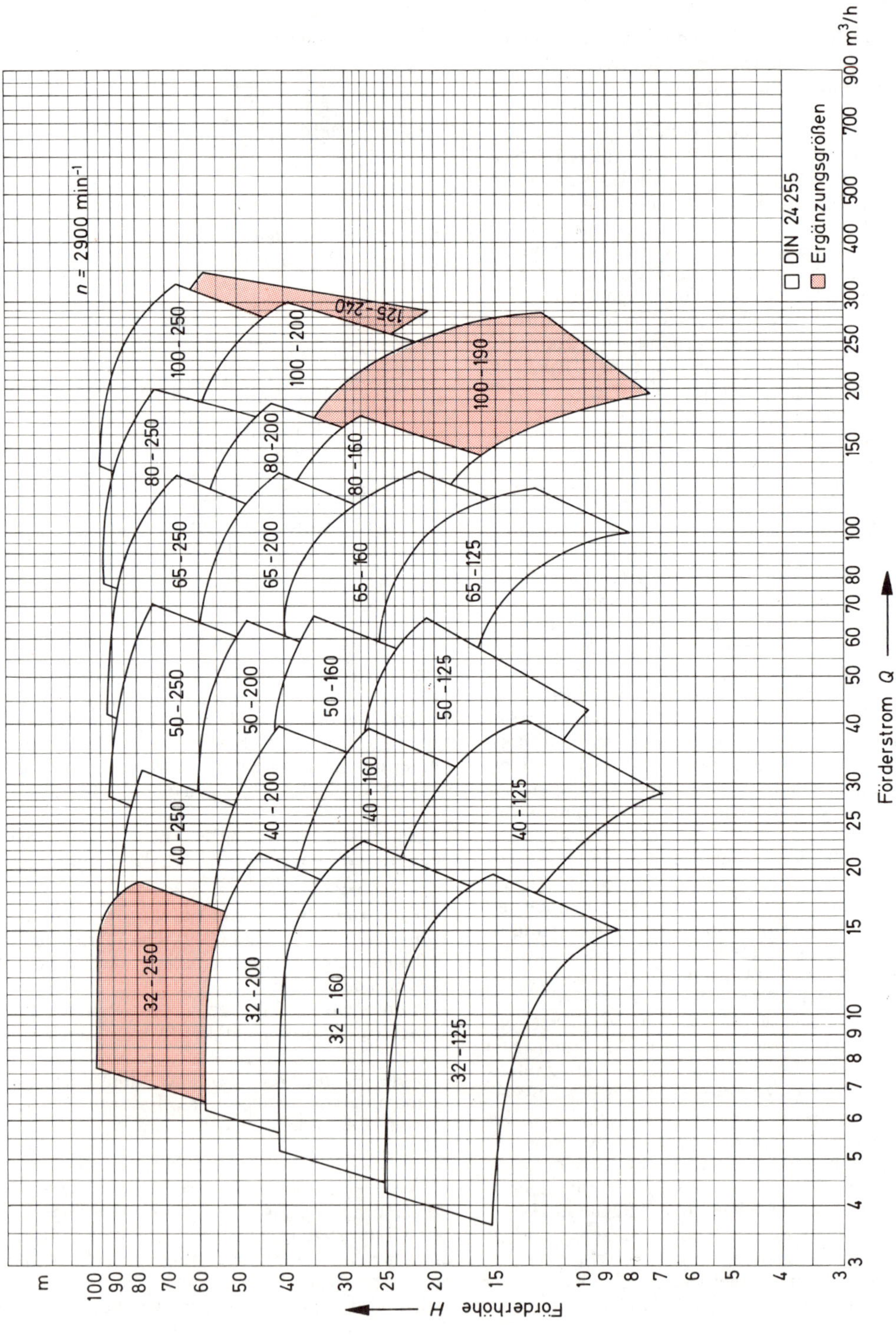
n = 2900 min⁻¹
□ DIN 24 255
■ Ergänzungsgrößen
32-125
32-160
32-200
32-250
40-125
40-160
40-200
40-250
50-125
50-160
50-200
50-250
65-125
65-160
65-200
65-250
80-160
80-200
80-250
100-190
100-200
100-250
125-240
Förderstrom Q
3 4 5 6 7 8 9 10 15 20 25 30 40 50 60 70 80 100 150 200 250 300 400 500 700 900 m³/h
Förderhöhe H
m 100 90 80 70 60 50 40 30 25 20 15 10 9 8 7 6 5 4 3

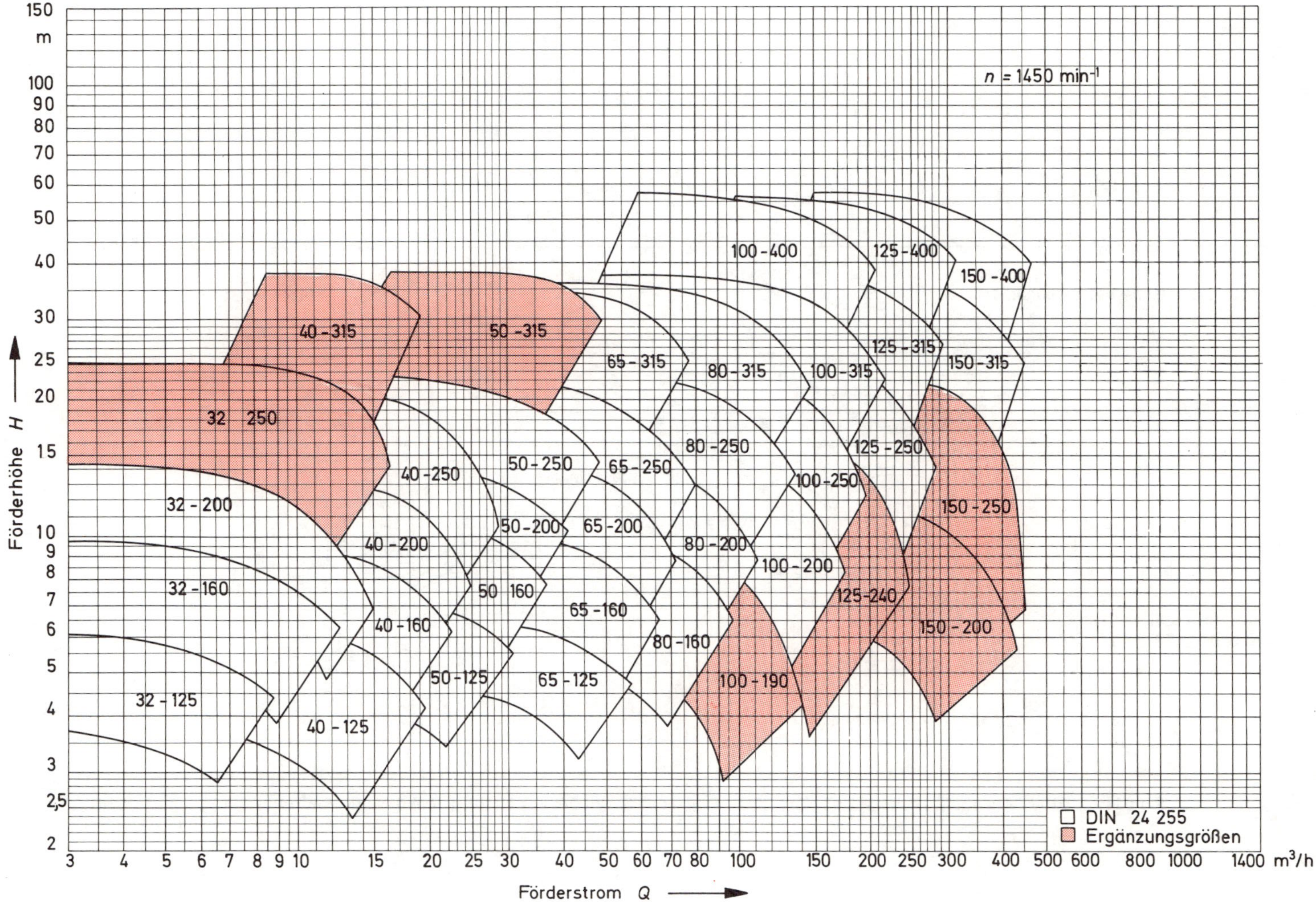

Bild 10.16 Auswahlkennfeld für einstufige Radialpumpen (nach Fa. Ritz)

Tabelle 10.2 Kreiselpumpen mit axialem Eintritt PN 10 mit Lagerträger nach DIN 24255 einschließlich Ergänzungsgrößen

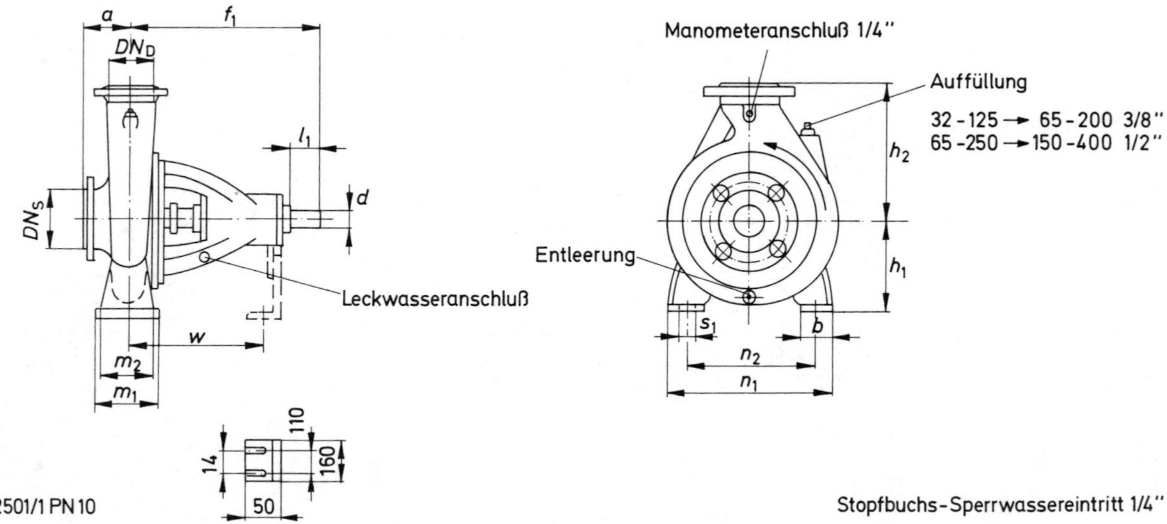

Flansche nach DIN 2501/1 PN 10

Stopfbuchs-Sperrwassereintritt 1/4"

Pumpen-Typ	DN_S	DN_D	Leck-wasser-anschluß	a	f_1	h_1	h_2	b	m_1	m_2	n_1	n_2	w	s_1	Ent-leerung	Wellen-ende nach DIN 748 d_1	l_1
32–125	50	32	3/8″	80	360	112	140	50	100	70	190	140	260	M 12	1/4″	24	50
32–160	50	32	3/8″	80	360	132	160	50	100	70	240	190	260	M 12	1/4″	24	50
32–200	50	32	3/8″	80	360	160	180	50	100	70	240	190	260	M 12	1/4″	24	50
* 32–250	50	32	3/8″	100	360	180	225	65	125	95	320	250	260	M 12	1/4″	24	50
40–125	65	40	3/8″	80	360	112	140	50	100	70	210	160	260	M 12	1/4″	24	50
40–160	65	40	3/8″	80	360	132	160	50	100	70	240	190	260	M 12	1/4″	24	50
40–200	65	40	3/8″	100	360	160	180	50	100	70	265	212	260	M 12	1/4″	24	50
40–250	65	40	3/8″	100	360	180	225	65	125	95	320	250	260	M 12	1/4″	24	50
* 40–315	65	40	3/8″	125	470	225	250	65	125	95	345	280	340	M 12	1/4″	32	80
50–125	65	50	3/8″	100	360	132	160	50	100	70	240	190	260	M 12	1/4″	24	50
50–160	65	50	3/8″	100	360	160	180	50	100	70	265	212	260	M 12	1/4″	24	50
50–200	65	50	3/8″	100	360	160	200	50	100	70	265	212	260	M 12	1/4″	24	50
50–250	65	50	3/8″	100	360	180	225	65	125	95	320	250	260	M 12	1/4″	24	50
* 50–315	65	50	3/8″	125	470	225	280	65	125	95	345	280	340	M 12	1/4″	32	80
65–125	80	65	3/8″	100	360	160	180	65	125	95	280	212	260	M 12	1/4″	24	50
65–160	80	65	3/8″	100	360	160	200	65	125	95	280	212	260	M 12	1/4″	24	50
65–200	80	65	3/8″	100	360	180	225	65	125	95	320	250	260	M 12	3/8″	24	50
65–250	80	65	1/2″	100	470	200	250	80	160	120	360	280	340	M 16	3/8″	32	80
65–315	80	65	1/2″	125	470	225	280	80	160	120	400	315	340	M 16	3/8″	32	80
80–160	100	80	3/8″	125	360	180	225	65	125	95	320	250	260	M 12	3/8″	24	50
80–200	100	80	1/2″	125	470	180	250	65	125	95	345	280	340	M 12	3/8″	32	80
80–250	100	80	1/2″	125	470	200	280	80	160	120	400	315	340	M 16	3/8″	32	80
80–315	100	80	1/2″	125	470	250	315	80	160	120	400	315	340	M 16	3/8″	32	80
100–200	125	100	1/2″	125	470	200	280	80	160	120	360	280	340	M 16	3/8″	32	80
100–250	125	100	1/2″	140	470	225	280	80	160	120	400	315	340	M 16	3/8″	32	80
100–315	125	100	1/2″	140	470	250	315	80	160	120	400	315	340	M 16	3/8″	32	80
100–400	125	100	1/2″	140	530	280	355	100	200	150	500	400	370	M 20	3/8″	42	110
125–250	150	125	1/2″	140	470	250	355	80	160	120	400	315	340	M 16	3/8″	32	80
125–315	150	125	1/2″	140	530	280	355	100	200	150	500	400	370	M 20	3/8″	42	110
125–400	150	125	1/2″	140	530	315	400	100	200	150	500	400	370	M 20	3/8″	42	110
* 150–200	200	150	1/2″	160	470	280	370	100	200	150	550	450	340	M 20	3/8″	32	80
* 150–250	200	150	1/2″	160	475	280	400	100	200	150	550	450	345	M 20	3/8″	32	80
150–315	200	150	1/2″	160	530	280	280	100	200	150	550	450	370	M 20	3/8″	42	110
150–400	200	150	1/2″	160	530	315	450	100	200	150	550	450	370	M 20	3/8″	42	110

* Ergänzungsgrößen. Maße in mm.

Ausschnitt aus dem NORMA-Pumpenkatalog der Fa. Ritz, Schwäbisch Gmünd.

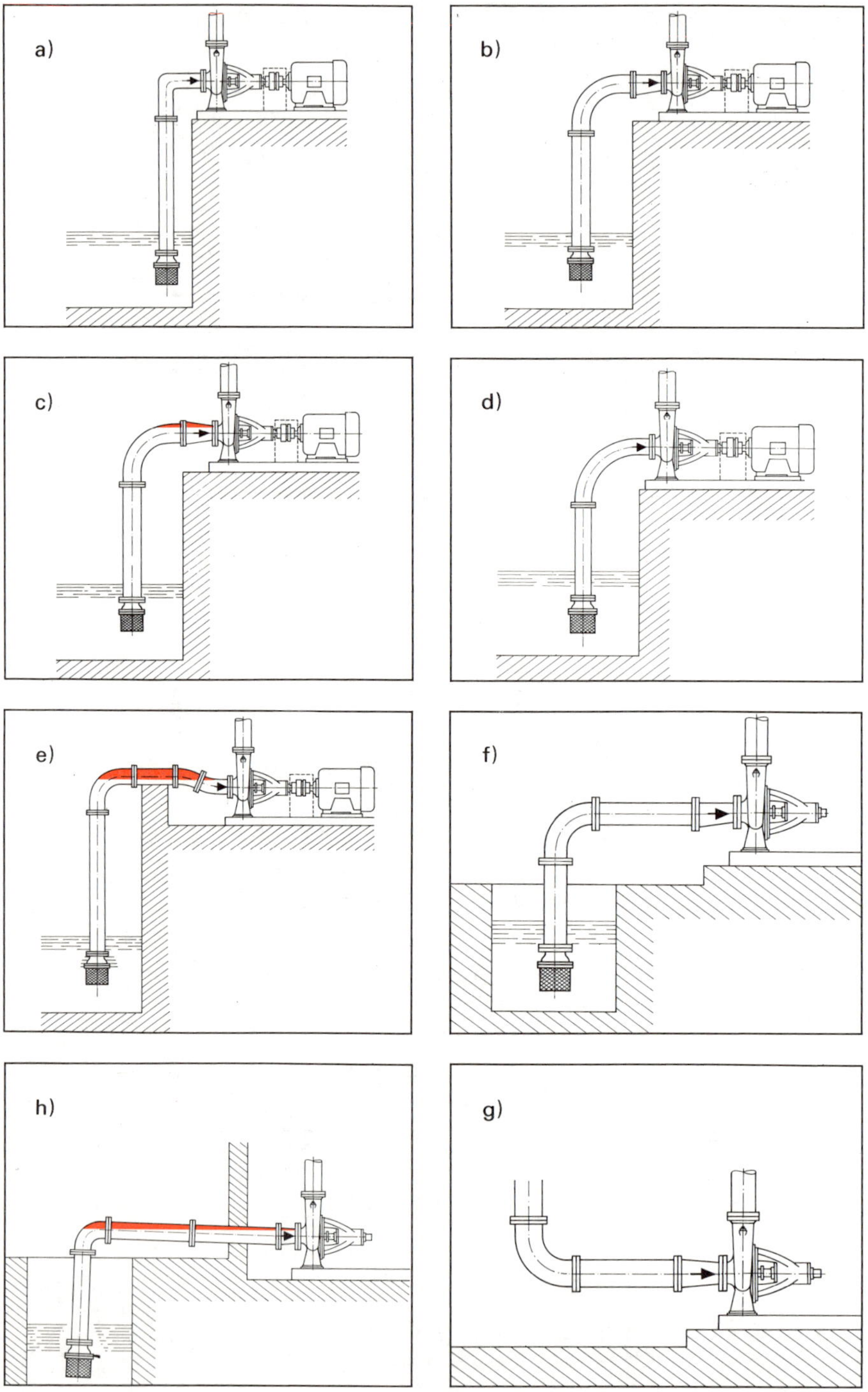

Bild 10.17 Gestaltung der Saugleitung (nach Fa. Ritz)

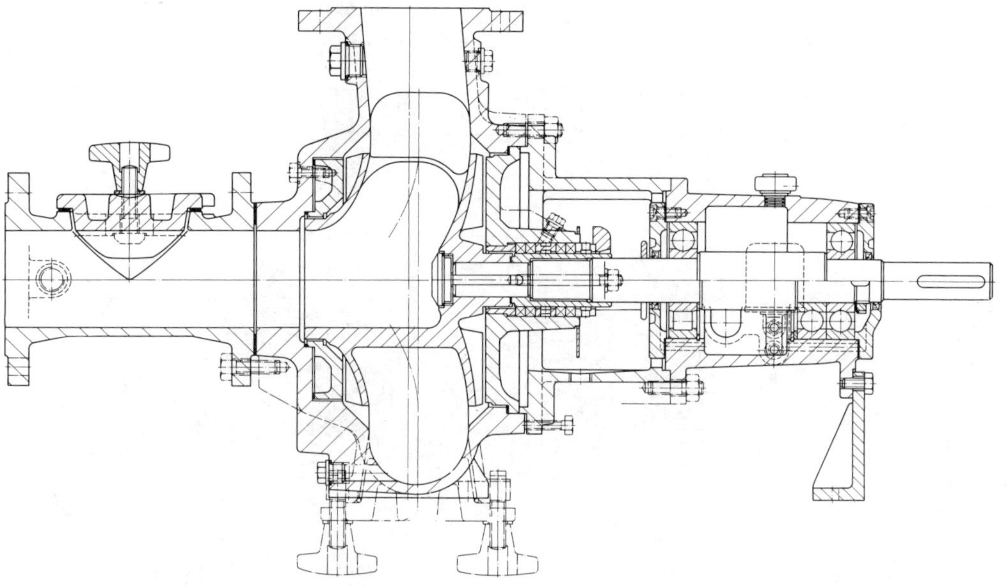

Bild 10.18 Kanalradpumpe (nach Fa. KSB)

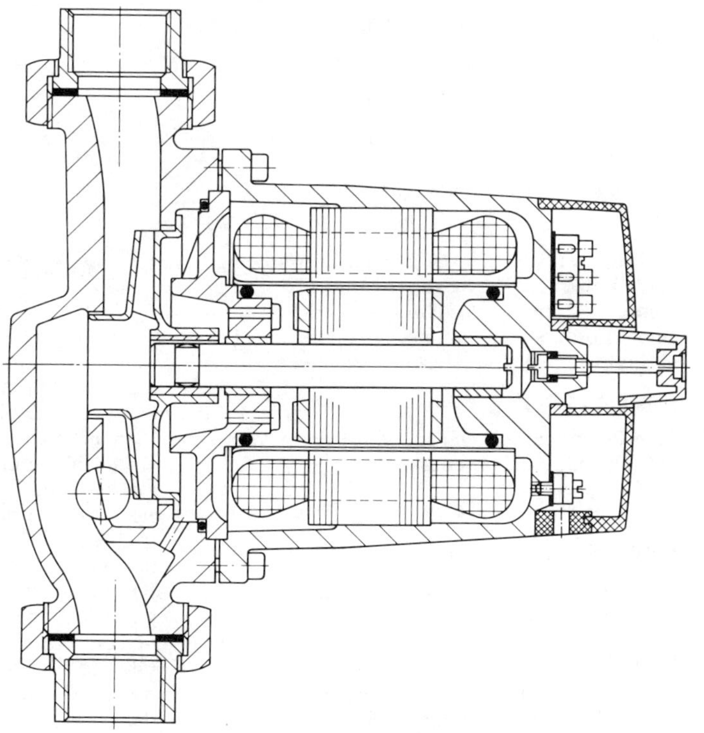

Bild 10.19 Stopfbuchslose Pumpe (nach Fa. KSB)

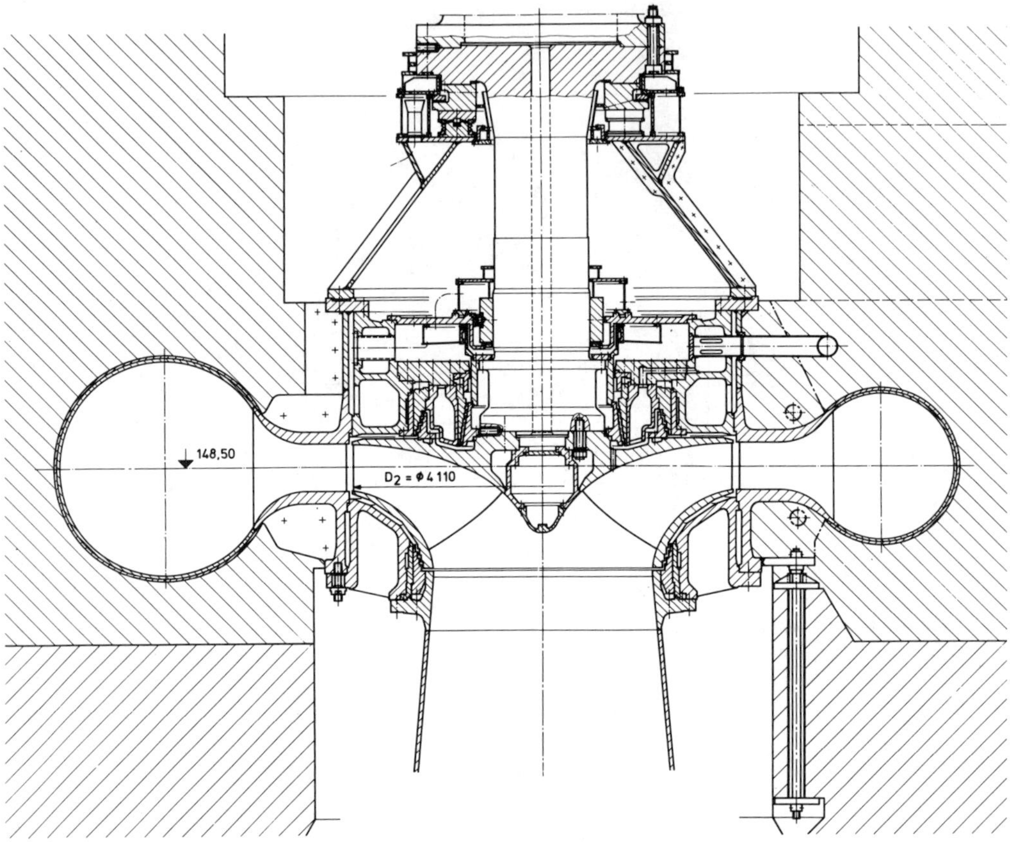

Bild 10.20 Speicherpumpe (nach Fa. Escher-Wyss)

und Spirale noch ein feststehendes **Leitrad** eingebaut. In Bild 10.20 ist beispielsweise die Speicherpumpe des Speicherkraftwerkes Waldeck II mit einem Förderstrom von 65,5 m³/s und einer Förderhöhe von $H_{max} = 343{,}4$ m dargestellt.

Beispiel 15

Eine Pumpe zur Förderung von kaltem Wasser hat folgende Betriebsdaten:

Förderstrom $\dot{V} = 100\ m^3/h$

Förderhöhe $H = 50$ m

Welche Normpumpe nach DIN 24255 eignet sich für diese hydraulischen Werte?

Lösung:

Abhängig von der Drehzahl n ergeben sich nach Bild 10.16 folgende Pumpentypen:

$n = 1450\ min^{-1}$: Pumpe 100—400

$n = 2900\ min^{-1}$: Pumpe 65—200

Die gleichen Pumpentypen ergeben sich auch aus Tabelle 10.2. In der Typenbezeichnung bedeutet die erste Zahl die Nennweite des Druckstutzens, die zweite Zahl den Laufradaußendurchmesser. Man erkennt, daß die Pumpe mit der kleinen Drehzahl wesentlich größer baut als die Pumpe mit der großen Drehzahl. Beide Pumpen eignen sich gleichermaßen für die angegebenen Betriebsdaten. Die Entscheidung für die eine oder die andere Pumpengröße hängt von zahlreichen Randbedingungen ab, die hier nicht erörtert werden können, da hierzu noch zahlreiche Angaben betreffs der Pumpenanlage und der Betriebsführung zu machen wären. Weitere Einzelheiten hierzu können z.B. in [10.5] nachgelesen werden.

10.4 Die mehrstufige Radialpumpe

Wie in Kapitel 4 dargelegt wurde, ist die maximale spezifische Stutzenarbeit Y (Förderhöhe H) eines Laufrades durch die von der Bauform (spez. Drehzahl) abhängende Druckzahl ψ und die aus Festigkeitsgründen nach oben hin begrenzte Umfangsgeschwindigkeit festgelegt. Zur Vergrößerung der spez. Stutzenarbeit (Förderhöhe) werden deshalb mehrere Stufen hintereinander geschaltet, wodurch sich die Förderhöhen der einzelnen Laufräder addieren. Der Volumenstrom $\dot{V}$ ist für alle Stufen gleich groß.
Die einzelnen Stufen können entweder in Tandemform (Bild 10.21a), wobei ein großer Axialschub entsteht, oder zum besseren Ausgleich des Axialschubes paarweise (Bild 10.21b) bzw. in Gruppen (Bild 10.21c) gegenläufig angeordnet werden.

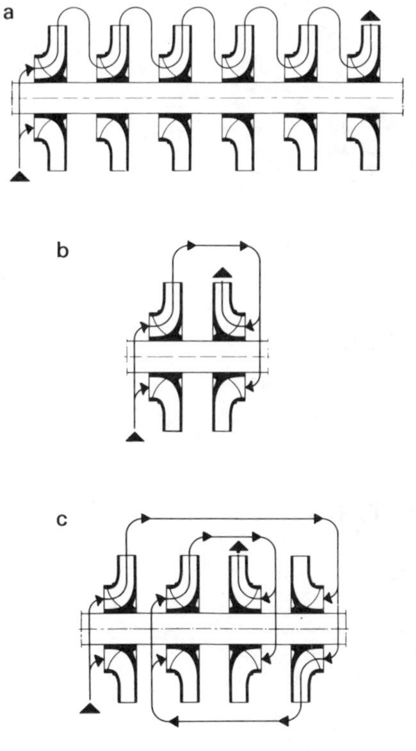

Bild 10.21 Laufradanordnungen mehrstufiger Pumpen (nach Fa. KSB)

Konstruktiv können die Pumpen entweder als **Gliederpumpen** mit radialen Teilflanschen oder als in Wellenebene quergeteilte Pumpen mit axialen Teilflanschen (Bild 10.22) ausgeführt werden. Für besonders große Drücke können beide Bauarten auch in **Topfbauweise** mit einem topfähnlichen Außenmantelgehäuse gebaut werden. Insbesondere **Kesselspeisepumpen** für thermische Kraftwerke werden bis zu Massenströmen von 4000 t/h in Kernkraftwerken und bis zu Drücken von 400 bar in konventionellen Kraftwerken als mehrstufige Gliederpumpen (Bild 10.23) und Topfgehäusepumpen (Bild 10.24) ausgeführt.
Die **Wellenlage** mehrstufiger Radialpumpen kann **horizontal** (Bilder 10.22 bis 10.24) oder **vertikal** (Bild 10.27) sein.
Eine besondere Konstruktion stellen die **Unterwassermotorpumpen** dar, die u.a. in der Trinkwasserversorgung, Brauchwasserversorgung, Grundwasserhaltung eingesetzt werden. Bei diesen Pumpen bilden das Pumpenaggregat und der Unterwassermotor eine kompakte Einheit (Bild 10.27), die unterhalb des Wasserspiegels des Saugbehälters, meist an vertikalen Steigrohren hängend, eingebaut wird. Die Pumpenlager sind wassergeschmiert. Der Unterwassermotor ist ein wassergefüllter Kurzschlußläufermotor, dessen Lager und Wicklung durch Wasser gekühlt wird. Kleinere Motoren werden auch mit Öl oder einer Spezialemulsion gefüllt. Unterwassermotorpumpen werden für Förderströme bis zu 5000 m^3/h und Förderhöhen bis etwa 1200 m, d.h. bis zu Motorleistungen von 2500 kW gebaut. In Bild 10.25 ist eine kleine Hauswasserversorgungsanlage mit Unterwassermotorpumpe dargestellt, wie sie in entlegenen Einfamilienhäusern, Bauerngehöften, Wochenendhäusern usw. zum Einsatz kommt.
Die beim Bau großer mehrstufiger Pumpen auftretenden konstruktiven Probleme und deren Lösungsmöglichkeiten, insbesondere die Gestaltung der Gehäuse, der Rotoren, der Lager und Dichtungen, können u.a. in [10.6 bis 10.8] nachgelesen werden.
Um bei Übungsaufgaben oder in der Praxis kleinere Pumpenanlagen mit mehrstufigen Pumpen planen zu können, wurden in Bild 10.26 die Auswahlkennfelder von mehrstufigen Pumpen, in Tabelle 10.3 die Pumpenmaße bei horizontaler Wellenlage, in Tabelle 10.4 bei vertikaler Wellenlage aus einem Firmenkatalog übernommen.

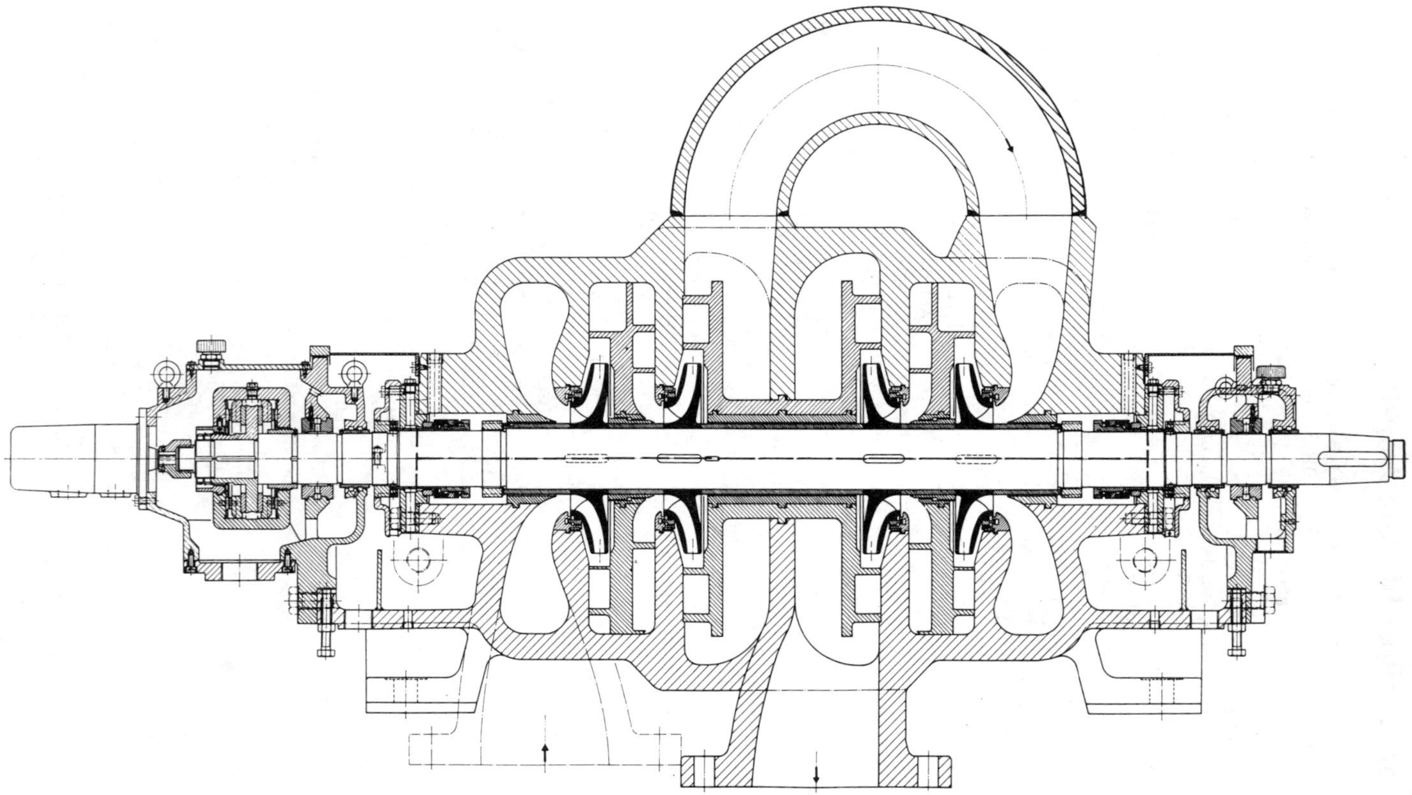

Bild 10.22 Axial geteilte Pumpe (nach Fa. Sulzer)

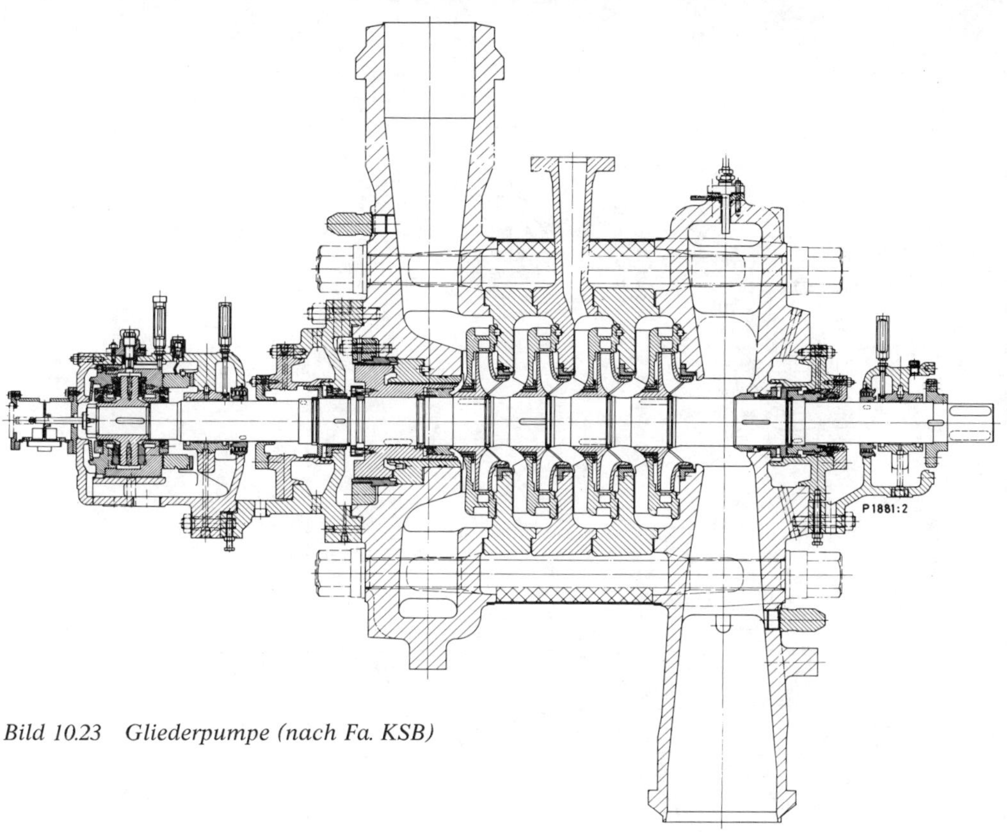

Bild 10.23 Gliederpumpe (nach Fa. KSB)

Bild 10.24 Topfpumpe (nach Fa. KSB)

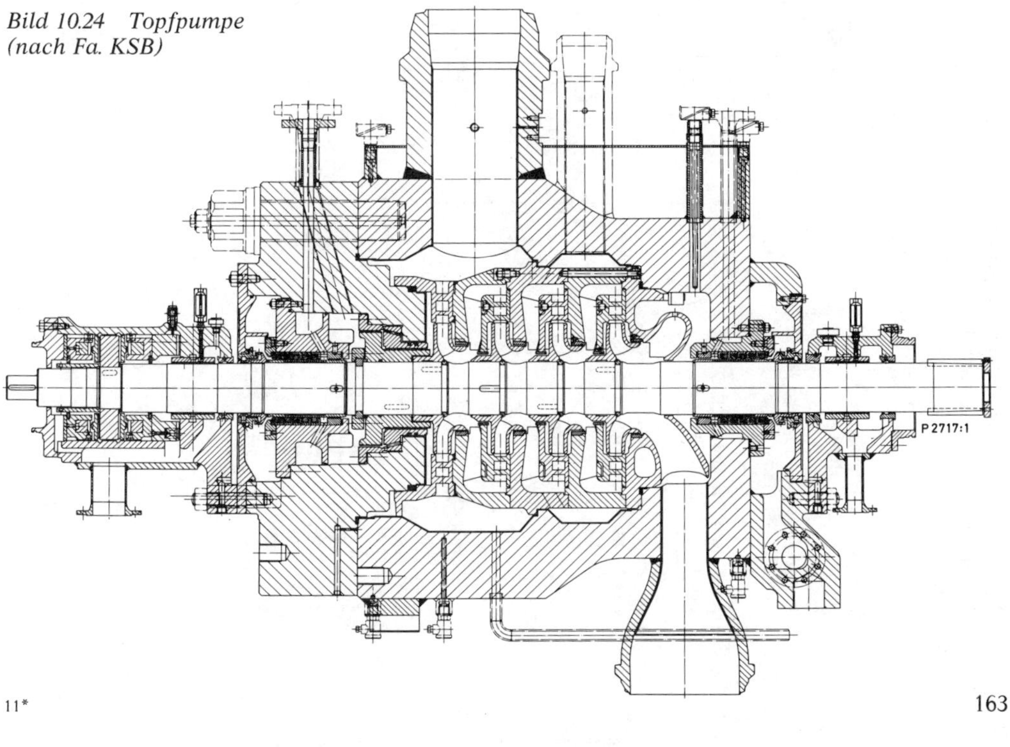

Tabelle 10.3 Pumpenabmessungen, Baureihe 44, Form A nach Firma Ritz

Flanschanschlußmaße
nach DIN 2501 Blatt 1
Saugflansch ND 10
Druckflansch ND 10 oder ND 16,
je nach Betriebsdruck

Nennweite [NW] D	Nenndruck [ND] 10 D_1	D_2	y	z
40	110	150	4	18
50	125	165	4	18
65	145	185	4	18
80	160	200	8	18
100	180	220	8	18
125	210	250	8	18
150	240	285	8	23
200	295	340	8	23

Nenndruck [ND] 16 D_1	D_2	y	z
110	150	4	18
125	155	4	18
125	185	4	18
160	200	8	18
180	220	8	18
210	250	8	18
240	285	8	23
295	340	12	23

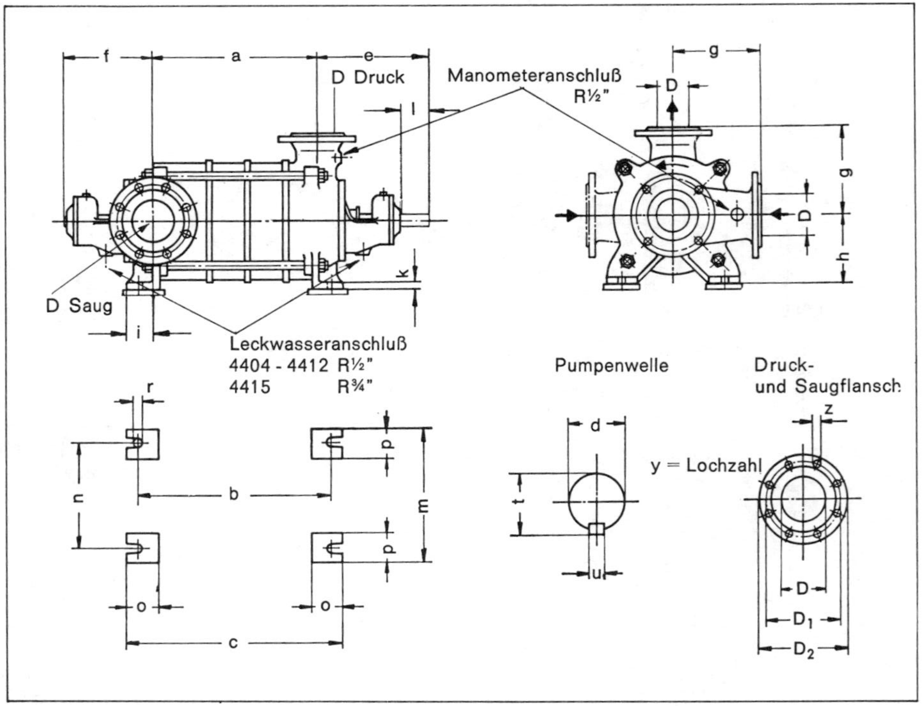

Typ	Anschluß [NW] Saugst. D	Druckst. D	Mit Stufenzahl wechselnde Maße für 1stufig a	b	c	je weit. Stufe mehr	e	f	g	h	i	k	m	n	o	p	r	l	Wellenzapfen d	t	u
4404	50	40	120	181	221	65	226	192	160	125	51	16	240	180	60	60	14	60	19	21,5	6
4405	65	50	136	196	236	72	236	210	190	140	50	20	270	210	60	60	14	60	19	21,5	6
4406	80	65	167	235	285	92	258	222	200	160	59	22	300	230	70	70	14	70	24	26,9	8
4408	100	80	190	266	326	94	282	235	225	180	68	23	330	250	80	80	18	85	28	30,9	8
4410	125	100	236	328	388	116	307	262	250	200	76	25	380	290	90	90	18	87	32	35,3	10
4412	150	125	285	381	451	140	344	316	285	225	83	25	440	340	100	100	18	108	38	41,3	10
4415	200	150	346	450	540	158	377	355	340	280	97	33	540	420	120	120	23	112	42	45,1	12

Maße in Millimeter

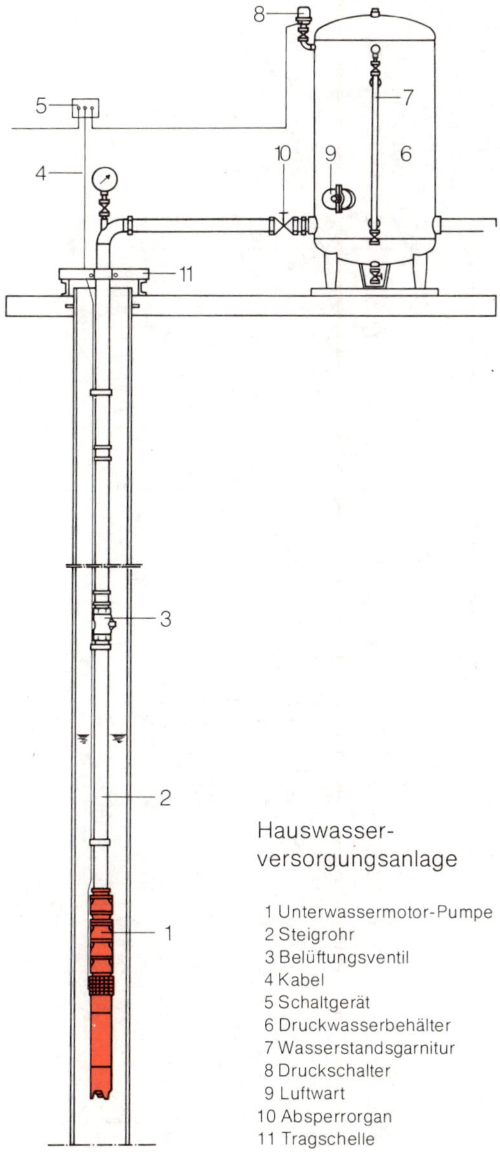

Bild 10.25 Hauswasserversorgungsanlage (nach Fa. KSB)

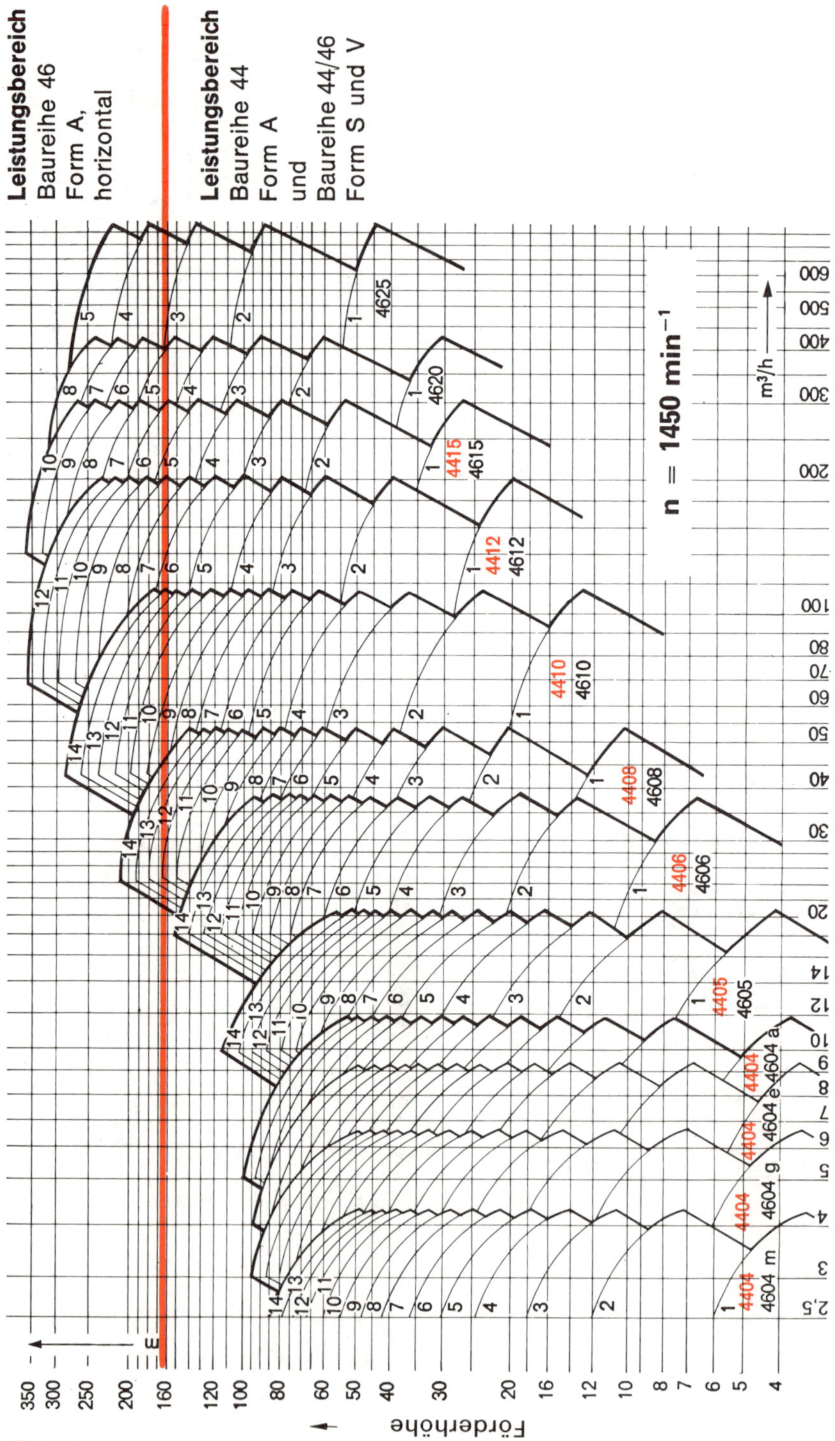
Leistungsbereich
Baureihe 46
Form A,
horizontal
Leistungsbereich
Baureihe 44
Form A
und
Baureihe 44/46
Form S und V
n = 1450 min⁻¹
Förderstrom
m³/h
Förderhöhe
m
4625
4620
4415
4615
4412
4612
4410
4610
4408
4608
4406
4606
4405
4605
4404
4604 a
4404
4604 e
4404
4604 g
4404
4604 m
4404

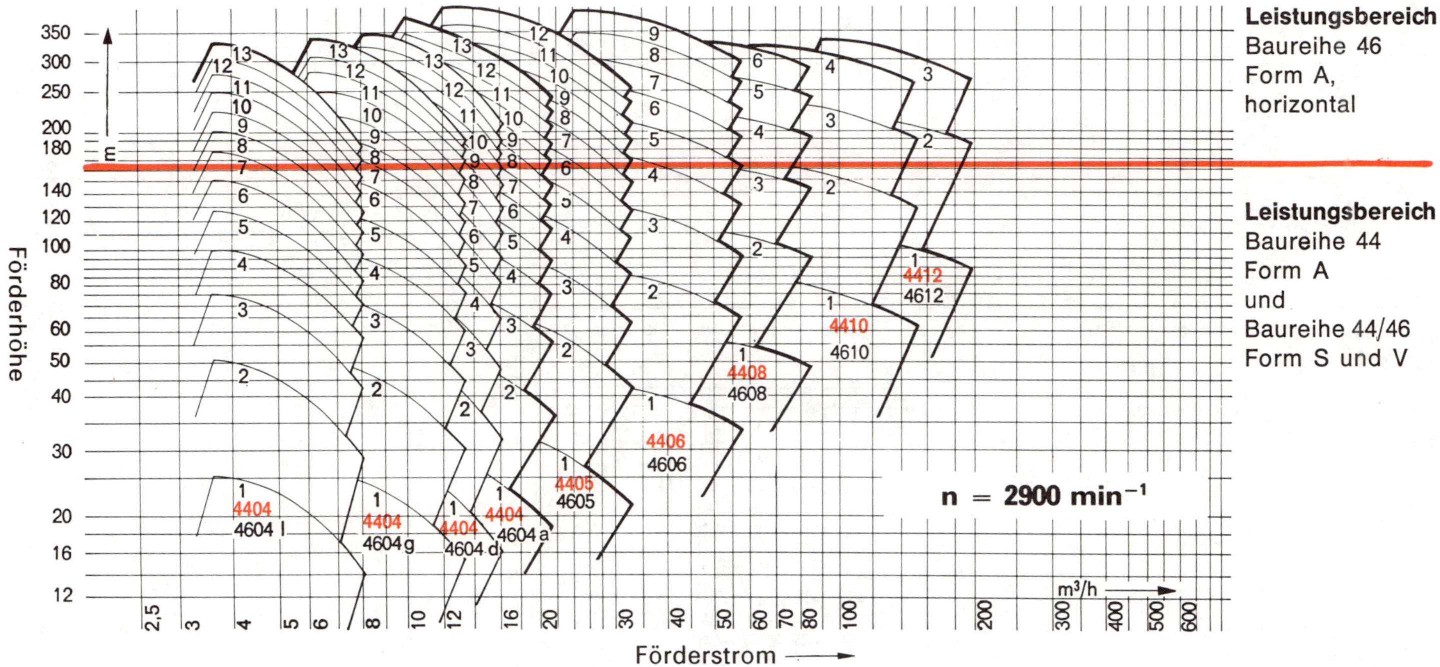

Bild 10.26 *Auswahlkennfeld für mehrstufige Pumpen (nach Fa. Ritz)*

Tabelle 10.4 Pumpenabmessungen, Baureihe 44/46, Form S nach Firma Ritz

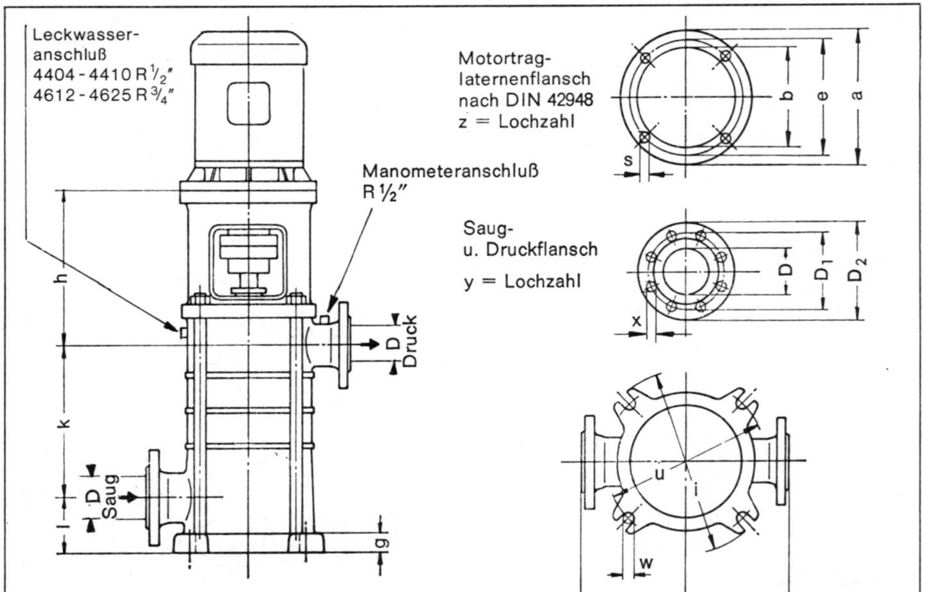

Pumpe mit starrer Kupplung

Maße in mm

Typ	Anschluß [NW] Saugst. D	Anschluß [NW] Druckst. D	Mittenabstand k Saug-Druckstutzen 1-stuf.	Mittenabstand k Saug-Druckstutzen jd. weit. Stufe	g	i	l	m	u	w	a	b	e	s	z	h
4404	50	40	120	65	33	314	95	160	282	15	160	110	130	M 8	4	237
											200	130	165	M 10	4	257
											250	180	215	M 12	4	257
											300	230	265	M 12	4	287
											350	250	300	M 16	4	317
4405	65	50	136	72	35	338	110	190	304	15	160	110	130	M 8	4	243
											200	130	165	M 10	4	258
											250	180	215	M 12	4	268
											300	230	265	M 12	4	298
											350	250	300	M 16	4	328
											400	300	350	M 16	4	338

4406	80	65	167	92	38	390	120	200	350	19	200	130	165	M 10	4	271
											250	180	215	M 12	4	271
											300	230	265	M 12	4	311
											350	250	300	M 16	4	361
											400	300	350	M 16	4	371
4408	100	80	190	94	40	440	130	225	400	19	250	180	215	M 12	4	285
											300	230	265	M 12	4	325
											350	250	300	M 16	4	375
											400	300	350	M 16	4	385
											450	350	400	M 16	8	385
4410	125	100	236	116	45	490	150	250	450	19	250	180	215	M 12	4	315
											300	230	265	M 12	4	335
											350	250	300	M 16	4	385
											400	300	350	M 16	4	395
											450	350	400	M 16	8	395
											550	450	500	M 16	8	435
4612	150	125	285	140	42	544	165	285	500	19	350	250	300	M 16	4	400
											400	300	350	M 16	4	410
											450	350	400	M 16	8	410
											550	450	500	M 16	8	450
4615	200	150	346	158	50	660	195	340	600	25	350	250	300	M 16	4	415
											400	300	350	M 16	4	415
											450	350	400	M 16	8	415
											550	450	500	M 16	8	465
											660	550	600	M 20	8	475
4620	250	200	400	180	55	764	230	400	700	30	400	300	350	M 16	4	465
											450	350	400	M 16	8	465
											550	450	500	M 16	8	515
											660	550	600	M 20	8	515
											800	680	740	M 20	8	555
4625	300	250	509	205	80	880	260	475	820	33	550	450	500	M 16	8	536
											660	550	600	M 20	8	566
											800	680	740	M 20	8	566

Flanschenanschlußmaße
nach DIN 2501 Blatt 1

Saugflansch ND 10, Druckflansch ND 10 oder ND 16, je nach Betriebsdruck

Nennweite [NW] D	Nenndruck [ND] 10 D_1	D_2	y	x	Nenndruck [ND] 16 D_1	D_2	y	x
40	110	150	4	18	110	150	4	18
50	125	165	4	18	125	165	4	18
65	145	185	4	18	145	185	4	18
80	160	200	8	18	160	200	8	18
100	180	220	8	18	180	220	8	18
125	210	250	8	18	210	250	8	18
150	240	285	8	22	240	285	8	22
200	295	340	8	22	295	340	12	22
250	350	395	12	22	355	405	12	26
300	400	445	12	22	410	460	12	26

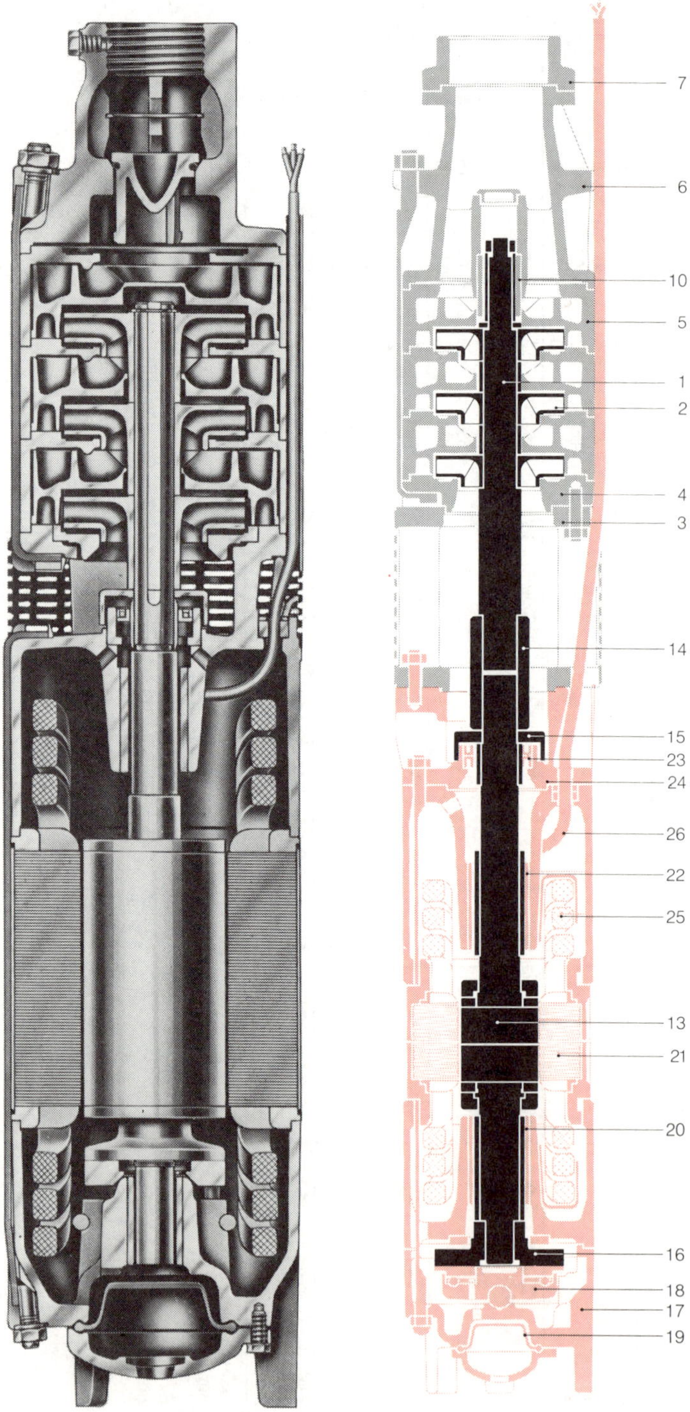

Bild 10.27 Unterwasser-motorpumpen (nach Fa. KSB)

1 Pumpenwelle
2 Laufrad
3 Sauggehäuse
4 Einlaufring
5 Stufengehäuse
6 Druckgehäuse
7 Übergangsstück
8 Rückschlagventil
9 Lagerbuchse
10 Lagerbuchse
11 Lagerbuchse
12 Spaltring
13 Rotor
14 Hülsenkupplung
15 Sandglocke
16 Axiallagerteller
17 Axiallagergehäuse
18 Axiallager
19 Membrane
20 Lagerbuchse
21 Stator
22 Lagerbuchse
23 Radialdichtring
24 Verbindungsstück
25 Wicklung
26 Kabel

10.5 Die zweiflutige Pumpe

In zweiflutigen Pumpen wird durch Parallelschalten von 2 Laufrädern der Volumenstrom bei unveränderter spezifischer Stutzenarbeit verdoppelt. Das Laufradpaar wird spiegelbildlich auf der Pumpenwelle aufgesetzt (Bild 10.28), um den Axialschub auszugleichen. Dieser Vorteil macht, zusammen mit dem gemeinsamen Saugstutzen, Gehäuse, Welle und Lagerung, aus der doppelflutigen Anordnung eine rationelle, preisgünstige Ausführung im Vergleich zur Parallelschaltung zweier Einzelpumpen.
Zweiflutige Pumpen haben, da die Geschwindigkeit im Eintrittsquerschnitt herabgesetzt wird, ein gutes Saugverhalten und einen relativ hohen Wirkungsgrad.

Im Prinzip können auch vier- oder sechsflutige Pumpen gebaut werden, doch ist der konstruktive Aufwand so groß, daß dies nur selten vorkommt.
Häufiger ist die Kombination der Mehrflutigkeit mit der Mehrstufigkeit in großen Wasserwerkspumpen, Pipelinepumpen und Speicherpumpen (Bild 7.27).
Die zweiströmigen Gehäuse werden bei kleineren und mittleren Drücken meist längsgeteilt, d.h. erhalten axiale Teilflansche (Bild 10.28), bei größeren Drücken, z.B. bei Reaktor-Speisepumpen, dagegen als Topfgehäuse ausgeführt (Bild 10.29).

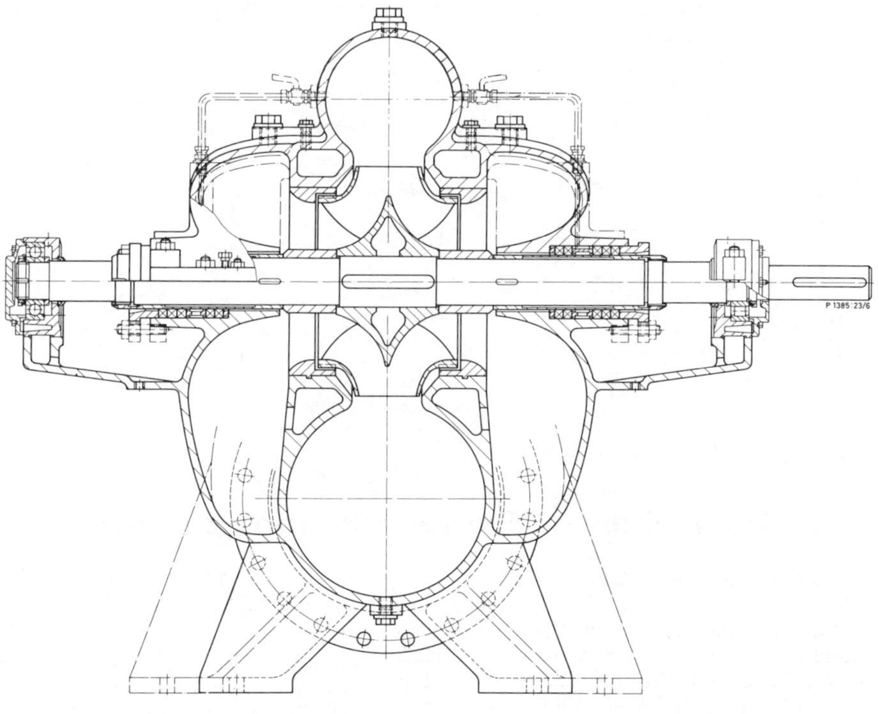

Bild 10.28 Zweiflutige Pumpe mit axialer Teilung (nach Fa. KSB)

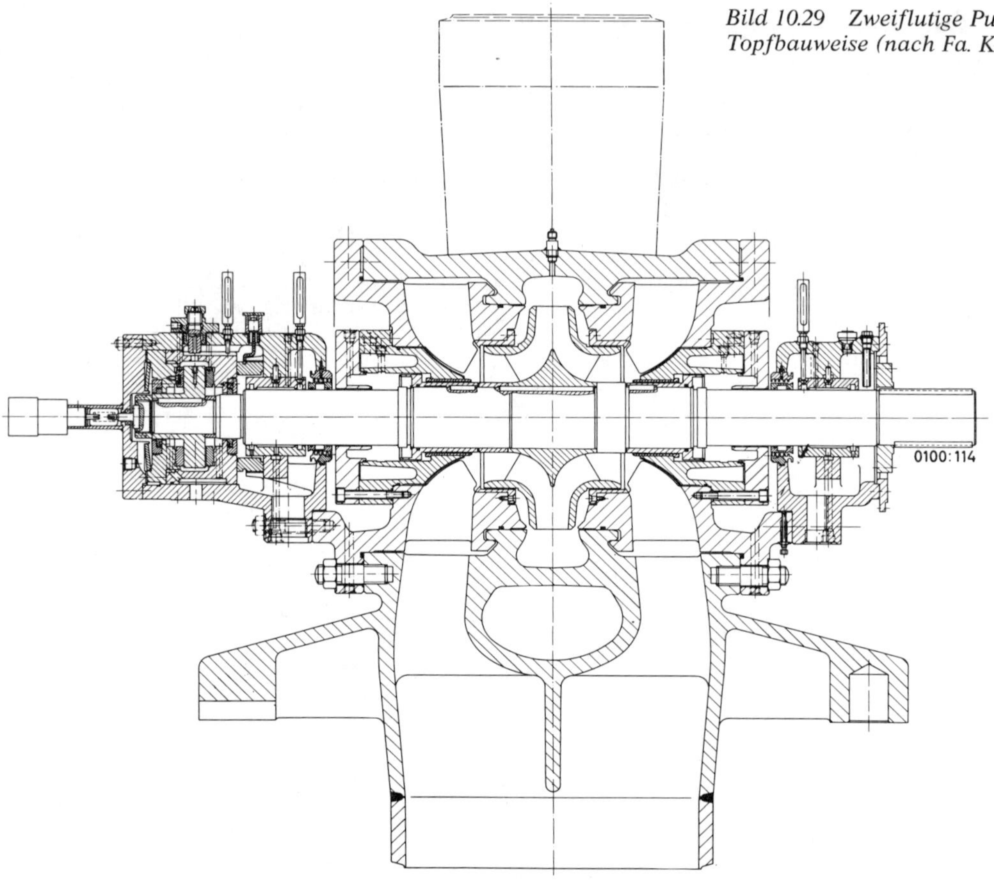

Bild 10.29 Zweiflutige Pumpe in Topfbauweise (nach Fa. KSB)

10.6 Die halbaxiale Pumpe (Diagonalpumpe)

Pumpen mit halbaxialem Laufrad (Bilder 10.4 und 10.5) können in einstufiger oder mehrstufiger und auch zweiflutiger Form gebaut werden. Einstufig-einflutige Pumpen mit Diagonalrad können als **Spiralgehäusepumpen** mit horizontaler (Bild 10.30) oder vertikaler Welle (Bild 10.31) oder als **Rohrgehäusepumpen**, meist in vertikaler Anordnung, ausgeführt werden.
Rohrgehäusepumpen werden in 3 Varianten gebaut:

a) mit feststehenden Laufschaufeln ohne Drallregler (Bild 10.31),
b) mit feststehenden Laufschaufeln mit Drallregler (Bild 10.32),
c) mit verstellbaren Laufschaufeln.

Die Ausführungen b) und c) haben einen großen Regulierbereich (vgl. Kapitel 13) und werden beispielsweise als Kühlwasserpumpen in thermischen Kraftwerken eingesetzt. Konstruktion und betrieblicher Einsatz von halbaxialen Pumpen können u.a. in [10.9 und 10.10] nachgelesen werden.
Die halbaxiale Pumpe (Diagonalradpumpe) liegt hinsichtlich ihres Anwendungsgebietes und ihres Betriebsverhaltens im Grenzgebiet zwischen den Radialpumpen und den Axialpumpen.

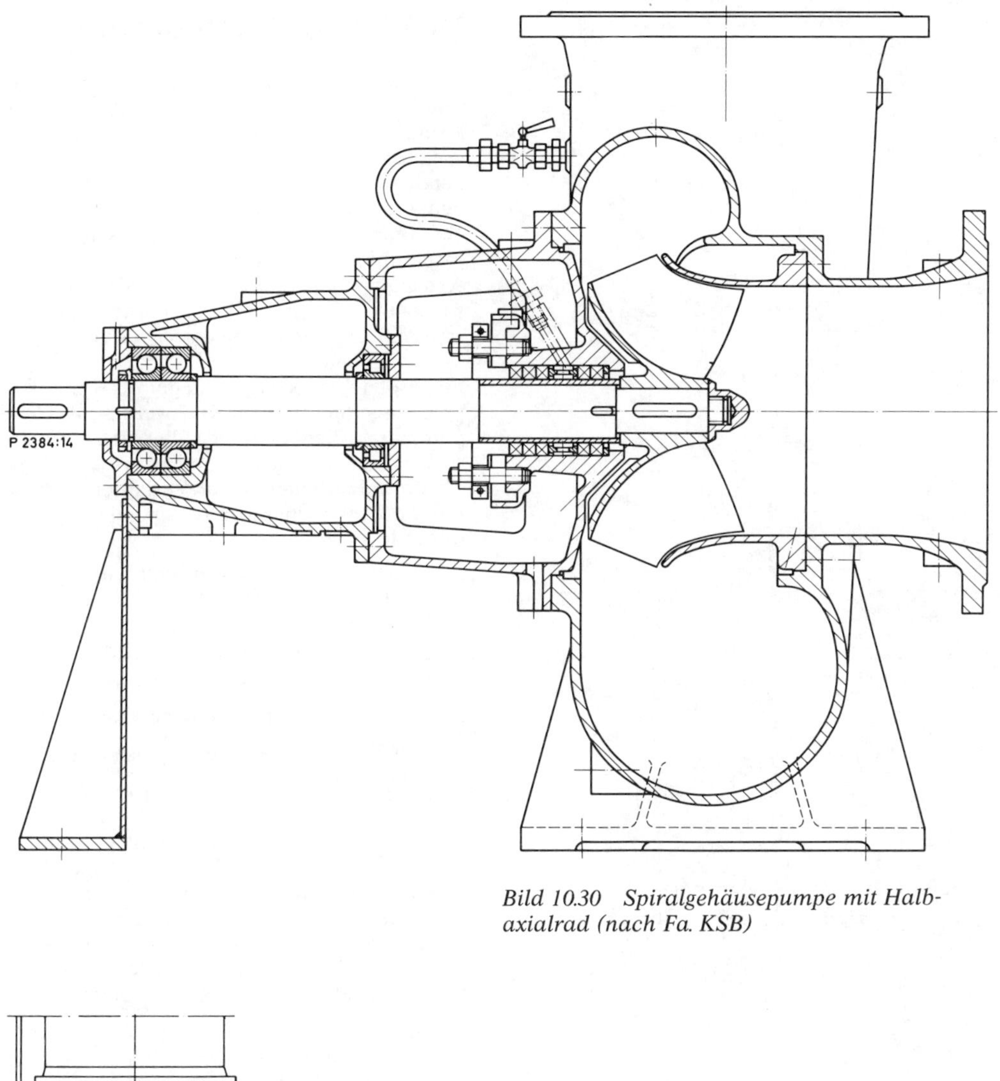

Bild 10.30 Spiralgehäusepumpe mit Halbaxialrad (nach Fa. KSB)

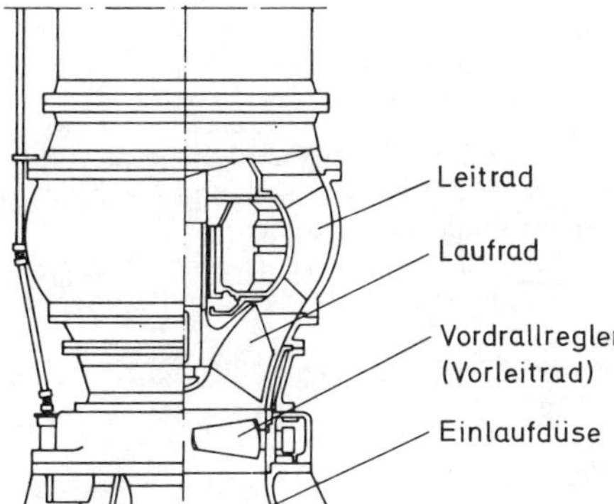

Bild 10.32 Rohrgehäusepumpe mit Vordrallregler (nach Fa. KSB)

10.7 Die Axialpumpe

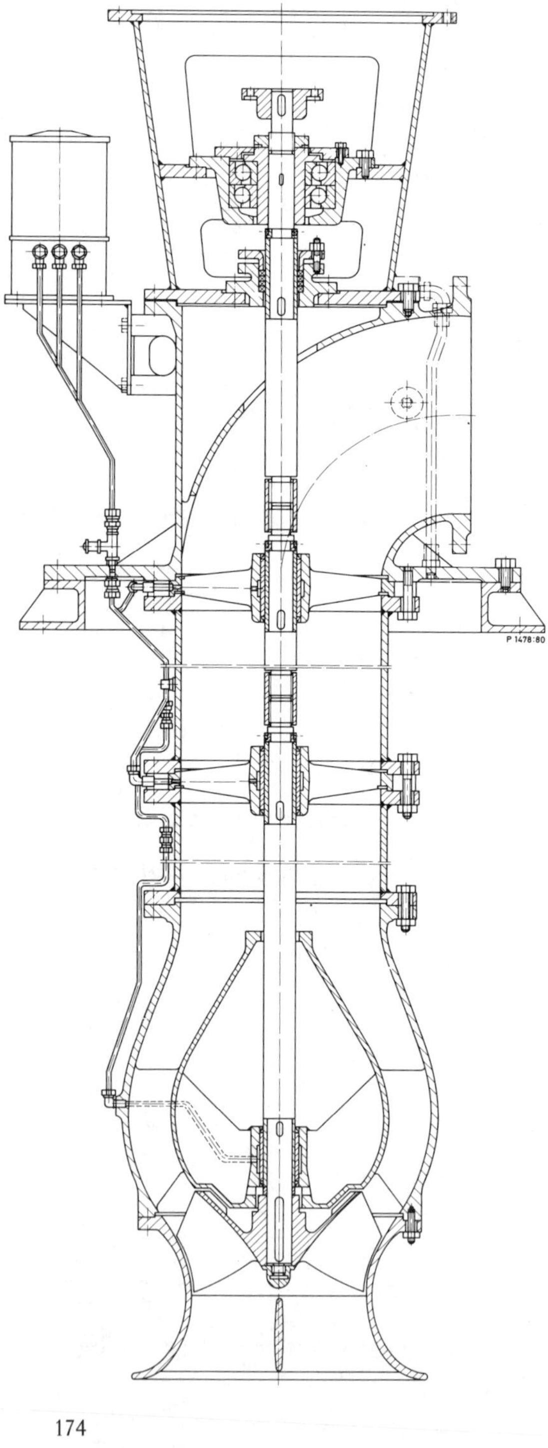

Axialpumpen, auch Propellerpumpen genannt, sind meist einstufige Pumpen mit räumlich gekrümmten tragflügelartigen Schaufeln und hoher spezifischer Drehzahl. Axialpumpen mit feststehenden Laufschaufeln werden als **Propellerpumpen**, Axialpumpen mit im Stillstand oder während des Betriebes verstellbaren Laufschaufeln als **Kaplanpumpen** bezeichnet.

Axialpumpen werden für große Förderströme bis zu 50 m^3/s [10.1] und i.a. kleine Förderhöhen unter 20 m mit Laufraddurchmessern bis zu mehreren Metern gebaut.

Eingesetzt werden Axialpumpen als Kühlwasserpumpen in thermischen Kraftwerken, als **Heberpumpen** in Schöpfwerken, Be- und Entwässerungsanlagen, Schleusen und Schiffsdocks sowie als **Umwälzpumpen** in der Verfahrenstechnik.

Für die Verwendung von Axialpumpen sprechen folgende **Vorteile**:

- günstige Abmessungen und Gewichte bei großen Förderströmen,
- hoher Wirkungsgrad,
- gute Regulierbarkeit des Förderstromes durch die Laufradverstellung,

denen folgende **Nachteile** gegenüberstehen:

- schlechte Saugfähigkeit, i.a. ist eine Zulaufhöhe erforderlich,
- kleine Stufenförderhöhe.

Je nach Aufbau der Pumpenanlage kann das Gehäuse rohrartig mit offener Ansaugdüse bzw. Ansaugkrümmer (Bilder 10.33 und 10.34) oder als Krümmergehäuse (Bild 10.35) passend zu einer Saug- und Druckleitung ausgeführt werden.

Je nach Größe der Förderhöhe und nach Lage der Einbauverhältnisse kann die Wellenlage

- horizontal (Bild 10.35),
- schräg (Bild 10.34),
- vertikal (Bild 10.33)

sein. Nähere Einzelheiten über die konstruktiven und betriebstechnischen Vor- und Nachteile der einzelnen Wellenlagen können in [10.11 bis 10.13] nachgelesen werden. Aus Kostengründen werden große Axialpumpen auch direkt in Betongehäuse eingesetzt.

Eine Axialpumpe besteht aus relativ wenigen Baugruppen.

Bild 10.31 Rohrgehäusepumpe mit Axialrad (nach Fa. KSB)

Bild 10.33 Vertikale Kaplanpumpe (nach Fa. J. M. Voith)

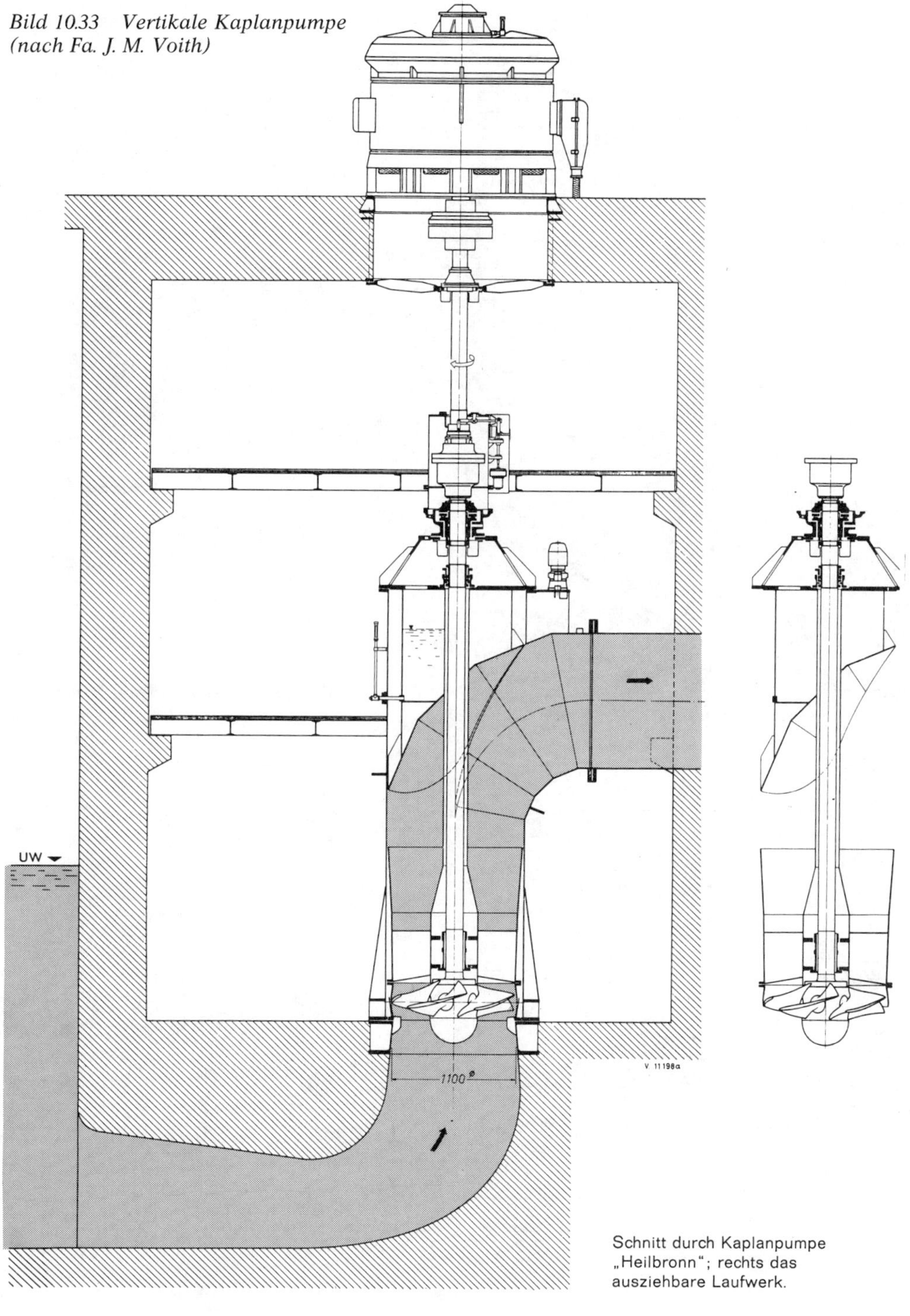

Schnitt durch Kaplanpumpe „Heilbronn"; rechts das ausziehbare Laufwerk.

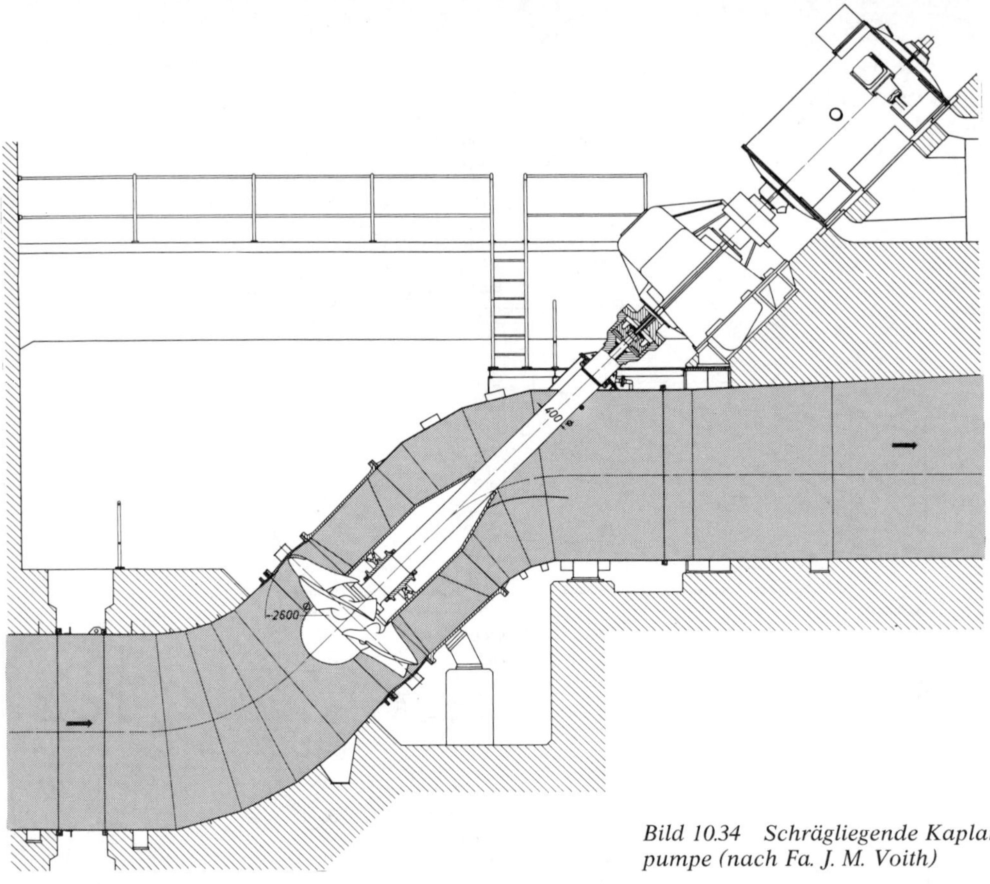

Bild 10.34 Schrägliegende Kaplanpumpe (nach Fa. J. M. Voith)

Bild 10.35 Krümmerpumpe (nach Fa. KSB)

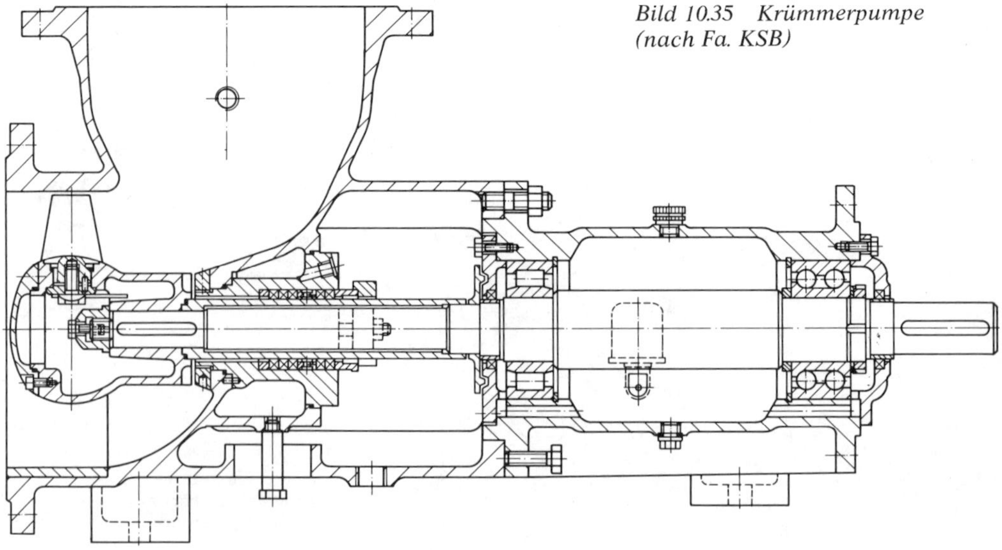

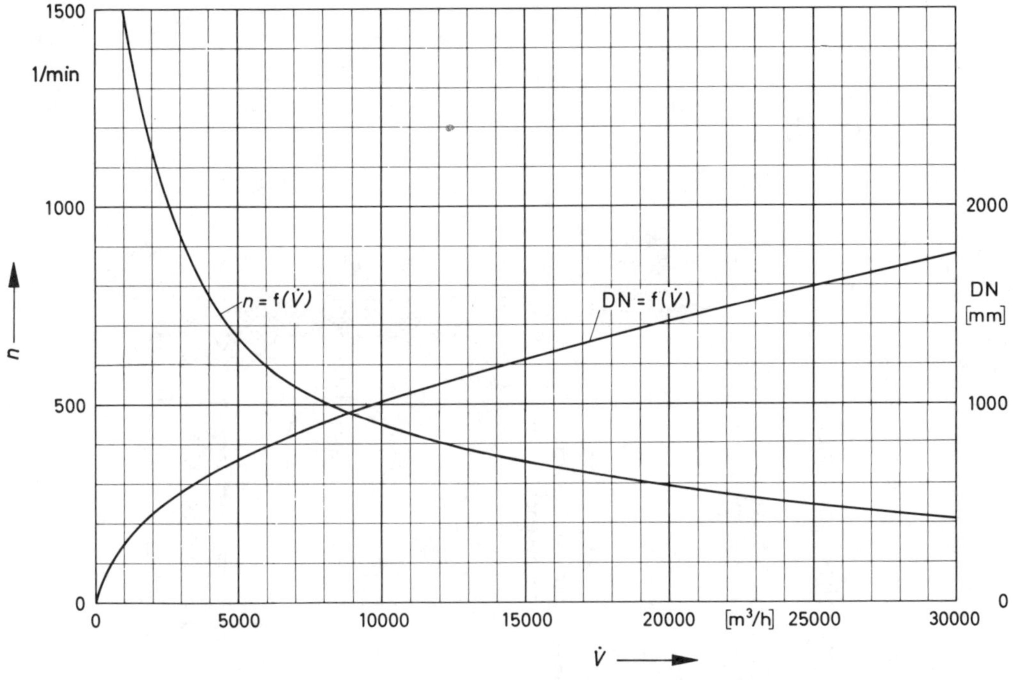

Bild 10.36 Drehzahlen und Durchmesser von Axialpumpen (aus [10.13])

Das fliegend gelagerte **Laufrad** hat bis zu 6 Schaufeln. Bei im Betrieb verstellbaren Schaufeln können je nach Pumpengröße und Einsatzfall folgende Verfahren angewandt werden:

- mechanisch von Hand oder mit elektrischem Stellmotor,
- hydraulisch,
- elektrisch.

Größere Pumpen besitzen zur Gleichrichtung der Strömung nach dem Laufrad ein **Leitrad**, was bei den kleinen Krümmergehäusepumpen entfällt.

Die schlanke **Welle** wird bei großen Pumpen in Gleitlagern, bei kleinen Pumpen in Wälzlagern gelagert. Bei den radialen Führungslagern unterscheidet man wassergeschmierte Gummi-(Kunststoff-)Lager und fettgeschmierte Metallager. Sowohl bei der Konstruktion der Radial- und Axiallager als auch bei der Gestaltung der Laufräder besteht eine enge Verwandtschaft mit der Kaplanturbine. Die Wellenabdichtung erfolgt üblicherweise mittels Packungsstopfbüchse. Bei manchen Konstruktionen wird die Welle von einem besonderen Schutzrohr umgeben (Bild 10.33).

Bei vertikalen Pumpen wird das Laufwerk meist ausziehbar konzipiert (Bild 10.33), während Schrägpumpen ein durch Flansche geteiltes, aufdeckbares Gehäuse erhalten.

Zur Abschätzung von Pumpendurchmesser (Laufradaußendurchmesser), d.h. Rohrnennweite und optimaler Drehzahl, kann das in [10.13] angegebene Diagramm (Bild 10.36) benützt werden.

In Bild 10.37 sind ein Auswahlkennfeld für größere Axialpumpen, in Tabelle 10.5 die zugehörigen Hauptabmessungen dargestellt. Die Einsatzbereiche kleinerer Axialpumpen mit Krümmergehäuse können aus Bild 10.38, die korrespondierenden Hauptabmessungen aus Tabelle 10.6 entnommen werden.

Tabelle 10.5
nach Fa. Thyssen-Ruhrpumpen

Ausführungen

PV: Propellerpumpen ohne ausziehbares Laufzeug (bis NW 1200)

PV**a**: Propellerpumpen mit ausziehbarem Laufzeug (ab NW 800)

PV**r**: Propellerpumpen mit regelbaren Schaufeln (ab NW 300)

PV**ar**: Propellerpumpen mit ausziehbarem Laufzeug und regelbaren Schaufeln (ab NW 800)

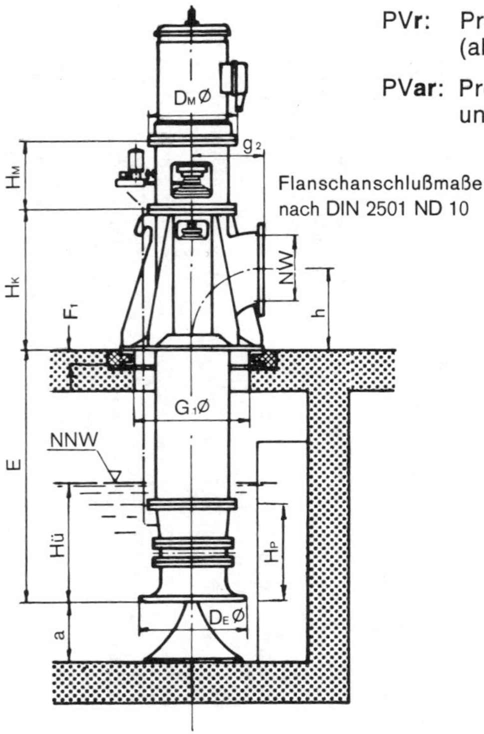

Abmessungen der Saugkammer
(Richtwerte)

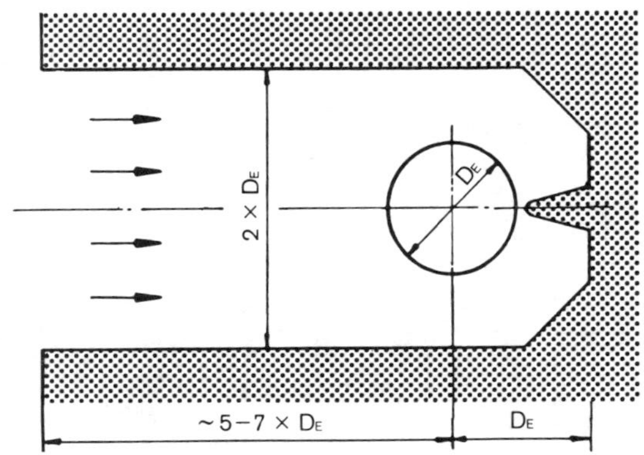

Maße
in mm

Typ	NW	Laufrad-Ø**	a	g_2	h	D_E	E min	F_1	G_1	H_K	H_M	H_P
PV	250	258	220	350	350	420	375	100	550	560	350	375
PV PVr	300	285	240	400	400	470	440	110	650	640	350	440
PV PVr	300	316	270	400	400	525	460	110	650	640	400	460
PV PVr	350	350	300	450	450	580	500	110	730	720	400	500
PV PVr	400	390	330	500	500	645	570	120	800	800	450	570
PV PVr	450	430	360	550	550	710	630	120	900	880	450	630
PV PVr	500	475	400	600	600	785	700	120	900	950	550	700
PV PVr	600	525	440	600	700	870	670	130	1050	1100	550	770
PV PVr	600	585	490	600	700	970	750	130	1050	1100	550	850
PV PVr	700	645	540	700	800	1070	850	130	1190	1250	600	950
PVar	800	645	540	800	900	1070	900	140	1360	1320	–	1000
PV PVr PVa PVar	800	715*	590	800 800 900 800	900 900 1000 900	1180	950 950 1000 1000	140	1360	1400 1400 1320 1320	650 650 1000 –	1050 1050 1100 1100
PV PVr	800	790	650	800	900	1310	1060	140	1360	1400	650	1160
PVa PVar	900	790	650	900	1000	1310	1100	140	1490	1450	1000 –	1200
PV PVr PVa	900	875*	730	900	1000	1450	1180 1180 1220	140	1490	1550 1550 1450	650 650 1000	1280 1280 1320
PV PVr PVa PVar	1000	970 970 970 875	800 800 800 730	1000	1100	1600 1600 1600 1450	1320 1320 1350 1220	150	1700	1700 1700 1600 1600	700 700 1000 –	1420 1420 1450 1320
PV PVr PVa PVar	1200	1075 1075 1075 970	900 900 900 800	1200	1300	1780 1780 1780 1600	1470 1470 1500 1350	150	2000	2000 2000 1900 1900	800 800 1400 –	1570 1570 1600 1450
PVar	1200	1075	900	1200	1300	1780	1500	150	2000	1900	–	1600
PV PVr	1200	1190*	1000	1200	1300	1970	1650	150	2000	2000	850	1750
PVa PVar	1400	1320 1190	1100 1000	1400	1500	2190 1970	1900 1700	160	2300	2210	1400 –	2000 1800
PVa	1400	1320	1100	1400	1500	2190	1900	160	2300	2210	1500	2000
PVa PVar	1500	1460* 1320	1200 1100	1500	1600	2420 2190	2080 1900	160	2600	2400	1600 –	2180 2000
PVar	1600	1460*	1200	1600	1700	2420	2080	160	2600	2500	–	2180
PVa PVar	1800	1620	1350	1800	1900	2670	2320	180	3000	2840	1600 –	2420

* Sonder-Baugröße.

** Bei gleichem Laufrad-Ø der einzelnen Kennziffern 1-3 (für die spez. Drehzahl) sind die Baumaße gleich.

Konstruktionsänderungen vorbehalten!

Tabelle 10.6 Propellerpumpen mit Spiralgehäuse (nach Fa. Sulzer)

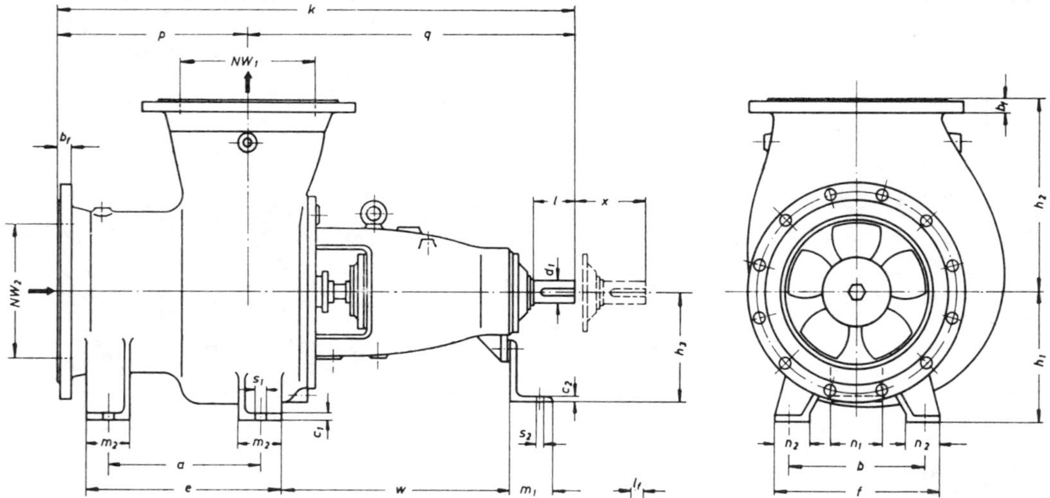

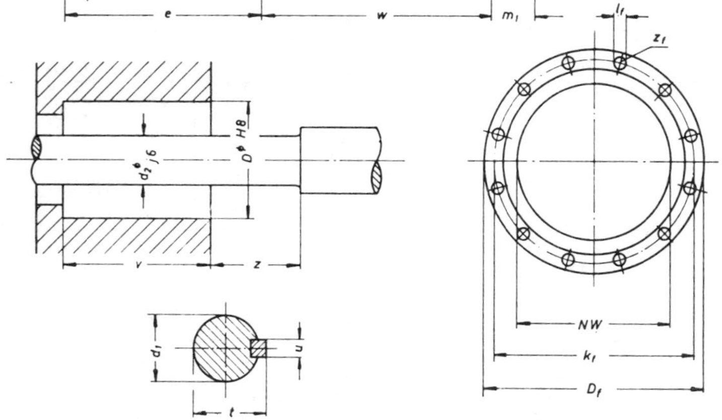

NW	Flanschen				
	$D_f\phi$	$b_f\phi$	$k_f\phi$	$l_f\phi$	z_f
200	340	26	295	23	8
250	395	28	350	23	12
300	445	28	400	23	12
350	505	30	460	23	16
400	565	32	515	27	16
500	670	34	620	27	20
600	780	36	725	30	20
700	895	40	840	30	24
800	1015	44	950	33	24

Pumpen		Massenträgheitsmoment	Stutzen		Pumpenmaße																						Wellenmaße				Stopfbuchsmaße			
Größe	Lagerkörper	J [kg m²]	NW_1	NW_2	p	q	k	h_1	h_2	h_s	a	b	c_1	c_2	e	f	m_1	m_2	n_1	n_2	s_1	s_2	w	x	d_1	l	t	u	d_2	D	v	z
X	253	0,007	200	200	300	502	802	200	300	160	220	220	15	8	290	250	50	70	60	55	14	14	347	200	25	55	27,9	8	32	62	52	57
XII	353	0,014	250	250	350	690	1040	250	350	210	280	280	17	8	350	340	65	100	60	70	18	18	470	250	35	70	38,3	10	48	85	69	62
XIII	353	0,035	300	300	400	641	1041	280	400	210	300	320	17	8	400	390	65	100	60	80	18	18	451	300	35	70	38,3	10	48	85	69	62
XIV	503	0,097	350	350	450	775	1225	300	450	250	360	320	17	14	460	390	100	100	90	80	23	23	540	350	50	100	53,5	14	62	110	77	73
XV	503	0,193	400	400	500	800	1300	360	500	250	400	420	20	14	500	500	100	100	90	80	23	23	585	400	50	100	53,3	14	62	110	77	73
XVII	703	0,355	500	500	600	1080	1680	400	600	335	500	540	25	16	600	600	100	120	200	90	27	23	760	500	65	140	69,2	18	75	135	102	83
XVIII	703	1,183	600	600	700	1100	1800	450	700	335	600	620	30	16	700	700	100	120	200	120	27	23	780	600	65	140	69,2	18	75	135	102	83
XX	903	3,110	800	800	900	1635	2535	600	900	490	800	900	40	20	900	1000	160	150	270	150	40	27	1173	800	100	210	106,1	28	115	185	120	65

Drehrichtung rechts vom Antrieb gesehen. Stutzenstellung nach oben, nach rechts vom Antrieb gesehen möglich. Maße in Millimeter (unverbindlich).

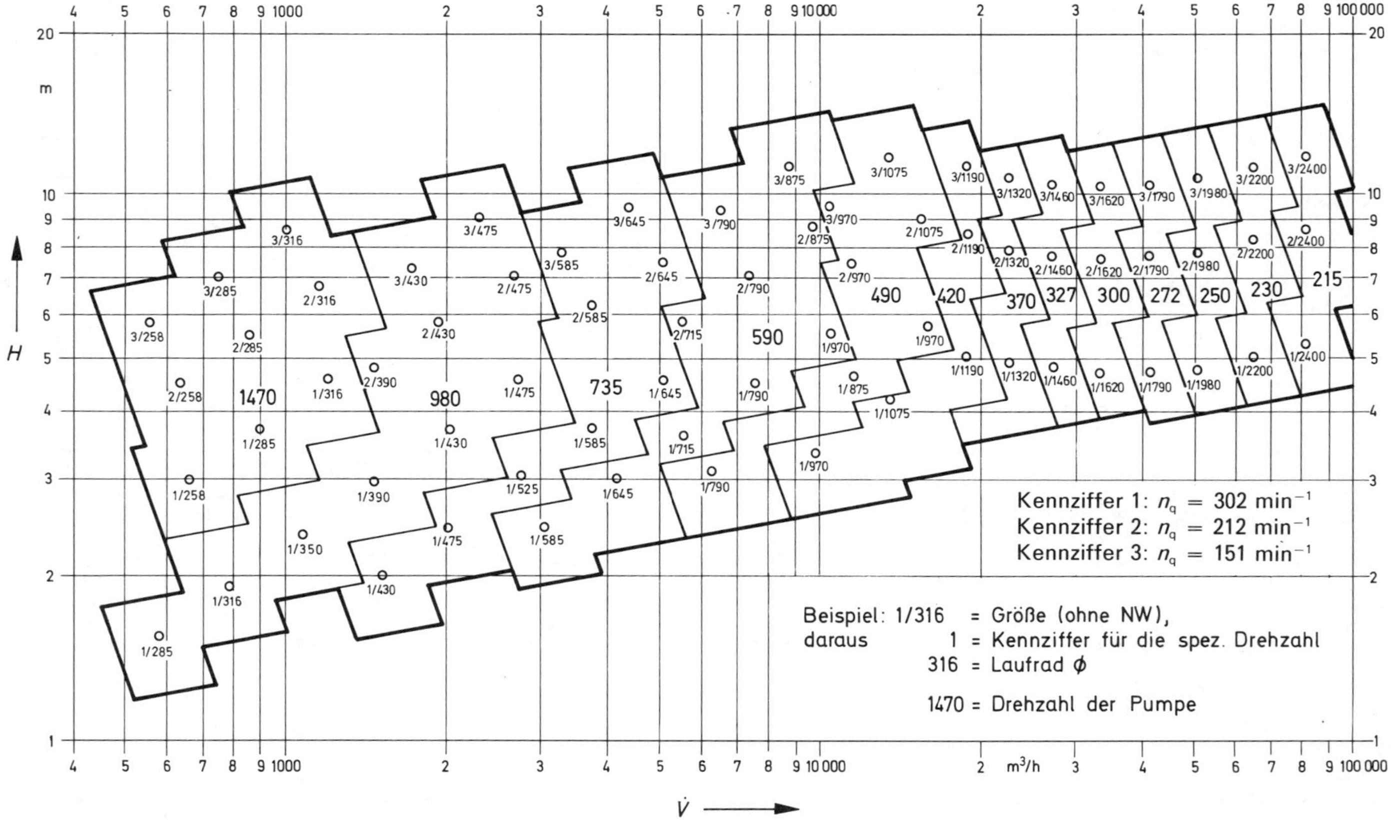

Bild 10.37 Auswahlkennfeld für große Axialpumpen (nach Fa. Thyssen-Ruhrpumpen)

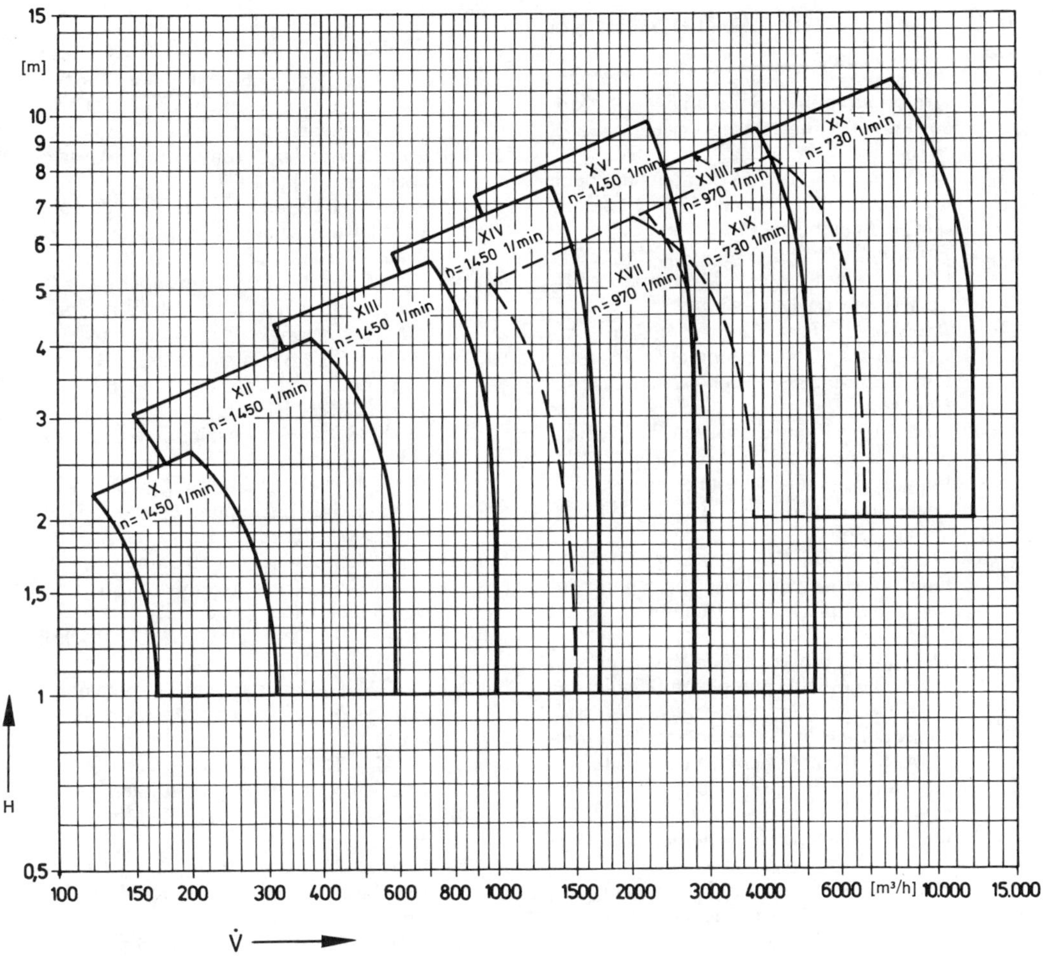

Bild 10.38 Auswahlkennfeld für Krümmerpumpen (nach Fa. Sulzer)

10.8 Literatur zu Kapitel 10

[10.1] *Troskolánski, A. T.*, und *Lazarkiewicz, St.*: Kreiselpumpen — Berechnung und Konstruktion. Birkhäuser-Verlag Basel 1976.

[10.2] *Leuschner, G.*: Kleines Pumpenhandbuch für Chemie und Technik. Verlag Chemie GmbH Weinheim 1967.

[10.3] *Hatzfeld, H.*: Der Weg von der ETA-Pumpe zur ETANORM-Pumpe. KSB-Technische Berichte, Heft 15.

[10.4] *Isselhard, R.*, und *Kratzer, A.*: Zur Entwicklung der Chemiepumpen in den letzten 40 Jahren. KSB-Technische Berichte, Heft 15.

[10.5] *Goerke, H.*: Pumpenanlagen, Teil 1, Bauarten, Bemessung, Betrieb, Teil 2, Planung, Aufstellung, Montage. Hanser-Betriebsbücher, Bände 21/22, Hanser-Verlag 1965.

[10.6] *Honold, E.*, und *Diederich, H.*: Entwicklungstendenzen im Kesselspeisepumpenbau. Technische Mitteilungen, Heft 2/1962.

[10.7] *Honold, E.*: Ein kritischer Vergleich von Topf- und Gliederpumpe am Beispiel der Entwicklung der Höchstdruck-Kesselspeisepumpe in Deutschland und den USA. KSB-Technische Berichte, Heft 1.

[10.8] *Honold, E.*: Die Entwicklung von Kesselspeisepumpen bei KSB zwischen 1935 und 1968. KSB-Technische Berichte, Heft 15.

[10.9] *Saalfeld, K.*: Stand und Entwicklung der Kühlwasserpumpen. Technische Mitteilungen, Heft 5/1960.

[10.10] *Saalfeld, K.*: Die Vordrallregelung von schnelläufigen Kreiselpumpen. Zeitschrift BWK 1959/Nr. 11.

[10.11] *Saalfeld, K.*, und *Kasperowski, E.*: Ein Vergleich von Propellerpumpen für Schöpfwerke mit senkrechter oder mit schrägliegender Welle. KSB-Technische Berichte, Heft 10.

[10.12] *Goerke, H.*, und *Winkelmann, P.*: Gestaltung von Schöpfwerken. KSB-Technische Berichte, Heft 11.

[10.13] *Kasperowski, E.*: Konstruktion, Regelung und Antrieb von Pumpen für Schöpfwerke. KSB-Technische Berichte, Heft 14.

[10.14] *Stepanoff, A. J.*: Radial- und Axialpumpen. Springer-Verlag 1959.

[10.15] Reprints der Pumpentagung 1973 in Karlsruhe: Fachgemeinschaft Pumpen und Verdichter im VDMA.

[10.16] *Schulz, H.*: Die Pumpen. 13. Auflage, Springer-Verlag 1977.

[10.17] *Kováts, A. de*, und *Desmur, G.*: Pumpen, Ventilatoren und Kompressoren. G.-Braun-Verlag 1968.

[10.18] *Pfleiderer, C.*: Die Kreiselpumpen für Flüssigkeiten und Gase. 5. Auflage, Springer-Verlag 1961.

[10.19] *Weber, F. J.*: Arbeitsmaschinen II, Kreiselpumpen und Verdichter. VEB Verlag Technik Berlin 1962.

[10.20] Fa. KSB: KSB-Kreiselpumpen-Lexikon 1980.

[10.21] DIN 24251: Wasserhaltungspumpen.

[10.22] DIN 24256: Kreiselpumpen mit axialem Eintritt PN 16 mit Lagerträger.

[10.23] DIN 24254: Seitenkanalpumpen PN 40.

[10.24] DIN 24252: Kreiselpumpen mit Schleißwänden ND 10.

[10.25] DIN 24296: Kreiselpumpen — Richtlinien für die Beschaffung.

[10.26] DIN 24295: Pumpen und Pumpenaggregate. Sicherheitstechnische Anforderungen.

[10.27] VDMA 24297: Kreiselpumpen. Technische Anforderungen; Richtlinien.

[10.28] VDMA 24273: Pumpen. Richtlinien für die Beschaffung.

[10.29] VDMA 24250: Kreiselpumpen. Benennung und Benummerung von Einzelteilen.

[10.30] VDMA 24261, Teil 1: Pumpen. Benennung nach der Wirkungsweise und konstruktiven Merkmalen, Kreiselpumpen.

[10.31] *Pohlenz, W.*: Grundlagen für Pumpen. 2. Auflage. VEB Verlag Technik, Berlin 1977.

[10.32] *Pohlenz, W.*: Pumpen für Flüssigkeiten. 4. Auflage. VEB Verlag Technik, Berlin 1984.

[10.33] *Pohlenz, W.*: Bauteile für Pumpen. VEB Verlag Technik, Berlin 1983.

[10.34] SULZER: Kreiselpumpen-Handbuch, 1985.

[10.35] *Hatzfeld/Spamer*: Technische Regeln für Kreiselpumpen, VDMA 1986, Maschinenbau-Verlag GmbH.

11 Ventilatoren, Gebläse, Verdichter

11.1 Einleitung

Zur Förderung oder Verdichtung gasförmiger Medien werden auf zahlreichen Gebieten der Technik Ventilatoren, Gebläse und Turboverdichter eingesetzt.

Ventilatoren und Gebläse werden mit kleinsten Abmessungen von wenigen Zentimetern, beispielsweise für die Kühlung von Elektronikgeräten, bis zu Durchmessern von 20 und mehr Metern, beispielsweise als Kühlturmlüfter, gebaut. Der Leistungsbedarf erstreckt sich von wenigen Watt bis zu mehreren Megawatt. Ventilatoren weisen nur geringe, Gebläse mittlere und Turboverdichter große Druckerhöhungen auf. Ventilatoren werden einstufig, radial oder axial, Gebläse einstufig oder mit wenigen Stufen, ebenfalls radial oder axial, Turboverdichter meist mit mehreren Radial- oder vielen Axialstufen ausgeführt. Ventilatoren und Gebläse werden in sehr großen Stückzahlen gefertigt und u.a. bei der Belüftung und Heizung von Gebäuden und Fahrzeugen, in Kraftwerken, in Entstaubungsanlagen, in der Verfahrenstechnik, zur Kühlung von elektrischen Motoren, Generatoren und Transformatoren, in der Landwirtschaft eingesetzt.
Die mit den Kolben-, Verdränger- und Schraubenverdichtern im Wettbewerb stehenden Turboverdichter werden in gekühlter oder ungekühlter Ausführung für die Drucklufterzeugung, Kältemittelverdichtung, in der chemischen Industrie oder für die Druckerhöhung in Ferngasleitungen verwendet. Turboverdichter verarbeiten größere Massenströme als Kolben- und Schraubenverdichter bei gleichem Bauaufwand. Ein besonders großes Anwendungsgebiet für Turboverdichter, insbesondere große Axialverdichter sind Gasturbinenanlagen und Flugtriebwerke. Auch die Abgasturbolader für Verbrennungskolbenmotoren sind mit einstufigen, radialen Turboverdichtern ausgestattet.
Da die Drehzahlen wie bei allen Strömungsmaschinen relativ hoch liegen, bauen Ventilatoren, Gebläse und Turboverdichter relativ günstig, d.h. besitzen kleine Abmessungen und Gewichte. Die Wirkungsgrade liegen i.a. recht hoch, so daß sich günstige Betriebskosten ergeben.

11.2 Radformen

Wie bei Kreiselpumpen lassen sich auch die Bauformen von Gebläse- und Verdichterrädern der Laufzahl σ bzw. der spezifischen Drehzahl n_q zuordnen (Bild 11.1). Mit steigender Laufzahl σ bzw. spez. Drehzahl n_q nimmt das Verhältnis Volumenstrom/spez. Stutzenarbeit zu.
Radialräder mit langen, schmalen Schaufeln haben die niedrigste Laufzahl, **axiale Überdruckräder** mit tragflügelartigen Schaufeln die höchste. Dazwischen liegen die **halbaxialen Gleichdruckräder**, wie sie in den sogenannten Schichtgebläsen (Bild 11.16) eingesetzt werden.
Die trommelförmigen Laufräder von **Querstromgebläsen** (Bild 11.20) lassen sich in das Schema Laufzahl-Bauform nicht so ohne weiteres einordnen, da bei diesen Rädern nicht nur der Durchmesser, sondern auch die Radbreite in die spezifischen Daten eingeht.
Radialräder können auch zweiflutig ausgeführt werden. Üblicherweise haben Radialräder eine vordere Deckscheibe. Kleinere und mittelgroße Hochdruckräder werden ohne Deckscheibe und mit radial endenden Schaufeln ausgeführt (Bild 11.6). Die Schaufeln der Axialräder können feststehend, einstellbar oder im Stillstand bzw. während des Betriebes verstellbar sein. Durch die Schaufelverstellung ergibt sich ein großer Betriebsbereich bei guten Teillastwirkungsgraden.
Der Übergang zur Mehrstufigkeit bei größeren spezifischen Stutzenarbeiten erfolgt bei Überschreiten der höchstzulässigen Umfangsgeschwindigkeiten oder bei Annäherung der Strö-

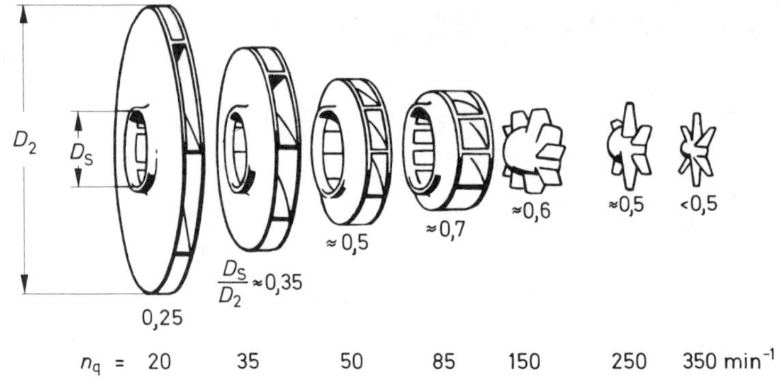

Bild 11.1 Laufradformen von Gebläsen

mungsgeschwindigkeiten an die Schallgrenze (vgl. Kapitel 6). Die höchstzulässigen Umfangsgeschwindigkeiten am Außendurchmesser liegen bei stationären Anlagen mit normalen Temperaturen bei etwa 250 bis 280 m/s, in Sonderfällen sind Werte bis 500 m/s verwirklicht worden.
Bei der Auswahl der Radform, Stufenzahl und Flutenzahl muß neben dem Platzbedarf, dem Maschinengewicht, der Lösung der Antriebsfrage und der Rohrleitungsführung auch die **Geräuschentwicklung** mitberücksichtigt werden. I.a. kann gesagt werden, daß mit steigender Laufzahl auch der Schalleistungspegel zunimmt, d.h. Axialräder bei gleichen Förderdaten lauter sind als Radialräder, da diese kleinere Umfangsgeschwindigkeiten haben.

11.3 Ventilatoren und Niederdruckgebläse

11.3.1 Einleitung

Zur Abgrenzung der Begriffe Ventilatoren, Gebläse und Verdichter werden in diesem Buch folgende Definitionen getroffen:
Unter **Ventilatoren** sollen Axial- und Radialmaschinen (diese auch zweiflutig) mit Druckverhältnissen p_2/p_1 unter 1,3, d.h. mit spezifischen Förderarbeiten Y unter etwa 23 kJ/kg (beim Ansaugen kalter Luft) verstanden werden.
Der Bereich der spezifischen Stutzenarbeiten der radialen oder axialen **Niederdruckgebläse** soll auf 100 kJ/kg, was beim Fördern von kalter Luft etwa einem Druckverhältnis von 3 entspricht, beschränkt bleiben.
Zur Orientierung, d.h. zur Abschätzung von Bauform, Drehzahl und Laufradaußendurchmesser, sowie zur Abgrenzung der Einsatzgebiete der verschiedenen Gebläsetypen kann das von einem bekannten Gebläsehersteller aufgestellte Diagramm in Bild 11.2 herangezogen werden.

11.3.2 Radialgebläse und Radialventilatoren

Bei Radialgebläsen tritt das Arbeitsmedium axial durch den Saugstutzen ein, wird im Laufrad radial umgelenkt und verläßt die Maschine durch den tangentialen Druckstutzen (Bild 11.3). Bei einstufigen Maschinen kann das Laufrad entweder direkt auf dem Motorwellenstumpf aufgesetzt werden oder bei größeren Gebläsen in fliegender Anordnung auf der in zwei Lagern (meist Wälzlager) gelagerten Welle befestigt sein. Wird das Laufrad auf einer Welle aufgesetzt, kann der Antrieb entweder direkt (Bild 11.4) oder über Keilriemen (Bild 11.5) bzw. Getriebe (Bild 11.6) erfolgen. Durch die Zwischenschaltung eines Riementriebes bzw. Getriebes kann die Gebläsedrehzahl beliebig festgelegt werden, während bei Direktantrieb die Gebläsedrehzahl gleich der nur in bestimmten Werten wählbaren Motordrehzahl ist.
Zweiflutige Radialgebläse saugen beidseitig an, wodurch im Gegensatz zur einseitigen Ansaugung kein Axialschub auftritt. Die Lagerung der zweiflutigen Gebläserotoren erfolgt beiderseits

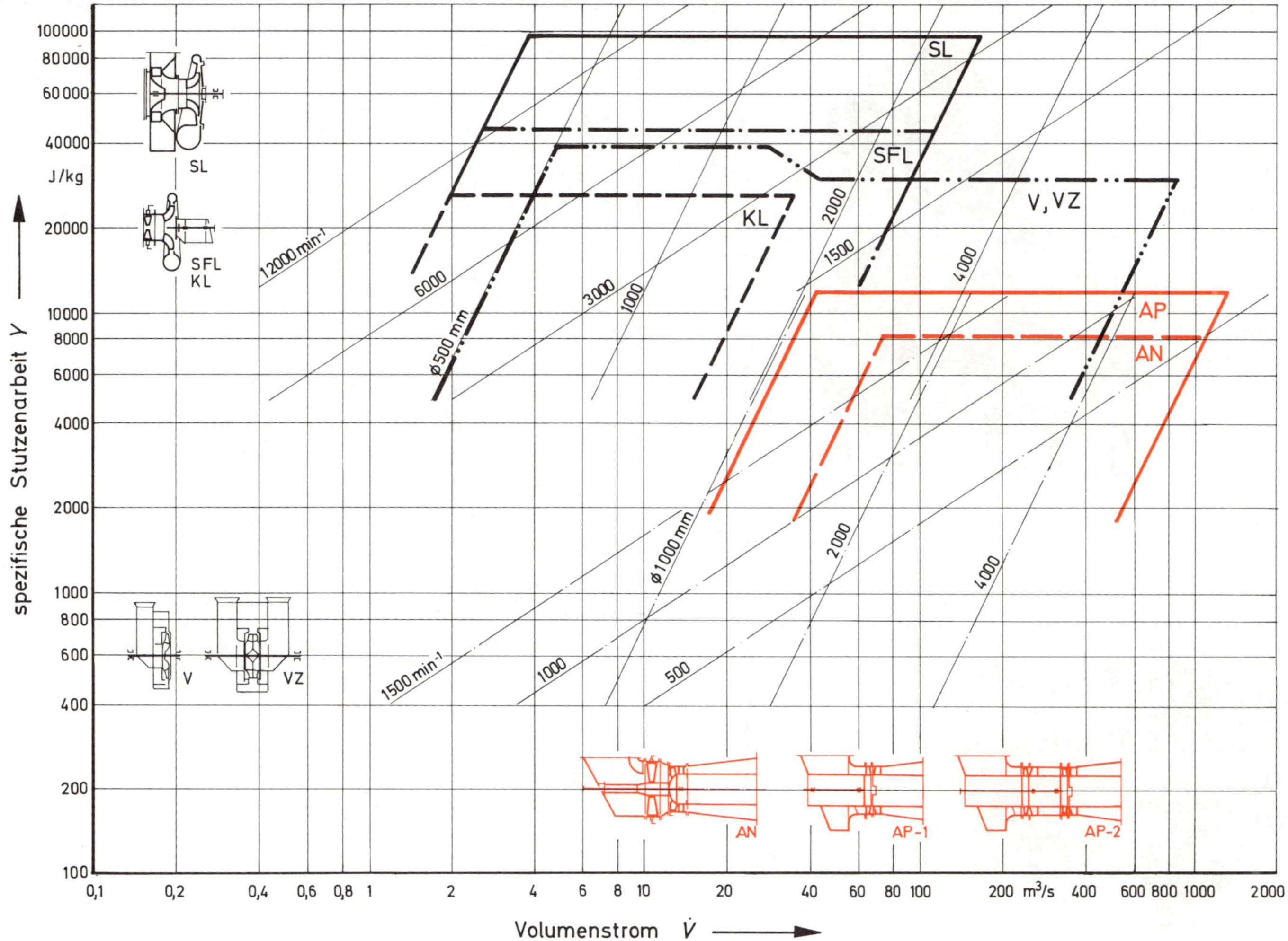

Bild 11.2 Auswahlkennfeld für Gebläse (nach Fa. KKK)

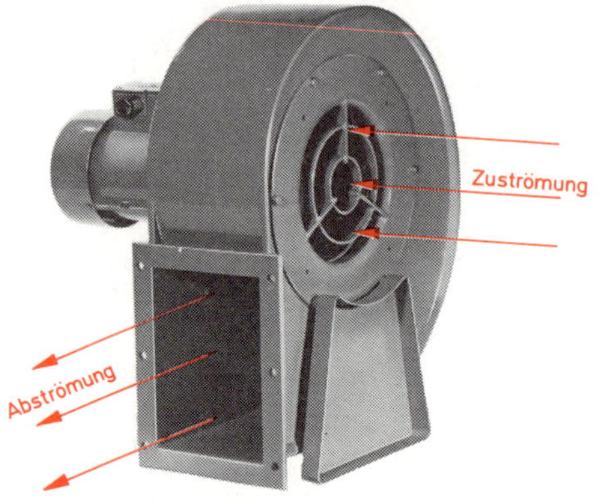

Bild 11.3 Radialventilator (Werkbild Siemens)

Bild 11.5 Radialventilator mit Keilriemenantrieb (nach Fa. BSH)

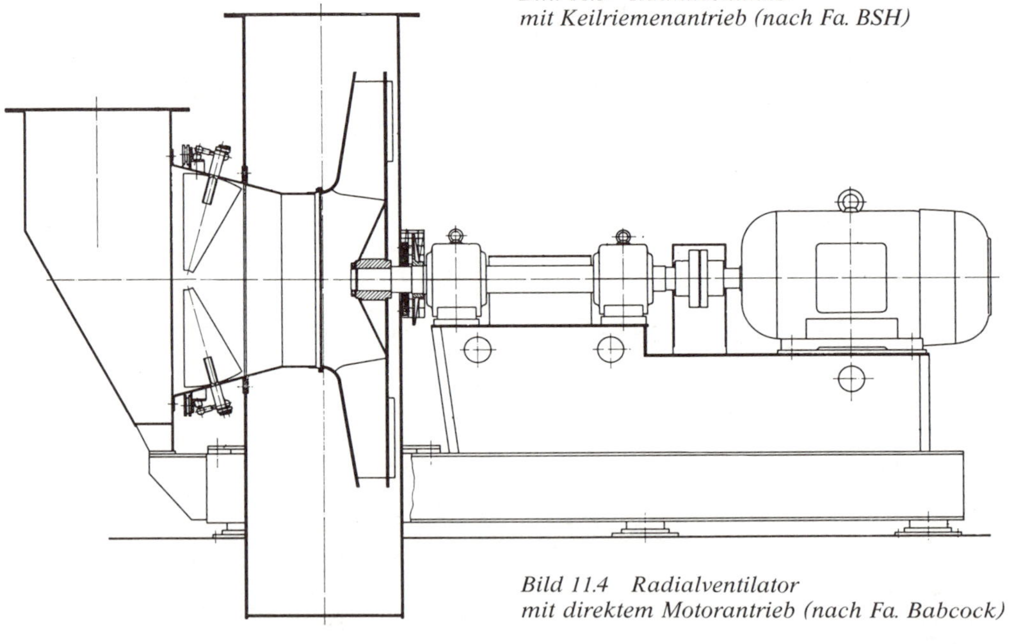

Bild 11.4 Radialventilator mit direktem Motorantrieb (nach Fa. Babcock)

Bild 11.6 Radialgebläse mit Zwischengetriebe (nach Fa. KKK)

des Gehäuses (Bild 11.7). Eine besondere Konstruktion bilden die i.a. zweiflutigen Radialgebläse mit innenliegendem **Scheibenanker-Motor** (Bild 11.8), bei denen die Laufräder unmittelbar auf dem Rotor des Scheibenanker-Motors montiert sind.

Das Spiralgehäuse wird bei kleineren Gebläsen in Gußausführung mit Kreis- oder Reckteckquerschnitten (vgl. Maßbilder in Tabelle 11.1), bei größeren Gebläsen als Blechspirale mit Rechteckquerschnitten ausgeführt. Die Stellung des tangentialen Druckstutzens, d.h. die Ausblaserichtung, kann wie bei radialen einstufigen Kreiselpumpen aus zahlreichen Varianten gewählt werden. Lager- und Motorbock werden mit dem Spiralgehäuse zu einer kompakten Konstruktion zusammengebaut (Bild 11.4).

Das meist in Blechbauweise hergestellte, seltener gegossene Laufrad kann mit und ohne vordere Deckscheibe ausgeführt werden. Je nach Größe der Betriebsdaten bzw. den besonderen Einbauverhältnissen werden die Schaufeln rückwärts oder vorwärts gekrümmt bzw. rein radial stehend ausgeführt. Räder mit tragflügelartigen Schaufeln haben einen besonders hohen Wirkungsgrad, oft über 90% [11.3].

Radialgebläse werden neben den in großen Stückzahlen gebauten Normalausführungen zur Förderung kalter Luft auch als Sonderkonstruktion für Heißgase, giftige Gase und staubhaltige Gase hergestellt.

Die Entscheidung, ob für vorliegende Förderdaten, d.h. Volumenstrom und spez. Stutzenarbeit, ein Radial- oder ein Axialgebläse eingesetzt werden soll, kann nicht nach einer einfachen, generellen Regel erfolgen, da durch Wahl der Drehzahl die spez. Drehzahl bzw. die Laufzahl des Laufrades und damit seine Bauform an sich

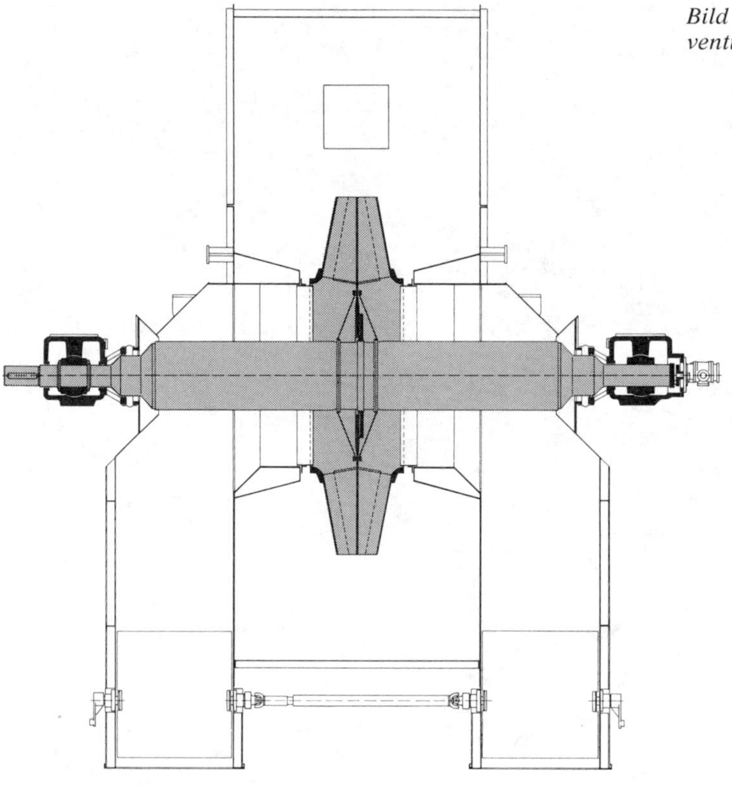

Bild 11.7 Zweiflutiger Radialventilator (nach Fa. KKK)

Bild 11.8 Zweiflutiger Radialventilator mit Scheibenankermotor (nach Fa. Fischbach)

beliebig festgelegt werden kann. I.a. werden Radialgebläse für kleinere Förderströme und größere Druckdifferenzen, Axialgebläse für große Förderströme und kleinere Druckerhöhungen vorgesehen. Die Auswahlkriterien können beispielsweise in [11.1] nachgelesen werden.

Ein Vergleich zwischen den Abmessungen, Drehzahlen, Gewichten und Schwungmomenten eines Radial- und eines Axialgebläses für die gleichen Betriebsdaten ist in Bild 11.9 nach [11.1] durchgeführt. Dem beträchtlich größeren Platzbedarf des Radialgebläses steht allerdings i.a. der Vorteil einer geringeren Geräuschentwicklung gegenüber.

Man kann den Gesamtschalleistungspegel L_w durch einen von der spezifischen Drehzahl n_q abhängenden spezifischen Schalleistungspegel L_{ws} und durch Zuschläge, die die Größe des Volumenstromes und die Gesamtdruckerhöhung Δp_t berücksichtigen, ausdrücken:

Bild 11.9 Vergleich zwischen Radial- und Axialventilator (nach Fa. KKK)

Abmessungen von Radial- und Axialventilator gleicher Leistung bei
$\dot{V}$ = 10 m³/s;
Δp = 1000 Pa
ϱ = 1,2 kg/m³

a Radialventilator
b Axialventilator

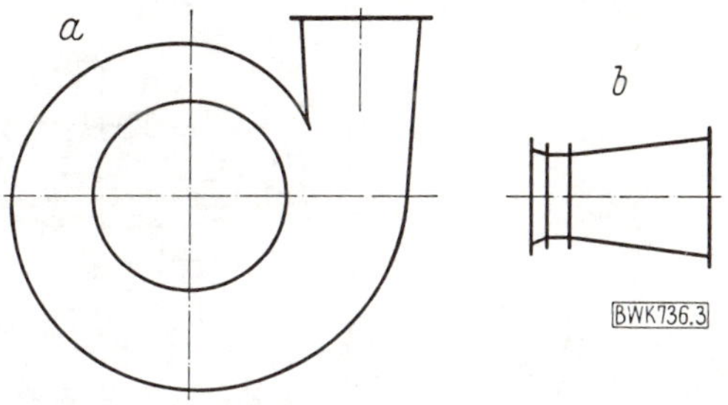

		radial	axial
Laufraddurchmesser	*mm*	*1 600*	*710*
Drehzahl	*U/min*	*500*	*1 480*
Umfangsgeschwindigkeit	*m/s*	*42*	*55*
Gewicht (etwa)	*kp*	*4 000*	*650*
Schwungmoment (etwa)	*kp m²*	*600*	*7*

(11.1)

$$L_w = L_{ws} + 10 \lg \dot{V} + 20 \lg \Delta p_t$$

L_w = Gesamtschalleistungspegel in dB
L_{ws} = spezifischer Schalleistungspegel in dB nach Bild 11.10
$\dot{V}$ = Volumenstrom in m³/s
Δp_t = Gesamtdruckerhöhung in Pa

Aus Bild 11.10 erkennt man, daß der spezifische Schalleistungspegel L_{ws} beim extrem langsamläufigen Radialrad bei etwa 35 dB liegt, dagegen bei einem schnelläufigen Axialrad mit einem n_q von etwa 250 min⁻¹ bei etwa 45 dB, d.h. doppelt so hoch ist. Auch die unterschiedliche Form der Kennlinien, d.h. unterschiedliches Betriebsverhalten von Radial- und Axialgebläsen, kann bei der Entscheidung für oder gegen eine Bauform ausschlaggebend sein.

Für Übungszwecke ist in Bild 11.11 das Auswahlkennfeld für kleinere Radialgebläse mit Förderströmen bis etwa 0,8 m³/s und Druckerhöhungen bis 4000 Pa dargestellt. Tabelle 11.1 enthält die zugehörigen Maßbilder und Hauptabmessungen.

11.3.3 Axialgebläse und Axialventilatoren

Bei größeren Förderströmen und kleineren Druckerhöhungen werden in der Gebäude-, Geräte-, Fahrzeug-, Gruben-, Tunnelbelüftung sowie in Kraftwerken, Hüttenwerken, in der Zementindustrie, in Windkanälen usw. ein- und mehrstufige Axialgebläse verwendet.

Als **Vorteile** dieser Strömungsmaschine sind vor allem der hohe Wirkungsgrad, der große Betriebsbereich bei guten Teillastwirkungsgraden,

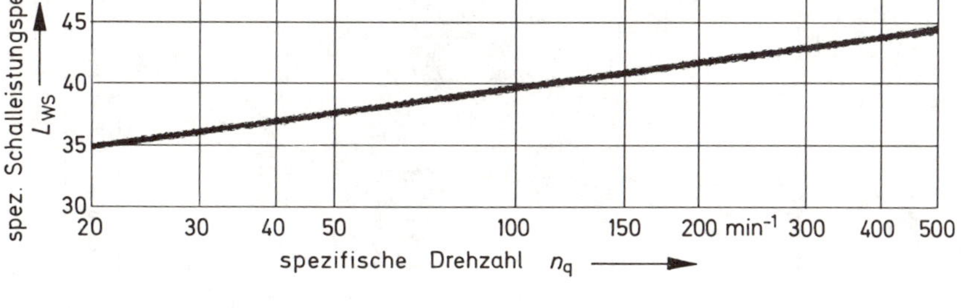

Bild 11.10 Spezifischer Schalleistungspegel

Tabelle 11.1 nach Firma Siemens

Maße in Millimetern

2CF1 052

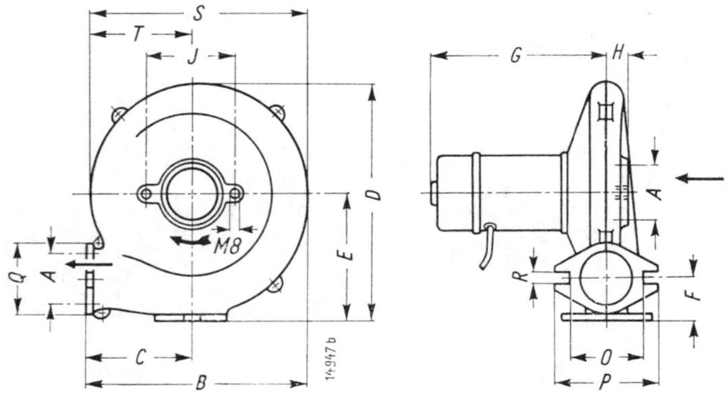

2CF1 142 bis 2CF1 182

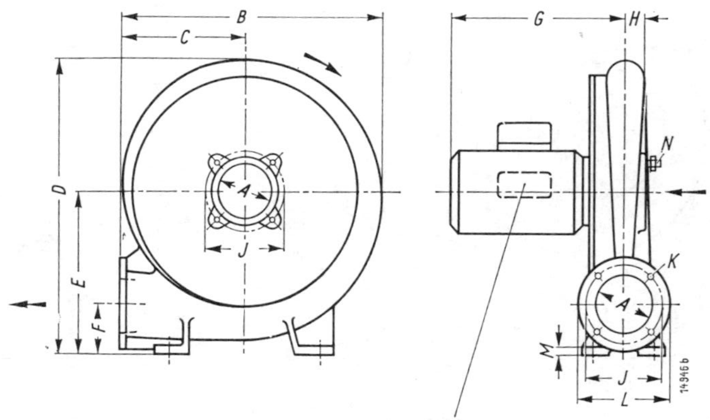

Kennlinie	Bestell-Nr.	A	B	C	D	E	F	G	H	J	K	L	M	N	O	P	Q	R	S	T
A	2CF1 052 – 0EH2	50	210	100	223	120	40	172	22	85	–	–	–	–	70	100	70	12	205	95
C	2CF1 052 – 0EA2							250												
G	2CF1 142 – 0EA2	140	576	275	644	360	110	281	35	180	11,5	210	15	M10	–	–	–	–	–	–
H	2CF1 182 – 0EA2	180	736	350	824	460	140	398	45	230	14	260	15	M12	–	–	–	–	–	–
H	2CF1 182 – 1EA2	180	736	350	824	460	140	376	45	230	14	260	15	M12	–	–	–	–	–	–

2CF2 052–0EA1

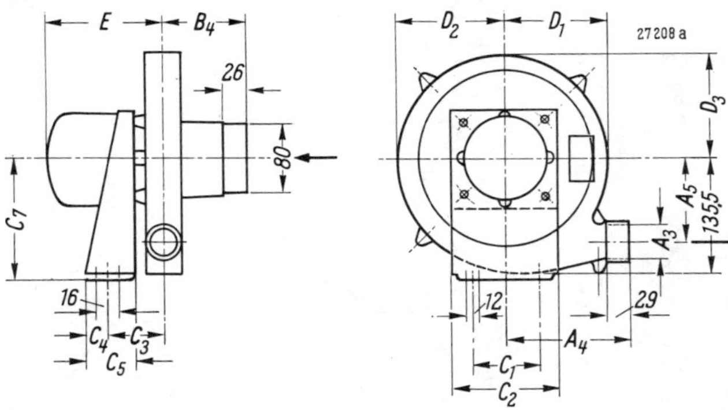

2CF2 062—0EA2 bis 2CF2 082—0EA2

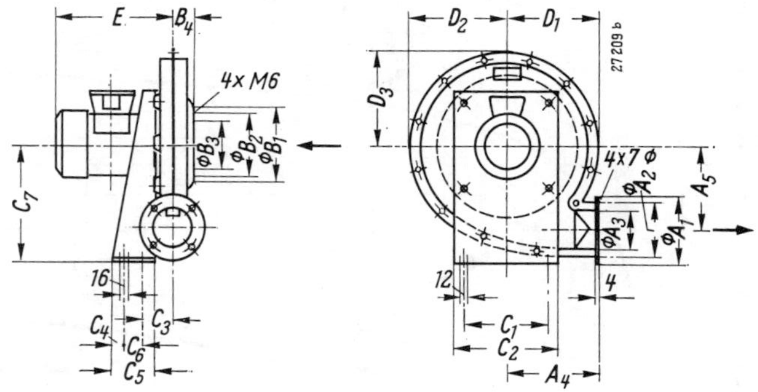

Kennlinie	Bestell-Nr.	A_1	A_2	A_3	A_4	A_5	B_1	B_2	B_3	B_4	C_1	C_2	C_3	C_4	C_5	C_6	C_7	D_1	D_2	D_3	E
B	2CF2 052	—	—	42,3	143	96	—	—	—	95	73	120	62	30	60	40	140	117	125,5	122,5	130
D	2CF2 062	110	92	63	155	138	130	108	80	31,5	120	160	50,5	20	80	40	195	153	161	157	216,5
E	2CF2 072	120	100	71	176	156	140	118	90	35	160	200	54	20	80	40	220	170,5	179,5	175	220
F	2CF2 082	135	108	80	192	175	150	129	100	39	160	200	57	20	80	40	245	191	201	196	241

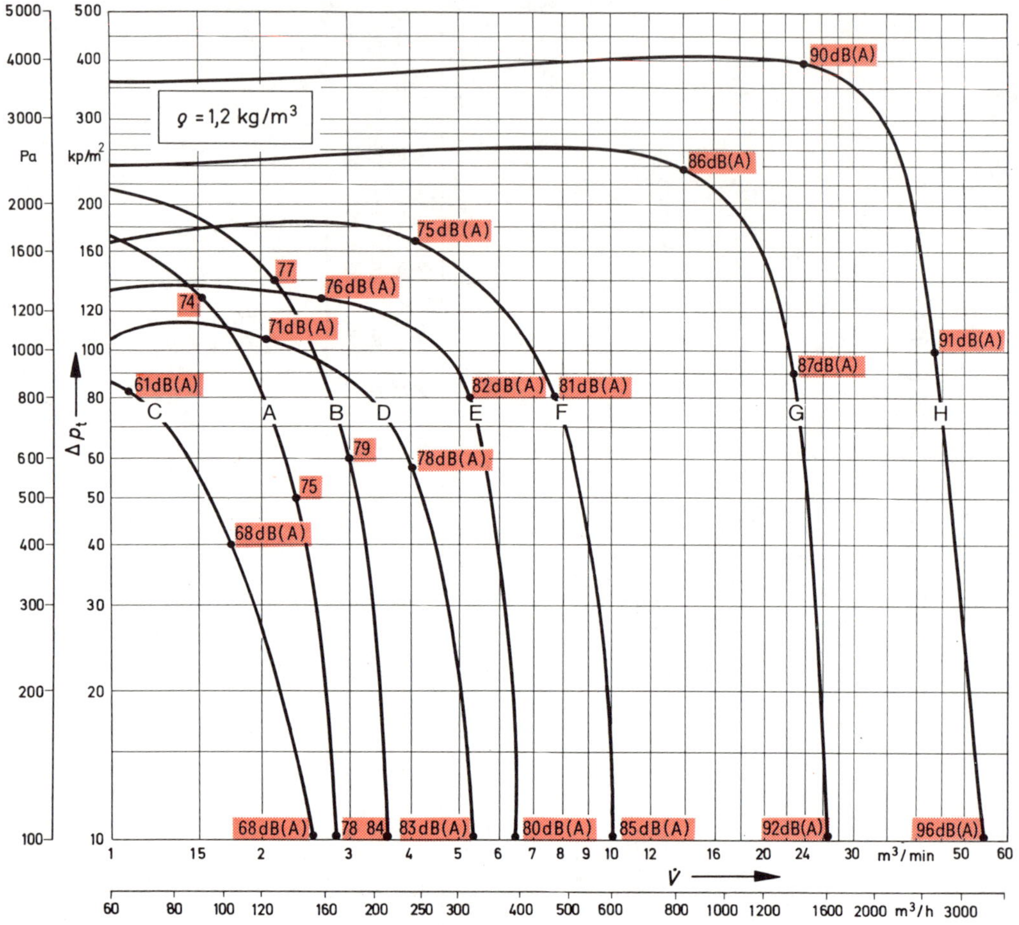

Bild 11.11 *Auswahlkennfeld für Radialventilatoren (nach Fa. Siemens)*

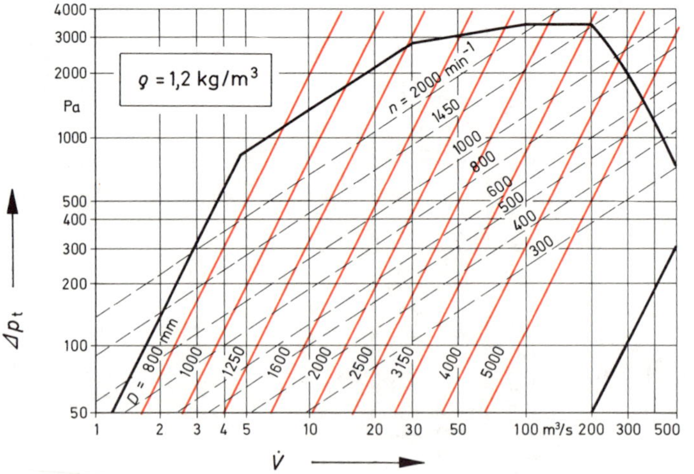

Bild 11.12 *Auswahlkennfeld für Axialventilatoren (nach Fa. Voith Getriebe KG, Bereich Lufttechnik)*

Bild 11.13 Axialventilator (nach Fa. Voith Getriebe KG, Bereich Lufttechnik)

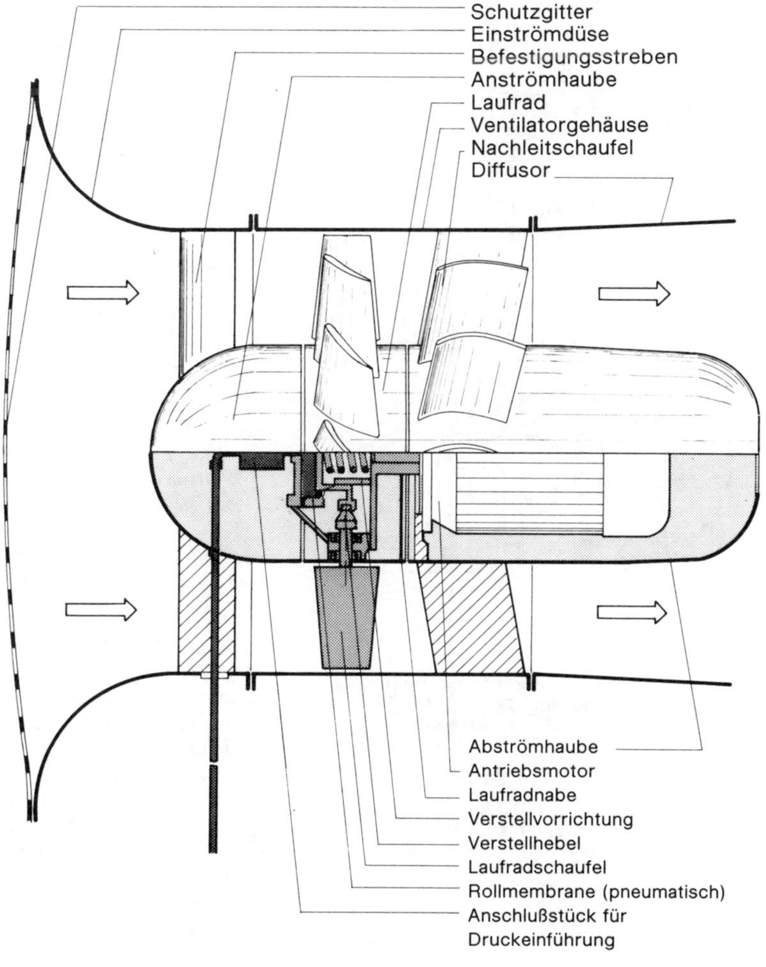

die gute Anpassungsfähigkeit bzw. Regulierbarkeit an veränderliche Volumenströme und Drükke, die hohe Lebensdauer, der geringe Platzbedarf, die einfache Rohrleitungsführung und der einfache Aufbau, der eine Typisierung und Standardisierung nach dem Baukastenprinzip ermöglicht, zu nennen.

Als **Nachteil** ist neben dem relativ hohen Geräusch vor allem die instabile Kennlinie (vgl. Kapitel 13) anzuführen.

Durch Variation von Außendurchmesser, Nabenverhältnis (Nabendurchmesser/Außendurchmesser), Drehzahl, Schaufelzahl, Schaufelform und Schaufelanstellwinkel kann eine feine Rasterung des Volumenstrom- und Druckbereiches erzielt werden (Bild 11.12). Die Hauptbauteile eines einfachen Axialgebläses können aus Bild 11.13 ersehen werden:

a) das **Laufrad** mit feststehenden, einstellbaren oder im Stillstand bzw. im Betrieb verstellbaren Schaufeln.

b) das **Leitrad**, das bei größeren Drücken zur Gleichrichtung des Laufradabdralles eingesetzt wird. Moderne Axialgebläse haben in der Regel ein Nachleitrad (nach dem Laufrad angeordnet).

c) der **Diffusor** zur Umsetzung von Geschwindigkeit in Druck. Bei eingebauten Motoren dient die Diffusornabe gleichzeitig als Motorverkleidung.

d) die **Anströmhaube** vor dem Laufrad, die bei

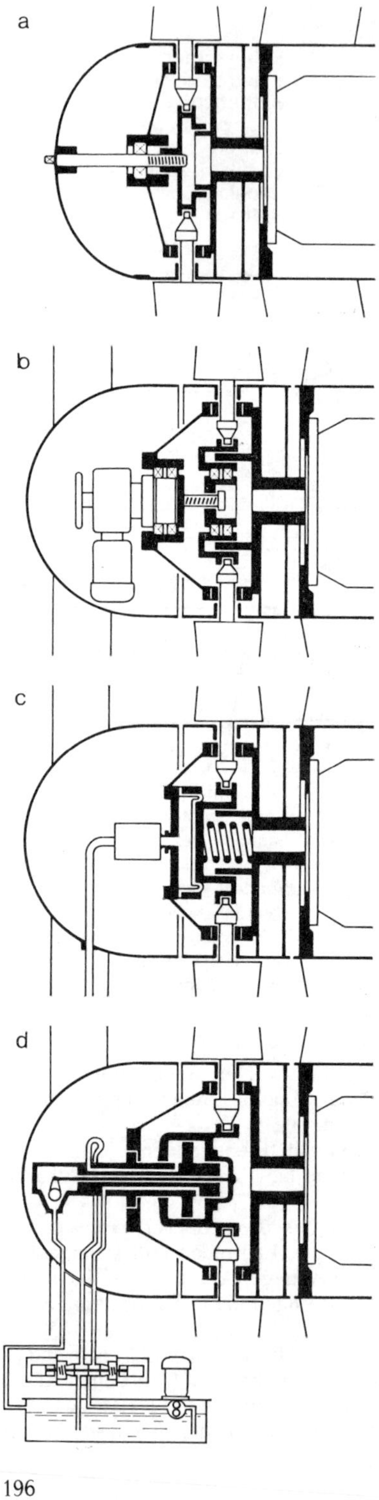

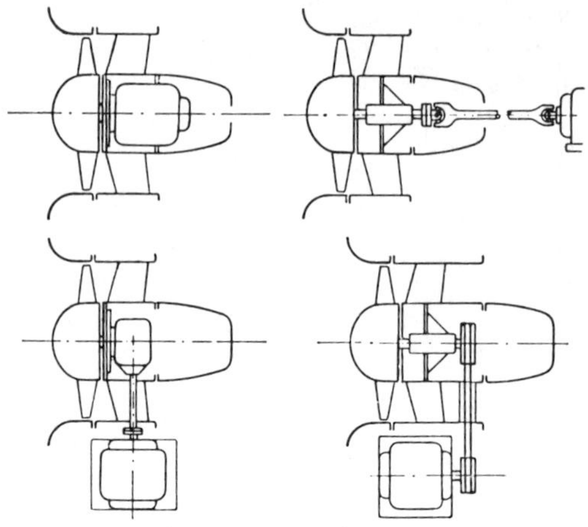

Bild 11.14 Antriebsmöglichkeiten für Axialventilator (nach Fa. Voith Getriebe KG, Bereich Lufttechnik)

◀ *Bild 11.15 Arten der Laufschaufelverstellung (nach Fa. Voith Getriebe KG, Bereich Lufttechnik)*

vielen Axialgebläsen nicht feststehend ausgeführt wird, sondern mit der Laufradnabe verbunden wird, d.h. mitrotiert.

e) die **Einströmdüse** bei Gebläsen, die aus dem Freien oder aus Rohrleitungen mit größerem Durchmesser als dem Gebläsedurchmesser ansaugen bzw. **Ansaugekasten**, wenn die Strömung vor dem Eintritt ins Gebläse in einem Krümmer umgelenkt wird (Bilder 11.16 und 11.17).

In Bild 11.14 sind die verschiedenen konstruktiven Möglichkeiten der Motoranordnung gegenübergestellt:

a) Bei kleineren und mittleren Axialgebläsen wird der Motor als Innen- oder Außenläufermotor in die Nabe eingebaut, das Laufrad sitzt fliegend direkt auf dem Motorwellenstummel, eine besondere Lagerung des Laufrades entfällt.

b) Ist die Leistung des Motors so groß, daß er nicht mehr in der Nabe des Diffusors untergebracht werden kann, wird er außerhalb des Gebläsegehäuses angeordnet, das Laufrad erhält eine eigene Lagerung bzw. wird auf dem Wellenstummel eines Winkelgetriebes aufgesetzt. Der Antrieb erfolgt entweder direkt über eine gelenkig eingehängte Zwischenwelle, über einen Riementrieb oder über ein Winkelgetriebe mit Zwischenwelle. Riementrieb und Winkelgetriebe sind zwar konstruktiv aufwendig, haben aber den Vorteil der beliebigen Wahl der Gebläsedrehzahl.

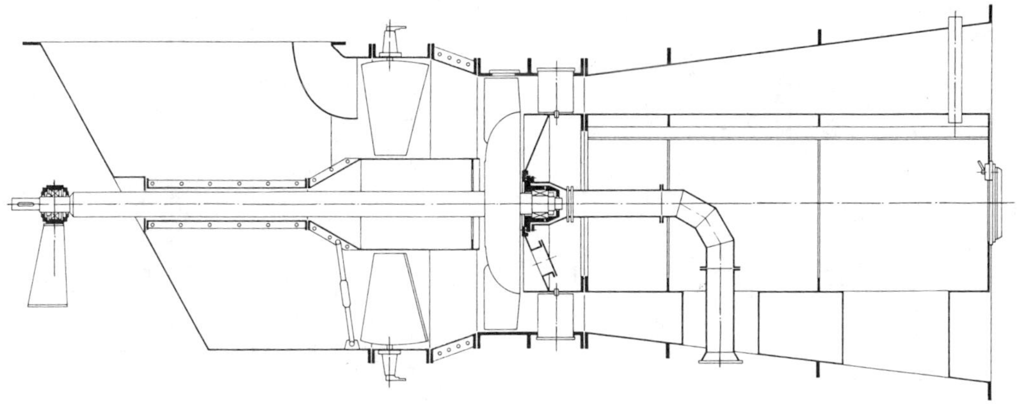

Bild 11.16 Schichtgebläse (nach Fa. KKK)

Die verschiedenen Möglichkeiten der Schaufelverstellung sind in Bild 11.15 zusammengestellt:
a) Laufrad mit im Stillstand gemeinsam verstellbaren Schaufeln mittels zentraler Verstellspindel (Bild 11.15a),
b) Laufrad mit im Betrieb elektromechanisch gemeinsam verstellbaren Schaufeln (Bild 11.15b),
c) Laufrad mit im Betrieb pneumatisch gemeinsam verstellbaren Schaufeln (Bild 11.15c),
d) Laufrad mit im Betrieb hydraulisch gemeinsam verstellbaren Schaufeln (Bild 11.15d).
Die Auswahl der am besten geeigneten Verstelleinrichtung hängt von der Art und Temperatur des Fördermediums, dem Einsatzort und den Betriebsbedingungen ab.
Je nach Größe von Volumenstrom und Druckerhöhung und nach den maschinellen und ökonomischen Einsatzbedingungen sind folgende Gitteranordnungen von Lauf- und Leiträdern möglich:
a) 1 Laufrad allein, für kleine Druckerhöhungen (Maßbild in Tabelle 11.2),
b) 1 Laufrad mit Nachleitrad für größere Druckerhöhungen (Bild 11.13),
c) 1 Laufrad mit Nachleitrad und vor dem Laufrad angeordneten einstellbarem oder regulierbarem **Vorleitrad** (Drallregler) für große Druckerhöhungen. Meist werden Gebläse dieser Art mit Gleichdrucklaufrädern der Bauart Schicht ausgerüstet (Bild 11.16),
d) 2 Laufräder ohne Leiträder mit gegenläufigen Drehrichtungen für große Drucksteigerungen. Diese Anordnung ist relativ selten,
e) mehrstufige Gebläse mit Hintereinanderschaltung mehrerer aus Lauf- und Nachleitrad bestehender Stufen zur Erzielung großer Drucksteigerungen (Bild 11.17).
In den Katalogen der Hersteller sind neben den Auswahlkennfeldern noch die zugehörigen Maßtabellen sowie Angaben über Geräusche, Montage, Wartung usw. enthalten. Mit Hilfe dieser Druckschriften ist es dem Projektingenieur möglich, sich für einen bestimmten Anwendungsfall das optimal geeignete Gebläse auszusuchen. Bei hohen Förderwerten, Leistungen und großen Abmessungen und Gewichten ist jedoch die Beratung durch einen Fachingenieur erforderlich.
Für Übungszwecke ist in Bild 11.18 das Auswahlkennfeld für einfache Axialventilatoren mit Volumenströmen bis 30 m³/s und Druckerhöhungen bis über 1000 Pa, in Tabelle 11.2 die zugehörige Maßtabelle mit Laufradaußendurchmessern bis zu 1200 mm übernommen worden.

Beispiel 16

Ein Axialventilator für kalte Luft hat folgende Förderdaten:

Volumenstrom $\dot{V} = 3{,}15\ \text{m}^3/\text{s}$

Druckerhöhung $\Delta p_t = 215\ \text{Pa}$

Welche Drehzahl und welcher Durchmesser sind vorzusehen?

Lösung:

Aus Bild 11.18 ergeben sich folgende Werte:

Außendurchmesser (Ventilatorgröße) = 600 mm
Drehzahl $n = 1400\ \text{min}^{-1}$

Weitere Abmessungen können aus Tabelle 11.2 entnommen werden.

Tabelle 11.2
(nach Fa. Hering)

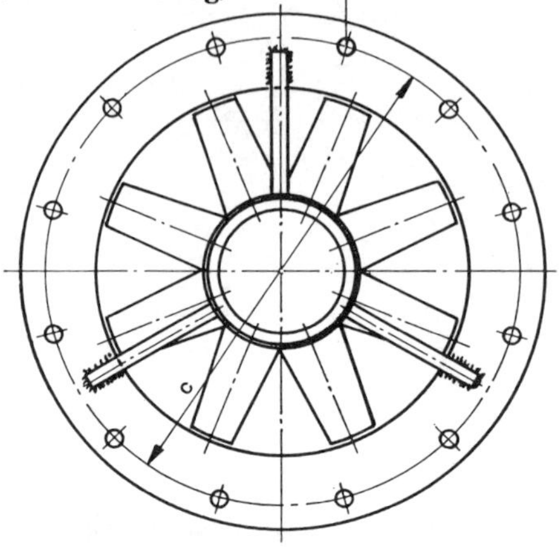

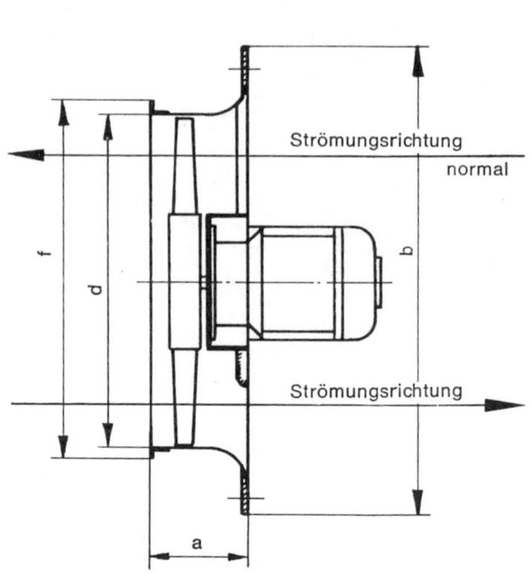

Axial-Ventilatoren Typ AL

Normalausführung wie gezeichnet —
Umkehrausführung mit Motor im Rohrstutzen

Maßtabelle

Typ AL	d ⌀	a	b ⌀	c ⌀	e	f ⌀
300	300	170	439	409	6 x 8 ⌀	314
350	350	185	485	444	6 x 8 ⌀	364
400	400	210	509	469	6 x 8 ⌀	414
450	450	235	584	544	6 x 8 ⌀	464
500	500	240	630	500	8 x 10 ⌀	514
600	600	260	735	695	8 x 10 ⌀	614
700	700	300	940	895	12 x 14 ⌀	785
800	800	325	1040	995	12 x 14 ⌀	885
900	900	310	1140	1095	12 x 14 ⌀	985
1000	1000	315	1240	1195	12 x 14 ⌀	1085
1100	1100	355	1395	1345	12 x 14 ⌀	1185
1200	1200	380	1495	1445	12 x 14 ⌀	1285

Maße in mm

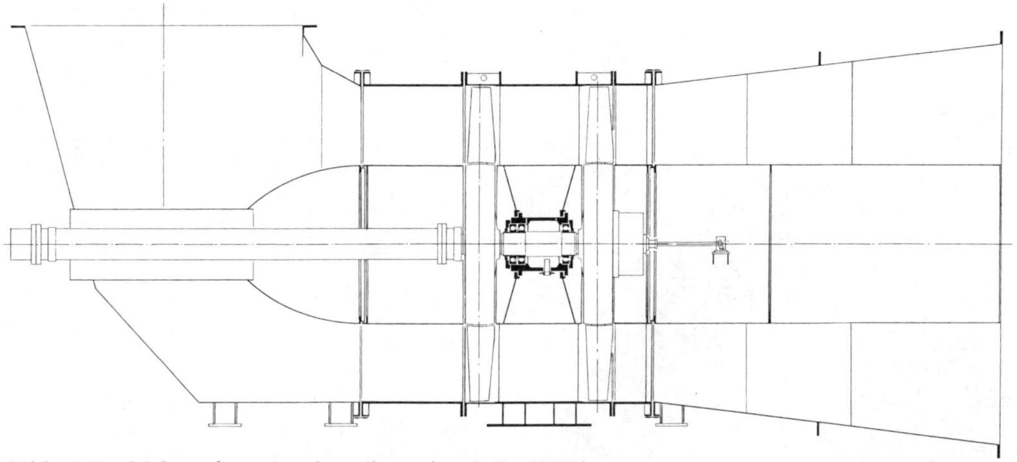

Bild 11.17 Mehrstufiger Axialventilator (nach Fa. KKK)

11.3.4 Querstromgebläse

Querstromgebläse mit walzenförmigen radialen Trommelläufern werden wegen ihrer günstigen Einbaumaße und ihres geräuscharmen Laufes für Zwecke der Heizung und Lüftung in Gebäuden, Haushaltsgeräten, Fahrzeugen, optischen und elektrischen Geräten in zunehmendem Maße anstelle von Axial- oder Radialventilatoren eingesetzt.

Nach [11.3] betragen die spezifischen Werte:

Laufzahl $\sigma = 0{,}35 \cdots 0{,}6$
(d.h. $n_q = 40 \cdots 95\ \text{min}^{-1}$)

Druckzahl $\psi = 2 \cdots 4$

Durchflußzahl $\varphi = 1{,}0$

Das Arbeitsmedium wird am äußersten Umfang des Laufrades angesaugt, strömt quer durch es hindurch und tritt auf der gegenüberliegenden Seite wieder aus (Bild 11.19). Die je nach den Anforderungen an den Wirkungsgrad profilierten oder unprofilierten Schaufeln werden also zweimal vom durchströmenden Medium beaufschlagt. Im Innern der Laufradwalze bildet sich ein Wirbelgebiet aus, das die Druck- und Saugseite der Laufradströmung gegeneinander abdichtet. Durch Ansaugen eines Sekundärstromes (Bild 11.19) kann die Gebläsekennlinie stabilisiert werden.

Ähnlich wie bei der Durchströmturbine (Ossbergerturbine) ist auch beim Querstromgebläse das Laufrad ein **Gleichdruckrad**, d.h. beschleunigt die Strömung und erzeugt keinen oder kaum Druck. Deshalb ist im Hinblick auf einen guten Wirkungsgrad auf eine strömungsgünstige Gestaltung des Austrittsdiffusors besonderen Wert zu legen.

Die Gesamtdruckerhöhung liegt i.a. unter 200 Pa, meist sogar unter 100 Pa, die Förderströme unter 6000 m^3/h.

Je nach Einbauverhältnissen können Querstromgebläse mit Innen- oder Außenläufermotor, mit komplettem Gehäuse (Bild 11.20) oder einfachem Außenrahmen bezogen und an die speziellen Einbaubedingungen der Geräte, in die die Gebläse eingebaut werden, angepaßt werden.

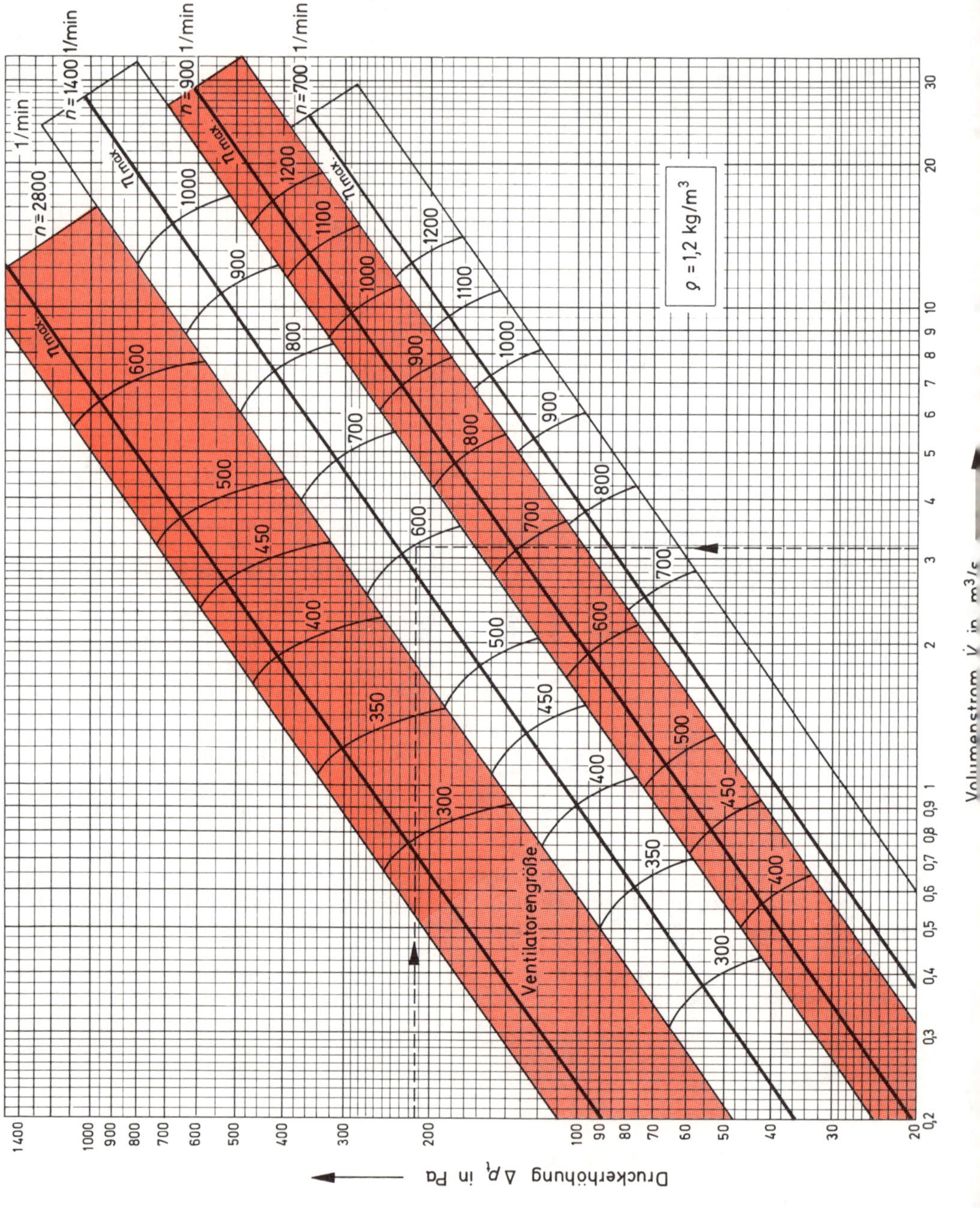

Bild 11.18 Auswahlkennfeld für Axialventilatoren (nach Fa. Hering)

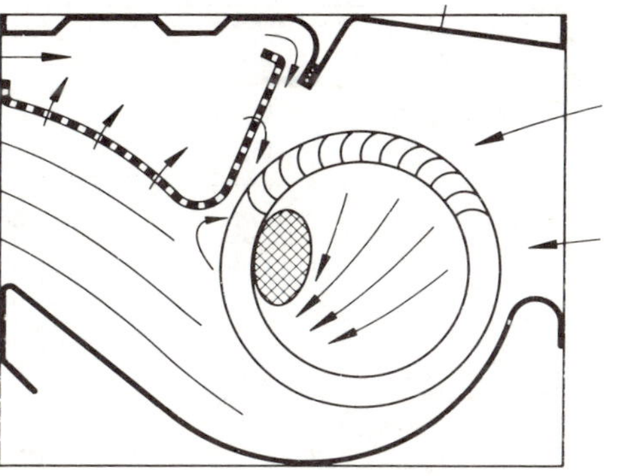

Bild 11.19 Querstromgebläse-Prinzip (nach Fa. Ziehl-Abegg)

Bild 11.20 Querstromgebläse (nach Fa. Ziehl-Abegg)

11.4 Turboverdichter

11.4.1 Einleitung

Da die Drucksteigerungen in Turboverdichtern i.a. sehr hoch sind, werden die Maschinen mehrstufig ausgeführt. In Sonderfällen können aber auch in einstufigen Radialverdichtern Druckverhältnisse bis 4 und darüber erzielt werden. Im Rahmen des vorliegenden Kapitels werden nur mehrstufige Radial- und Axialkompressoren behandelt.

Die Einsatzbereiche der verschiedenen Verdichterbauarten, d.h. radial — gekühlt oder ungekühlt — und axial überschneiden sich stark (Bild 11.21). I.a. läßt sich jedoch sagen, daß Radialverdichter für kleinere Massenströme und größere spez. Stutzenarbeiten, Axialverdichter für größere Massenströme und kleinere spez. Stutzenarbeiten eingesetzt werden. In Bild 11.22 sind die

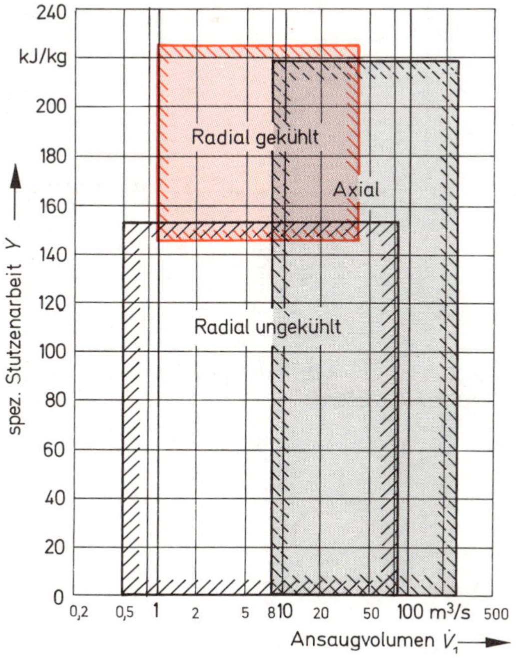

Bild 11.21 Einsatzbereiche der Verdichter

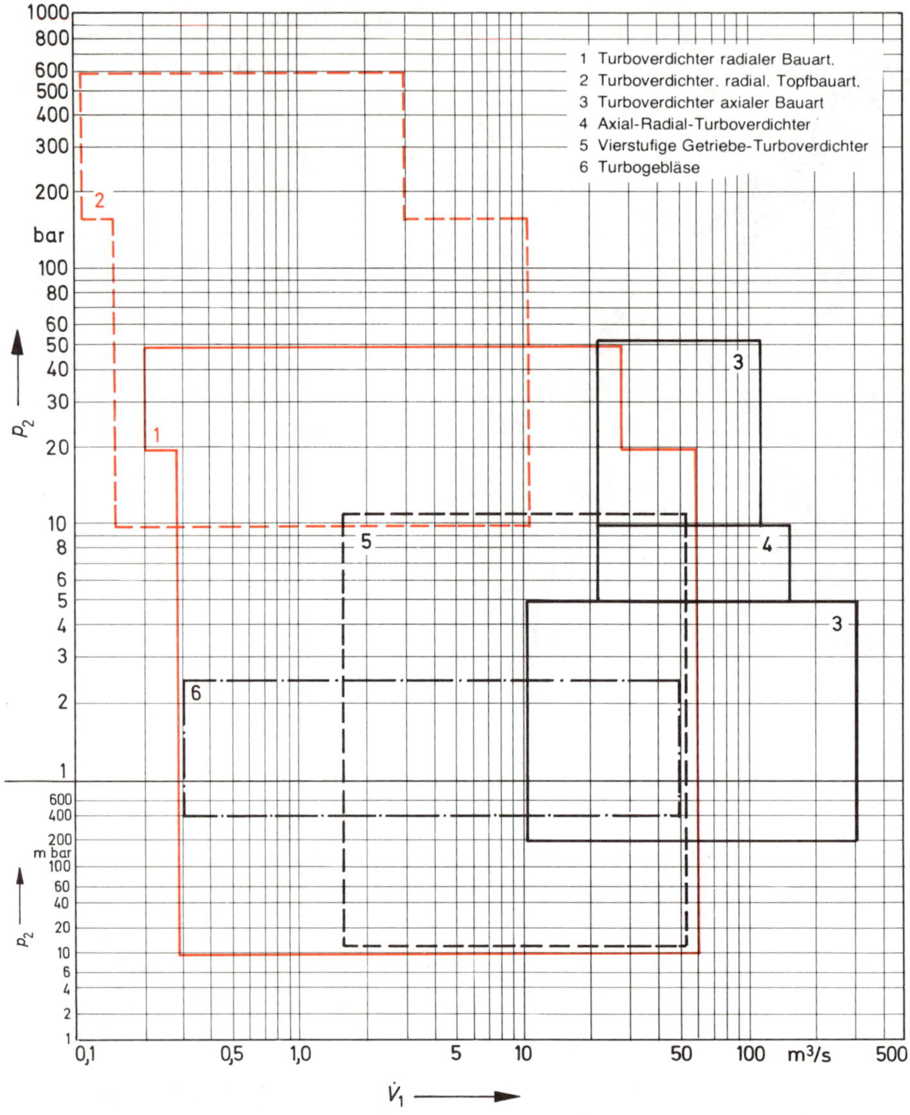

Bild 11.22 Einsatzbereiche der Verdichter (nach Fa. DEMAG)

Turboverdichter verschiedener Bauarten aus dem Fertigungsprogramm der Fa. DEMAG dargestellt. Man sieht daraus, daß Radialverdichter bis zu Drücken von 600 bar, Axialverdichter bis zu 50 bar gebaut werden. Die Ansaugevolumenströme reichen beim Radialverdichter bis etwa 60 m³/s, beim Axialverdichter über 300 m³/s.
Da in einem einstufigen Radialrad eine wesentlich größere Drucksteigerung als in einem Axialrad erzielt werden kann, müssen mehrstufige Axialverdichter bei gleichen Druckwerten eine wesentlich größere Stufenzahl aufweisen als Radialverdichter. Da aber Radialverdichter mit ihren Umlenkkanälen meistens größere Gewichte und Abmessungen haben als vergleichbare Axialverdichter, sind sie auch ab einem gewissen Ansaugevolumenstrom teurer als Axialverdichter. In Bild 11.23 aus [11.4] ist für bestimmte Betriebswerte ein Größen-, Gewichts- und Kostenvergleich zwischen einem Axialverdichter und einem ungekühlten Radialverdichter durchgeführt.

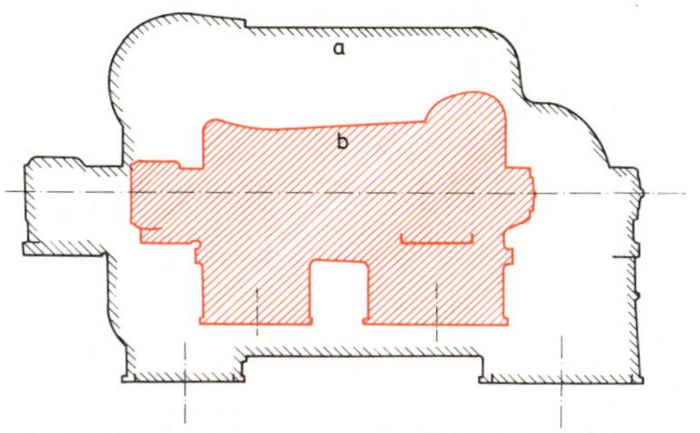

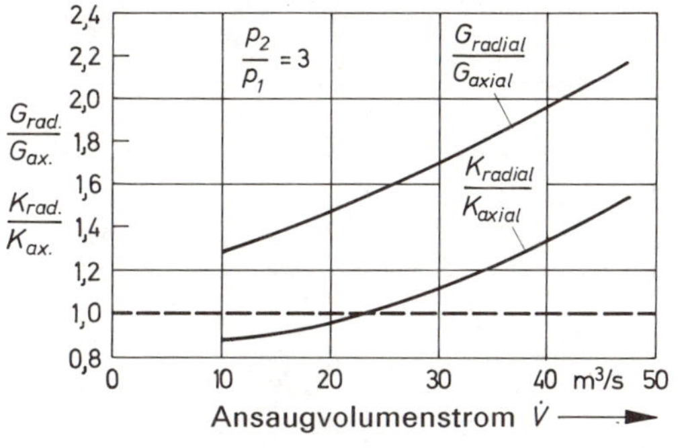

Bild 11.23 Vergleich Radial-Axial-Verdichter

11.4.2 Radialverdichter

Radialverdichter werden in ungekühlter und gekühlter Ausführung bis zu Stufenzahlen von maximal 10 in einem Gehäuse ausgeführt. Die in einem Gehäuse maximal unterzubringende Stufenzahl ist aus konstruktiven Gründen nach oben hin begrenzt. Ergibt sich aufgrund höherer Druckverhältnisse, höherer Ansaugetemperaturen oder des Molekulargewichtes des Arbeitsgases eine höhere Stufenzahl (Bild 11.24), als sinnvollerweise in einem Gehäuse unterzubringen ist, wird die Verdichteranlage aus mehreren einzelnen Verdichtern zusammengestellt.
Der konstruktive Aufbau ähnelt dem der mehrstufigen Radialpumpe. Der grundsätzliche Aufbau aus Laufrädern, Welle, Leiträdern, Umlenkkanälen, Spiralen sowie die Strömungsrichtungen in Laufrad und Leitvorrichtungen können aus Bild 11.25 ersehen werden.
Die Beantwortung der Frage, ob ein Radialverdichter in ungekühlter oder gekühlter Version verwendet werden soll, hängt davon ab, ob man die bei polytroper Verdichtung auftretende Endtemperatur zulassen bzw. energiemäßig gebrauchen kann. Durch Kühlung, d.h. Wärmeabfuhr, kann man die Austrittstemperatur des Gases senken und eine wesentliche Einsparung an Antriebsleistung erzielen. Bild 11.26 zeigt eine dreifache Verdichtung mit dreifacher Kühlung im p-v-Diagramm, wobei die sich als Fläche darstellende Arbeitsersparnis rot angelegt ist. Die Kühlung kann durch **Innenkühlung** des Gehäuses (Bild 11.27) oder durch **Außenkühlung** in extern angebrachten Kühlern (Bild 11.33) erfolgen.
Das Gehäuse wird bei normalem Druckniveau mit horizontaler Gehäuseteilfuge in Achshöhe (Bild 11.28) ausgeführt. Bis auf den Rotor und einige Bauteile der Dichtungspartie sind hierbei sämtliche Bauteile horizontal geteilt. Zum Öffnen wird das Gehäuseoberteil abgehoben, der Läufer und das Gehäuseunterteil liegen dann zur Inspektion und Wartung offen. Für höhere Drücke, bei geforderter hoher Dichtheit gegen Diffusion oder anderen speziellen Betriebsbedingungen werden Gehäuse mit vertikaler Teilfuge, sogenannte Topfgehäuse (Bild 11.29), verwendet. Das Topfgehäuse besteht aus einem zylindrischen Mantel und zwei Deckeln. In das Topfgehäuse wird das horizontal geteilte Innengehäuse mit dem Läufer eingeschoben.
Die Abdichtung des Rotors gegenüber dem Gehäuse erfolgt bei allen Gehäuseversionen durch berührungsfreie Spalt- und Labyrinthdichtungen, sehr selten durch Gleitringdichtungen oder Schwimmringdichtungen. Die Lager werden üblicherweise als Gleitlager ausgeführt.

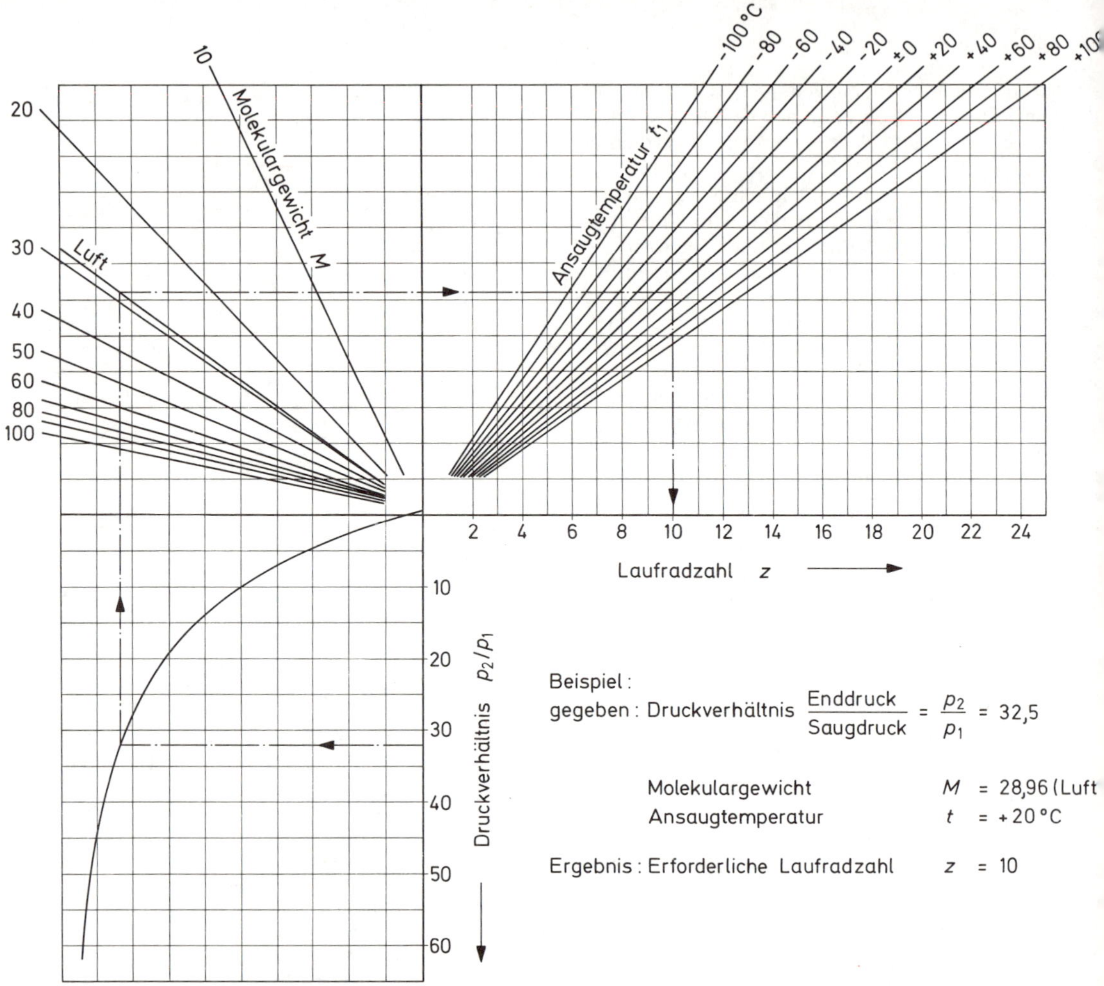

Beispiel:

gegeben: Druckverhältnis $\frac{\text{Enddruck}}{\text{Saugdruck}} = \frac{p_2}{p_1} = 32{,}5$

Molekulargewicht $M = 28{,}96$ (Luft)

Ansaugtemperatur $t = +20\,°C$

Ergebnis: Erforderliche Laufradzahl $z = 10$

Bild 11.24 Stufenzahlen von Radialverdichtern (nach Fa. Borsig)

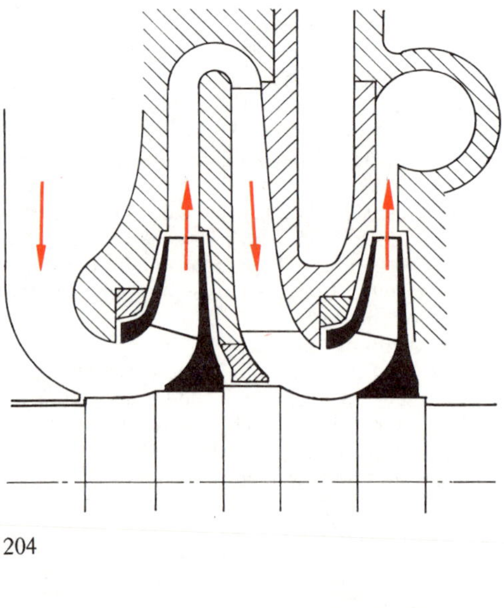

Bild 11.25 Radialverdichter-Prinzip (nach Fa. DEMAG)

Bild 11.26 Gekühlte Verdichtung

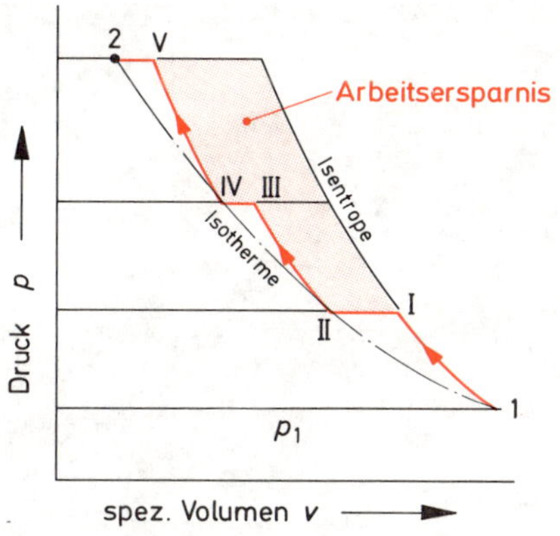

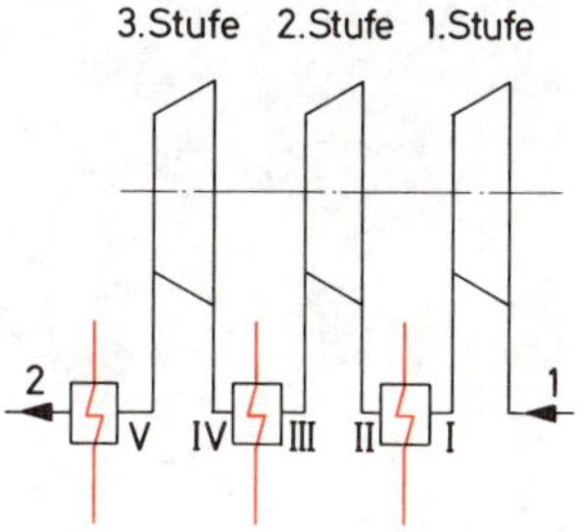

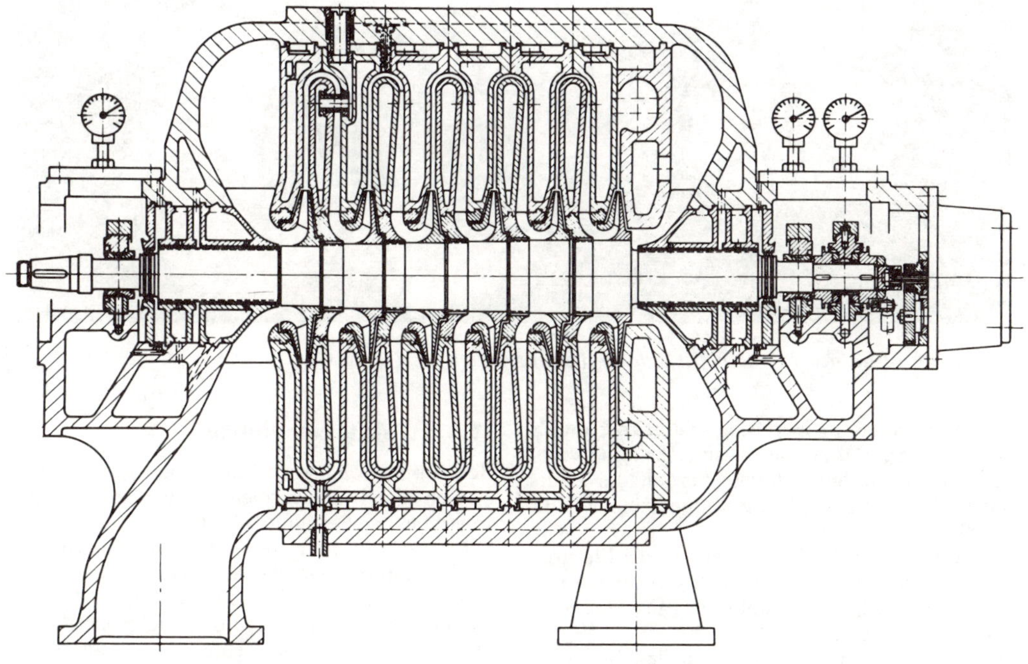

Bild 11.27 Innengekühlter Verdichter (nach Fa. Borsig)

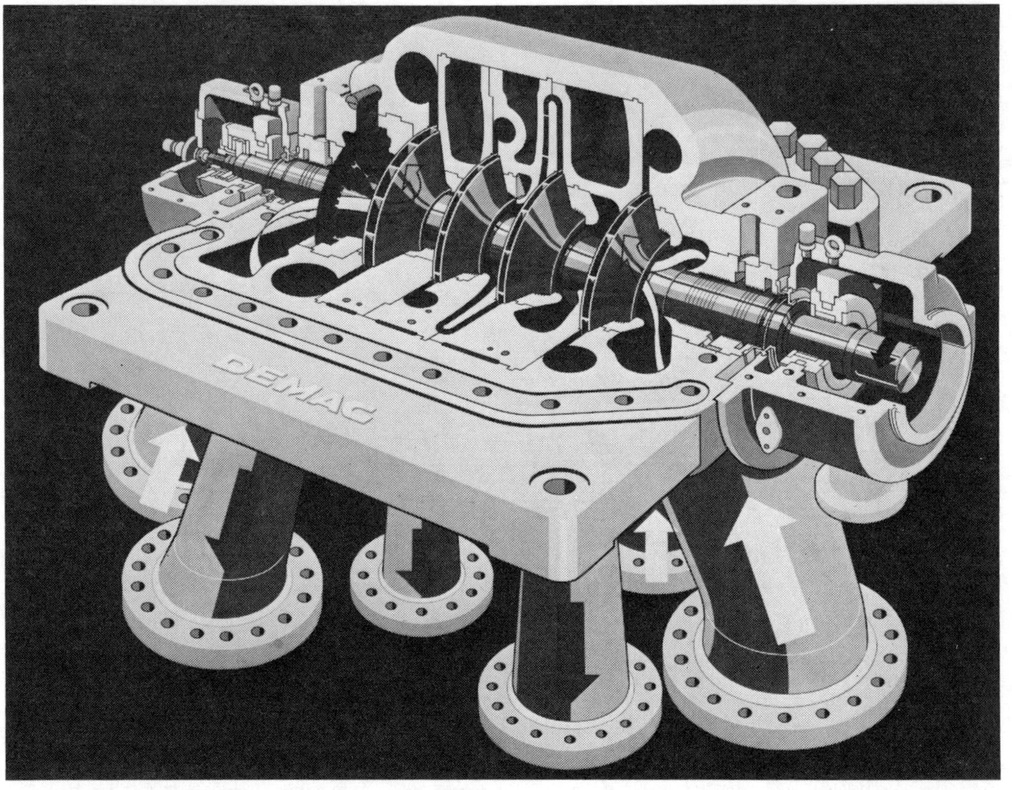

Bild 11.28 Radialverdichter mit axialer Teilung (nach Fa. DEMAG)

Zur Vermeidung großer Axialschübe, die durch besondere Spurlager oder Ausgleichskolben aufgenommen werden müßten, werden die Laufräder häufig gegenläufig angeordnet (Bild 11.28).

Der Antrieb der Verdichter kann durch Elektromotoren, Dampfturbinen oder Gasturbinen erfolgen, die Aufstellung in besonderen Maschinenhallen oder im Freien.

Um eine Größenvorstellung von den Betriebsdaten Ansaug-Volumenstrom, Druckverhältnis und Drehzahl sowie von den Maschinenabmessungen zu bekommen, wurde aus Unterlagen der Fa. Borsig ein Auswahlkennfeld (Bild 11.30) und eine Maßtabelle (Tabelle 11.3) entnommen, die im Zusammenhang mit dem Diagramm zur Festlegung der Stufenzahl (Bild 11.24) benutzt werden können.

11.4.3 Axialverdichter

Bei Ansaugvolumenströmen über 150 000 m^3/h erreicht der Radialverdichter Abmessungen, die sowohl in der Fertigung als auch beim Transport Schwierigkeiten bereiten. Der Grund hierfür liegt darin, daß die Druckerhöhung im Radialverdichter nicht nur in den Laufrädern, sondern zu einem großen Teil auch in den nachgeschalteten Diffusoren erfolgt, was eine große radiale Erstreckung der Verdichtergehäuse zur Folge hat. Im Axialverdichter hingegen wird die Druckerhöhung durch Verzögerung der in axialer Richtung verlaufenden Strömung in den eng hintereinander angeordneten Lauf- und Leitschaufeln durchgeführt, so daß sich wesentlich kleinere radiale Abmessungen ergeben als beim Radialverdichter gleicher Betriebsdaten (vgl. auch Bild 11.23). Selbst bei Volumenströmen von vielen hunderttausend m^3/h bleibt der Axialverdichter eine kompakte, problemlose Maschine.

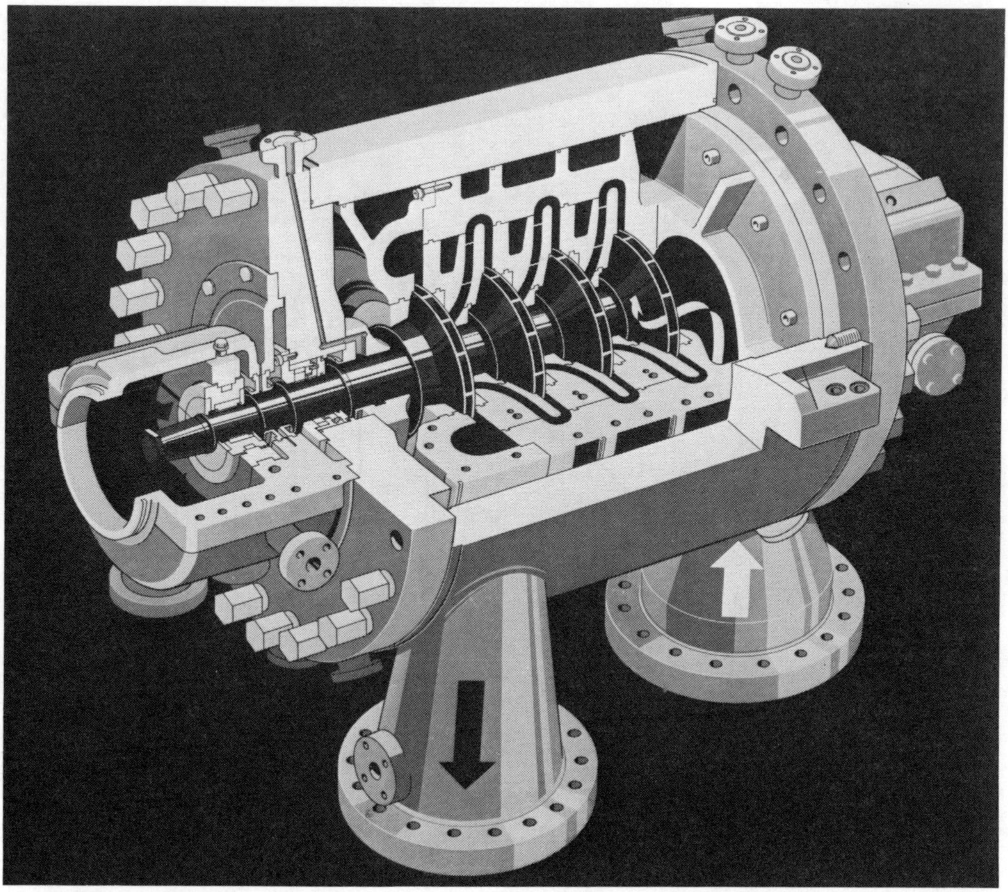

Bild 11.29 Radialverdichter in Topfbauweise (nach Fa. DEMAG)

Im Gegensatz zum Radialverdichter werden im Axialverdichter lange Wege zur Umlenkung des Gasstromes von Stufe zu Stufe vermieden. Deshalb treten in ihm Strömungsverluste durch Umlenkungen in weit geringerem Maße auf. Bei richtiger Auslegung und ausreichender Baugröße erreichen Axialverdichter Wirkungsgrade, die bis zu 10% über denen von Radialverdichtern gleicher Betriebsdaten liegen. Je kleiner der Förderstrom wird, desto kürzer werden die Schaufeln und desto höher die Strömungsverluste an den Kanalwänden, so daß sich die Wirkungsgrade des Axialverdichters mit abnehmender Baugröße jenen des Radialverdichters annähern. Axialverdichter werden deshalb normalerweise bei Ansaugevolumenströmen unter 60 000 m^3/h nicht eingesetzt.

Der konstruktive Aufbau ähnelt dem der axialen Gasturbine oder Dampfturbine (Bild 11.31). Das Gehäuse wird üblicherweise als horizontal geteiltes Gußgehäuse ausgeführt, wobei die Leitschaufeln entweder direkt in der Gehäusewand befestigt sind oder in einem besonderen Leitschaufelträger. Die Gaszufuhr erfolgt meist unter einer Umlenkung von 90° in einem sorgfältig ausgebildeten Saugstutzen, der Gasaustritt in einem Diffusor, der in den Austrittsstutzen übergeht.

Die Laufschaufeln werden in radialen Nuten des meist aus einem Schmiedestück bestehenden schlanken Rotors eingeschoben.

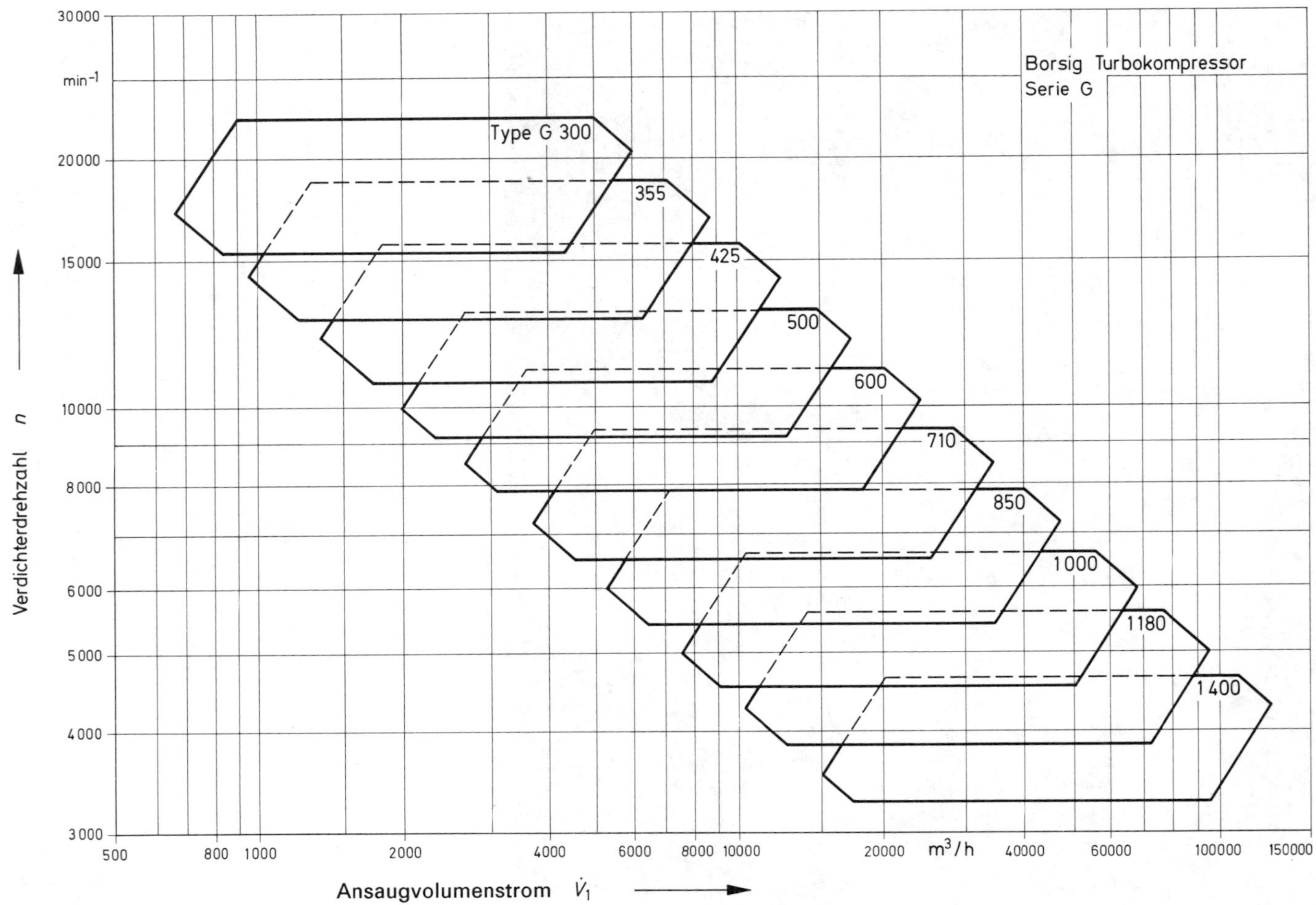

Bild 11.30 Auswahlkennfeld für Radialverdichter (nach Fa. Borsig)

Tabelle 11.3 (nach Fa. Borsig)

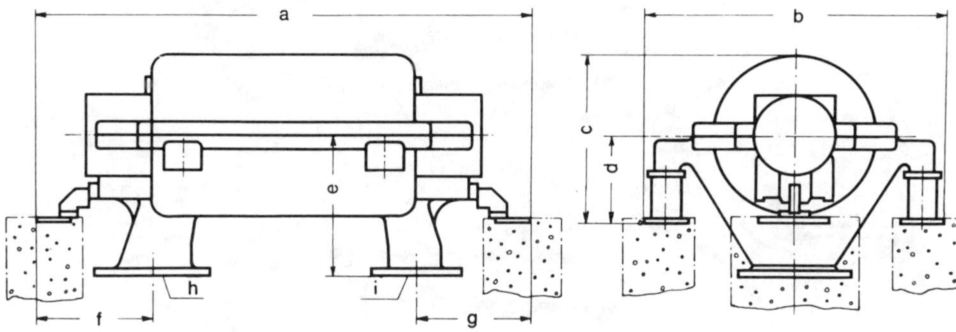

Abmessungen

Verd. Typ	a in Abhängigkeit von der Laufradzahl z z=1 mm	z=2 mm	z=3 mm	z=4 mm	z=5 mm	z=6 mm	z=7 mm	z=8 mm	b mm	c mm	d mm	e mm	f mm	g mm	Nennweiten h mm	i mm
G 300	1260	1350	1440	1530	1620	1710	1800	–	1060	1100	800	500	430	430	250	175
G 355	1410	1250	1630	1740	1850	1960	2070	–	1250	1150	800	600	480	480	300	250
G 425	1580	1700	1820	1940	2060	2180	2300	2420	1500	1210	800	710	500	500	350	300
G 500	1950	2100	2250	2400	2550	2700	2850	3000	1800	1290	800	850	630	630	400	350
G 600	2100	2280	2460	2640	2820	3000	3180	3360	2120	1385	800	1000	650	650	500	400
G 710	2350	2560	2770	2980	3190	3400	3610	3820	2500	1480	800	1180	700	700	600	500
G 850	2650	2900	3150	3400	3650	3900	4150	4400	3000	1620	800	1400	770	770	700	600
G 1000	3300	3600	3900	4200	4500	4800	5100	5400	3550	1780	800	1700	1000	1000	800	700
G 1180	3800	4150	4500	4850	5200	5550	5900	6250	4250	2150	1000	2000	1100	1100	1000	800
G 1400	4400	4820	5240	5660	6080	6500	6920	7340	5000	2350	1000	2400	1250	1250	1200	1000

Die Abdichtung auf der Saug- und Druckseite erfolgt üblicherweise in berührungslosen Labyrinthdichtungen, die Lagerung in radialen und axialen Gleitlagern.
Neben der Drehzahlregelung, die die beste Art der Regelung darstellt, da sie auf Verdichterseite keinen zusätzlichen Aufwand erfordert, wird häufig die **Leitschaufelregelung** einiger oder aller Leitschaufeln angewandt. Wegen der großen Herstellungskosten werden im Gegensatz zum Axialgebläse vielstufige Axialverdichter nicht mit Laufschaufelverstellung ausgerüstet.

In Bild 11.32 ist das Schnittbild eines Axialverdichters gezeigt, bei dem die ersten vier Leitschaufelreihen regulierbar sind. In Tabelle 11.4 finden sich die zugehörigen Abmessungen und Volumenstrombereiche.

11.4.4 Der kombinierte Axial-Radial-Verdichter

Bei Verdichtung großer Gasströme auf mittlere Drücke hat man bisher in getrennten Gehäusen untergebrachte Axial- und Radialverdichter hin-

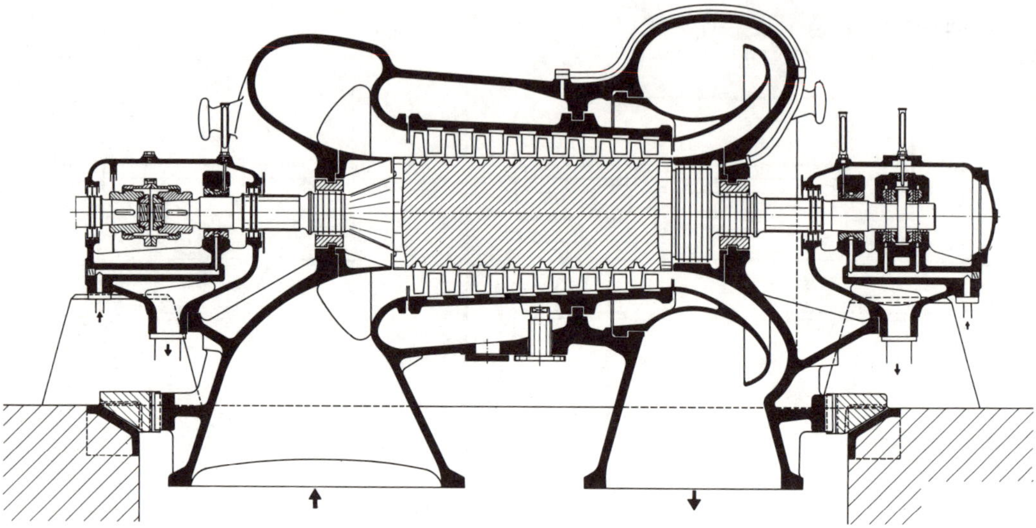

Bild 11.31 *Axialverdichter (nach Fa. Sulzer)*

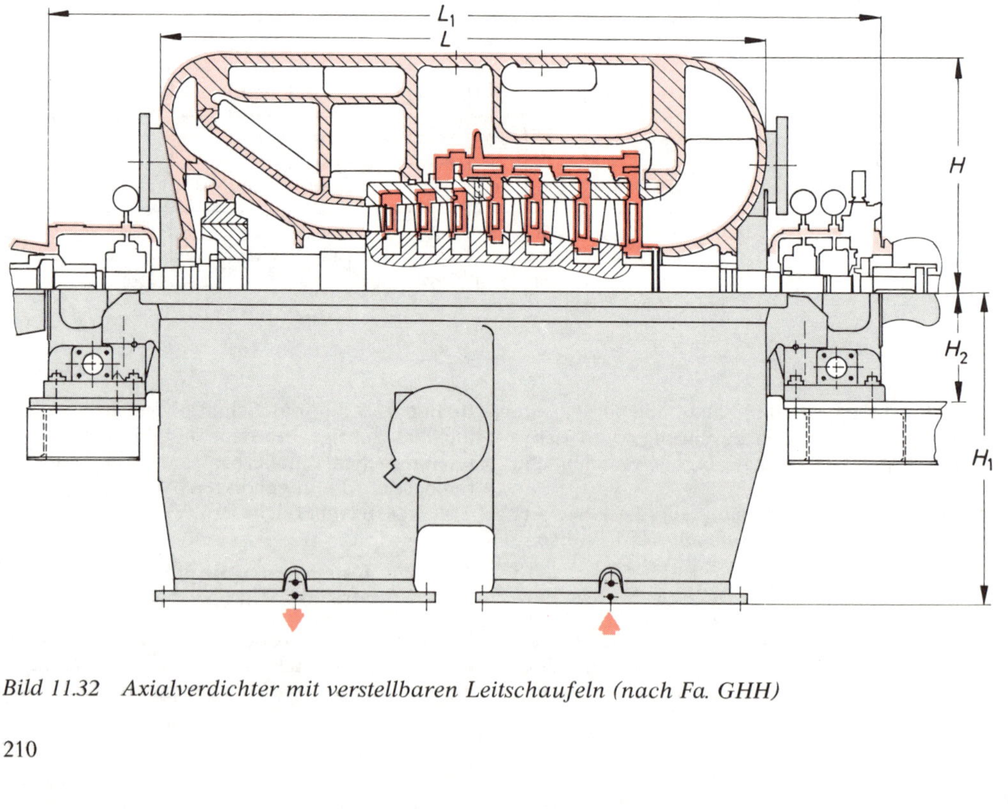

Bild 11.32 *Axialverdichter mit verstellbaren Leitschaufeln (nach Fa. GHH)*

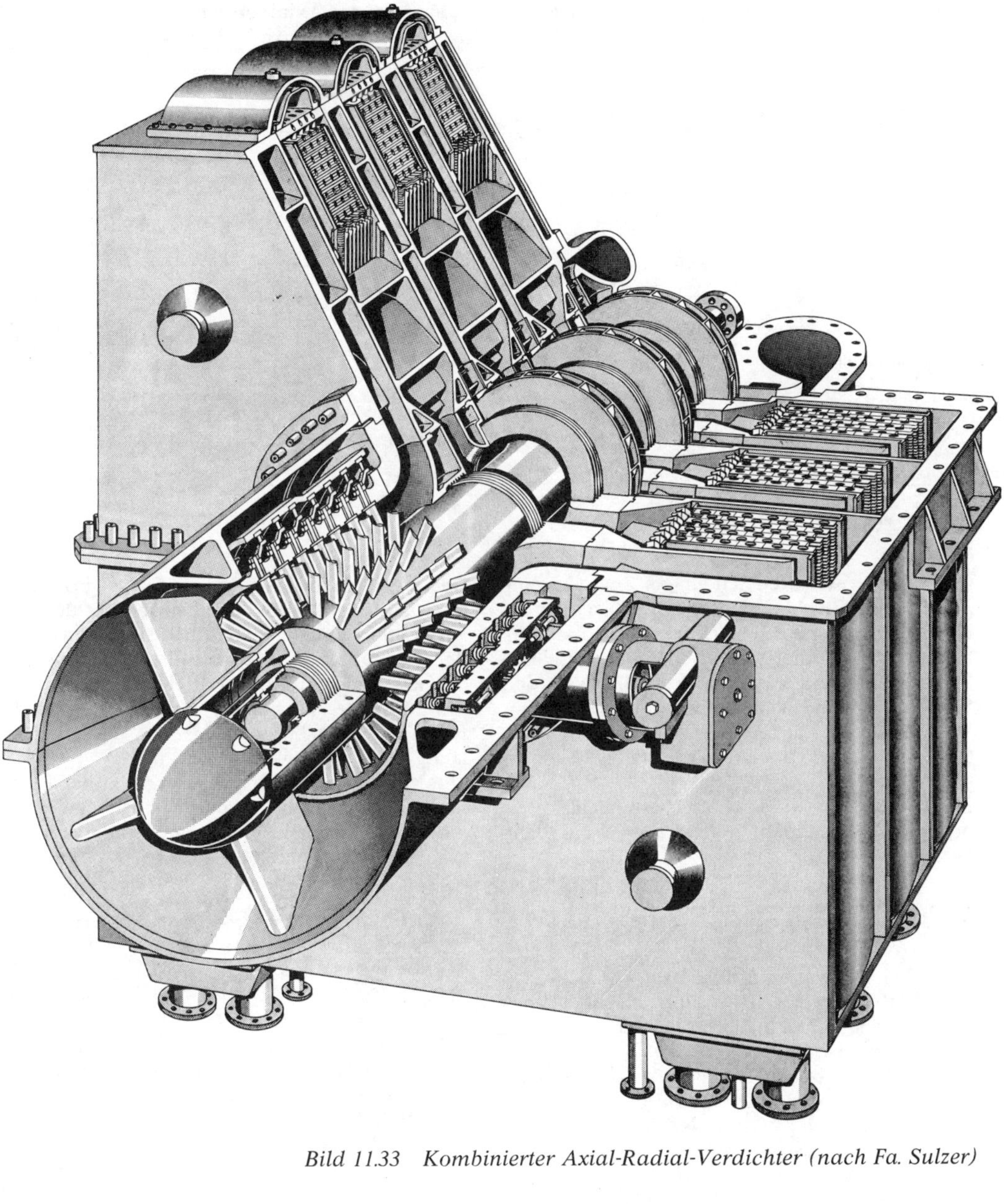

Bild 11.33 Kombinierter Axial-Radial-Verdichter (nach Fa. Sulzer)

Tabelle 11.4 Hauptabmessungen des in Bild 11.32 dargestellten Axialverdichters (nach Fa.GHH)

Typgröße	6	7	8	9	10	11	12	14	16
Volumenstrom [10^3 m³/h] von $\dot{V}_1$ bis	63 100	75 125	90 160	120 200	150 250	190 320	230 400	300 500	370 630
L	2150	2390	2525	2850	3300	3430	4250	4750	5300
L_1	3010	3250	3385	4140	4590	4720	5560	6060	6610
H	775	865	975	1075	1200	1360	1550	1740	1950
H_1	1000	1150	1300	1450	1600	1850	2100	2300	2600
H_2	400	400	400	500	500	500	650	650	650
Breite über Teilfuge	1890	2110	2350	2690	2890	3240	3750	4200	4650
Saugstutzen	700 x 1400	800 x 1600	900 x 1800	1000 x 2000	1100 x 2200	1200 x 2400	1400 x 2000	1600 x 3200	1800 x 3600
Druckstutzen DN	700	800	900	1000	1100	1200	1400	1600	1800

Alle Maßangaben sind Richtwerte in mm und unterliegen konstruktiven Änderungen. Sie beziehen sich auf eine zehnstufige Maschine. Bei anderer Stufenanzahl sind L und L_1 entsprechend größer oder kleiner (Stufenbreite: etwa 125 mm).

tereinander geschaltet. Seit einiger Zeit wird von den Firmen DEMAG, GHH und Sulzer ein in einem gemeinsamen Gehäuse installierter kombinierter Axial-Radial-Verdichter mit Zwischenkühlung angeboten, der insbesondere in der Stahlindustrie und in der chemischen Industrie für Volumenströme auf der Ansaugseite bis zu 600 000 m³/h und Druckverhältnisse bis 12 eingesetzt wird.

Der Verdichter (Bild 11.33) besteht aus den bekannten Bauelementen der Axial- und Radialverdichter.

Das Medium tritt axial, seltener radial, in den bis zu 9 Stufen aufweisenden Axialverdichter ein, wird dann zwischengekühlt und strömt anschließend, ggf. unter weiterer Zwischenkühlung, durch den aus 1 bis 3 Rädern bestehenden Radialteil. Zur Verringerung des Axialschubes werden die Radialräder mit ihren Saugseiten meist gegenläufig zum Axialteil angeordnet.

Die Regelung des Verdichters erfolgt bei Turbinenantrieb durch Drehzahlregelung, bei elektromotorischem Antrieb durch Verstellung der Leitschaufeln des Axialteiles.

11.5 Literatur zu Kapitel 11

[11.1] *Schmiederer, B.:* Einsatz von Axial- oder Radialgebläsen im Überschneidungsbereich beider Bauarten. Zeitschrift BWK, Bd. 14 (1962), S. 46/51.

[11.2] *Ossenkopp, Th.:* Gesichtspunkte für die Auswahl von Ventilatoren. Zeitschrift HLH, Bd. 25 (1974), Nr. 7, S. 221/225.

[11.3] *Eck, B.:* Ventilatoren, 5. Auflage. Springer-Verlag 1972.

[11.4] *Marcinowski, H.,* und *Dibelius, G.:* Einstufige Turboverdichter — mehrstufige Turboverdichter. Chemie-Ingenieur-Technik, 31. Jahrgang 1959, Heft 4.

[11.5] *Eckert/Schnell:* Axial- und Radialkompressoren, 2. Auflage. Springer-Verlag 1961.

[11.6] *Kluge, F.:* Kreiselgebläse und Kreiselverdichter radialer Bauart. Springer-Verlag 1953.

[11.7] *Horlock, J. H.:* Axialkompressoren. Verlag G. Braun 1967.

[11.8] *Kováts, A. de.,* und *Desmur, G.:* Pumpen, Ventilatoren und Kompressoren. Verlag G. Braun 1968.

[11.9] *Bohl, W.:* Ventilatoren. Vogel-Buchverlag, Würzburg 1983.

[11.10] *Lexis, J.:* Ventilatoren in der Praxis. 2. Auflage. Gentner-Verlag, Stuttgart 1983.

Außerdem Druckschriften der Firmen:

a) Gebläse und Ventilatoren:
Babcock, Büttner/Schilde/Haas, FIMA, Fischbach, Heinkel, KKK, LTG, Siemens, Turbo-Lufttechnik, Turbon, VARIAX, Voith, Ziehl-Abegg.

b) Verdichter:
Demag, GHH, Linde, Sulzer.

12 Hydrodynamische Kupplungen und Getriebe

12.1 Einleitung

Hydrodynamische Kupplungen und Getriebe, auch nach dem Erfinder Föttinger-Kupplungen bzw. Föttinger-Wandler genannt, sind aus Pumpen- und Turbinenelementen kombinierte Strömungsmaschinen, bei denen zur Energieübertragung eine Flüssigkeit dient. Während in den hydrostatischen Getrieben, die Verdrängermaschinen sind, der Energiefluß durch Druckfortpflanzung erfolgt, werden in hydrodynamischen Kupplungen und Wandlern die dynamischen Massenkräfte ausgenutzt.

Bei hydrodynamischen Kupplungen ist das Eingangsmoment gleich dem Ausgangsmoment, bei hydrodynamischen Getrieben (Wandler) können Drehmoment und Drehzahlen stufenlos — gesteuert oder selbsttätig — vergrößert oder verkleinert werden.

In Bild 12.1 ist das Funktionsprinzip einer hydrodynamischen Kupplung gezeigt. Der links dargestellte Motor treibt das Pumpenrad an, der eine Arbeitsmaschine vorstellende Propeller rechts außen wird vom Turbinenrad angetrieben. Zur Vermeidung von Strömungsverlusten in Saugrohren, Spiralen und Rohrzwischenstücken werden Pumpen- und Turbinenrad in einem gemeinsamen Gehäuse untergebracht und nicht als getrennte Francisturbine und Kreiselpumpe geschaltet. Der Flüssigkeitsstrom kreist auf dem kürzesten Weg zwischen den beiden Laufrädern und überträgt die Energie allein durch hydrodynamische Kräfte, wenn man von den sehr geringen Lager- und Dichtungsreibungskräften absieht.

Beim Wandler kommt zusätzlich zu Pumpen- und Turbinenlaufrad noch ein feststehendes Leitrad (Reaktionsglied) hinzu (Bild 12.2). Auch beim Wandler ist die Summe der Momente gleich Null; da aber das Leitrad unterschiedliche Momente aufnehmen kann, kann das Ausgangsmoment (Turbinenmoment) größer, gleich groß oder kleiner sein als das Eingangsmoment (Pumpenmoment). Die Abgangsdrehzahl (Turbinendrehzahl) kann sich je nach Betriebszustand von der Eingangsdrehzahl (Pumpendrehzahl) wesentlich unterscheiden. Wie schon bei der hydrodynamischen Kupplung besteht auch beim Drehmomentwandler keine mechanische Verbindung zwischen Antrieb und Abtrieb.

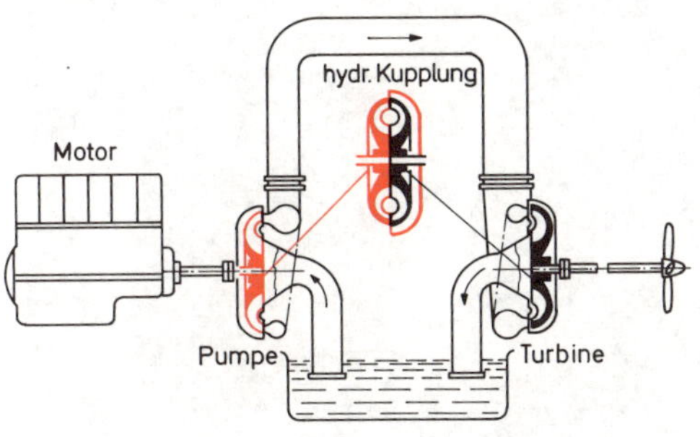

Bild 12.1 Funktionsprinzip einer hydrodynamischen Kupplung (nach Fa. Voith Turbo GmbH & Co. KG)

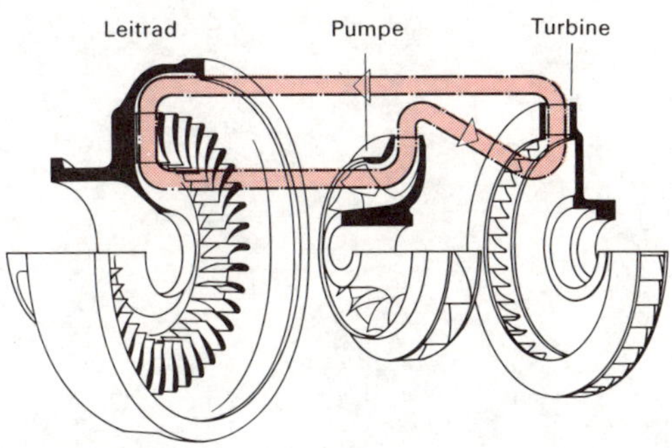

Bild 12.2 Teile eines Drehmomentwandlers (nach Fa. Voith Getriebe KG)

12.2 Die hydrodynamische Kupplung (Föttinger-Kupplung)

Die hydrodynamische Kupplung besteht aus den zwei wirksamen Teilen Pumpenrad (Primärrad) und Turbinenrad (Sekundärrad) sowie einer mit einem der beiden Räder verbundenen Schale, die ein umlaufendes Gehäuse bildet (Bild 12.3).
Das Antriebsmoment M_P ist gleich dem Abtriebsmoment M_T und kann wie folgt angesetzt werden:

(12.1)

$$M_P = M_T = \lambda \cdot \varrho \cdot \omega_P^2 \cdot D^5$$

M_P = Antriebsmoment
M_T = Abtriebsmoment
λ = von der Bauform, vom Füllungsgrad und der Belastung abhängige Leistungszahl
ϱ = Dichte der Betriebsflüssigkeit
ω_P = Winkelgeschwindigkeit auf der Antriebsseite
D = Außendurchmesser der Beschaufelungen

Der Wirkungsgrad der hydrodynamischen Kupplung ergibt sich als Quotient aus Ausgangsleistung P_T zur Eingangsleistung P_P:

$$\eta = \frac{P_T}{P_P}$$

$$P_T = M_T \cdot \omega_T$$

$$P_P = M_P \cdot \omega_P$$

$$\eta = \frac{M_T \cdot \omega_T}{M_P \cdot \omega_P}$$

Da das Eingangsmoment M_P gleich dem Ausgangsmoment M_T ist, wird der Wirkungsgrad η gleich dem Quotienten aus Abtriebsdrehzahl zur Antriebsdrehzahl.
Üblicherweise wird mit dem Begriff des Schlupfes s gearbeitet:

$$s = 1 - \frac{n_T}{n_P}$$

damit kann η wie folgt ausgedrückt werden:

(12.2)

$$\eta = \frac{n_T}{n_P} = 1 - s$$

Der Wirkungsgrad nimmt also mit zunehmendem Schlupf linear ab!
Eine Kraftübertragung zwischen den beiden Kupplungshälften ist nur möglich, wenn Schlupf

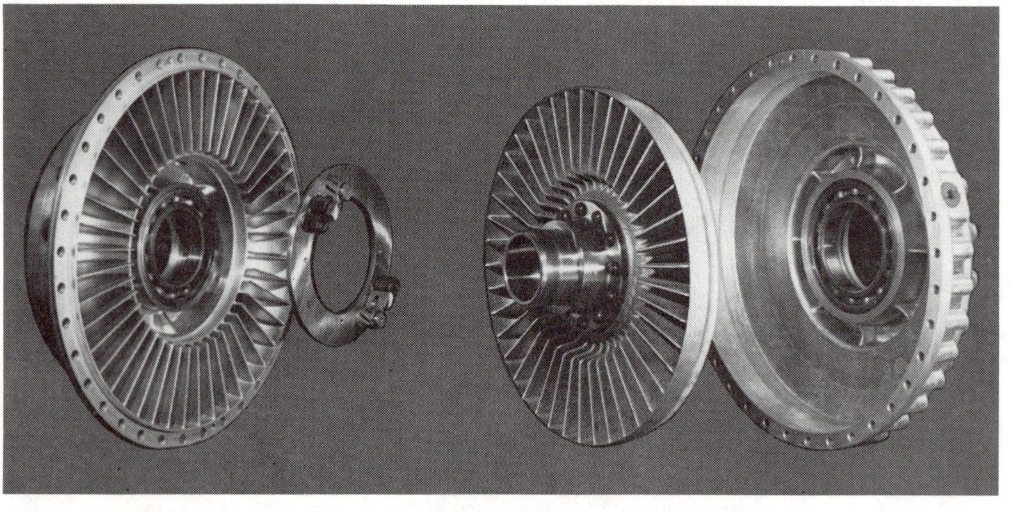

Bild 12.3 Hydrodynamische Kupplung (nach Fa. Voith Turbo GmbH & Co. KG)

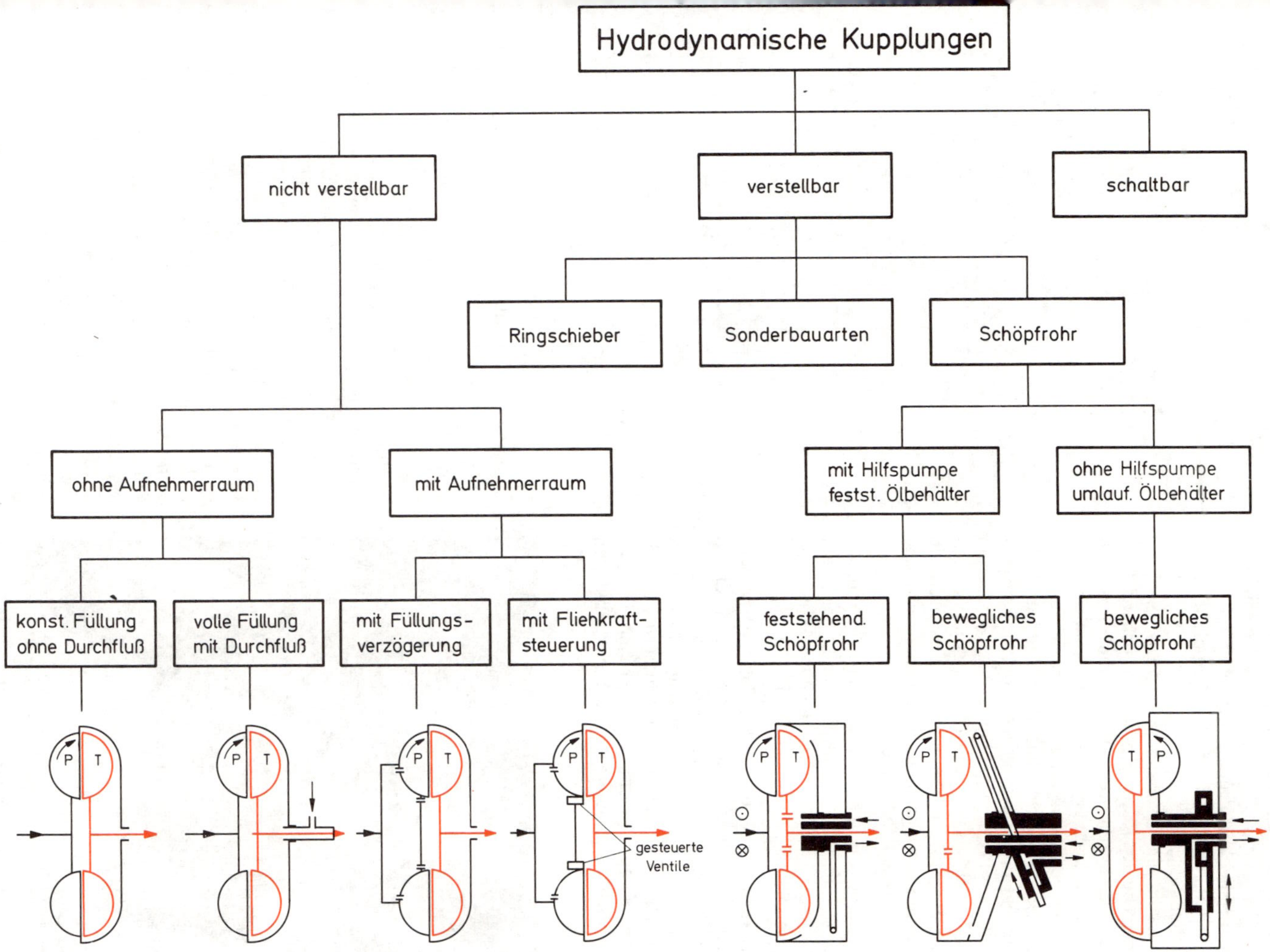

Bild 12.4 *Bauformen von Kupplungen (nach VDI 2153)*

vorhanden ist. Bei Gleichlauf ($s = 0$; $n_T = n_P$) heben sich der im Pumpenrad und Turbinenrad erzeugte Fliehkraftdruck gegenseitig auf, so daß die Arbeitsflüssigkeit in der Kupplung nicht umlaufen kann.

Nur wenn ein Drehzahlunterschied (Schlupf) zwischen beiden Kupplungshälften vorhanden ist, tritt eine Druckdifferenz auf, die die Flüssigkeit zum Kreisen bringt und damit eine Kraftübertragung nach der langsamer laufenden Seite hin ermöglicht. Bei gleichbleibender Antriebsdrehzahl nimmt das übertragbare Moment zunächst etwa linear mit dem Schlupf zu. Bei größerem Schlupf verlangsamt sich die Drehmomentzunahme, bis bei vollständigem Festbremsen ein bestimmtes Drehmoment, das meist auch den Höchstwert darstellt, erreicht wird.

Die Dimensionierung der Kupplung erfolgt in der Regel so, daß das Vollastdrehmoment bei einem Schlupf von 2 bis 3%, d.h. bei einem Wirkungsgrad von 98 bis 97% übertragen wird.

Zur Erzielung eines bestimmten Drehmomentenverlaufes über dem Schlupf entstanden die in Bild 12.4 dargestellten Bauformen von regelbaren und nicht regelbaren Kupplungen. Man unterscheidet Kupplungen mit unveränderlicher Füllung und Kupplungen mit veränderlicher Füllung, wobei Schaltkupplungen und Stellkupplungen

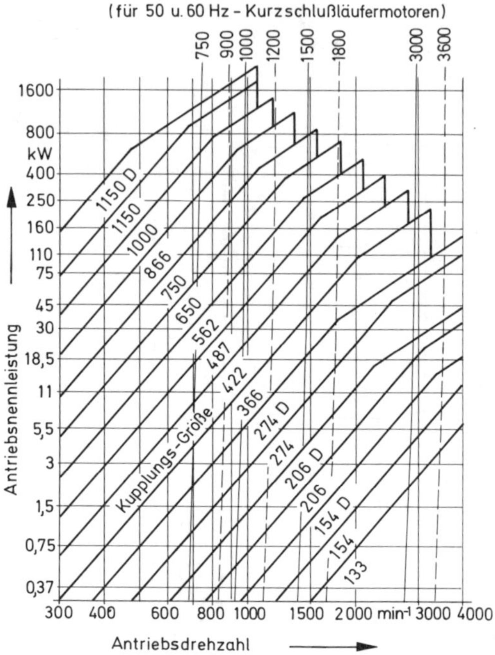

Bild 12.6 Auswahlkennfeld für hydrodynamische Kupplungen (nach Fa. Voith Turbo GmbH & Co. KG)

Bild 12.5 Regelkupplung (nach Fa. Voith Turbo GmbH & Co. KG)

unterschieden werden. Schaltkupplungen sind entweder ganz gefüllt oder ganz entleert. Stellkupplungen können mittels Ringschieber oder Schöpfrohr (Bild 12.5) stufenlos in ihrer Übertragungsfähigkeit geregelt werden.

Hydrodynamische Kupplungen sind Serienprodukte, die in großen Stückzahlen von Spezialfirmen in zahlreichen Baureihen und vielen Baugrößen hergestellt werden. Der Anwender muß nur noch aus dem weitgespannten Angebot die optimal geeignete Kupplung auswählen.

In Bild 12.6 ist das Auswahlkennfeld einer einfachen nicht regelbaren Kupplung dargestellt, Tabelle 12.1 enthält die Maßskizze und die wichtigsten Abmessungen.

Für die Verwendung von hydraulischen Kupplungen sprechen folgende Vorteile:

a) entlastetes Anfahren des Motors, auch bei belasteter oder blockierter Arbeitsmaschine,

b) keine Überdimensionierung des Motors erforderlich,

c) sanfte Beschleunigung auch schwerster Massen möglich,

Tabelle 12.1 (nach Fa. Voith Turbo GmbH & Co. KG)

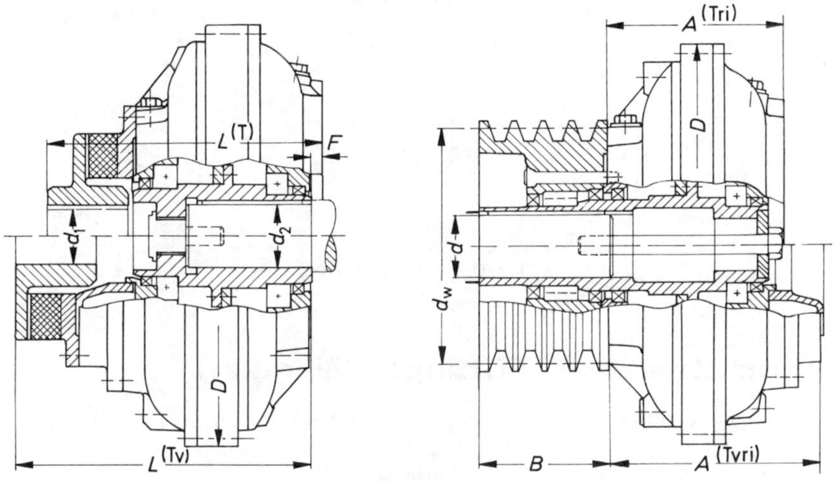

Die wichtigsten Abmessungen, Type T u. Tv*

Kupplg.-Größe	D	d_1	Ausführung T				Ausführung Tv		
			L	d_2*	F	Gewicht	L	d_2	Gewicht
		max.		max.		(kg)		max.	(kg)
133	162	24	124	19	–	2,8	–	–	–
154	190	32	143	28	–	3,6	–	–	–
154 DT	190	32	165	28	–	4,5	–	–	–
206	248	48	183	42	–	10	–	–	–
206 DT	248	48	223	42	–	13	–	–	–
274	328	55	255	55	–	17	–	–	–
274 DT	328	65	295	55	–	25	–	–	–
366	424	65	250	60	18	34	290	65	42
422	470	80	275	70	13	52	327	80	60
487	556	90	318	75	16	82	382	90	90
562	634	100	354	90	19	115	433	110	130
620	710	100	–	–	–	–	475	110	180
650	740	120	445	100	25	200	531	120	220
750	842	140	494	120	28	290	588	135	330
866	978	160	545	140	44	425	642	150	480
1000	1118	180	609	140	41	580	735	160	660
1150	1295	180	698	180	–	850	–	–	–

* Type Tv erst ab Größe 366
** mit Anschlußkupplung mit Ölfüllung

Type T ri, Tv ri*

Kupplg.-Größe	D	B	d	dw	Ausführung Tv ri		Ausführung T ri	
					A	Gewicht	A	Gewicht
		max.		min.		(kg)		(kg)
133	162	17	19	100	75,5	2	–	–
154	190	19	28	112	83,5	2,5	–	–
154 DT	190	40	28	125	102	3,5	–	–
206	248	83	42	125	97	7	–	–
206 DT	248	83	42	125	137	10	–	–
274	328	116	55	160	139	15,5	–	–
274 DT	328	153	65	170	177	23	–	–
366	424	163	65	180	185	36	222	43
422	470	178	75	200	205	55	254	63
487	556	222	90	235	233	84	294	95
562	634	322	100	280	254	121	330	135

* Type Tv ri erst ab Größe 366
** ohne Riemenscheibe, mit Ölfüllung

d) wirksame Dämpfung von Stößen, Belastungsschwankungen und Drehschwingungen,
e) gleichbleibendes Höchstdrehmoment schützt Motor und angetriebene Maschine,
f) leichte Anpassung des maximalen Drehmomentes durch Änderung der Füllung,
g) guter Wirkungsgrad, da sehr geringer Nennschlupf,
h) verschleißfreie Übertragung, da keine mechanische Berührung der kraftleitenden Elemente vorhanden ist.

Bei Regelkupplungen kommen je nach angetriebener Maschine noch einige besondere Vorteile hinzu, wie stufenlose Drehzahlregelung, unbelasteter Anlauf des Motors, Trennung der Kraftübertragung bei dauernd durchlaufendem Motor.
Eine Sonderform der hydraulischen Kupplung ist die **hydrodynamische Bremse,** bei der das Turbinenrad festgebremst wird. Die hydrodynamische Bremse arbeitet verschleißlos. Die entstehende Wärme wird über eine Kühlanlage abgeführt.

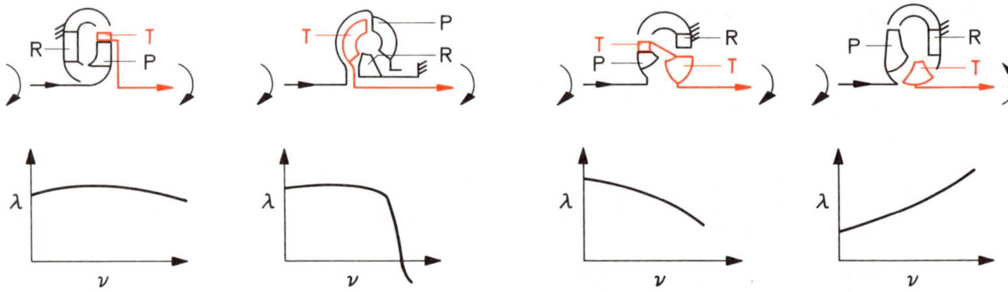

Bild 12.7 Verschiedene Wandlerformen (nach Fa. Voith Getriebe KG)

12.3 Drehmomentwandler (Föttinger-Wandler)

Wie schon in der Einleitung bemerkt wurde, enthält ein Drehmomentwandler neben Pumpen- und Turbinenrad noch ein Leitrad. Die Summe der Momente der drei Räder ist Null:

$$M_P + M_T + M_R = 0 \tag{12.3}$$

In Anlehnung an die VDI-Richtlinie 2153 [12.1] kann man die Drehmomentwandler nach folgenden Gesichtspunkten einteilen:

a) nach dem **Leistungsaufnahmeverlauf.**
Je nach Ausbildung der Rad- und Schaufelformen und der geometrischen Zuordnung der verschiedenen Räder (Bild 12.7) kann der Verlauf der Leistungszahl λ als Funktion des Drehzahlverhältnisses $\nu = n_T/n_P$ folgende Formen annehmen:

- nahezu konstanter Leistungszahlverlauf,
- nahezu konstanter Leistungszahlverlauf mit starkem Abfall bei einem bestimmten Drehzahlverhältnis,
- Wandler mit fallendem Leistungszahlverlauf,
- Wandler mit steigendem Leistungszahlverlauf.

b) nach der Lage des **optimalen Drehzahlverhältnisses.**
Der Wandler erreicht bei einem bestimmten Drehzahlverhältnis seinen besten Wirkungsgrad. Dieses Drehzahlverhältnis kann als Unterscheidungsmerkmal herangezogen werden (vgl. Kapitel 13).

c) nach den verschiedenen **Betriebsmöglichkeiten.**

- einphasige Wandler, in denen keine Beschaufelung ihre Funktion ändert, so daß nur ein Betriebsbereich entsteht,
- mehrphasige Wandler, in denen mindestens ein Schaufelrad durch selbsttätiges An- oder Abkuppeln an das Gehäuse oder ein Hauptglied seine Funktion ändern kann und dadurch mehrere Betriebsbereiche entstehen,
- Stellwandler und Schaltwandler mit Einrichtungen zu Eingriffen in die Kreislaufströmung während des Betriebes, wie z.B. verstellbare Leitschaufeln (Bild 12.8) oder Ringschieber.

d) nach der Zahl der Turbinenstufen in einstufige und mehrstufige Wandler.

e) nach dem gegenseitigen Drehsinn von Pumpen- und Turbinenrad in Gleichlaufwandler und Gegenlaufwandler.

Von den zahlreichen, in der im Kapitel 12.4 aufgeführten Literatur beschriebenen Wandlerkonstruktionen sollen zwei typische Beispiele herausgegriffen werden:

a) **Stellwandler** mit verstellbaren Leitschaufeln der Fa. Voith Getriebe KG:
Bei dem in Bild 12.8 dargestellten Wandler ermöglicht die Verstellung des Reaktionsgliedes eine stufenlose Änderung der übertragbaren Drehmomente und Beeinflussung der Abtriebsdrehzahlen. In Kapitel 13 befindet sich das Kennfeld dieses Wandlertyps (Bild 13.35).
Aus der Leistungstafel (Auswahlkennfeld) des Wandlers (Bild 12.9) ersieht man, daß der Bereich der Antriebsdrehzahl bis 3000 min^{-1}, der Bereich der Antriebsleistung bis etwa 1800 kW reicht. In Tabelle 12.2 befindet sich die zugehörige Maßtabelle.

b) **Trilokwandler** der Fa. Fichtel & Sachs zum Einsatz in Straßenfahrzeugen (Bild 12.10):

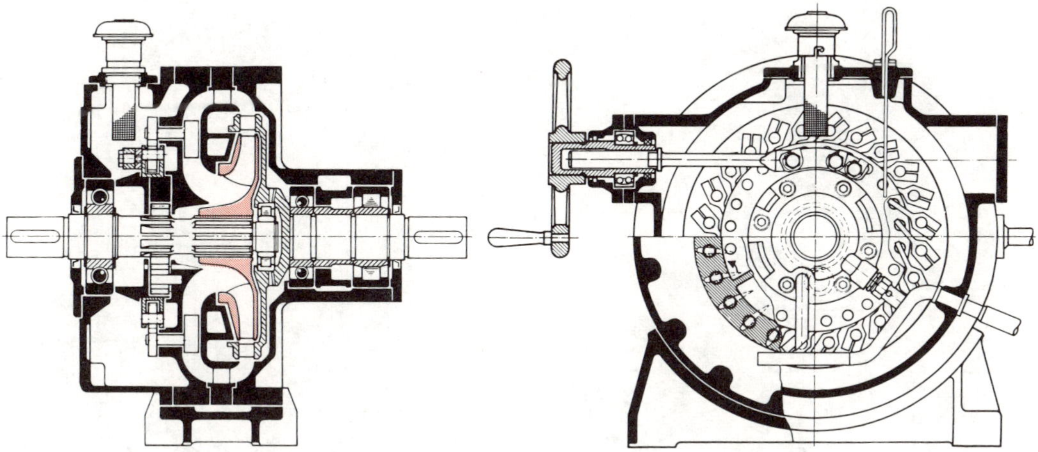

Bild 12.8 Schnitt durch einen Stellwandler (nach Fa. Voith Getriebe KG)

Bild 12.9 Auswahlkennfeld für Stellwandler (nach Fa. Voith Getriebe KG)

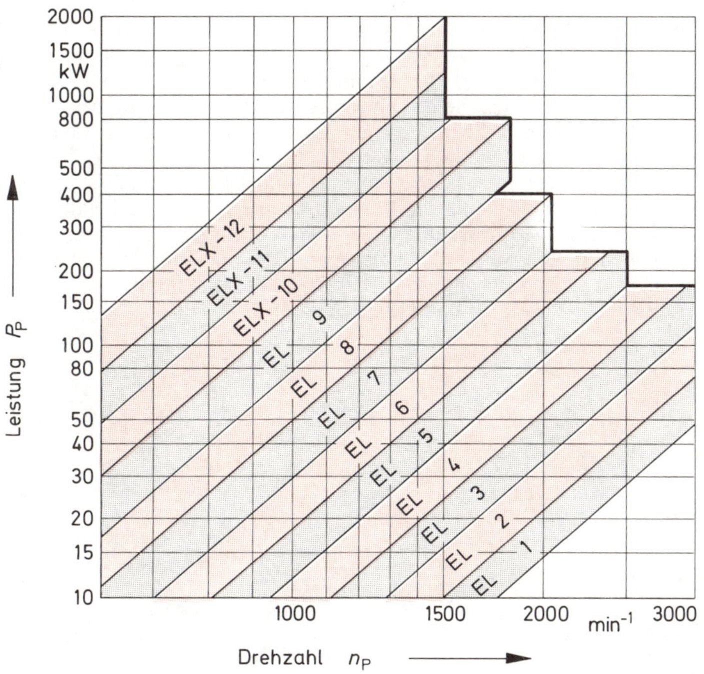

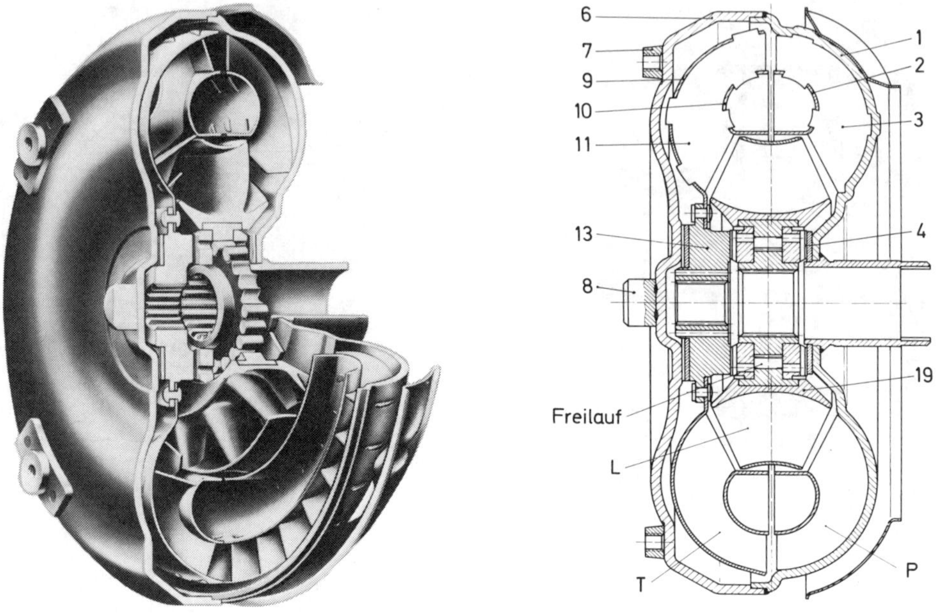

Bild 12.10 Trilok-Wandler (nach Fa. Fichtel & Sachs)

Dieser Wandlertyp ist relativ einfach aufgebaut und wenig störanfällig. Der vorliegende Wandler ist ein Einbauwandler, d.h. besitzt im Gegensatz zu dem in a) beschriebenen Stellwandler der Fa. Voith Getriebe KG keine eigenen Lager, d.h. muß fremd gelagert werden.

Das Gehäuse besteht aus den Schalen (1) und (6), wobei Teil (1) gleichzeitig die Pumpenschaufeln (3) trägt. Das Motordrehmoment wird durch Schrauben an den Augen (7) übertragen. Zapfen (8) dient zur Zentrierung. Das Turbinenrad T besteht aus Schalen (9) und (10), Schaufeln (11) und Nabe (13) und wird mit der Welle des nachgeschalteten mechanischen Getriebes gekuppelt.

Das Leitrad L wird über einen Freilauf mit einer feststehenden Hohlwelle verbunden. Nach Erreichen einer bestimmten Turbinendrehzahl auf der Abtriebsseite löst sich der Freilauf, das vorher feststehende Leitrad beginnt zu rotieren, d.h. nimmt praktisch kein Reaktionsmoment mehr auf. Der Wandler arbeitet nun als Kupplung, da nur noch das Pumpen- und Turbinenrad in Aktion sind.

Tabelle 12.2 Hauptmaße, Ölinhalt, Gewicht und Kühlung der EL-Wandler (nach Firma Voith-Getriebe KG)

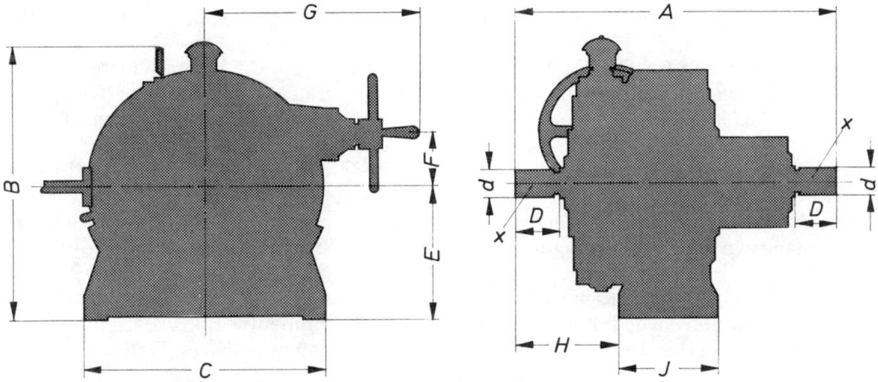

für die Typen EL 1/2
EL 3/4
EL 5/6

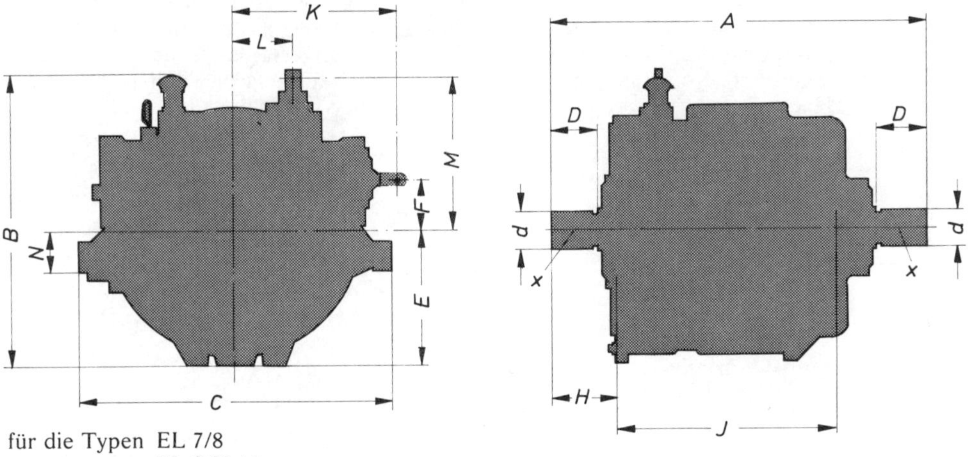

für die Typen EL 7/8
EL 9/X-10
EL X-11/12

Typ		Hauptmaße in mm														x Paßfeder DIN 6885	Gewicht kp	Ölinhalt ca. l
		A	*B*	*C*	*D*	*E*	*F*	*G*	*H*	*J*	*K*	*L*	*M*	*N*	*d*			
EL 1/2	(RL 11/12)	547	413	350	70	210	113	255	51	362					45 h6	14 x 9 x 60	180	10
EL 3/4	(RL 13/14)	600	494	470	80	265	98	334	26,5	410					54 h6	16 x 10 x 65	210	18
EL 5/6	(RL 15/16)	707	645	560	100	315	120	456	211,5	250					65 h6	18 x 11 x 95	350	25
EL 7/8	(RL 17/18)	870	720	800	120	340	143		163	475	490,5			100	75 h6	20 x 12 x 110	660	60
EL 9/X-10	(RL 19/110)	1026	800	830	150	390			209	525		200	510	200	95 h6	25 x 14 x 140	930	90
EL X-11/12	(RL 111/112)	1213	960	1010	200	470	240		250	720	631			240	120 h6	32 x 18 x 170	1600	170

12.4 Literatur zu Kapitel 12

[12.1] VDI 2153: Hydrodynamische Getriebe, Begriffe — Bauformen — Wirkungsweise.

[12.2] *Voith-Getriebe KG:* Hydrodynamische Getriebe, Kupplungen Bremsen. Krausskopf-Verlag 1970.

[12.3] *Kickbusch, E.:* Föttinger-Kupplungen und Föttinger-Getriebe. Springer-Verlag 1963.

[12.4] *Wolf, M.:* Strömungskupplungen und Strömungswandler. Springer-Verlag 1962.

[12.5] *Lusar, R.:* Der hydraulische Drehmomentwandler und die hydraulische Kupplung. Hanser-Verlag 1961.

[12.6] *Kugel, F.:* Hydrodynamische Kraftübertragung. Krausskopf-Verlag 1962.

[12.7] *Titl, A.:* Grundlagen hydrodynamischer Antriebe. Heft 64 der blauen TR-Reihe Hallwag-Verlag.

[12.8] *Pippert, H.:* Antriebstechnik.. Vogel-Verlag 1974.

[12.9] *Keller, R.:* Die hydrodynamische Übertragung als Lösungsweg für Antriebsprobleme. Zeitschrift Konstruktion, Bd. 28 (1976), Heft 5.

[12.10] *Keller, R.:* Hydrodynamische Kupplungen — Anlaufvorgänge in VDI-Bericht 73/1963, S. 33—41.

[12.11] *Kugel, F.:* Hydrodynamische Kraftübertragung — Föttinger-Kupplungen. Zeitschrift Ölhydraulik und Pneumatik, 3. Jahrgang, Hefte 3, 5, 6, 7.

[12.12] *Hanselmann, K.:* Hydrodynamische Drehmomentwandler mit Leitschaufelregelung (Bauart Voith) und ihre industrielle Verwendung. Voith „Forschung und Konstruktion", Heft 6.

[12.13] *Keller, R.:* Der hydrodynamische Drehmomentwandler als stufenlos wirkendes und regelbares Getriebe. Industrie-Anzeiger Nr. 94/1963.

[12.14] *Gimmler, J.:* Der Trilok-Drehmomentwandler für die Massenfertigung aus Blech konstruiert. Zeitschrift Konstruktion, Heft 5/1966.

[12.15] *Sigloch, H.:* Strömungsmaschinen. Carl-Hanser-Verlag München, 1984.

Außerdem Druckschriften der Firmen:
Fichtel & Sachs, Flender, Voith-Getriebe KG Heidenheim, Voith-Turbo GmbH & Co. KG Crailsheim.

13 Betriebsverhalten von Strömungsmaschinen (Kennfelder)

13.1 Einleitung

Eine Strömungsmaschine ist nicht nur für eine bestimmte Kombination der Betriebswerte Volumenstrom, spezifische Stutzenarbeit, Leistung und Drehzahl ausgelegt, vielmehr ist eine oder auch mehrere dieser Größen variabel. Bei Veränderung von Volumenstrom, spezifischer Stutzenarbeit und Drehzahl bezüglich der der Auslegung zugrunde liegenden Werte ändert sich i.a. auch der Wirkungsgrad der Maschine.
Bei Strömungskraftmaschinen (Turbinen) ergibt sich die Notwendigkeit einer Regelung meist aus den schwankenden Leistungs- und Drehzahlanforderungen der angetriebenen Maschine. Bei Strömungsarbeitsmaschinen (Pumpen, Gebläse, Verdichter) werden von der Anlage (System) oder vom Verfahren her unterschiedliche, regulierbare Werte für Volumenstrom und spezifische Stutzenarbeit gefordert.

Der Konstrukteur muß durch Vorsehen entsprechender Verstelleinrichtungen, wie z.B. zur Lauf- oder Leitradverstellung, durch einen Antrieb mit variabler Drehzahl oder durch Parallel- und Hintereinanderschaltung einzelner Maschinen, dem Betreiber die Regulierung der Maschine ermöglichen.
Das Betriebsverhalten der Strömungsmaschinen wird durch Kurvenzüge für einzelne Betriebsgrößen in sogenannten Kennlinien oder Kennfeldern dargestellt. Diese Kennlinien werden durch Versuche an Original- oder Modellmaschinen gewonnen und durch ähnlichkeitsmechanische Umrechnungen in die gewünschte Form gebracht. Die Darstellung kann dimensionsbehaftet oder dimensionslos sein.

13.2 Die Kennfelder der Strömungskraftmaschinen

13.2.1 Wasserturbinen

Bei Wasserturbinen bleibt in nahezu allen Fällen die Drehzahl mit Rücksicht auf die Frequenz des erzeugten Stromes konstant. Bei Laständerung, d.h. bei Leistungsregelung, wird die Größe des von der Turbine verarbeiteten Volumenstromes geregelt. Dies geschieht bei der Freistrahlturbine durch Verstellung der Nadeldüse(n), bei der Francisturbine durch Verändern der Leitradöffnung und bei Kaplanturbinen durch Doppelregulierung von Leit- und Laufschaufelstellung. Die Fallhöhe, d.h. die spezifische Stutzenarbeit, bleibt in den meisten Anlagen nahezu konstant. In Pumpspeicherwerken und in Laufwasserkraftwerken (Flußkraftwerken) können u.U. größere Fallhöhenschwankungen auftreten. In Bild 13.1 ist der Wirkungsgradverlauf großer Wasserturbinen bei konstantem Gefälle und konstanter Drehzahl dargestellt, Bild 13.2 enthält die Wirkungsgradkurven einer in einem Flußkraftwerk mit großen Gefälleschwankungen eingesetzten Kaplan-Rohrturbine.

Bei Modellversuchen mit geometrisch exakt verkleinerten Modellturbinen werden u.U. auch Bremsversuche bei unterschiedlichen Drehzahlen durchgeführt.
Die grafische Darstellung dieser Ergebnisse im sogenannten **Muscheldiagramm** enthält i.a. den Turbinenwirkungsgrad als Funktion von Drehzahl und Volumenstrom, u.U. noch Angaben über geometrische Größen, wie Düsen- und Schaufelstellungen, oder Angaben über Kavitationswerte. Einzelheiten darüber finden sich z.B. in [13.1] und in vielen der in Kapitel 7 angegebenen Literaturquellen.

13.2.2 Dampfturbinen

Leistung, u.U. auch Drehzahl, Gegendruck und Größe angezapfter Massenströme einer Dampfturbine müssen möglichst verzögerungsfrei an die jeweiligen Betriebsanforderungen angepaßt werden können. Dies geschieht mittels eines der in Kapitel 8.6 beschriebenen Regelverfahren. Bei Gleitdruckbetrieb bleibt der innere Wirkungs-

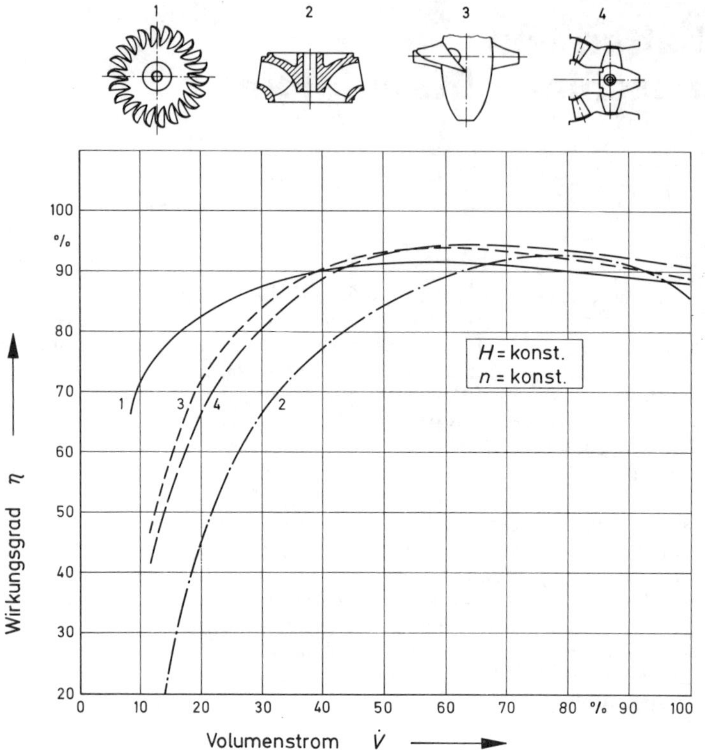

Bild 13.1 Wirkungsgrade von Wasserturbinen (nach Fa. Escher-Wyss)

Bild 13.2 Wirkungsgrade einer Kaplan-Rohrturbine (nach Fa. Escher-Wyss)

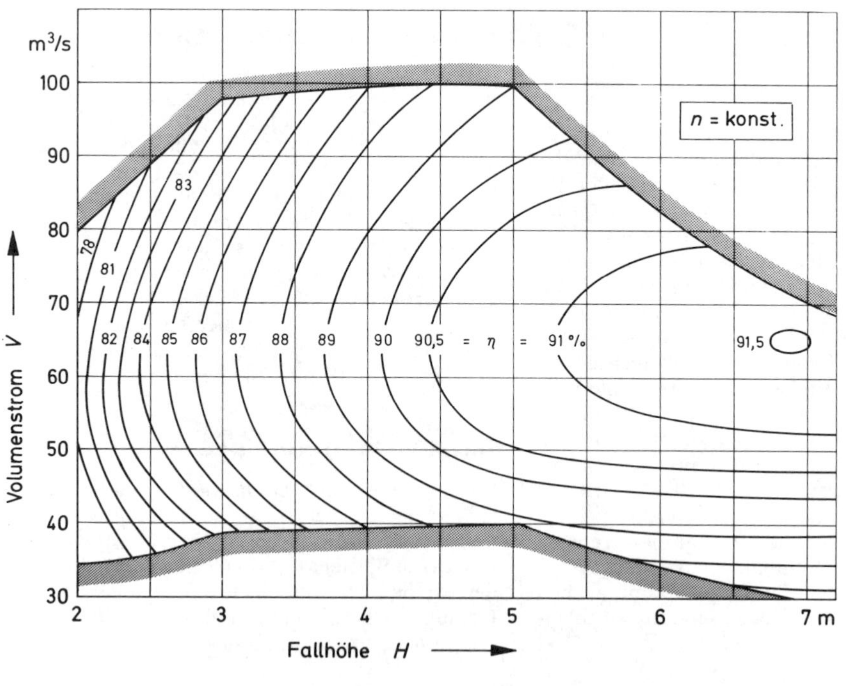

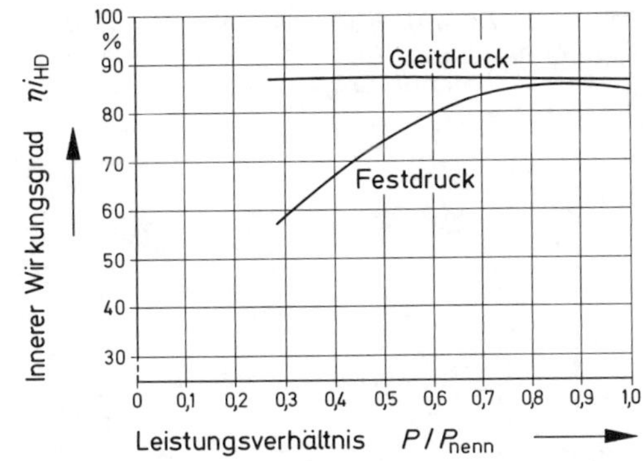

Bild 13.3 Innerer Wirkungsgrad von Dampfturbinen (nach Fa. BBC)

grad der Turbine über dem ganzen Lastbereich konstant, während er bei Festdruckbetrieb bei Lastabnahme relativ stark absinkt (Bild 13.3 nach [13.2]).
Garantieangaben bzw. Angaben über die Betriebsführung werden in Form von Tabellen oder Diagrammen über den von der Leistung abhängigen Dampfmassenstrom gemacht (Bild 13.4).

Bei Entnahmeturbinen, die neben Leistung auch noch Entnahmedampf liefern, wird die erforderliche Frischdampfmenge abhängig von Leistung und Entnahmedampfmenge dargestellt (Bild 13.5). Die Kennfelder kleinerer drehzahlgeregelter Industrieturbinen zum Antrieb von Pumpen oder Verdichtern enthalten als weiteren Parameter die Drehzahl.

13.2.3 Gasturbinen

Die lastabhängige Wirkungsgradkurve einer Gasturbine hängt von dem Turbinentyp, der Maschinengröße, vom Brennstoff und vom Zustand der angesaugten Verbrennungsluft ab. Bei konstanter Drehzahl liegen die Teillastwirkungsgrade wesentlich niedriger als bei variabler Drehzahl.
Dem Betreiber einer Gasturbinenanlage genügt i.a. ein Kennfeld, aus dem er die Größe des Brennstoffverbrauches abhängig von Leistung und ggf. Drehzahl entnehmen kann (Bild 13.6). Hinzu kommen eventuell Korrekturblätter zur Berücksichtigung des Zustandes der Verbrennungsluft (Bild 13.7), des Widerstandes von Ansauge- und Abgasleitung, des Verschmutzungsgrades von Verdichter, Brennkammer und Turbine sowie für Abweichungen im Heizwert des Brennstoffes.

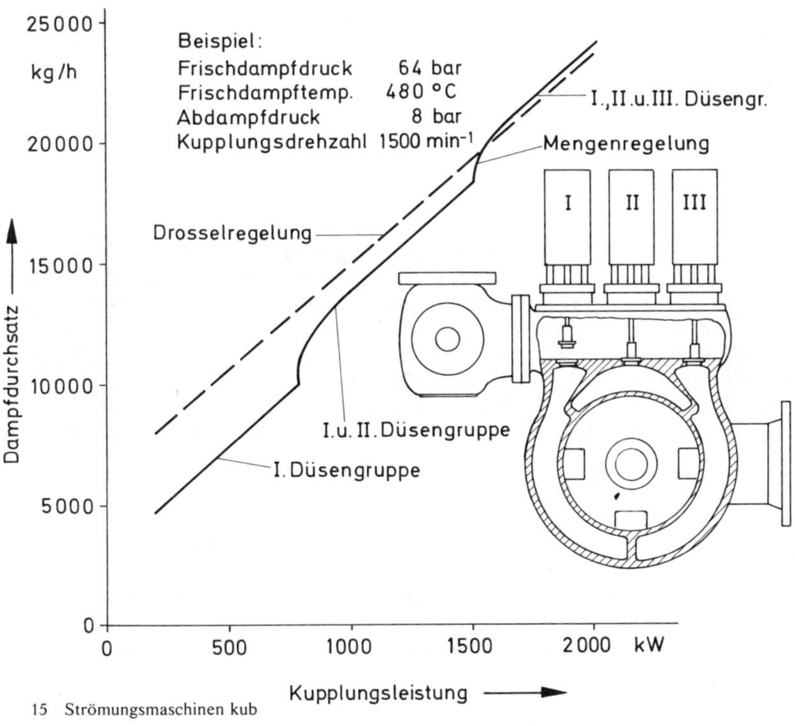

Bild 13.4 Dampfverbrauch einer Dampfturbine (nach Fa. KKK)

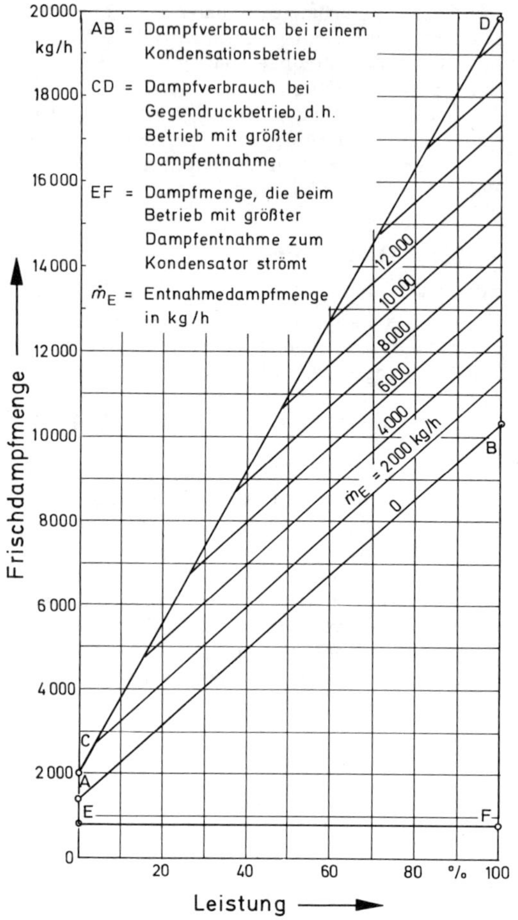

Bild 13.5 Dampfverbrauch einer Entnahmeturbine (nach Fa. BBC)

◀

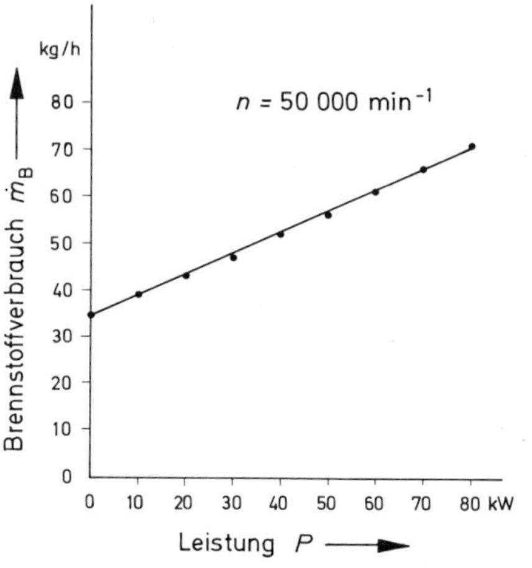

Bild 13.8 Beispiel 17

Beispiel 17

Für die Kleingasturbine T 216 der Fa. KHD, deren Kennfeld Bild 13.6 enthält, soll für einen Ansaugezustand von p_1 = 1,0133 bar und T_1 = 288 K der Brennstoffverbrauch als Funktion der Leistung bei konstanter Drehzahl n = 50 000 min^{-1} ermittelt und in einem Diagramm dargestellt werden.

Lösung:

Zunächst wird der Brennstoffverbrauch abhängig von der Leistung im Bereich P = 0 bis 80 kW aus Bild 13.6 entnommen und in einer Tabelle festgehalten.

Bild 13.8 enthält das Leistungs-Brennstoffverbrauchs-Diagramm, d.h. die Funktion $\dot{m}_B = f(P)$. Man erkennt den praktisch linearen Zusammenhang zwischen Leistung und Brennstoffverbrauch.

Leistung P	0	10	20	30	40	50	60	70	80	kW
Kraftstoffverbrauch $\dot{m}_B$	35	39	43	47	52	56	61	66	71	kg/h

Gasturbine T 216

1 Lufteintritt
2 Radialverdichter
3 Zündeinrichtung
4 Einspritzdüse
5 Brennkammer
6 Turbinenlaufrad
7 Abgasaustritt
8 Getriebe
9 Andrehkurbel
10 Abtriebswelle

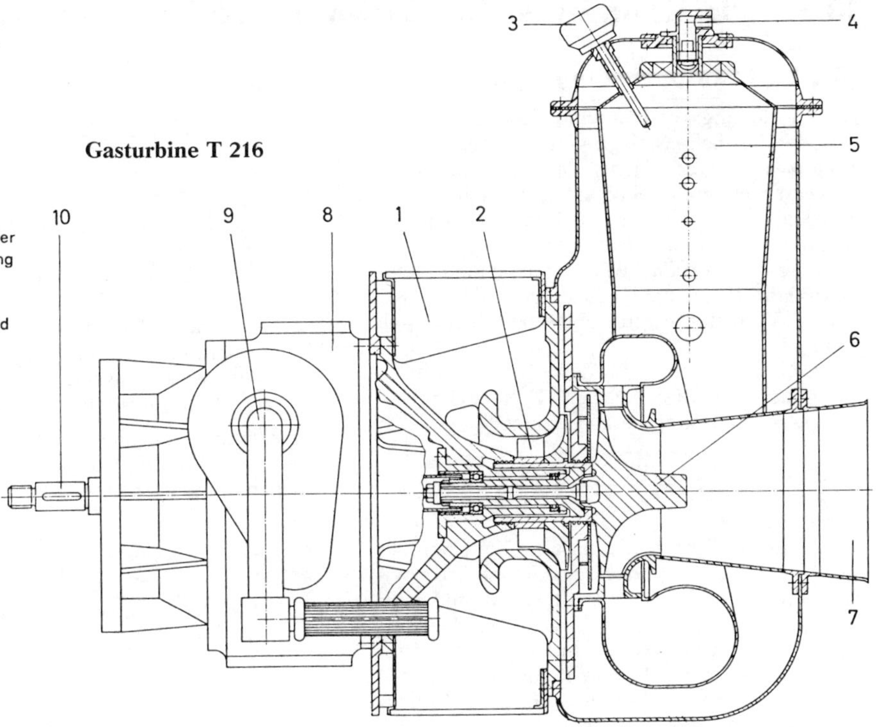

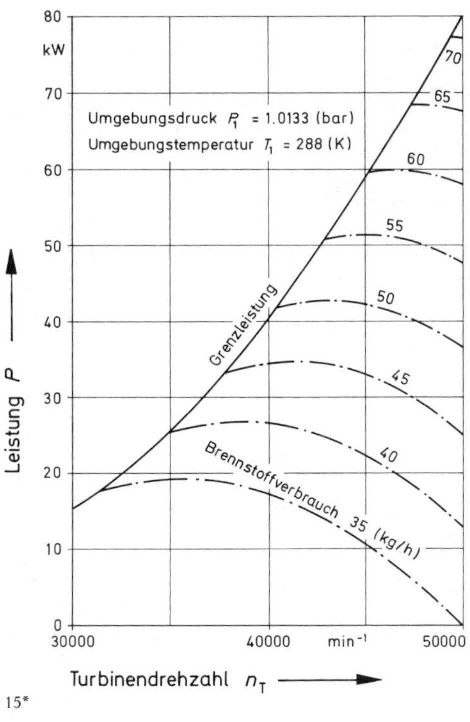

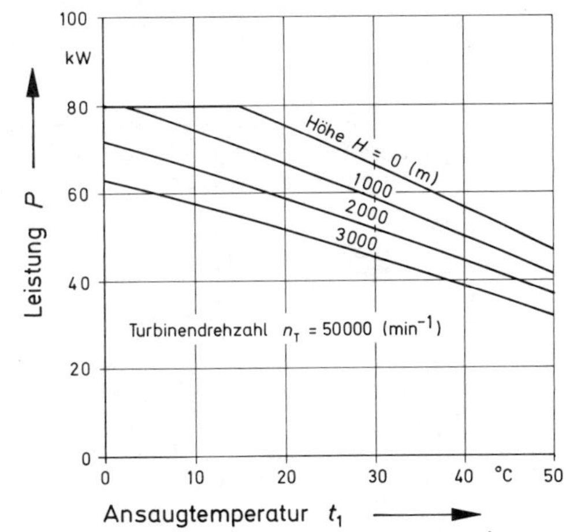

Bild 13.7 Korrekturblatt zu Bild 13.6

Bild 13.6 Kennfeld der Kleingasturbine T 216 von KHD

13.3 Die Kennfelder der Strömungsarbeitsmaschinen

13.3.1 Die Rohrleitungskennlinie

Die Rohrleitungskennlinie einer Pumpen-, Gebläse- oder Verdichteranlage gibt den Zusammenhang zwischen der erforderlichen spezifischen Stutzenarbeit Y der Strömungsarbeitsmaschine und dem durch die Anlage geförderten Volumenstrom $\dot{V}$ bzw. Massenstrom $\dot{m}$ an.
Im folgenden werden die Zusammenhänge exemplarisch für Pumpenanlagen abgeleitet; bei Anlagen mit Verdichtern und Gebläsen verhält es sich analog.
Nach Gleichung (2.11), Tabelle 2.2 in Kapitel 2 kann die spez. Stutzenarbeit Y einer Kreiselpumpe wie folgt angesetzt werden:

$$Y = g(z_a - z_e) + \frac{p_a - p_e}{\varrho} + \frac{c_a^2 - c_e^2}{2} + E_R$$

Die ersten beiden Glieder der Gleichung berücksichtigen Spiegel- und Druckunterschied zwischen Saug- und Druckbehälter und sind vom Volumenstrom unabhängig. Das dritte Glied enthält die Geschwindigkeiten im Druck- und Saugbehälter, das vierte Glied die Reibungsverluste in den Rohrleitungen. Beide Ausdrücke sind Funktionen des Volumenstromes $\dot{V}$.
Das Glied

$$\frac{c_a^2 - c_e^2}{2}$$

ist meist sehr klein oder Null. Der Reibungsanteil E_R kann nach den Beziehungen für die Rohrreibung wie folgt angesetzt werden:

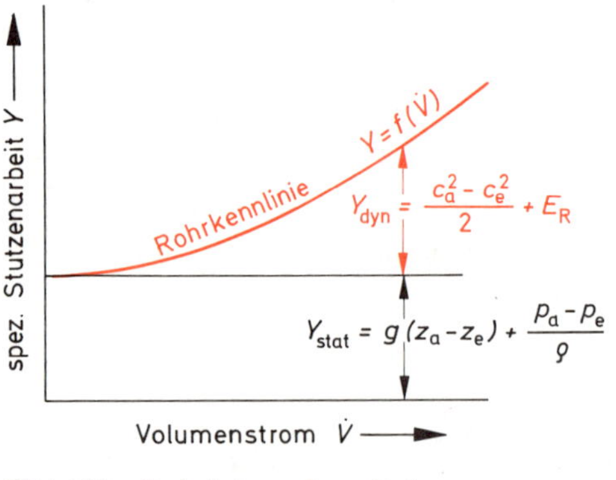

Bild 13.9 Rohrleitungskennlinie

$$E_R = \Sigma\lambda \frac{l}{d} \frac{c^2}{2} + \Sigma\zeta \frac{c^2}{2} \tag{13.1}$$

E_R = Reibungsverlustenergie
λ = Rohrreibungszahl = f (Reynolds-Zahl und relativer Rohrrauhigkeit)
l = Rohrlänge
d = lichter Rohrdurchmesser
c = mittlere Geschwindigkeit
ζ = Widerstandsbeiwerte von Formstücken und Rohreinbauten

Vernachlässigt man die Abhängigkeit der Beiwerte λ und ζ von der Reynolds-Zahl, kann vereinfachend geschrieben werden:

$$E_R = \left(\Sigma\lambda \frac{l}{d} + \Sigma\zeta\right) \frac{c^2}{2}$$

$$= \left(\Sigma\lambda \frac{l}{d} + \Sigma\zeta\right) \frac{\dot{V}^2}{2 \dfrac{d^4 \cdot \pi^2}{16}}$$

$$E_R = \text{konst.} \cdot \dot{V}^2$$

Die Reibungsverlustenergie ist also in erster Näherung eine quadratische Funktion des Volumenstromes $\dot{V}$!
Der Ausdruck für die spezifische Stutzenarbeit Y (Gleichung 2.11) kann demnach in einen „statischen", von $\dot{V}$ unabhängigen Teil und einen „dynamischen", von $\dot{V}$ quadratisch abhängigen Teil zerlegt werden.
Grafisch stellt sich das gemäß Bild 13.9 dar.
Die Rohrleitungskennlinien vieler Pumpenanlagen sind Sonderfälle der oben allgemein dargestellten Rohrleitungskennlinie.
Bei **Umwälzanlagen** entfällt der statische Anteil

$$g(z_a - z_e) + \frac{p_a - p_e}{\varrho};$$

die Rohrleitungskennlinie ist keine um den statischen Anteil höher geschobene Parabel mehr, sondern geht durch den O-Punkt des $\dot{V}$-Y-Koordinatensystems (Bild 13.10).
Bei **Schöpfwerkspumpenanlagen,** die meist mit Axialpumpen ausgerüstet werden, entfällt praktisch der Reibungsanteil E_R, da die Rohrleitungsstücke sehr kurz sind bzw. ganz fehlen, da die

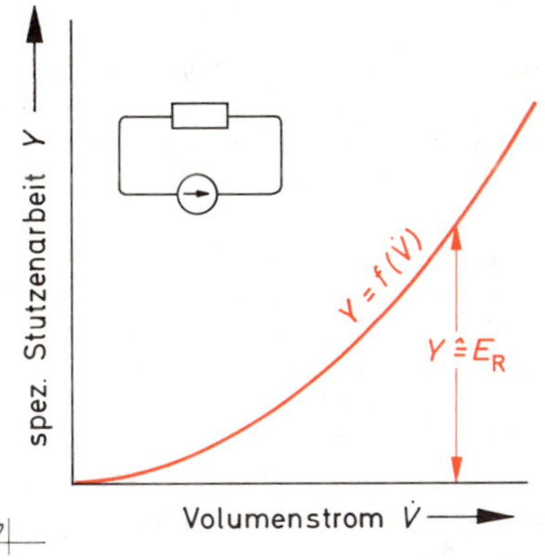

Bild 13.10 *Umwälz-Rohrleitungskennlinie*

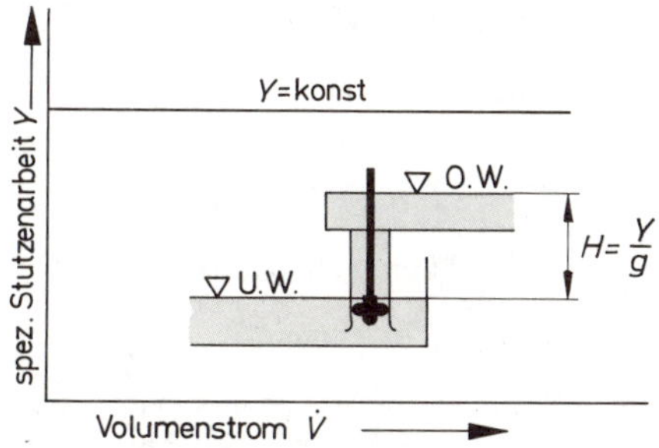

Bild 13.11 *Schöpfwerks-Rohrleitungskennlinie*

Pumpe direkt zwischen Unter- und Oberwasser eingehängt wird. Die spezifische Stutzenarbeit Y wird nahezu unabhängig vom Volumenstrom $\dot{V}$, die Rohrleitungskennlinie ist praktisch eine horizontale Gerade (Bild 13.11).

In [13.3] sind zahlreiche praktische Hinweise für die Ermittlung der Rohrleitungskennlinie enthalten.

13.3.2 Die Drosselkurve

Bei Strömungsarbeitsmaschinen ist bei gleichbleibender Drehzahl und Schaufelgeometrie jedem Volumenstrom $\dot{V}$ bzw. Massenstrom $\dot{m}$ eine bestimmte spezifische Stutzenarbeit Y zugeordnet. Die Aneinanderreihung dieser Zuordnungspunkte ergibt im $\dot{V}$-Y-Diagramm die Maschinenkennlinie, die **Drosselkurve** genannt wird, da man sie durch Drosseln der Rohrleitung mittels Regelventil auf einem Prüfstand ermitteln kann.

Drosselkurven können **stabil** oder **instabil** sein (Bild 13.12). Eine Drosselkurve ist stabil, wenn sie von ihrem Anfangspunkt $\dot{V} = 0$ und $Y = Y_{max}$ zu größeren Volumenströmen hin stetig abfällt; zu jedem Wert von Y gehört eindeutig nur **ein** Wert von $\dot{V}$. Eine Drosselkurve ist instabil, wenn sie einen stabilen und einen labilen Bereich hat. An einem bestimmten Volumenstrom $\dot{V}_{krit}$ fällt bei abnehmendem $\dot{V}$ auch Y ab, um dann u.U. bei noch kleineren Volumenströmen wieder anzusteigen. So können einem Wert von Y bis zu 3 $\dot{V}$-Werte zugeordnet sein.

Strömungsarbeitsmaschinen können nur auf den stabilen Ästen ihrer Drosselkurven ordnungsgemäß arbeiten; liegt bei einer instabilen Drosselkurve der sich aufgrund der Rohrleitungskennlinie einstellende Betriebspunkt links von $\dot{V}_{krit}$, fördert die Maschine pulsierend. Bei Gebläsen und Verdichtern wird dieses stoßweise Fördern als „Pumpen" bezeichnet, $\dot{V}_{krit}$ heißt **Pumpgrenze.** Strömungsarbeitsmaschinen mit instabilen Kenn-

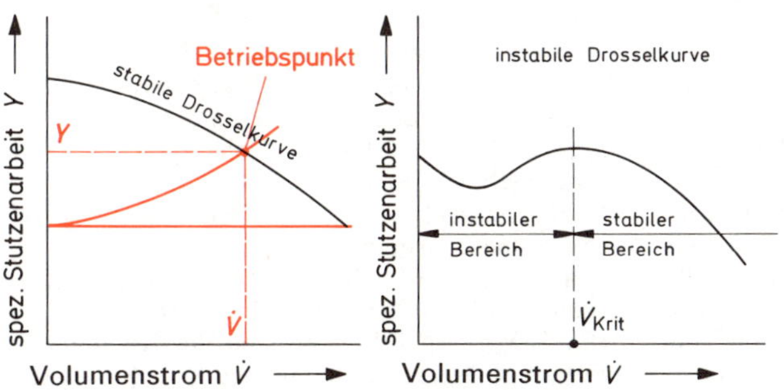

Bild 13.12 *Stabile und instabile Drosselkurve*

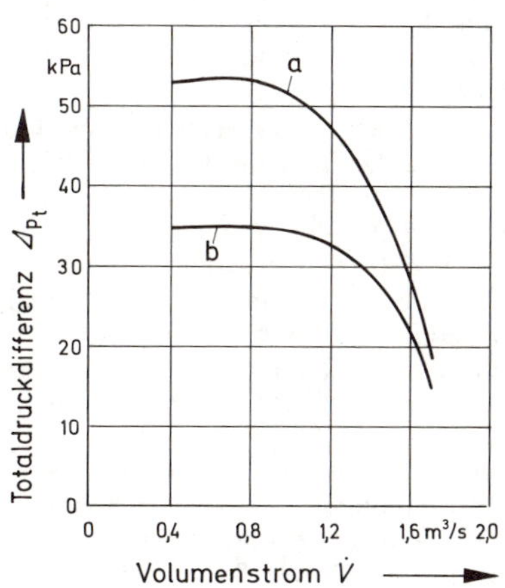

Bild 13.13 *Drosselkurven bei saug- und druckseitiger Drosselung* ▶

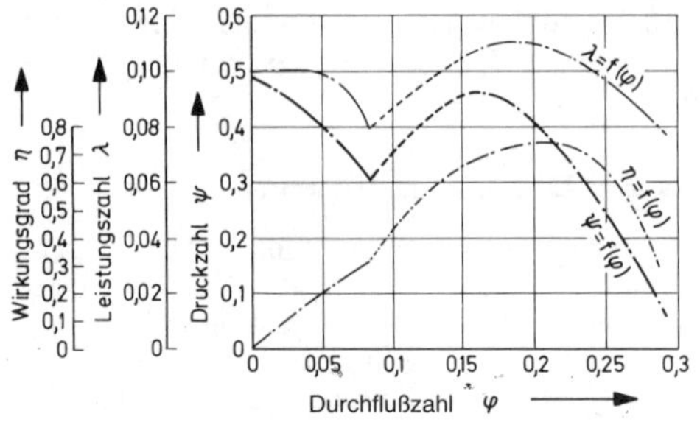

Bild 13.14 Dimensionslose Drosselkurve

linien sollen demnach keine Volumenströme fördern, die kleiner als $\dot{V}_{krit}$ sind!
Den **Betriebspunkt,** d.h. das Wertepaar $\dot{V}-Y$ der Arbeitsmaschine erhält man als Schnittpunkt von Rohrleitungskennlinie und Drosselkurve (Bild 13.12).
Bei Gebläsen und Verdichtern hängt die Form der Drosselkurve bei größeren Druckdifferenzen auch davon ab, ob die Drosselung saugseitig oder druckseitig durchgeführt wird, d.h., ob sich die Hauptwiderstände in der Saug- oder Druckleitung befinden ([13.4, 13.5]). In Bild 13.13 sind zwei Drosselkurven des gleichen Gebläses für druck- und saugseitige Drosselung gegenübergestellt.

Linie a: druckseitige Drosselung mit
p_1 = 1,013 bar, ϱ_1 = 1,2 kg/m³,

Linie b: saugseitige Drosselung mit
p_2 = 1,013 bar, t_1 = 20 °C.

Bei Kreiselpumpen tritt durch starke saugseitige Drosselung Kavitation auf, was ebenfalls zu einer Änderung der Drosselkurve führt. Diese Änderung der Drosselkurve kann zur Beurteilung der Stärke der Kavitation benutzt werden (vgl. Kapitel 5).
Ähnlich verhält es sich mit dem Einfluß der Mach-Zahl auf die Form der Drosselkurven von Turboverdichtern. In [6.1] sind die Drosselkurven verschiedener Verdichter bei unterschiedlichen Mach-Zahlen dargestellt. Verallgemeinert läßt sich sagen, daß ab einem vor allem von der Schaufelgeometrie abhängenden Mach-Zahl-Grenzwert nicht nur der Wirkungsgrad, sondern auch die spezifische Stutzenarbeit merklich abfällt.
Im Gebläse- und Verdichterbau, seltener bei Kreiselpumpen, ist es auch üblich, anstelle der absoluten Werte Volumenstrom $\dot{V}$(bzw. Massenstrom $\dot{m}$) und spez. Stutzenarbeit Y die relativen, dimensionslosen Kennzahlen Durchflußzahl φ und Druckzahl ψ zur Darstellung der Drosselkurve zu verwenden. Diese Art der Darstellung hat den Vorteil, von der Größe der Drehzahl und des Laufraddurchmessers unabhängig zu sein. In Bild 13.14 aus [13.1] ist beispielsweise die ψ-φ-Kurve eines Axialgebläses dargestellt. Die ψ- und φ-Werte sind gemäß Kapitel 4 definiert.
Die geometrische Form, d.h. die Steilheit und Krümmung der Drosselkurve, ist vor allem von der Laufzahl σ bzw. der spez. Drehzahl n_q der Maschine abhängig und wird im Zusammenhang mit anderen Betriebskurven im folgenden Abschnitt behandelt.

13.3.3 Das komplette Kennlinienblatt

Das vollständige Kennlinienblatt enthält i.a. die Kurven

$$Y = f(\dot{V}), \quad P = f(\dot{V}) \quad \text{und} \quad \eta = f(\dot{V})$$

in absoluten Größen oder relativiert, d.h.

$$Y/Y_{opt}; \quad P/P_{opt} \text{ und } \quad \eta/\eta_{max}.$$

In Bild 13.15 sind diese drei Kurvenzüge für jeweils drei einstufige Kreiselpumpen unterschiedlicher spezifischer Drehzahl dargestellt. Das Axialrad hat eine instabile Kennlinie. Die bezogene Anfahrleistung P/P_{opt} bei $\dot{V}/\dot{V}_{opt} = 0$ (d.h. bei abgesperrter Druckleitung) steigt mit zunehmender spezifischer Drehzahl, sie beträgt beim langsamläufigen Radialrad nur etwa 0,5, beim schnelläufigen Axialrad dagegen etwa 1,2. Außerdem erkennt man aus den dargestellten Diagrammen, daß die sogenannte Null-Förderarbeit, d.h. Y bei $\dot{V} = 0$, mit steigender spezifischer Drehzahl ebenfalls zunimmt.
Anstelle der Leistungskurve $P = f(\dot{V})$ kann auch in dimensionslosen Diagrammen die Kurve Leistungszahl $\lambda = f$(Durchflußzahl φ) aufgetragen werden (Bild 13.14).
Die Kennlinienblätter für Kreiselpumpen enthalten üblicherweise anstelle der spezifischen Stutzenarbeit Y die Förderhöhe H und in den meisten Fällen noch die Haltedruckhöhe H_H bzw. den NPSH-Wert. In Bild 13.16 sind die Kennlinienblätter von drei Kreiselpumpen unterschiedlicher spezifischer Drehzahlen dargestellt. Man beachte den sehr unterschiedlichen Verlauf der Drosselkurven, Leistungskurven und der Haltedruckhöhen! Die Kennlinienblätter von Gebläsen und Verdichtern enthalten in vielen Fällen auch Angaben über die Geräuschentwicklung.

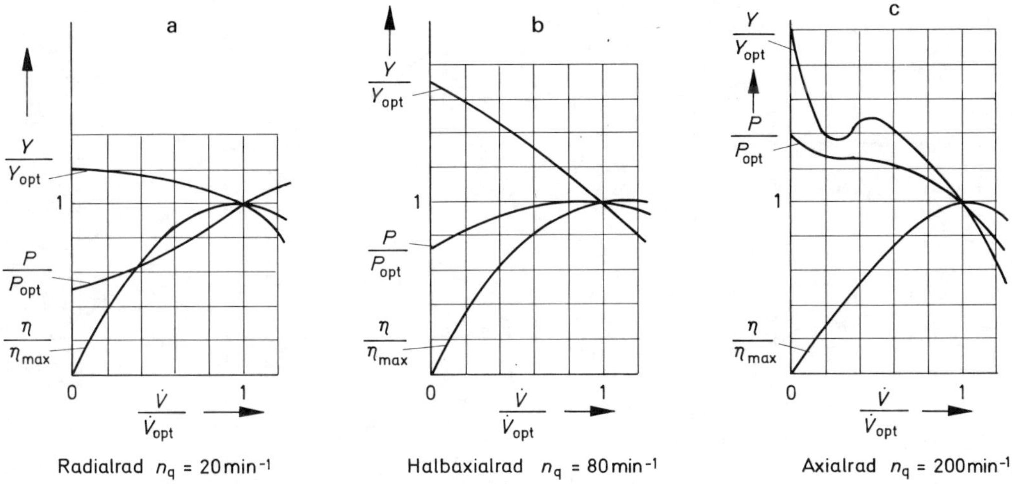

Bild 13.15 Kreiselpumpenkennlinien bei verschiedenen spezifischen Drehzahlen (nach Fa. KSB)

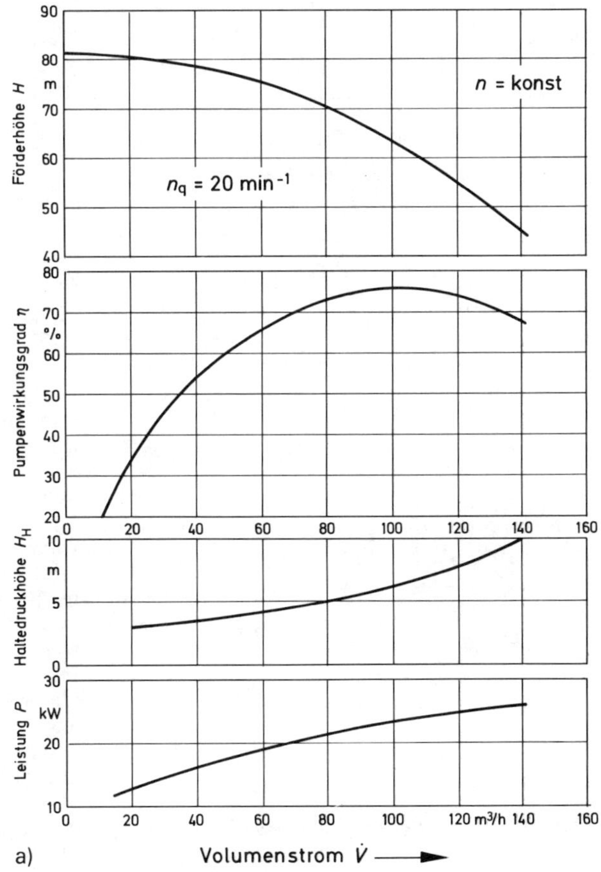

Bild 13.16 Kreiselpumpenkennfelder bei verschiedenen spezifischen Drehzahlen (nach Fa. KSB)

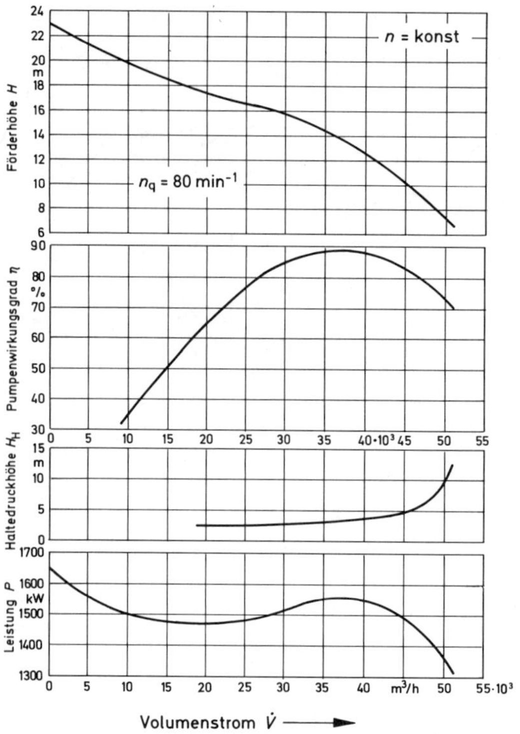

b)

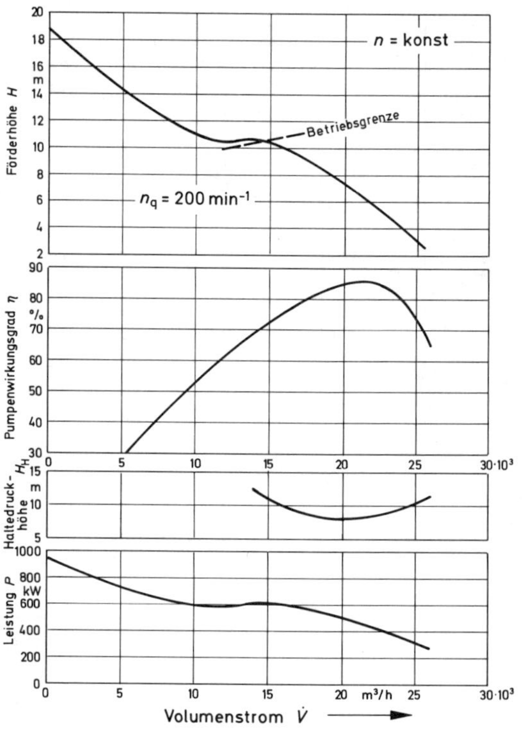

c)

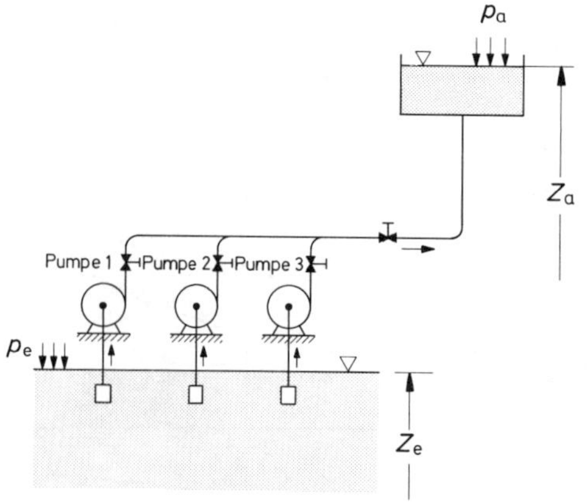

Bild 13.17 Parallelschaltung von Kreiselpumpen

13.3.4 Parallel- und Hintereinanderschaltung

In vielen Pumpenanlagen fördern mehrere Kreiselpumpen in eine gemeinsame Druckleitung (Bild 13.17). Diese **Parallelschaltung** wird gewählt, wenn der Förderstrom großen Schwankungen unterliegt und man aus wirtschaftlichen Gründen keine einzelne große Pumpe aufstellen will, die dann oft stark gedrosselt, d.h. mit schlechtem Wirkungsgrad gefahren werden müßte. Bei kleineren Volumenströmen arbeitet nur eine Pumpe, bei wachsenden Förderströmen werden dann von Hand oder automatisch weitere Pumpen zugeschaltet.

Unter Vernachlässigung des Einflusses der Saugleitungen kann über die Drosselkurve bei Parallelschaltung folgendes gesagt werden:

Die gemeinsame Drosselkurve der zusammenwirkenden Pumpen erhält man durch Addition der Volumenströme bei jeweils gleichen spez. Stutzenarbeiten (Bild 13.18).

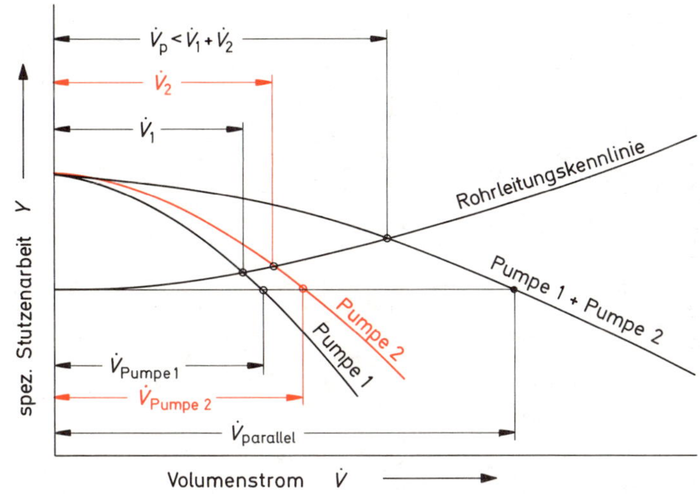

Bild 13.18 Drosselkurve bei Parallelschaltung

(13.2)

$$\dot V_{\text{parallel}} = \dot V_{\text{Pumpe 1}} + \dot V_{\text{Pumpe 2}} + \cdots + \dot V_{\text{Pumpe } n}$$

Die Parallelschaltung von Kreiselpumpen ist nur dann problemlos, wenn alle Drosselkurven stabil sind und alle Pumpen die gleiche Null-Förderarbeit Y_0 haben!
Die beim Parallelschalten von Pumpen mit sehr unterschiedlichen Drosselkurven auftretenden Schwierigkeiten sind u.a. in [13.6] bis [13.8] beschrieben.
Trägt man in das $\dot V$-Y-Koordinatensystem auch die im allgemeinen parabelförmige Rohrleitungskennlinie ein, so erkennt man aus der Lage des Betriebspunktes bei Parallelbetrieb:
a) Bei Parallelschaltung ist der gemeinsame Volumenstrom kleiner als die Summe der einzelnen Volumenströme (Bild 13.18).
b) Bei Parallelschaltung verschlechtert sich u.U. der Wirkungsgrad, da die Pumpen außerhalb ihres Optimums arbeiten.
Die Parallelschaltung von Pumpen mit gemeinsamer Saugleitung sollte mit Rücksicht auf die sich sonst stark verschlechternden Saugverhältnisse (vgl. Kap. 5) vermieden werden.
Die für Pumpen getroffenen Aussagen gelten im Prinzip auch für Gebläse und Verdichter.
Die **Hintereinanderschaltung** von Strömungsarbeitsmaschinen kommt relativ selten vor. Das in Kapitel 4.7 für einzelne Laufräder Gesagte gilt auch für Maschinen, nämlich, daß bei Hintereinanderschaltung einzelner Maschinen sich die spezifischen Stutzenarbeiten bei gleichbleibenden Förderströmen addieren.

13.3.5 Die Drosselkurve bei variabler Drehzahl

Bei Verändern der Drehzahl einer Strömungsarbeitsmaschine verschiebt sich die Drosselkurve nach folgendem Affinitätsgesetz (vgl. Kap. 4.3):

(13.3)

$$\frac{\dot V_{\text{I}}}{\dot V_{\text{II}}} = \frac{n_{\text{I}}}{n_{\text{II}}}$$

(13.4)

$$\frac{Y_{\text{I}}}{Y_{\text{II}}} = \left(\frac{n_{\text{I}}}{n_{\text{II}}}\right)^2$$

Diese Beziehungen treffen nur dann exakt zu, wenn sich der Wirkungsgrad nicht ändert.
In Bild 13.19 ist das Kennfeld einer drehzahlgeregelten Kreiselpumpe mit einer spez. Drehzahl $n_q \approx 20\ \text{min}^{-1}$ dargestellt. Die Drossel- und Wirkungsgradkurven sind relativiert, d.h. jeweils auf die Optimalwerte bezogen. Ähnliche Kennfelder für andere spezifische Drehzahlen und für Ventilatoren, Gebläse oder Verdichter finden sich in der Literatur bzw. in Firmenkatalogen.

Beispiel 18

Bei einer radialen Kreiselpumpe zur Förderung kalten Wassers mit der spezifischen Drehzahl $n_q = 20\ \text{min}^{-1}$ und Kennfeld nach Bild 13.16a ändern sich die Betriebsdaten von

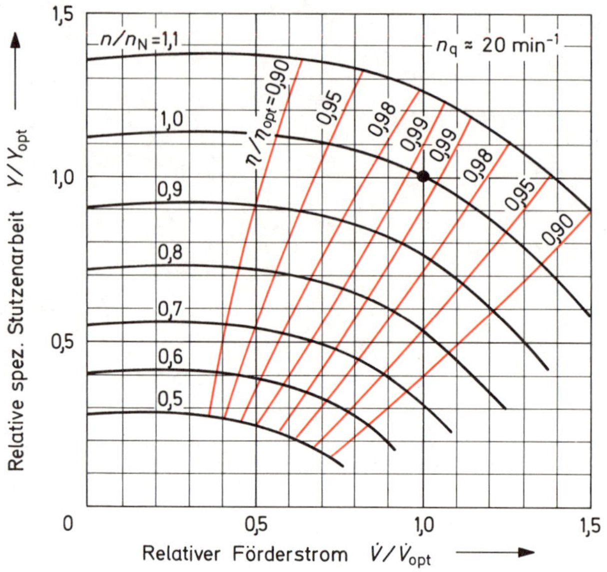

Bild 13.19 Drosselkurven bei veränderlicher Drehzahl (nach Fa. KSB)

$\dot V_I = 100\ m^3/h \triangleq \dot V_{opt}$

$H_I = 63{,}5\ m \triangleq H_{opt}$

$\eta_I = 0{,}76$

$n_I = 2900\ min^{-1}$

auf:

$\dot V_{II} = 80\ m^3/h$

$H_{II} = 57\ m$

a) Wie groß muß die Drehzahl n_{II} gemacht werden, wenn die neuen Werte $\dot V_{II}$ und H_{II} über Drehzahlregelung eingestellt werden sollen?
b) Wie groß werden Wirkungsgrad η_{II} und Leistung P_{II}?

Lösung:

a) Durch Eintragen der Werte

$$\frac{\dot V_{II}}{\dot V_I} = \frac{80}{100} = 0{,}8$$

und

$$\frac{H_{II}}{H_I} = \frac{57}{63{,}5} = 0{,}9$$

in Bild 13.19 ergeben sich folgende relativen Werte:

$n/n_N \approx 0{,}92$

$\eta/\eta_{opt} \approx 0{,}982$

Daraus läßt sich die Leistung nach Gleichung 2.23 berechnen:

$$n_{II} = n_I \cdot \frac{n}{n_N} = 2900 \cdot 0{,}92$$

$$n_{II} = 2668\ min^{-1}$$

b) Der neue Wirkungsgrad liegt unterhalb des Optimalwertes:

$$\eta_{II} = \eta_I \frac{\eta}{\eta_{opt}} = 0{,}76 \cdot 0{,}982$$

$$\eta_{II} = 0{,}746$$

Daraus läßt sich die Leistung nach Gleichung 2.23 berechnen:

$$P_{II} = \frac{\dot m_{II} \cdot Y_{II}}{\eta_{II}}$$

$$\dot m_{II} = \varrho \cdot \dot V_{II}$$

$$Y_{II} = g \cdot H_{II}$$

$$P_{II} = \frac{\varrho \cdot \dot V_{II} \cdot g \cdot H_{II}}{\eta_{II}}$$

$$P_{II} = \frac{1000 \cdot 0{,}0222 \cdot 9{,}81 \cdot 57}{0{,}746}$$

$$P_{II} = 16\,655 \text{ W} = 16{,}66 \text{ kW}$$

(Beim Zustand I beträgt die Leistung gemäß Bild 13.16a ungefähr 23 kW, d.h. etwa 38% mehr!)

13.3.6 Die Drosselkurve bei verändertem Außendurchmesser

Durch Abdrehen bzw. Ausdrehen von radialen Pumpen-, Gebläse- oder Verdichterrädern kann die Drosselkurve zu niedrigeren Volumenströmen und niedrigeren Stutzenarbeiten hin verschoben werden. Dadurch können radiale Strömungsarbeitsmaschinen nachträglich an geänderte Betriebswerte angepaßt werden.
Hält man die Durchmesserverringerung in relativ engen Grenzen, so daß noch eine Überdeckung der Schaufeln erhalten bleibt, so kann der Zusammenhang zwischen Volumenströmen und spezifischen Stutzenarbeiten einerseits und den Durchmessern andererseits wie folgt näherungsweise bestimmt werden:

$$\frac{\dot{V}_{nenn}}{\dot{V}_{abgedr}} \approx \frac{Y_{nenn}}{Y_{abgedr}} \approx \left(\frac{D_2}{D_{2,abgedr}}\right)^2 \qquad (13.5)$$

Laufräder kleinerer spez. Drehzahlen n_q können ohne Wirkungsgradeinbuße relativ stark abgedreht werden, während spezifisch schnelle Laufräder dabei einen merklichen Wirkungsgradabfall erfahren.
In Bild 13.20 ist das Kennfeld einer spezifisch langsamen Radialpumpe mit verschieden stark abgedrehten Laufrädern dargestellt.

13.3.7 Die Drosselkurve bei verschiedenen Schaufelzahlen

Bei axialen Strömungsarbeitsmaschinen kann durch Hinzufügen oder Herausnehmen von Laufschaufeln die Drosselkurve zu größeren oder kleineren Volumenströmen und spez. Stutzenarbeiten hin verschoben werden. Neben diesen beiden Betriebswerten ändert sich i.a. auch der Wirkungsgrad und der Leistungsbedarf sowie bei Axialpumpen die Saugfähigkeit und bei Axialgebläsen die Geräuschentwicklung. Es lassen sich keine einfachen Umrechnungsformeln für die Abhängigkeit der Betriebsdaten von der Schaufelzahl angeben, vielmehr müssen die Drossel-, Leistungs- und Wirkungsgradkurven für die verschiedenen Schaufelzahlen auf dem Prüfstand gemessen werden.

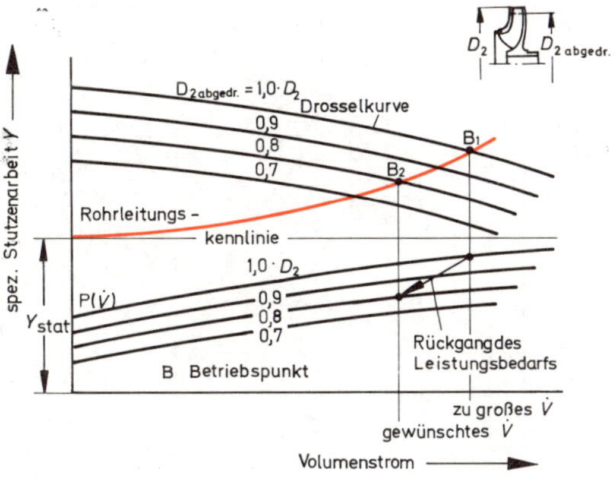

Bild 13.20 Drosselkurven bei verschiedenen Laufraddurchmessern (nach Fa. KSB)

13.3.8 Die Drosselkurve bei variabler Laufschaufelstellung

Bei der Beschreibung der Axialpumpen in Kapitel 10.7 und der Axialgebläse in Kapitel 11.3.3 wurde die Laufschaufelverstellung als eine häufig angewandte Regelmethode bereits besprochen. Das Kennfeld einer laufschaufelgeregelten Strömungsarbeitsmaschine (Bild 13.21) enthält neben den Drosselkurven für die verschiedenen Laufschaufelwinkel noch die Muschelkurven gleicher Wirkungsgradwerte. In dem in Bild 13.21 dargestellten Kennfeld einer Axialpumpe mit der spezifischen Drehzahl $n_q \approx 200 \text{ min}^{-1}$ sind relativierte Werte eingetragen. Bei Pumpenkennfeldern werden u.U. noch das Saugverhalten, d.h. die NPSH-Werte, bei Gebläsekennfeldern noch die Geräuschpegel in die Diagramme eingetragen.

13.3.9 Die Drosselkurve bei Vordrallregelung

Die Änderung des Dralles des dem Laufrad zuströmenden Arbeitsmediums bietet eine weitere Möglichkeit der Kennlinienbeeinflussung.

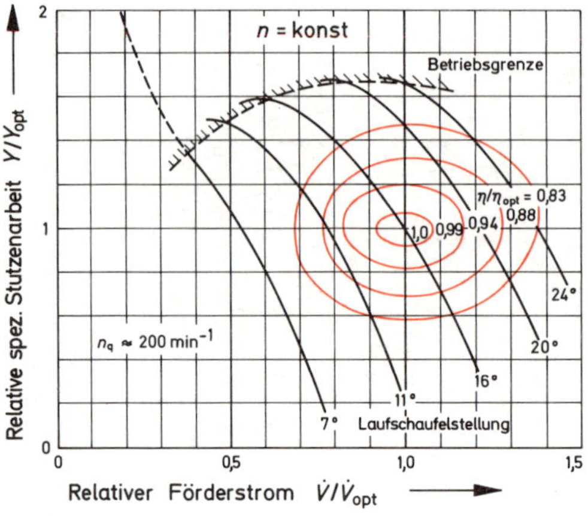

Bild 13.21 Kennfeld einer Kaplanpumpe (nach Fa. KSB)

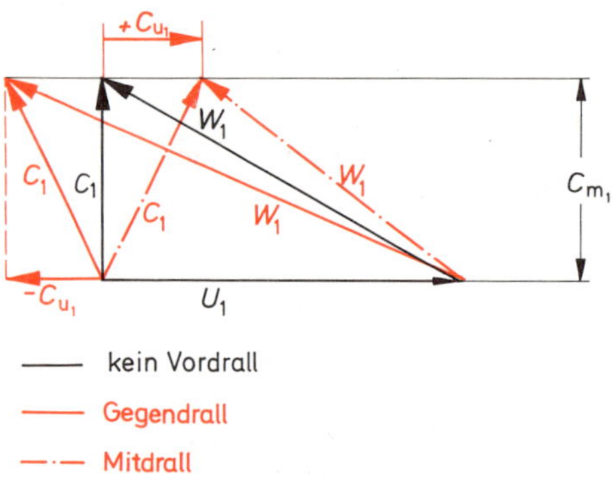

Bild 13.22 Geschwindigkeitsplan bei Vordrallregelung

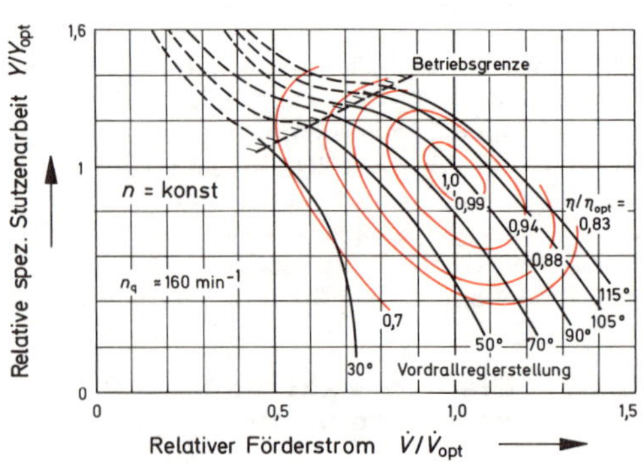

Bild 13.23 Kennfeld einer vordrallgeregelten Halbaxialpumpe (nach Fa. KSB)

Durch die Vordrallregelung wird neben einem relativ günstigen Betrieb im Teillastbereich auch eine Überhöhung der Normalkennlinie (Kennlinie ohne Vordrallregelung) ermöglicht. Betrachtet man den Geschwindigkeitsplan am Laufradeintritt (Bild 13.22), so erkennt man, daß bei gleichbleibender Meridiangeschwindigkeit c_m (d.h. bei gleichbleibendem Volumenstrom), aber unterschiedlicher Richtung der Relativgeschwindigkeit verschiedene Umfangskomponenten c_{u1} entstehen. Fällt c_{u1} in Richtung der Umfangsgeschwindigkeit u_1, spricht man von **Mitdrall**, fällt c_{u1} in die entgegengesetzte Richtung der Umfangsgeschwindigkeit u_1 von **Gegendrall**. Je nach Vorzeichen und Größe von c_{u1} ergibt sich nach der Eulerschen Strömungsmaschinen-Hauptgleichung (Gleichungen 3.4b und 3.5b) eine Zu- oder Abnahme der spezifischen Stutzenarbeit Y. Gleichzeitig ändert sich der Wirkungsgrad.

Bild 13.23 enthält das Kennfeld einer vordrallgeregelten Halbaxialpumpe mit der spezifischen Drehzahl $n_q \approx 160\ min^{-1}$. Außer den Drosselkurven für verschiedene Stellungen der Vordrallschaufeln zwischen 30° und 115° sind auch die relativierten Muschelkurven für gleiche Wirkungsgrade eingetragen. Die Drosselkurven sind nach oben durch die Betriebsgrenze (Abreißgrenze) für den praktischen Einsatz begrenzt.

13.3.10 Vergleich der verschiedenen Regelarten

Der von einer Strömungsarbeitsmaschine geförderte Volumenstrom kann durch folgende Regelverfahren geändert werden:

a) Durch Änderung der Rohrleitungskennlinie (Anlagenkennlinie) → **Drosselregelung** (Bild 13.24).

Die Rohrleitungskennlinie wird durch in die Rohrleitung eingebaute Drosselorgane (Schieber, Ventile, Klappen) verändert. Die Erhöhung der Reibungsverluste führt zu einer Änderung der Rohrleitungskennlinie und ergibt kleinere Volumenströme. Die Drosselregelung ist eine reine Verlustregelung mit hohen Betriebskosten, da die von der Arbeitsmaschine erzeugte Stutzenarbeit von der Anlage her nur teilweise benötigt wird und teilweise in Verlustenergie umgewandelt wird. Die von den Investitionskosten her günstige Drosselregelung wird nur bei kleinen Maschinenleistungen oder bei kurzzeitigen Regelungen angewandt.

b) Durch **Änderung der Drosselkurve** der Maschine, mittels eines der folgenden Verfahren:

1. Drehzahlregelung,
2. Laufschaufelverstellung,
3. Vordrallregelung.

Bei diesen Regelverfahren wird die spezifische Stutzenarbeit der Maschine so an die unverändert bleibende Rohrleitungskennlinie angepaßt, daß sich der gewünschte Volumenstrom einstellt.
Alle drei Verfahren sind in der Praxis häufig anzutreffen. Die Auswahl des für einen konkreten Anwendungsfall optimal geeigneten Regelverfahrens hängt u.a. vom Betriebsprogramm, von den Antriebsmöglichkeiten und von den ökonomischen Bedingungen bezüglich Investitions- und Betriebskosten ab.
c) Durch **Regelung der Kontinuität → Bypassregelung**
Bei dieser Regelungsart strömt durch die Strömungsarbeitsmaschine ein größerer Volumenstrom als durch die Anlage. Diese Regelung wird z.B. zur Einhaltung bestimmter Mindestvolumenströme bei instabilen Drosselkurven oder bei Maschinen, bei denen der Leistungsbedarf mit steigendem Volumenstrom abfällt (vgl. Bild 13.15c), angewandt.
In Bild 13.25 ist ein qualitativer Vergleich der einzelnen Regelarten von Kreiselpumpen, in Bild 13.26 von Gebläsen dargestellt. Man erkennt, daß bei beiden Maschinenarten die Drosselregelung

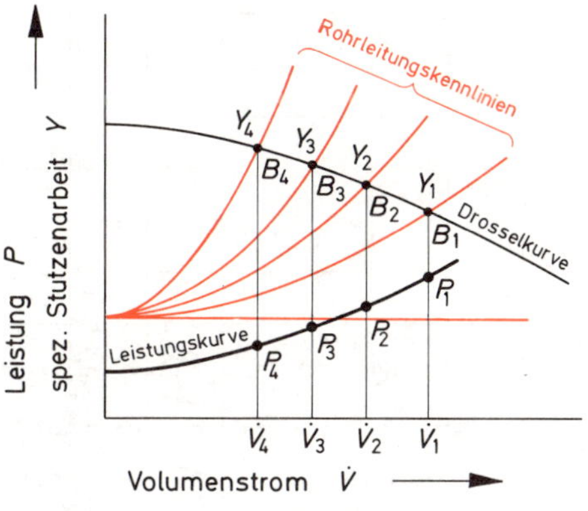

Bild 13.24 Drosselregelung

den größten, die Drehzahlregelung den geringsten Leistungsaufwand aufweisen. Die anderen Regelungsarten liegen zwischen diesen beiden Grenzwerten.

Beispiel 19

Eine halbaxiale Pumpe soll als Umwälzpumpe eingesetzt werden. Für die beiden Alternativen Laufschaufelverstellung (Bild 13.21) und Vordrallregelung (Bild 13.23) sollen ermittelt werden:

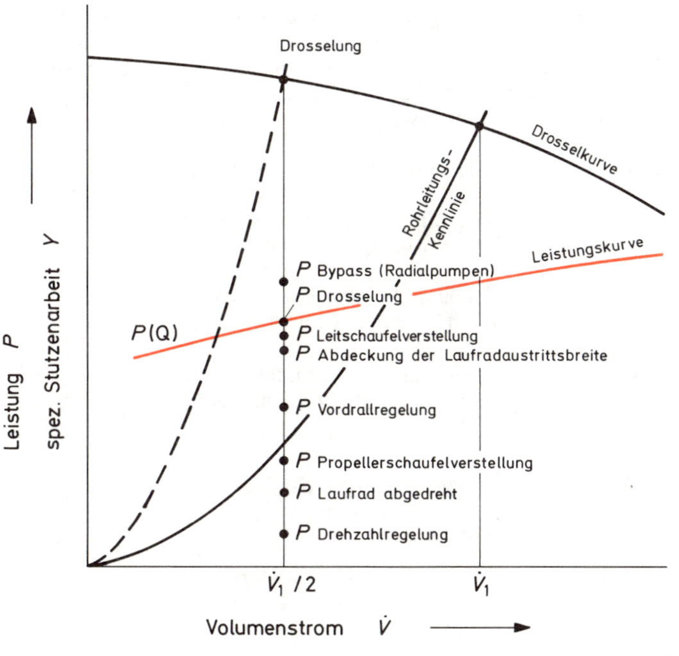

Bild 13.25 Vergleich der verschiedenen Regelarten bei Kreiselpumpen (nach Fa. KSB)

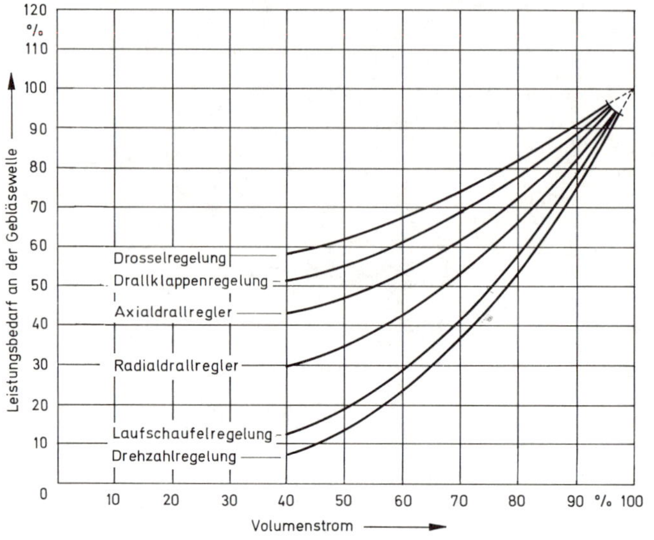

Bild 13.26 Vergleich der verschiedenen Regelarten bei Gebläsen (nach Fa. KKK)

a) die Wirkungsgradverminderung bei Verkleinern des Volumenstromes auf 80% von $\dot{V}_{opt}$,
b) der maximal mögliche Volumenstrom.

Lösung

a) Durch Einzeichnen der für Umwälzbetrieb typischen Rohrleitungskennlinie (Bild 13.10) in die Bilder 13.21 und 13.23 ergibt sich für $\dot{V}/\dot{V}_{opt}$ = 0,8 und Y/Y_{opt} = 0,64 bei beiden Regelarten ein Wirkungsgradabfall η/η_{opt} auf etwa 0,81.
Die Laufschaufeln müssen auf etwa 9,5°, die Vordrallschaufeln auf etwa 40° eingestellt werden.
b) Zeichnet man die durch den Koordinaten-0-Punkt und durch Y/Y_{opt} = 1 bzw. $\dot{V}/\dot{V}_{opt}$ = 1 gehende Parabel über die Werte 1 hinaus, erhält man folgende Maximalwerte für den Volumenstrom $\dot{V}$:
bei Laufschaufelregelung: für den Laufschaufelwinkel 24° ein $\dot{V}_{max}/\dot{V}_{opt}$ von etwa 1,18 und ein η/η_{opt} von etwa 0,83;
bei Volldrallregelung: für die Schaufelstellung 115° am Drallregler beträgt $\dot{V}_{max}/\dot{V}_{opt}$ nur etwa 1,08, η/η_{opt} etwa 0,92.

13.3.11 Einfluß der Viskosität auf die Kennlinien von Kreiselpumpen

Beim Fördern viskoser Flüssigkeiten ändern sich Drosselkurve, Wirkungsgrad- und Leistungskurve einer Kreiselpumpe qualitativ und quantitativ. Mit steigender Viskosität verkleinert sich Volumenstrom, spez. Stutzenarbeit und Wirkungsgrad. Bei kleinen Volumenströmen und kleinen Pumpen ist der Viskositätseinfluß stärker als bei großen Volumenströmen und großen Pumpen. In Bild 13.27 sind die Kennlinien einer Radialpumpe bei Förderung von Wasser (schwarze Linienzüge, Index w) und einer viskosen Flüssigkeit (rote Linienzüge, Index z) gegenübergestellt.

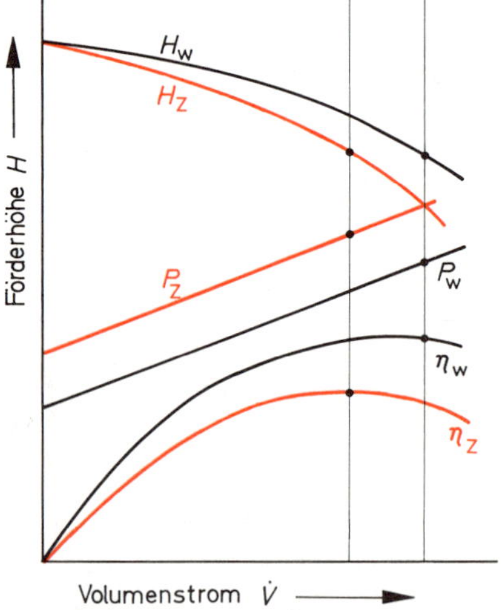

Bild 13.27 Pumpenkennlinien bei erhöhter Viskosität (nach Fa. KSB)

Bild 13.28 Hilfsdiagramm (nach Fa. KSB)

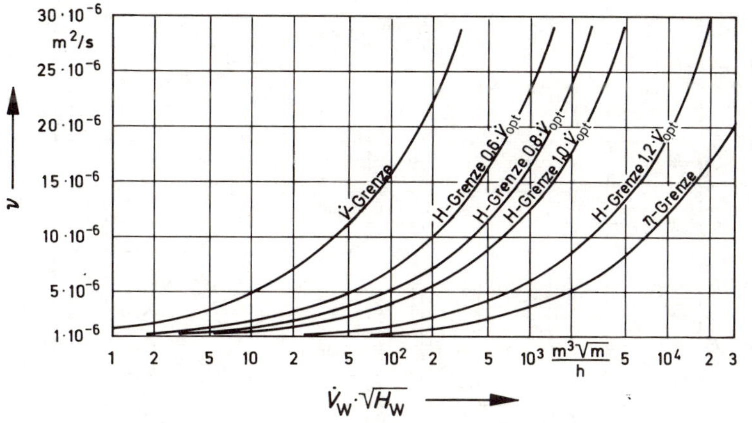

Eine exakte Berechnung der Kennlinienänderungen aufgrund höherer Zähigkeit ist nicht möglich. Zahlreiche Versuche hierzu liefern stark streuende Ergebnisse, da die verschiedenen Pumpenkonstruktionen hinsichtlich ihrer Spaltbreiten, Laufradformen und der das Laufrad umgebenden Gehäuseräume zu stark voneinander abweichen, d.h. keine einheitlichen Versuchsbedingungen vorliegen.

Um wenigstens näherungsweise die Kennlinien bei Förderung viskoser newtonscher Flüssigkeiten aus den Kennlinien bei Wasserförderung berechnen zu können, wird das in [13.7] angegebene empirische Verfahren hier wiedergegeben. Eine Umrechnung der Kennlinien ist erst dann erforderlich, wenn die in Diagramm-Bild 13.28 dargestellten Grenzkurven überschritten werden. Ausgehend vom Produkt $\dot{V}_w \cdot \sqrt{H_w}$ für Wasserförderung, geben diese Grenzkurven an, bis bei welcher Viskosität keine Umrechnungen des Volumenstromes, der Förderhöhe oder des Wirkungsgrades erforderlich sind. Liegt die Viskosität des Arbeitsmediums für einen bestimmten $\dot{V}_w \cdot \sqrt{H_w}$-Wert oberhalb der Grenzkurven, müssen die entsprechenden Werte wie folgt umgerechnet werden:

Volumenstrom: (13.6)

$$\dot{V}_z = k_{\dot{V}} \cdot \dot{V}_w$$

Förderhöhe: (13.7)

$$H_z = k_H \cdot H_w$$

Wirkungsgrad: (13.8)

$$\eta_z = k_\eta \cdot \eta_w$$

Die Korrekturfaktoren $k_{\dot{V}}$, k_H und k_η können abhängig von Volumenstrom $\dot{V}_z$, von Förderhöhe H_z und kinematischer Viskosität aus dem in Bild 13.29 dargestellten Diagramm entnommen werden.

Weitere Unterlagen über die Umrechnung der Kennlinien bei geänderter Viskosität finden sich in [13.9].

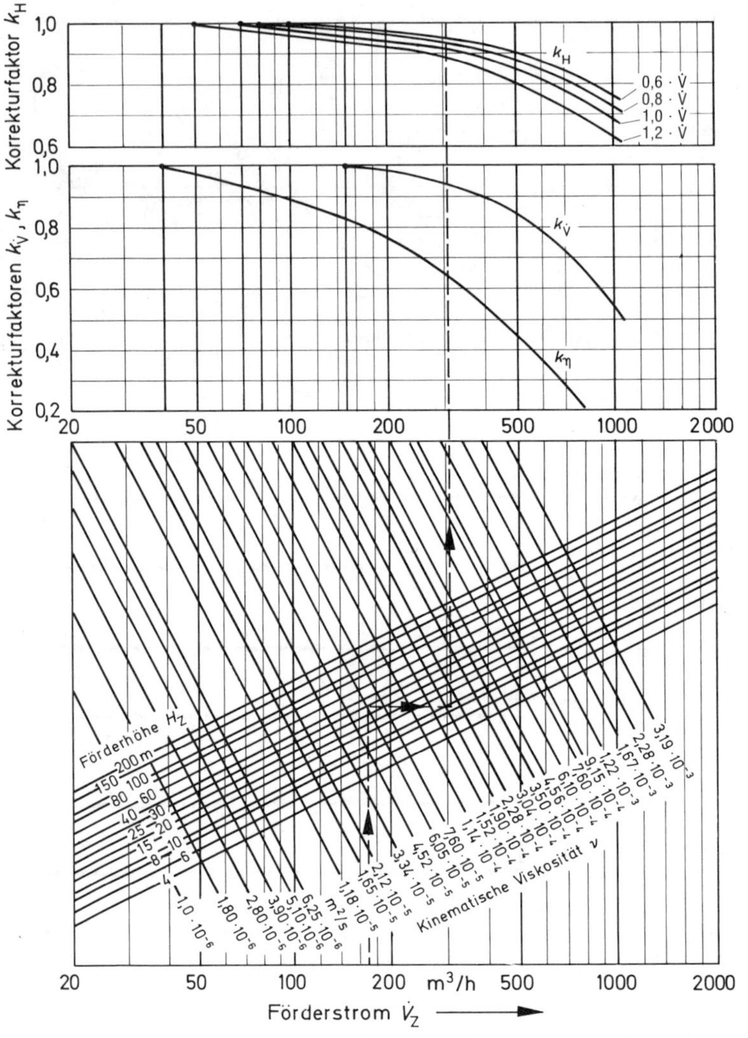

Bild 13.29 Korrekturfaktoren bei Förderung viskoser Medien (nach Fa. KSB)

13.4 Die Kennfelder der hydrodynamischen Kupplungen und Wandler

13.4.1 Die Kennlinien der hydrodynamischen Kupplung

Bei hydrodynamischen Kupplungen wird normalerweise das übertragene Drehmoment in Abhängigkeit vom Schlupf bzw. von der Abtriebsdrehzahl dargestellt (Bild 13.30). Das durch die Kupplung übertragene Moment sinkt bei abnehmendem Schlupf.

Die Momentenkurve läßt sich durch Verändern der Antriebsdrehzahl (Bild 13.32) oder des Füllungsgrades (Bild 13.31) verändern. Aus Bild 13.31 kann man erkennen, daß beispielsweise bei nur 50%iger Füllung das übertragbare Moment auf etwa 40% des Nennmomentes reduziert werden kann. In [12.2 und 12.10] sind detaillierte Angaben über das kennlinienmäßige Zusammenwirken von Antriebsmaschine, Kupplung und angetriebener Maschine enthalten.

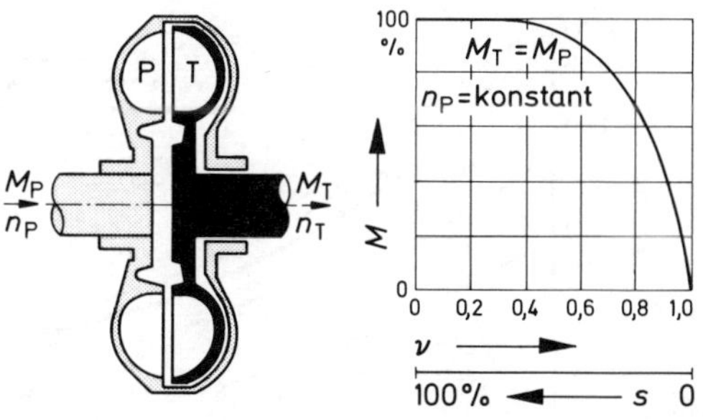

Bild 13.30 Kennfeld einer hydrodynamischen Kupplung (nach Fa. Voith Turbo GmbH & Co. KG)

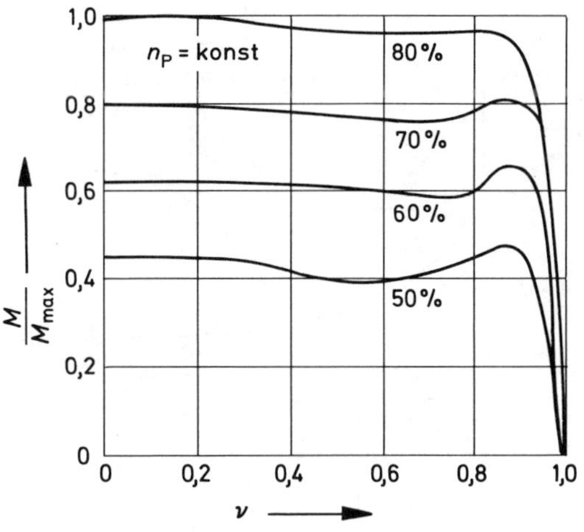

Bild 13.31 Kennfeld einer hydrodynamischen Kupplung bei Füllungsregelung (nach Fa. Voith Turbo GmbH & Co. KG)

13.4.2 Die Kennlinien des Drehmomentwandlers

Unter den Kennlinien eines Drehmomentwandlers versteht man die Darstellung der Abhängigkeit des Turbinenmomentes M_T, des Pumpenmomentes M_P und des Wirkungsgrades η von der Turbinendrehzahl n_T bei konstanter Drehzahl n_P (Bild 13.33a). Anstelle der absoluten Werte können auch die dimensionslosen Größen

Drehzahlverhältnis $\nu = n_T/n_P$

Leistungszahl $\lambda = M_P/(\varrho \cdot D^5 \cdot \omega_P^2)$

Wandlung $\mu = M_T/M_P$

aufgetragen werden (Bild 13.33b). In Bild 13.33b ist auch das optimale Drehzahlverhältnis ν_{opt}, bei dem der Drehmomentwandler seinen höchsten Wirkungsgrad hat, eingetragen.
Der qualitative Verlauf der Kennlinien hängt sehr stark von der geometrischen Form des Wandlers, d.h. von der Beschaufelung seiner verschiedenen Lauf- und Leiträder und deren gegenseitigen Zuordnung ab (Bild 12.7). Durch eine entsprechende Gestaltung der Wandlergeometrie können nahezu alle gewünschten Kennlinienformen „gezüchtet" werden. Können die Anforderungen durch die Wandlerform allein nicht erfüllt werden, können durch Kombinationen des Wandlers mit zusätzlichen mechanischen oder hydraulischen Getriebeelementen die gewünschten Charakteristiken für die An- und Abtriebsseite verwirklicht werden.
Die Wandlerkennlinien können durch Verändern der Antriebsdrehzahl (Bild 13.34) oder der Stellung der Leitschaufeln (Bild 13.35) variiert werden. Auf diese Art entsteht ein großes Betriebsfeld für den betreffenden Wandler.

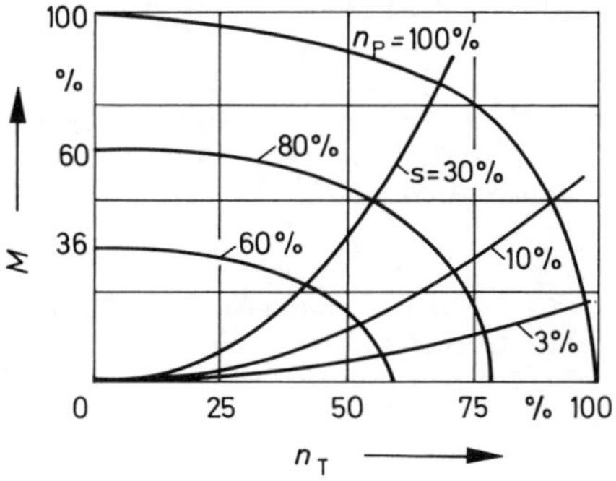

Bild 13.32 Kennfeld einer hydrodynamischen Kupplung bei verschiedenen Antriebsdrehzahlen (nach Fa. Voith Turbo GmbH & Co. KG)

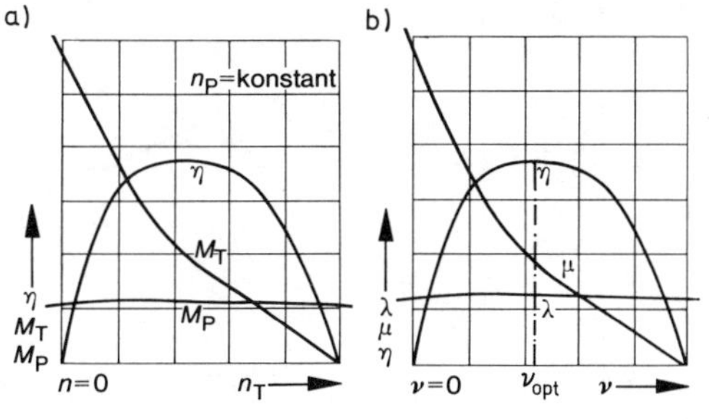

Bild 13.33 Kennfeld eines Drehmomentwandlers (nach Fa. Voith Getriebe KG)

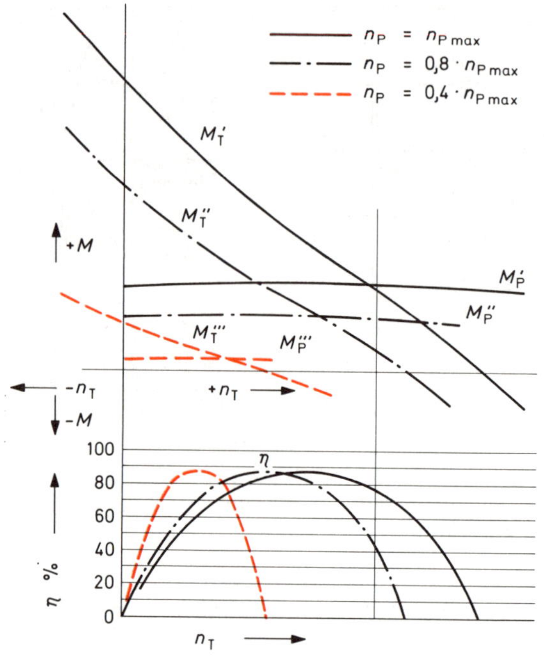

Bild 13.34 Kennfeld eines Drehmomentwandlers bei veränderlicher Antriebsdrehzahl (nach Fa. Voith Getriebe KG)

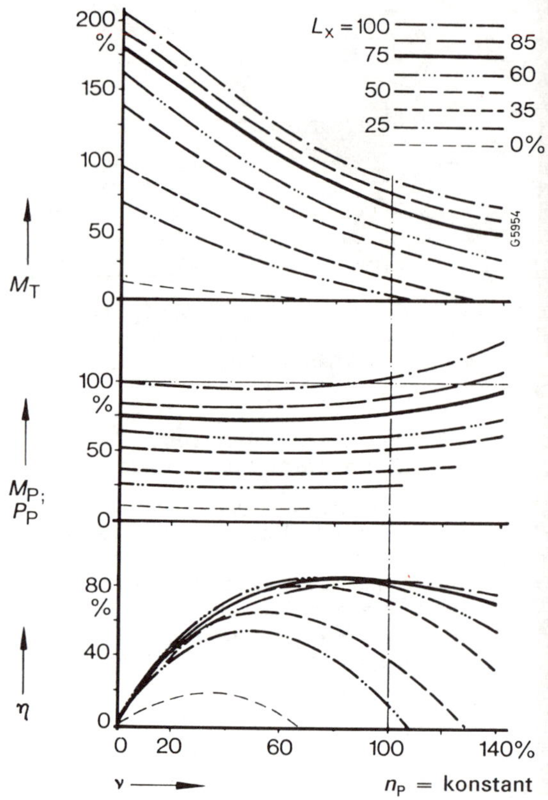

Bild 13.35 Kennfeld eines Stellwandlers (nach Fa. Voith Getriebe KG)

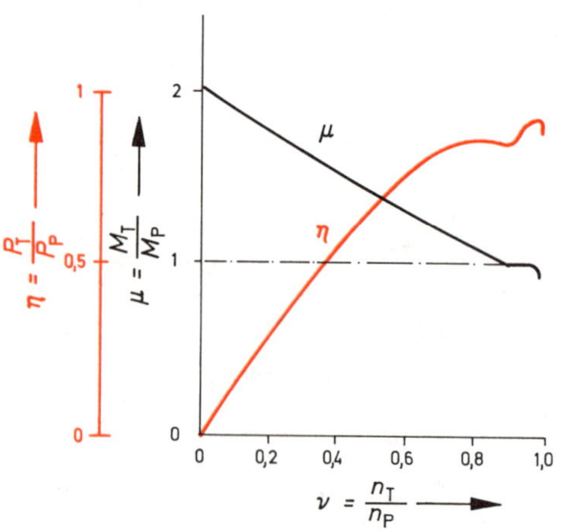

Interessant ist auch das Kennfeld eines Trilok-Wandlers mit Freilauf, das einen Wandlerbereich mit $M_T > M_P$, d.h. $\mu > 1$ und einen Kupplungsbereich mit $M_T = M_P$, d.h. $\mu = 1$ aufweist (Bild 13.36).

Bild 13.36 Kennfeld eines Trilok-Wandlers (nach Fa. Fichtel & Sachs)

13.5 Literatur zu Kapitel 13

[13.1] *Bohl, W.*, und *Mathieu, W.*: Laborversuche an Kraft- und Arbeitsmaschinen. Hanser-Verlag 1975.

[13.2] *BBC:* Druckschrift GEE/TM 1063/S. Gleitdruckbetrieb und Festdruckbetrieb großer Kraftwerksblöcke.

[13.3] *Jenker, H.:* Ermittlung von Rohrleitungskennlinien für Pumpenanlagen. Hanser-Werkstattblatt 415.

[13.4] *Piltz, E.:* Drosselkurven von Gebläsen bei charakteristischen Betriebsformen in Anlagen. Forschung im Ingenieurwesen, Heft 5/1975.

[13.5] *Marcinowski, H.:* Verdichter am Ein- oder Austritt einer Anlage mit oder ohne Wärmetausch. Strömungsmechanik und Strömungsmaschinen, Heft 12/1972. Verlag G. Braun/Karlsruhe.

[13.6] *Jenker, H.:* Parallelarbeit mit Kreiselpumpen. Hanser-Werkstattblatt 467.

[13.7] *KSB:* Kreiselpumpen-Lexikon.

[13.8] *Neumaier, R.:* Handbuch neuzeitlicher Pumpenanlagen, herausgegeben von Fa. Lederle OHG/Freiburg.

[13.9] KSB-Broschüre: Auslegung von Kreiselpumpen. 1983.

[13.10] *Bohl, W.:* Ventilatoren. Vogel-Buchverlag, Würzburg 1983.

[13.11] Sihi-Halberg: Grundlagen für die Planung von Kreiselpumpenanlagen. Ludwigshafen, 1978.

[13.12] Babcock-BSH: Ventilatoren-Fibel.

[13.13] *SIEMENS:* Ventilatoren — Teil 1.

[13.14] SULZER: Kreiselpumpen-Handbuch, 1985.

Anhang

Tafel 1 Mollier-(h,s-)Diagramm für Wasserdampf

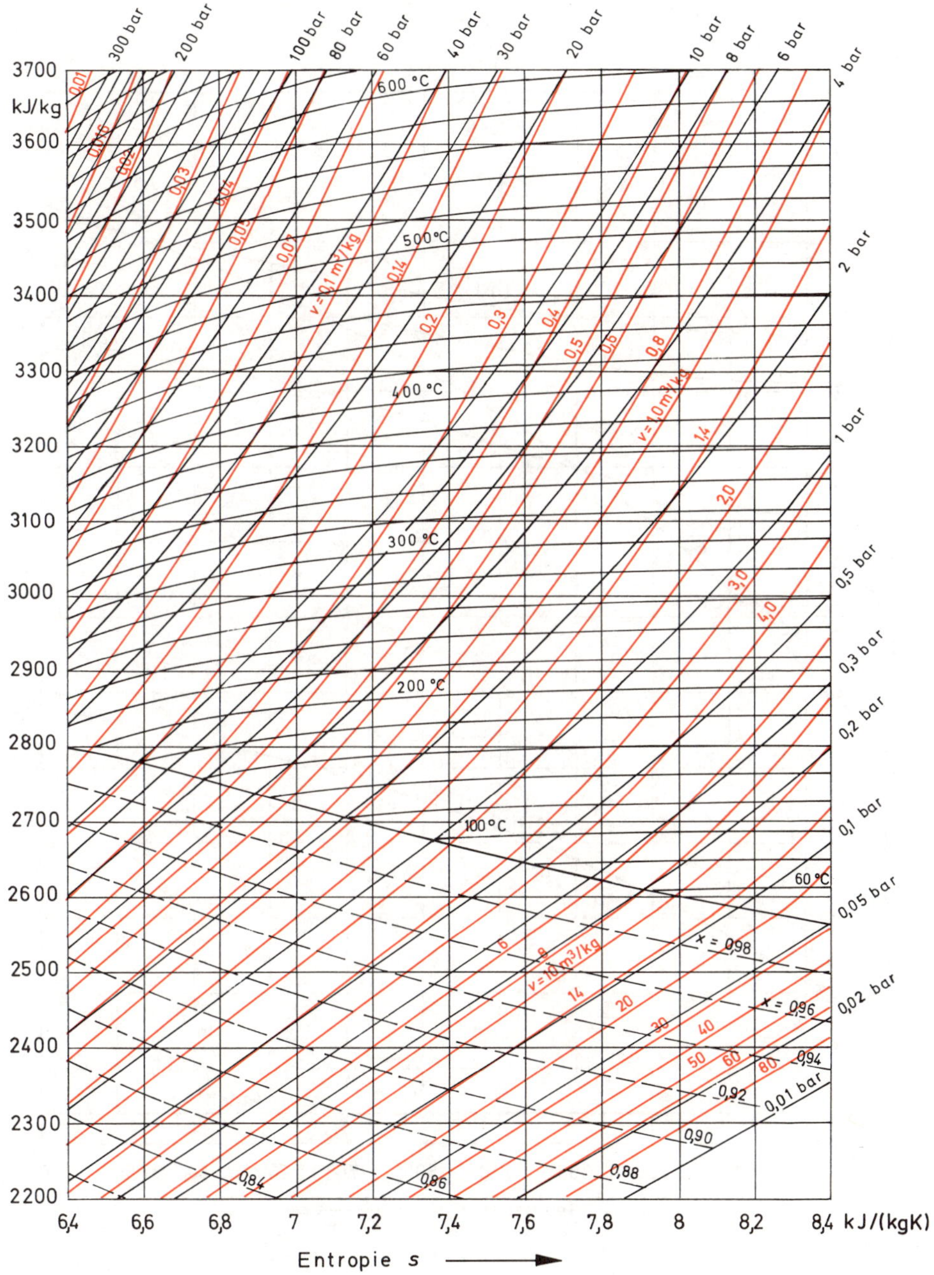

Tafel 2 Spezifische Wärmekapazität

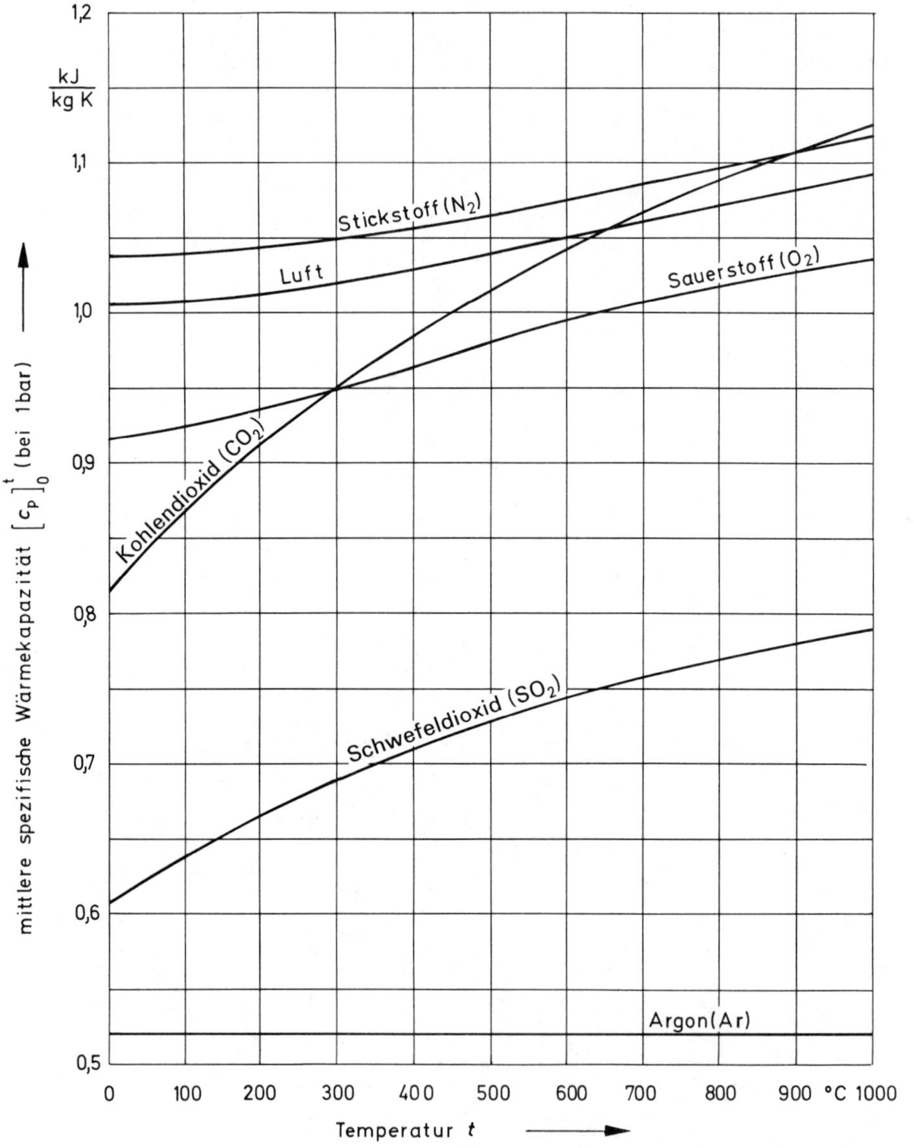

Tafel 3 Isentropenexponent

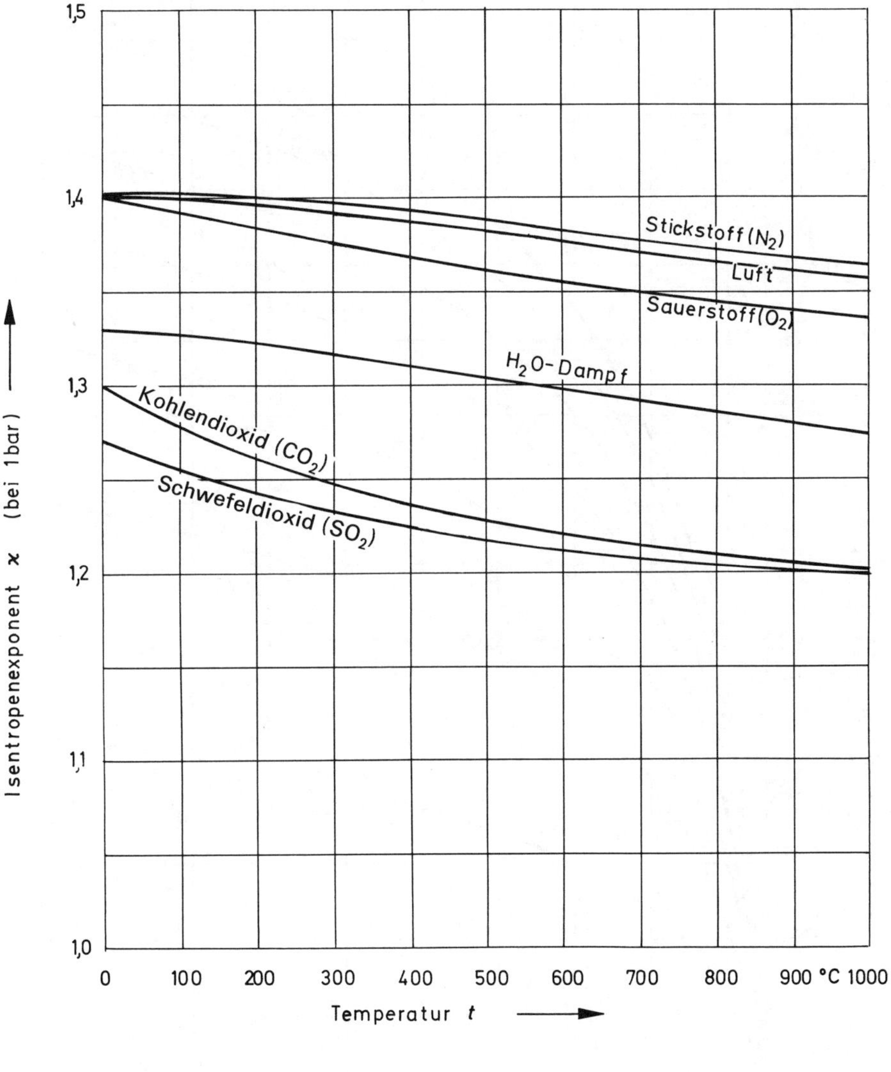

Tafel 4 Hilfsfunktion $f_{\pi T}$

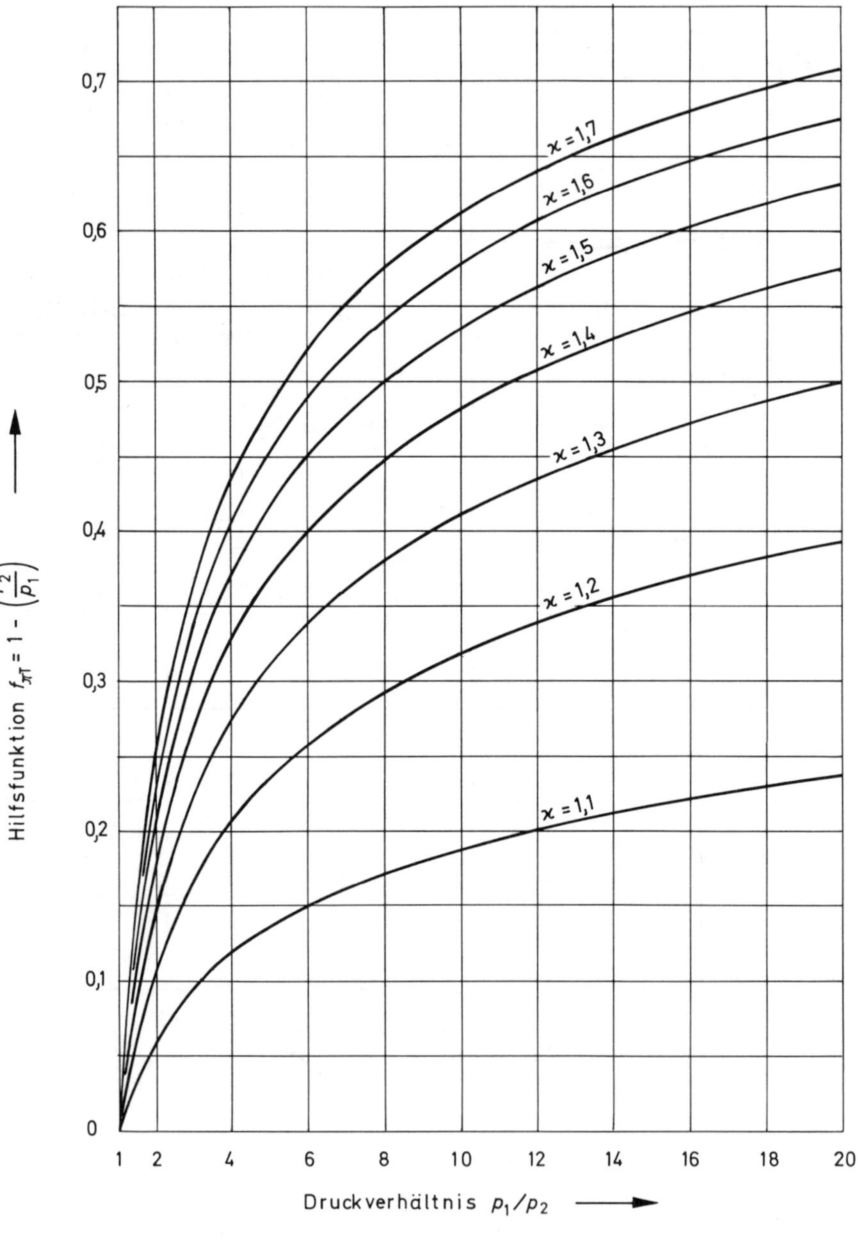

Tafel 5 Hilfsfunktion $f_{\pi V}$

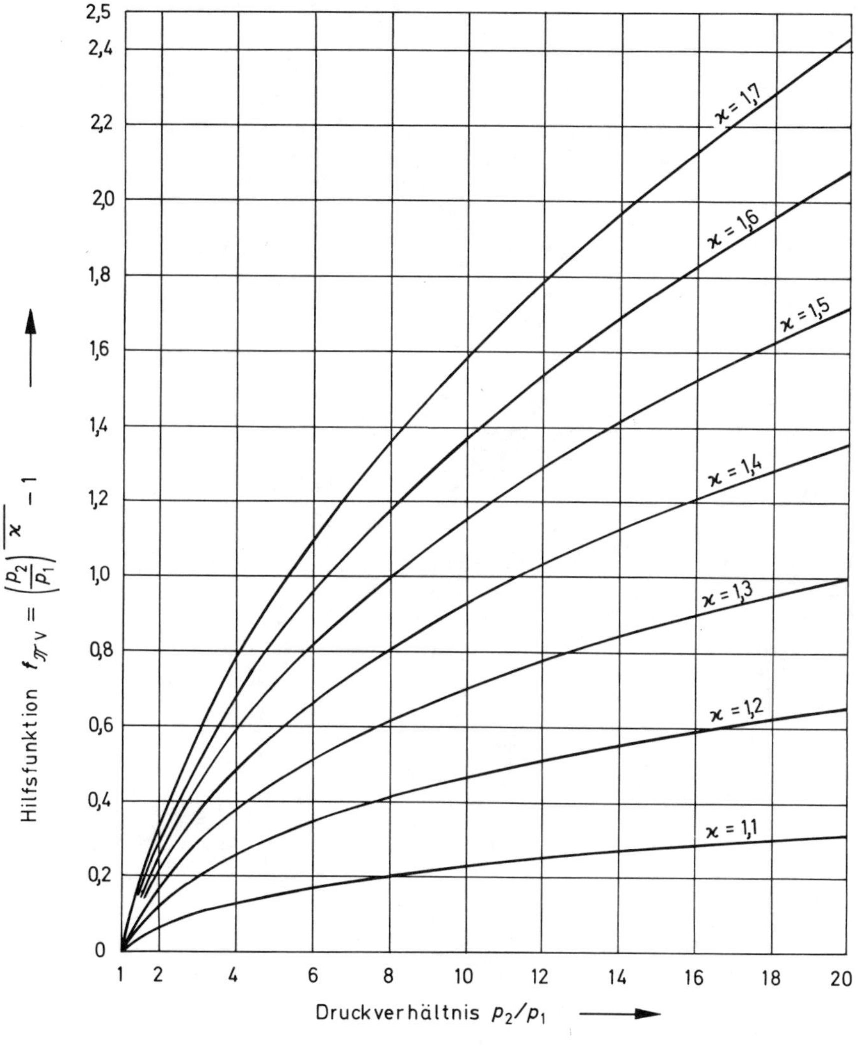

Stichwortverzeichnis

S

T

U

V

W

Z